天然气水合物
力学特性及开采安全评价

鲁晓兵　张旭辉　梁前勇　李清平　著

U0263523

科学出版社

北　京

内 容 简 介

天然气水合物赋存于陆地冻土带和较深海域，具有储量大、埋藏浅、污染低等优点，是重要的潜在替代能源。天然气水合物开采要满足商业化的要求，必须解决好两方面的问题：经济高效的开采方法，灾害控制及环境保护。开采方法不当会引发严重的地质灾害与坏境问题，因此安全和环境保障是天然气水合物开采的前提。全书共五章，分别介绍水合物沉积物力学性质、水合物分解引起的土层层裂和喷发破坏、水合物分解对井筒及结构物的影响、水合物分解引起的海床滑塌、水合物开采过程中的现场监测及数据处理。

本书可供高等院校、科研院所、油气勘探与开发企业等从事天然气水合物、海洋土力学、海洋灾害与防控等方面的科研人员和工程技术人员，以及面对共性工程科学问题的研究人员参考。

图书在版编目(CIP)数据

天然气水合物：力学特性及开采安全评价 / 鲁晓兵等著. -- 北京：科学出版社, 2024. 12. -- ISBN 978-7-03-080525-6

I. P618.13-53

中国国家版本馆 CIP 数据核字第 20242Q5V53 号

责任编辑：刘信力　赵　颖 / 责任校对：彭珍珍
责任印制：张　伟 / 封面设计：无极书装

科学出版社 出版

北京东黄城根北街 16 号
邮政编码：100717
http://www.sciencep.com

北京中科印刷有限公司印刷
科学出版社发行　各地新华书店经销

*

2024 年 12 月第 一 版　开本：720×1000　1/16
2024 年 12 月第一次印刷　印张：25 1/2
字数：512 000

定价：198.00 元
(如有印装质量问题, 我社负责调换)

前　言

　　天然气水合物广泛存在于较深海域,具有储量大、埋藏浅、污染低等优点。初步勘探表明,天然气水合物所含甲烷储量是现有天然气、煤炭、石油全球储量的2倍,是重要的潜在替代能源。随着已探明油气可开采量的减少和消耗量的增加,世界各国,尤其是能源短缺国家非常重视天然气水合物的勘探和开发工作。水合物开采要满足商业化的要求,必须解决好两方面的问题:经济高效的开采方法、灾害控制及环境保护。

　　天然气水合物开采方法不当会引发严重的环境问题。由于海底天然气水合物埋藏浅、矿层没有成岩,在标准状况下,1单位体积的天然气水合物分解可产生约164单位体积的甲烷气体,开采不当很容易因为孔压骤增及地层强度骤减而造成滑塌甚至喷发破坏。大范围的天然气水合物分解还可能引发诸如温室效应加剧和海洋生态破坏等环境问题,因此安全和环境保障是天然气水合物开采的前提。目前世界各国对天然气水合物开采均采取了谨慎的态度。

　　天然气水合物往往来源于地层深处的天然气源,在未开发前就有天然气向海水泄漏的情况。因此,了解这个背景也是一项非常重要的基础工作,对全面摸清资源状况,制定水合物天然气和气田开发整体方案,以及建立环境本底资料库都是不可缺少的。

　　水合物沉积物的物理和力学性质是水合物探勘反演和开发方案设计的基础数据,也是水合物分解相关灾害分析及控制方案的关键。虽然人们开展了大量的水合物沉积物物理和力学性质实验和理论分析,但是采用的实验样品绝大多数是人工合成样品,原状样品的数据极少,因而,对于室内实验结果与实际水合物地层究竟有多大差别,目前还没有定论。从地球物理勘探方法得到的地层数据又是较大尺度上的平均值,用于水合物开发方案设计以及灾害分析和防范措施制定时会产生较大误差。因此,如何获得真实的实际水合物地层的物理和力学性质参数仍然是重要的实际需求。

　　对于这种包含热传导和相变的多相介质和多过程的耦合问题、地层破坏及其所引发的环境问题,力学可以在天然气水合物开采中起到关键性的作用,比如,建立符合实际的描述地层物理及力学性质的数学力学模型;探索新的高产、高效、环境友好的开采方案;研究各类灾害和环境危害发生的临界条件及控制措施;从水合物和天然气开采的总体角度出发,探讨新的方案等。

　　本书介绍了水合物沉积物力学性质、水合物分解引起的土层层裂和喷发破坏、水合物分解对井筒及结构物的影响、水合物分解引起的海床滑塌、水合物开采过程中的现场监测及数据处理等研究成果，期望能为进一步的研究及工程实践提供参考。

　　最后，感谢国家自然科学基金项目、地质调查项目、863 计划项目、国家油气开发重大专项项目的支持。感谢郑哲敏先生、谈庆明先生对研究工作的理论指导；感谢广州海洋地质调查局石要红教授、中国地质调查局青岛海洋地质研究所刘昌岭教授级高级工程师和刘乐乐研究员等在研究过程中的合作和所提供的支持；感谢中国科学院力学研究所深部资源与环境力学天然气水合物研究团队王淑云高级实验师、赵京高级实验师、王爱兰实验师和研究生们的辛苦工作。

　　由于作者水平有限，本书的不足之处在所难免，望各位读者指正。

作　者

2024 年 4 月

目 录

第 1 章　水合物沉积物力学性质

1.1　引　　言

天然气水合物 (简称水合物) 是一些具有相对较低分子质量的气体如甲烷、二氧化碳、氮气等在一定温度和压力条件下与水形成的内含笼形孔隙的冰状晶体。水合物沉积物是指蕴含这种固态水合物的砂、黏土、混合土及岩石等介质的沉积物质，常存在于低温和高压下的海洋和湖泊的深水环境以及大陆永久冻土带中，气体成分以甲烷为主。这种地层称为含水合物地层或水合物地层。自然界的水合物具有能量密度高、分布广、规模大、埋藏浅等特点 [1,2]。在常温和常压条件下，每 $1m^3$ 的纯甲烷水合物 (仅含甲烷和水) 可分解产生约 $164\ m^3$ 的甲烷气体和 $0.8m^3$ 的纯水，因而天然气水合物被视为一种重要的潜在能源资源 [3,4]。

英国科学家 Humphrey Davy 在 1810 年首次发现水合物，但直到 1934 年美国科学家 Hammershmidt 发现了天然气管道的阻塞主要是由水合物造成的，对水合物的研究才正式开始。20 世纪 60 年代，苏联在西伯利亚麦索雅哈永冻区开发出了水合物，70 年代美国开始进行海洋水合物的探测工作，之后通过 ODP(Ocean Drilling Program，大洋钻探计划) 取得了水合物沉积物岩心 [5]。从此，围绕水合物的勘探、室内合成、相平衡研究、模拟开采和环境影响的评价研究工作才逐渐开展起来。

水合物的开发已受到很多国家的重视，已有 30 多个国家和地区进行了水合物的调查和研究，并在 70 多个国家和地区的 100 多处发现了水合物，其中有 80 多处是在海洋 [6]。勘探表明，我国南海海域、东海海域及青藏高原的水合物具有丰富的储量和广泛的分布，并在 2007 年 5 月通过钻探取得了实际水合物样品 [7–10]。

水合物最早引起人们的关注是在油气管道输运过程中水合物的形成导致管道堵塞。这种情况下，人们的关注点是水合物的相平衡条件，以此获得防止油气管道输运过程中水合物形成的措施 [11,12]。后来的地质调查表明，海底的很多滑塌与水合物的分解很有关系。为了研究这类海底地质灾害的产生，人们开展了水合物形成与分解对地层性质影响的研究。随着地质调查的进一步深入，人们发现水合物的全球储量巨大。随着常规油气储量的衰减，人们开始关注水合物的开发

利用 [13,14]。

　　一般地,水合物的存在会增加水合物沉积物的剪切强度,但在水合物的开发和开采过程中,降压或升温等方法使得水合物发生不同程度的分解,水合物沉积物的强度在这个过程中会随之降低。水合物的分解和天然气的排出过程,一方面使水合物沉积物中原有岩土颗粒之间的连接松动,土骨架受到大幅扰动;另一方面使分解释放的天然气超过气体饱和度,在沉积物中产生气泡,在不排水或低渗条件下,孔隙压力就会增加,体积也会膨胀,有效应力减小,从而使沉积物的强度大大衰减。最后土颗粒和水以及少许未排出的天然气形成一种强度低得多的非饱和欠固结的沉积物,这对建在水合物地层上的平台或处于其中的井口和管道的稳定性是严重的威胁,而且还可能引发海底大面积的滑塌 [15,16]。在有些地区,天然气田上方的地层中存在水合物。在天然气田开发过程中,管道/井口内流体高温等因素均可能引发上方地层中水合物的分解,从而对管道/井口和上部结构物的安全构成威胁 [17,18]。因此,对含水合物地层及其中结构物的安全和稳定性评价是非常重要的,其中最关键的部分在于准确获得水合物分解前后以及分解过程中水合物沉积物的物理和力学参数的变化。

　　水合物沉积物中一般有四种介质共存:气体 (自由气、水合物分解生成气)、岩土骨架、水和固体水合物。随着水合物饱和度增加或减少,水合物生成气和水的量也随之变化,水合物沉积物的强度和模量等物理和力学性质随之发生明显的变化。天然气在深海沉积物中随深度的不同可以以固体、液体和气体三相形式存在。如果天然气分布在孔隙水中的浓度小于溶解度,就处于溶解状态;反之则会有部分气体以气泡形式存在,即大于溶解度部分的气体以气相存在。在一定的温度和压力条件下,天然气又可以以固态的水合物形式存在。水合物沉积物中气体的集中程度和存在形式对水合物沉积物物理和力学性质有重要的影响。岩土骨架是水合物赋存的基础,其类型 (如砂性土、黏性土等)、结构 (松散或致密、均匀或非均匀等)、沉积历史等对水合物沉积物性质有直接的影响。水合物的饱和度及水合物与岩土骨架的结合方式 (胶结、悬浮等) 也与水合物沉积物的性质密切相关 [19,20]。因此,要了解水合物沉积物的性质,就必须充分弄清楚水合物沉积物的组成和结构。

　　水合物沉积物的基础物理性质和力学性质是水合物勘探开发的方案设计与研究的基础,因此对其研究是非常重要和现实的。对水合物沉积物物理和力学性质研究和数据获取手段主要包括现场调查、实验室实验、理论模型分析三方面。

　　现场调查一般采用的探测手段和技术有地震地球物理方法、钻孔取心法、声波探测和测井法等;同时人们还在继续探索一些新技术和新方法,如热力学法等。现场调查的优点是可以进行原位非扰动测试,缺点是费用高、周期长 [21]。

室内实验主要是通过室内水合物沉积物合成并进行各类物理和力学测试，从而研究其物理和力学性质的特性和变化规律，如水合物沉积物的分解/合成相平衡曲线、热传导性质、应力应变关系等。室内实验的优点是条件可控、经济；难点是与现场比拟的高效水合物沉积物的人工制备、原状岩心保压保温无扰动测试、参数精确测量、微观结构的测量及表征等。

水合物沉积物物理和力学性质的理论模型分析主要是基于各种假设的水合物沉积物物理和力学参数、本构模型的确定，优点是可以建立较通用的模型，适用范围比较广泛；缺点是对于复杂组分和结构的水合物沉积物，建立合适的模型难度较大。

测定水合物沉积物基本性质的实验具有重要的意义。只有通过实验才能揭示不同类型、不同产地水合物沉积物的物理和力学性质；同时实验是确定各种理论参数和验证各种理论模型正确性的基本手段；模型实验结果可以用来验证土力学理论分析方法与数值计算方法的合理性；实验也是认识和解决水合物勘探开发相关的实际工程问题的重要手段。所以，水合物沉积物的物理和力学的研究不能脱离实验工作。当然建立在实验基础上的理论模型和分析方法也非常重要，可以为工程实践提供适用范围更普遍的模型，以便于进行工程设计和研究。

本章首先简要介绍水合物的结构及其在地层中的赋存状态，然后介绍基本的测试手段，再重点介绍室内三轴实验方法及结果，最后对目前人们提出的力学模型进行介绍。

1.2 水合物的结构

水合物按结构分为 I 型、II 型、H 型等几种类型，如图 1.1 所示。I 型水合物为立方晶体结构，II 型水合物为另一种立方晶体结构，H 型水合物为六方晶体结构，一般前两种更为多见。I 型和 II 型水合物的理想结构公式分别是 $S_2L_6 \cdot 46H_2O$ 和 $S_{16}L_8' \cdot 136H_2O$，其中 S 代表一个有 20 节点的多晶体笼子，L 代表一个有 24 节点的笼子，L' 代表一个有 28 节点的笼子。笼子的体积比分别为 20 节点的笼子 : 24 节点的笼子 : 28 节点的笼子 =1.91 : 1.43 : 1，笼子的等效球直径分别为 4.18Å、3.79Å、3.37Å。在 100K 时，平均的晶体体积分别为 158.8Å³、227.8Å³、303.8Å³。甲烷分子直径为 0.4～0.5nm。一般来说，对于 20 节点笼子的晶体，II 型的体积比 I 型的体积大 (丙烷氧化物除外)。从 200K 开始，II 型 20 节点的笼子晶体体积光滑单调减小，而 I 型 20 节点的笼子晶体开始膨胀；到 160K 时，很快减小，并一直持续到 10K。总的来说，I 型 20 节点的笼子的体积比 II 型的大 [22]。

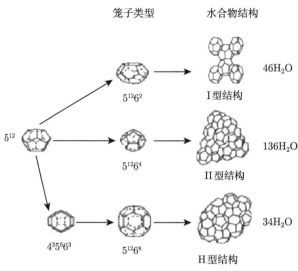

图 1.1   天然气水合物晶体结构 [22]

1.3   影响水合物沉积物力学性质的主要因素

天然气水合物是在一定条件 (合适的温度、压力、气体饱和度、水的盐度、pH 值等) 下形成,保持其结构稳定的条件称为相平衡条件,所有符合条件的温度和压力构成一条相平衡曲线,将温度压力平面分成适合形成水合物的区域和不适合形成水合物的区域。人们针对纯水合物、不同骨架的水合物沉积物的相平衡条件进行了大量的研究 [23−28],提出了多种相平衡模型,如修正的 van der Waals-Platteeuw 模型,Chen-Guo 模型等 [29]。对于不同的岩土骨架,水合物相平衡条件会不同,如黏土骨架中的相平衡曲线较砂土中的相平衡曲线会发生左移 1~2℃,但是在同样的介质条件下,即使水合物形成过程中的温度压力变化路径不同,平衡状态不同,其强度却可能相同 [30]。当然,如果水合物在地层中的赋存状态不同,则强度也会不同。

现场调查和室内实验研究表明,水合物沉积物的物理和力学性质与水合物的类型和含量、水合物沉积物的沉积特性、水合物在沉积物中的赋存状态及微生物含量等因素密切相关。

气体分子可以单独与水形成 I 型或 II 型水合物,也可由多种气体分子与水形成混杂型的 H 型水合物。水合物在沉积物中的形成过程很复杂 [31]。由于形成水合物的分子和结构不同,在不同地区的不同环境条件下的水合物含量不同,致使水合物沉积物的物理和力学性质存在较大的差别。一般地,水合物的含量越高,水合物沉积物的强度就越高。

水合物沉积物的物理和力学性质与其沉积特性密切相关。这些特性除了扰动程度，还包括岩性、沉积结构、沉淀、成岩等，其中岩性和结构最为复杂。沉积物岩性除了砂、黏土和混合砂、黏土等不同土质外，还有互层沉积和混合沉积等。不同岩性和结构的水合物沉积物的强度有较大的差别，一般而言，黏土的水合物沉积物强度低，砂岩的水合物沉积物强度高。如在加拿大马更些三角洲，水合物出现在粗颗粒的沉积物中，水合物沉积物的剪切强度值高，分解后也相对较高；而在墨西哥湾海底表面细颗粒的沉积物中有水合物的存在，水合物沉积物的剪切强度值低，分解后也相对较低 [32]。

水合物在沉积物中的分布和骨架的结合方式，即水合物赋存状态，也影响水合物沉积物的物理和力学性质。一般水合物与沉积物胶结程度越高，水合物沉积物的强度越高，应力应变关系越呈现脆性；水合物沉积物中微生物含量以及钙微化石含量的不同，也会导致水合物强度不同，但目前关于微生物等影响水合物强度的研究结果非常少见。

1.3.1 天然气水合物形成的影响

水合物的生成过程包括气液溶解、成核、生长、稳定四个阶段。水合物的气液溶解是指由过冷或过饱和引起天然气的亚稳态结晶；水合物的成核是指形成达到临界尺寸的稳定水合物核的过程；水合物的生长是指稳定核的成长过程；水合物逐步生成后，将进行一定的变形以减小表面积和自由能，即稳定阶段。水合物晶核的形成有一定的诱导期，诱导期具有很大的随机性，其成核和生长的过程和机理非常复杂。研究水合物形成动力学具有如下的工程意义：① 寻找抑制水合物形成的方法，即找到高效的防止因水合物形成而堵塞油气输送管道的方法；② 寻找促进水合物形成的方法，以满足水合物储天然气、水合物储氢、水合物二氧化碳埋存、实验用水合物沉积物制样等快速高效合成水合物及其沉积物相关的需求；③ 寻找促进水合物快速分解的方法，为水合物商业开发提供支撑；④ 分析水合物在地层沉积物中的赋存状态，为分析其与沉积物物理和力学性质的关系打下基础 [33]。

1.3.1.1 纯水合物的形成

合成水合物一般有两种方法，一种是将气体 (气态或液态) 与水混合，调节温度和压力至水合物形成；另一种是将冰的粉末与气体反应。两种方法各有优缺点：前者满足充足的气源条件下水合物的形成条件，但不能反映气体完全溶解于水中的形成条件；后者可以使水合物快速形成，但不能反映海底水合物形成的实际情况。

水合物的生成过程可以这样来描述：水分子与溶解在水中的气体分子不断积聚，直到积聚集团的大小和浓度达到临界成核条件，水合物才开始生成，这段时间就是水合物晶体生长的诱导期。在水合物核化过程中，饱和溶液中的晶核不断生长，当达到某一稳定的临界尺寸时，水合物进入快速生长区。由于一般气液界面最先达到成核浓度条件，因此水合物通常首先在界面生成。随着水合物层的增大，水合物层后部的液体最终被水合物层与供气层隔离，静态体系的生成速率随之减慢，气体和液体的反应速率则受气体穿过水合物层的质量扩散速率的控制，Stern 等 [34] 称这个过程为铠甲效应。由于水合物合成时铠甲效应的存在，水在样品中的过冷度 (即偏离理论平衡压力时的温度值) 可达 10℃ 以上。

　　水合物成核的最基本问题是关于驱动力的定义。目前一般有三种定义：① 水和其他基于逸度差的客体分子间的化学势差，即老相和新相间的化学势差；② 过冷度，即操作温度与水合物形成时平衡温度间的差；③ 系统的 Gibbs 自由能的变化 [22]。

　　在完全纯的系统中，即悬浮液中没有任何杂质时，成核是均匀的。预制有悬浮颗粒表面的作用或壁面的作用或两相间 Gibbs 自由能减少的激发皆可导致成核而出现新相，这个过程称为非均匀成核。考虑到从溶液中完全排除微细颗粒是很难的，因此非均匀成核是更普遍存在的。在非均匀成核中，水合物与预存界面间的接触角控制着溶液–水合物界面间的比表面能的减少，即控制着降低水合物形成所需要的功。在低溶解度气体 (如碳氢化合物) 形成水合物时，这些物质在水中的溶解量很少，成核最可能在气液界面产生。这不仅是由于降低的水合物与溶液间的比表面能，而且主要是由于此处形成水合物的分子的高度集中和更高的过饱和条件。但是实验表明，在摇动的反应器中，水合物成核会均匀地产生。不仅驱动力决定成核时间，而且即使加入少量解冻的水 (5%~35%)，也会大大缩短成核的时间 (即到成核开始需要的时间)，这种现象称为记忆效应。目前关于这种记忆效应的最可接受的解释是冰或水合物分解后液态水中还保持有残余的结构。Sloan [22] 对此用水合物形成前与分解后的黏度实验进行了验证，结果表明水合物分解后的黏度大，但是 Buchanan 等 [35] 通过中子散射实验发现水合物形成前和分解后的水的结构没有什么明显不同，故这方面的问题还需要进一步探索。Kini 等 [36] 用冰磨成粉加甲烷–丙烷混合气体在不同压力 ($0.34 \leqslant p\,(\text{MPa}) \leqslant 0.84$) 和一定温度 (269K) 条件下进行 II 型水合物形成实验，并用 ^{13}C NMR 射线测量，发现存在三种尺度的冰颗粒 (150~180μm)；尽管一个 II 单胞中大笼子数量只是小笼子数量的一半，但是由丙烷占据的大笼子 ($5^{12}6^4$) 的形成速度是甲烷占据的小笼子 (5^{12}) 的形成速度的两倍。

　　为了能够支持核的增长，水和气体分子必须连续地到达水合物晶体表面，释放一定的能量，即水合物生成热，如果这部分能量不能有效地在晶体附近排出，就会产生局部的温升，从而降低进一步形成水合物的驱动力而有利于分解；如果液体没有饱和气体或者气体分子到达晶体附近的速率不够大，气体局部的集中度就会降低，也会影响水合物的进一步增长。因此局部的非均匀性因素会影响甚至控制水合物晶体的增长速率。在含气泡或液滴的情况下，在整个液滴表面形成的水合物层消除了反应相的直接接触，将导致进一步反应的附加阻力 [37]。

由于甲烷溶解度低，一般条件下甲烷水合物生成速率很慢。如果采用改变温度升降模式、添加催化剂等方法则可加快生成速率。黄犊子等的实验表明[38]，当系统温度在 −10 ~ 4℃ 范围内振荡时，原本停滞的生成反应又会开始进行。在经过几个温度变化周期后，反应会 100% 完成。在相同初始条件下，降温模式对水合物生成的热力学平衡影响小，但对水合物生成动力学影响显著。快速降温模式下水合物的生长速率明显快于缓慢降温模式。与缓慢降温模式相比，快速降温时核化速率较快，进入水合物生长区的初始速度较大，由于在水合物生长区内存在"核化惯性"的影响，水合物生长较快。这些方法可以用于水合物沉积物样品生物实验室制备过程中[39]。

实验表明，虽然十二烷基磺酸钠 (SDS) 是非常好的水合物生成促进剂，但也不能实现水合物 100% 生成。如果同时添加两种催化剂，既可促进快速成核，又可增加水合物生成量，效果比加单相的好[40]。

总之，纯水合物的形成需要适当高的压力和适当低的温度条件，还需要有足够的气源供应以达到过饱和条件。对于溶解性低的气体，添加剂、搅拌和温度振荡是提高水合物生成率的有效方法。

1.3.1.2 沉积物中水合物的形成

沉积物中水合物的形成与纯水合物形成的主要区别在于：由于岩土沉积物骨架的存在，孔喉尺度、沉积物颗粒表面的物理化学性质、颗粒级配、形状、渗透性等因素对水合物的相平衡条件会产生较大的影响，从而与纯水合物的生成存在较大的区别。

沉积物中水合物的形成机制，第一个问题是低可溶性气体与水结合形成水合物的机制。理论上讲，水合物可以完全由溶解于水中的气体形成而不需要气相存在，但是这种情况在实验室中很难实现，而这个问题对于分析海底沉积物中天然气水合物的形成非常重要。第二个问题是孔隙尺度和沉积物颗粒的表面性质等因素对水合物形成、增长和分布的影响。

1.3.1.3 低可溶性气体与水结合形成水合物

采用甲烷 (自由气) 进行实验时，是先将容器中充入甲烷气和蒸馏水直到气泡和水的混合物形成；然后将温度和压力分别调整至设定的相平衡曲线以上或以下，如在 −4.0℃ 和 5.5MPa 时，12h 后水合物开始形成并迅速发展。晶体开始出现于气–水界面，并将气泡包围形成一个水合物壳，水合物壳最后随着里面的气体形成水合物而向里塌陷。在水合物完全形成后放置一段时间，则水合物会重新分布。这种重分布是为了减小表面积和表面能。当升温分解时，水合物在开始阶段面积减小，断成自由块体，然后气泡出现。其间，小的水合物晶体在高于平衡温度几摄氏度时仍然存在，说明水合物分解的自调节 (self-regulation) 现象的存在[41]。

　　用二氧化碳 (溶解气) 进行实验时,首先将蒸馏水和二氧化碳放于高压容器中静置 24h 使其达到平衡;然后将其温度和压力调节至相平衡曲线以上或以下,如在压力为 6.2MPa,温度降到过冷度 9℃ 时,静置 48h 还没有水合物生成;再使溶液流动,4h 后水合物就开始形成。水合物晶体形成的前锋速度为 55μm/s。在一些位置,水合物前锋通过孔隙区域,但不形成水合物,原因可能是该区域的溶解气体被消耗掉了。如果升温到 20℃ 使水合物完全分解,则只有当压力降到 0.69MPa 时才有气泡出现。

　　由于不能采用搅拌方法,沉积物中低可溶性气体与水形成水合物较纯水合物形成难;同时由于岩土体颗粒的存在,水合物与颗粒间可能胶结,也可能只在孔隙中存在而只起支撑作用等。

1.3.1.4　高可溶性气体与水结合形成水合物

　　在用四氢呋喃水合物溶液进行实验时,一般采用质量分数为 40% 的溶液以减小质量迁移效应。由于四氢呋喃在水中是高溶解的,因此实验放大了关于水合物形成的速率和模式的热转换及表面力效应。在实验中,将环境条件保持在 4.4℃ 以下和常压下,如 0.5℃ 和 1atm①即可。水合物完全形成后,在同样的温度和压力条件下放置 48h,这期间水合物将经历一个在不同区域的不同的重排列过程。在大而圆的颗粒 (0.313mm) 区,绕颗粒角发展出多面体,在更小颗粒 (0.07mm) 区,水合物形成大质量的包围颗粒,有胶结效应;在更大的颗粒区,水合物只在孔隙中间形成,孔隙壁上有可见的水膜。当升温分解后,开始形成细晶体浆,最后返回液体状态 [42]。

1.3.2　孔喉尺度和沉积物颗粒表面性质对水合物增长和分布的影响

　　沉积物中水合物的稳定性主要取决于压力、温度、气体的组成和孔隙水的盐度,同时沉积物的物理和表面化学性质也影响水合物的热动力状态、增长动力学、空间分布、增长形式等特征 [43]。水合物在细颗粒沉积物中的增长受到减小的亲水矿物附近的孔隙水活性和限制在小孔隙中的小晶体的超额内能的耦合作用。超额内能可以认为是水合物晶体中的毛细压力,与沉积物骨架的应力状态和孔隙尺度分布有关。测量到的水合物生成的实际温度较用纯水合物热力学平衡条件计算的要低,即毛细效应或盐度可以扩展水合物和自由气体的相边界。从海底取得的样品的赋存形式如团块状、黏土中透镜状、砂土中胶结状等就可以用毛细效应解释。部分封闭系统中集中的水合物形成将导致水的消耗而干燥,这种冻结–干燥现象可以引起沉积物物理性质的改变 (如低含水量和超固结、水化学特性异常等 [44])。许多研究人员发现了生长于细颗粒土中分隔分布的透镜状水合物;而在粗砂中,水合物则存在于孔隙中并将骨架颗粒紧密胶结以至于松砂也变成冷冻固体,力学性质也随之发生了

---

① 1atm = 1.013 × 10⁵Pa。

较大的变化。随着过冷水在热动力学驱动下从沉积物孔隙中向成核增长区转移，土体中强烈的地热梯度会导致冰透镜体和冰冻隆起的形成。在深海沉积物中温度梯度为 $0.02 \sim 0.08°C \cdot m^{-1}$ 时，由于过量的甲烷或过冷条件导致的过饱和而形成集中的水合物。在一定条件下，地层中可以形成一种周期分层的水合物，每层的厚度和间距是增长速率的函数，且水合物生成模式的尺度呈自组织特性，其周期与增长率、温度梯度、溶液成分重量比等因素有关 [45]。

在实际地层中，水合物可以与岩土颗粒胶结，也可以悬浮在孔隙中。实验发现在石英砂 (quartz sand) 中用 Handa 等 [46] 的方法 (用冰粉与甲烷气体合成水合物) 制成的样品是与砂颗粒胶结的 [47]，而 Mallik 地区的天然样品显示水合物与骨架无胶结 [48]。在地层中，随着水合物合成或分解前锋的变化，孔隙水的饱和度会发生变化，孔隙水饱和度的变化对样品密度的变化影响最大；当降低驱动力，即在当时温度下将压力降低到平衡压力或在当时压力下将环境温度向平衡温度升高时，水合物生成速率大大加快。水合物的生成并不是一个匀速过程，当热分解后再降温使水合物形成，则水合物在 2h 内很快开始形成，而第一次生成则会超过 20h。这是因为热分解后还残余有水合物核结构，因此不需要成核时间，这与记忆效应 (冰或水合物分解后液态水中保持有残余的结构) 不同 [49]。

岩土介质孔隙度也直接影响水合物的形成条件，比如，Uchida 等 [50] 通过实验发现在 4nm 直径的孔隙中的甲烷水合物在定压下分解温度的偏移达 $12.3°C$，100nm 时只有 $0.5°C$。如果所有的温度偏移都用 Gibbs-Thomson 方程拟合，则可以得到甲烷、二氧化碳和乙烷的水合物–水间的界面能分别为 $1.73 \times 10^{-2} J/m^2$、$1.43 \times 10^{-2} J/m^2$、$2.51 \times 10^{-2} J/m^2$，同样条件下冰–水的界面能为 $2.96 \times 10^{-2} J/m^2$。这说明由于气体类型对气体水合物和水之间的界面张力影响很小，因此孔隙对相平衡条件的影响主要是水活动性的改变。水的活动性在给定温度下随压力增加而降低，在给定压力下随温度降低而提升。当盐度增加时，水的活性也会降低。Ostergaard 等 [51] 的实验表明，在水合物形成和分解过程中抑制剂和溶解气的质量在孔隙中的迁移对水合物平衡有重要作用。当沉积物为小孔隙时，如海底地层的平均孔隙直径约为 $0.1\mu m$，有明显的毛细效应，故小孔隙沉积物中的毛细效应将阻止水合物的生成，影响水合物的稳定性。影响水合物生成与分解的主要因素是孔隙的大小，而表面纹理和矿石成分的影响是次要的 [52]。Gupta 等 [53] 在实验中用颗粒冰形成水合物，通过电子计算机断层成像 (computed tomography，CT) 发现，样品和铝模壁之间有气隙，导致径向非均匀的热传导。由于水合物形成过程中液体相从中心向边界移动，样品密度在最后沿径向的分布不均匀。这个现象将给室内制样测试水合物性质的结果带来误差。

天然条件下地层沉积物的孔隙尺度分布广，产生毛细效应的有效孔隙依赖于孔隙中的充填水合物或气体的百分比，故水合物 + 水 + 气体的平衡条件依赖于水合物和气体的百分比。在 ODP 项目中 Leg164 (布莱克海台) 的现场数据表明,在很小的有效孔隙直径条件下 (20nm,30MPa),水合物平衡条件相对预计的基线偏移了 −2K 甚至更多,这正是由于毛细效应的作用 [54]。

孔隙空间几何特征、孔隙网络拓扑和各向异性、孔隙空间的可达到性对水合物生成或分解也有重要的影响。Handa 和 Stupin[46] 的研究表明,甲烷和丙烷水合物在 70Å 直径硅胶孔隙中的分解压力比没有孔隙的胶体中的更大。

发展到密实的冰反应物的介孔的水合物的生成前锋广泛分布在样品中,这些样品在被控制在冰点及以下时,发生有限反应后会受到抑制。随着温度越过冰点,颗粒表面会继续形成离散的 5 ~ 30μm 的水合物壳 [55]。随着壳的微破裂,融化体移动到邻近的形成了水合物的颗粒边界,然后核与其共同融化,这种反应继续进行而形成密实的有孔隙的水合物颗粒区域,其中颗粒的典型尺寸是几毫米。空的球形的水合物壳、耦合广泛分布的反应相和生成相的存在,表明扩散控制的收缩核模型不适合描述从融化冰中维持水合物持续增长的情况。在峰值合成条件下的完全反应可沿暴露的孔隙壁形成额外的多面的自形的晶体。在合成水合物晶体短期暴露到类似天然海床条件的情况下可以进一步产生重结晶和重增长,进而使得最后的结构非常接近天然样品。因此,这种水合物沉积物合成方法适合在实验室制备样品时采用。

Circone 等 [56] 的研究表明,当升高温度到冰点以上时,水合物就在略低于冰点的自调节温度范围内释放出气体。这个现象在 I 型和 II 型水合物以及 H_2O 和 D_2O 作为主体分子的情况下均可观察到。当温度高于 H_2O 或 D_2O 的融点时,水合物分解可以产生水 + 气而不是冰 + 气。水合物的吸热分解反应降低了样品的温度,导致水冻结,这种相变缓冲了样品的温度,使其能保持在一个窄的低于冰点的范围直到完全分解;温度低于纯冰融点是由于水合物生成气的溶解,且与平均分解速率相关。对于水合物在更低温度下部分分解成冰 + 气然后升温到冰点以上的情况,所有残留的水合物分解为气 + 液态水的过程将加快,这是由于水的生成导致更快的气体传输。

随着孔隙水活动性的降低,水合物形成的压力将增加或温度将降低,小孔隙中水的冰点也显著降低,水合物的温度也相应降低。

水合物沿着相边界的温度压力条件分解的热量的自调节现象被 Circone 等 [57] 的实验所证实。这种现象对水合物的开采有重要的意义。当周围环境温度还高于冰点时,分解区的温度由于热供应不足而下降,直到水合物完全分解或到达另一个相边界。在压力高于四分点 Q 时 (水合物相平衡边界线、冰 + 液态水的稳定边界线的交点)(图 1.2),温度限制的相边界是分解反应本身。在更低的压力下,最低的温度由冰–水相边界限制。这种温度限制的相边界的变化使四分点的温度压力条件为 (2.55 ± 0.02)MPa 和 (272.85 ± 0.03)K。在压力低于四分点时,水合物分解随着冰融化成液态水而进行。这种自调节温度一般在 268K。

水合物分解中的热自调节现象可以这样来描述:在压力高于平衡点分解时,即在液态水稳定区，随着水合物分解，温度稳定在水合物相平衡边界。在加热分解条件下，当注入高温液体时，一旦到达边界，分解就开始，且只要有足够的热量提供，分解就一直继续。在降压分解时，水合物分解且温度降低到相平衡边界，并保持在这个温度压力条件下直到分解结束。这两种情况下均假设分解的气体能快速排出而不会产生孔隙压力。在自然条件下，只有在渗透性很好的情况下才会发生，在永久冻土带较海底易发生。这种特性在分析沉积物性质在水合物分解过程中的变化时需要考虑。

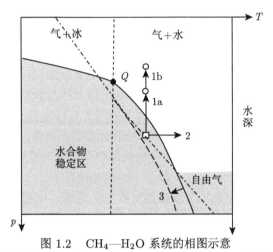

图 1.2   CH$_4$—H$_2$O 系统的相图示意
横坐标代表温度，纵坐标代表向下增长的海床深度，即相当于压力。实线 (—) 表示水合物稳定边界，短划线 (– –) 表示冰 + 液态水的稳定边界，这两根线的交点为四分点；点划线 (-·-) 表示地热梯度线

1.4   水合物沉积物力学性质现场调查方法

现场调查主要分为地球物理勘探法、钻孔取心法和测井法等。

1.4.1   地球物理勘探法

地层中水合物的形成改变了沉积层的力学性质，因而可利用地震数据来反演水合物的分布、饱和度等特征参数。与地层中水合物相关的地震特征主要有似海底反射 (BSR)、振幅空白带 (BZ)、振幅随偏移距的变化 (amplitude versus offset，AVO) 和速度异常等 [58]。

地球物理勘探包括地震勘探、海底地震仪、地球物理测井、电磁勘探、综合地球物理勘探和水合物声学测量等，主要方法是地震波法，包括单波束法、多波束法、多频法、多分量法等。通过地球物理勘探，一方面可以探测水合物矿区的分布范围、层位、储量等信息；另一方面可以通过测量水合物沉积物的波速和衰减特性，结合理论公式获得水合物地层的弹性模量、阻尼以及水合物的含量、孔隙度等物理和力学参数 [59]。

地震波法是根据地震波在不同地层中传播差异和层间发射特性，进行地质勘查的一种人工地震波测量方法，有反射波法、折射波法等。

人们利用地震波法在水合物地质调查方面开展了大量的工作[60,61]。比如 Coren 等[62-64] 应用多属性分析 (multi-attribute analysis) 方法测量布莱克海台 (Blake Ridge) 地区水合物地层的波速、孔隙率、密度等参数。Rajput 等[65] 讨论了 AVO 技术，即利用地层的纵横波特性及由此形成的反射振幅与偏移距的关系来判断岩层性质的方法，以及其在水合物地层探测分析中的应用。

但是，水合物地层厚度最大为百米量级，最小的小于 1m，通常的地震波勘探受到分辨率的限制，获取的水合物地层厚度存在较大误差。从目前的现场勘探结果看，一般估计的厚度偏大，只有采用高分辨率的地震波勘探，才有可能解决该问题。到现在为止，还没有比较统一的关于水合物地层物理和力学性质与波速间的关系式，而提取的物理和力学性质参数的准确与否与采用的分析模型密切相关；同时，由于地震波反演具有多解特性，因此通过对水合物地层的地震波反演技术获得准确的水合物地层的物理和力学性质仍然是水合物地球物理勘探的难题[66,67]。

电法探测是根据水合物存在于地层中时的电磁学性质 (如导电性、导磁性、介电性) 和电化学特性的改变，通过对人工或天然电场、电磁场或电化学场的空间分布规律和时间特性的观测和研究，分析水合物的含量和分布的方法[68]。

电法探测在地球物理勘探中得到了广泛应用。由于组成地壳的岩石类型、矿体和地质构造在不同位置存在区别，它们的导电性、导磁性、介电性和电化学性质等也明显不同。根据这些性质的空间分布规律和随时间变化的特性，就可以分析矿体或地质构造的赋存状态 (形状、大小、位置和埋藏深度等) 和物理与力学性质等。电法勘探不仅可以利用多种物理参数 (如电阻率、磁导率、电位跃迁、介电常数等)，而且场源 (主动源法和被动源法；航空电法、地面电法、地下电法；直流电法和交流电法) 和装置形式多，可观测的要素也多，因而应用范围广。

电磁法就是电法探测的一种，又称电磁感应法，是以介质的电磁性差异为基础，通过观测和研究人工或天然的交变电磁场随空间分布规律或随时间的变化规律，达到探测目的的一类勘探方法。按其电磁场随频率和时间的变化规律可分为频率域电磁法和时间域电磁法。

电磁法比直流电法具有如下的优势：探测深度大、不受高阻层屏蔽、方法种类多、成本低、速度快、应用领域广等，能满足具备物性前提的各种勘查工作的需要。

电磁法探测水合物地层是利用其电磁感应信息对水合物分布进行电性推断的一种技术。水合物地层是高阻体，与周围地层间有明显的差别。存在水合物的地层对电阻率的敏感性较波速的更高，比如在普拉德霍 (Prudhoe) 湾，存在水合物地层的测井声波速度增大约 30%，而电阻率却增大约 30 倍，也即电磁法的分辨率更高。

放射性勘探又称放射性测量或 "伽马法"，是借助于地壳内天然放射性元素衰

变放出的 α、β、γ 射线, 当它们穿过物质时, 将产生电离、荧光等特殊的物理现象, 人们根据放射性射线的物理性质, 利用专门仪器 (如辐射仪、射气仪等), 通过测量放射性元素的射线强度或射气浓度来寻找放射性矿床以及解决有关地质问题的一种物探方法, 也是寻找与放射性元素共生的稀有元素、稀土元素以及多金属元素矿床的辅助手段。针对水合物地层的放射性探测方法有 γ 射线测量、中子测量等。

水合物声学测量是基于地震波检测和处理的技术。实验室内的声学测量主要是利用超声探测方法。含水合物地层的声波速度和频率及反射特性等与周围地层不同。比如, 水合物胶结使地层刚度增加, 波速会增加, 通过测量地层中声波参数的变化, 就可以分辨水合物赋存位置和含量等信息。水合物声学实验装置已经从传统的静态测试发展到实时、剖面多维测试, 不仅能实时、多维度观测水合物生成和分解过程中各种参数的改变, 而且自动化程度及精度高, 因此, 声学研究在水合物基础物性的研究中起到了至关重要的作用 [69]。

总的来说, 各种水合物勘探方法有各自的优缺点 (表 1.1), 在实践中一般会将几种方法联合使用, 取长补短, 提高勘探的精确度。

表 1.1   水合物勘探方法的比较 [68]

地球物理方法	应用条件	缺点	优点
地震勘探法	存在波阻抗差异, 即在波阻抗界面会产生反射波	成本较高, 对 BSR 异常究竟是含水合物还是含游离气体产生的难以区分; 难以区分水合物在地层中的赋存状态; 传统海域地震勘探的单一波形 (S 波) 难以准确分析水合物储量	横向连续性高, 准确度高, 对气体敏感, 方法种类多样化 (常规单双道地震勘探法、深拖地震勘探法、高分辨率地震勘探法、垂直地震剖面法等), 可根据实际情况灵活选用
海底地震仪 (OBS)	海水有一定深度, OBS 落脚位置平坦稳定	三维 OBS 获得的速度结构剖面不能全面展示三维结构体的变化; 目前技术尚无法解决 OBS 绝对回收; 开展三维调查所需 OBS 较多	4 分量记录, 有效探测深度大 (35~40km); 探测范围广 (200~300km); 可接受来自水合物层位的反射横波; 分辨率高, 数据信息丰富, 采集过程中受干扰小; 高数据带宽和信噪比; 可实现长期稳定监测
地球物理测井	测井特征异常 (自然电位、中子孔隙度等异常)	成本高; 单井探测的范围很限; 薄层评价存在困难; 固结程度低的储层, 由于井壁不稳且纵向延伸深度大, 测井曲线质量差	测井方法种类多样, 随钻测井可较精确地获取原位水合物物性参数, 以及水合物发育层段的厚度等
海洋电磁法	存在电磁性差异, 目标体电阻率高出围岩 1~2 个数量级; 横向延伸达到埋深的 2 倍及以上	高频电磁波在海水中衰减迅速, 低信号分辨率低, 故探测深度小 (海底以下 4000m); 对烃类气体识别困难; 对薄层和多薄层都无法识别; 实际应用时需结合其他方法	效率高、成本低; 满足水合物探测深度要求; 对单一水合物储层系统及相邻水合物储层系统分辨率高
室内声学探测	实验室	局限于人工合成的水合物样品及钻取岩心水合物样品尺度的探测; 与真实环境下水合物演化过程中的地层声学特征有较大差别	花费少; 时间消耗少; 实验进行方便

　　一般来说，通过地球物理勘探获得的物理和力学性质参数是平均的、粗糙的。为了获得较准确的数据，必须采用其他的方法，如钻孔取心法、测井法等。

1.4.2　钻孔取心法

　　钻孔取心法是直接通过钻孔，将水合物沉积物地层的岩心取出，然后在现场调查船上或运回实验室内进行相关的实验获得所需要的物理和力学参数[70]。钻孔取心法已被广泛地应用于大洋钻探计划中的水合物地层探测和分析[71]。通过钻孔取心可以进行如下的实验[72]。① 水合物宏观组分和含量的测量及分析。这些组分和含量与物理和力学性质密切相关。分析手段有 X 射线衍射分析、颜色反射分光光度学分析、生物地层学分析、钙微化石分析、孔隙水地球化学等，可以测量碳氢气体和其他要素的含量。② 水合物沉积物的物理性质实验，如用 MST(multisensor track) 测量方法对水合物的热传导系数、湿度和密度以及强度参数进行测量和分析。③ 水合物沉积物的力学性质实验，即通过三轴实验、十字板实验、固结实验等获得应力应变曲线、强度等参数。

　　一般来讲，水合物的形成对原地层有强化作用，分解作用则相反。这是由于水合物分解后地层骨架的结构遭到破坏，同时原水合物承担的作用转移到骨架、孔隙水和气体上。因此，如果取心过程中或者在转移到物理和力学性质测量装置上的过程中水合物发生分解，最后通过实验获得的数据就可能与实际情况有较大误差。因此，在保持原位压力和温度条件下，获取水合物沉积物的岩心对于测定和获得符合实际场地条件的水合物沉积物的物理和力学性质非常重要。由于水合物对温度和压力敏感，这就要求在水合物取心过程中有严格的压力和温度控制[72]。保温保压钻孔取心器就是基于这个目的研制的。大洋钻探计划的工作表明保温保压钻孔取心器是非常重要的工具。这套装置对估算水合物地层中的气体集中程度非常有效，为后续对原状水合物沉积物岩心进行物理和力学性质分析提供了有效保障。

　　尽管人们在取心器的研制方面取得了一定的成果，但是还有很多工作要做，比如如何直接在取心器内进行物理和力学性质实验；如果要转移到其他取心器之外的设备上进行实验，如何在保温保压条件下无扰动地进行转移等。目前人们一般对扰动的影响采用弥补措施，如通过测定岩心电流来测定水合物沉积物物理沉积结构的扰动程度，然后在水合物沉积物物理和力学性质测定实验结果中考虑到扰动程度的影响，对实验结果进行合理的修正，从而得到符合实际的水合物沉积物原位物理和力学特性参数。要做到在无扰动情况下进行实验，搭建直接与取心器有接口的实验设备是最有效的方法。

1.4.3 测井法

水合物测井法是根据在井筒中的测试获得地球物理资料来提取钻孔剖面中可能含有的水合物沉积物稳定带的物理和力学特性，是水合物勘探的有效手段。

由于含水合物地层的组成和结构与其他地层的差异，在测井曲线上就会显示相比于一般地层的异常现象，如高电阻率、小声波时差、自然电位的幅度小、中子测井曲线值较高、中子伽马射线强度高、井径大等。对应这些特点，相应地产生了不同的水合物测井法，如井径法、放射性法、自然电位法、电阻率法、声波法，时域反射法等[73,74]。这类方法在油气勘探方面是成熟的，可供借鉴，因此也可在水合物探测时使用[75]。

水合物井径测井法是利用钻进过程中地层中温度压力的改变引起水合物分解，进而导致井壁坍塌和井径扩大的特点，将井径变化转化为测量仪表的电阻或声波等参数的变化而测量出来，进而通过测量获得的井径变化分析出井周地层物理及力学参数。

水合物放射性测井法是指利用水合物层的核物理性质与其他地层的区别来测量其密度、孔隙、含矿物种类等参数。伽马射线测井法、中子孔隙度测井法等都属于放射性测井法。一般地，水合物的形成过程中不仅要从上下层中吸取淡水，而且要吸收大量下伏层中的烃类气体，同时单位体积水合物中有 20% 的固态甲烷，这就使水合物地层单位体积内含氢量大为增加，而黏土含量减少，导致中子孔隙度的增加；同时地层中自然伽马能谱的强弱与黏土含量有关，自然伽马值随黏土含量的减少而降低。也就是说，水合物的形成导致地层的自然伽马值突然降低，而中子响应较同等状况下水层高的特点。放射性测井法正是利用这些特点来定位水合物层并确定地层中的组分、矿物成分等[76]。

水合物自然电位测井法是利用水合物层在钻井过程中呈现负的电位异常的特点，通过自然电位随井深变化的曲线，判断水合物层位置、饱和度等参数。一般地，随着钻头通过水合物层，水合物会发生分解，引起该层泥浆离子浓度降低，于是泥浆活度降低，进而上下层的高活度孔隙水向该层扩散，且由于氯离子扩散速度比钠离子大，该层泥浆中负电荷数增多而呈现负的电位异常。自然电位测井法正是利用了这一原理。

水合物电阻率测井法是在钻井过程中采用布置在不同部位的供电电极和测量电极来测定水合物层 (包括其中的流体) 电阻率 (电导率)，进而分析地层的物理和力学性质的方法。由于水合物是不导电的，所以在水合物分布区，电阻率曲线会急剧增高。因此，在水合物形成过程中，介电常数和接触面积会同时减小，测量体系的容抗值也会增大。因而通过测量获得的地层的电阻率就可以分析地层中水合物的饱和度，进而分析获得弹性模量、密度等。相对而言，电阻法在测量二氧化碳水合物形成过程中观测效果明显，但是在甲烷水合物中则相反。这是因为前者水溶液中的离子多于后者[77]。

超声探测法是利用声波在不同地层中传播特性不同的特点来测量水合物地层的物理和力学性质的方法。声波吸收是介质将声能转化为热能，从而导致声波衰减。超声波的吸收取决于介质的热传导性、黏滞性等特性。随着水合物饱和度的变化，地层的组分比、弹性模量等都会发生变化，同时水合物分布于地层孔隙中有几种赋存状态：与固相胶结、填充于孔隙、存在于孔隙流体中而不与固相接触等。声速的大小和衰减是水合物沉积物的两个重要性质，不同的水合物饱和度及赋存状态下地层超声波传播过程中的波速和衰减速度差别显著。利用这个特性，就可以通过超声波在水合物地层中的传播数据分析地层中水合物饱和度、赋存方式、密度、孔隙、力学性质 (如弹性模量、泊松比) 等[78,79]。Gei 等[80] 的研究表明声速和水合物沉积物的物理和力学性质主要是孔压、温度和饱和度的函数。

时域反射法 (TDR) 是雷达探测技术的一种应用。在一个已知长度的共轴线上，表观介电常数与脉冲电压的传播速度、时间及线长有一个确定的函数关系式。根据这个原理，由测量得到的脉冲电压的传播速度和时间，就可以计算体系的表观介电常数的变化。电缆中电磁波的传播为横波，其波速受电缆周围介质的影响。测量土岩中的含水量就是应用之一。由于孔隙水和水合物晶体的介电常数差别较大，当沉积物中有水合物生成或分解时，水合物沉积物的介电常数就会产生显著的变化。利用这个特点，就可以通过时域反射数据分析地层中水合物饱和度、含水量等数据，进而分析地层的其他物理和力学参数[76,81]。目前人们已经开展了多场地多场次的测井，积累了一定的测井经验和数据 (见表 1.2)。

表 1.2   世界海域水合物测井概况 [82]

天然气水合物勘探区	项目名称	所用测井方法
中国南海神狐海域	2007GMGS-4，2013GMGS-2 2015GMGS-3，2017GMGS-4	声波、伽马、密度、电阻率、井径、中子、孔隙度
美国布莱克海台	大洋钻探计划 ODP Leg164	声波、伽马、电阻率、井径、中子、成像
美国水合物脊	大洋钻探计划 ODP Leg204	声波、密度、电阻率、核磁、中子
加拿大温哥华外海	2005 年综合大洋钻探计划 IODP311 航次	声波、伽马、密度、电阻率、中子、成像
日本 Nankai 海槽	MITI 1999-200	声波、伽马、密度、电阻率
美国墨西哥湾	联合工业项目 JIP Keathley Canyon	声波、伽马、密度、电阻率
	联合工业项目 JIP II 凯斯利峡谷	声波、伽马、密度、电阻率、井径
印度沿海	印度国家天然气水合物计划 NGHP-01-10	声波、伽马、密度、电阻率
韩国郁陵海盆	UBGH-2	声波、伽马、密度、电阻率、中子
中美洲危地马拉大陆边缘 1982 深海钻探项目 DSDP84 航次		声波、密度、电阻率、中子

1.4.4 触探

1.4.4.1 静力触探

静力触探是利用准静力 (没有或很少冲击载荷) 将内部装有多种传感器的触探头匀速压入土层中,测定探头所受到的阻力、孔压等数据,进而结合贯入阻力与地层物理和力学特性间的关系,通过分析获得地层的物理和力学参数,如土的密度、强度、变形模量、地基承载力等[83]。

从 20 世纪 60 年代开始,荷兰的 Fugro 公司开始将静力触探技术应用于海洋地质调查[84]。2010 年 Marum 公司研制的海底静力触探设备 "GOST" 工作水深已达到 4000m,触探深度 38m[85]。广州海洋地质调查局于 2001 年研制了一套钻孔式静力触探设备,工作水深达 100m,触探深度可达 120m[86]。

按照测量方式和设备的不同,静力触探可分为海床静力触探和井下 (或下孔)静力触探 (图 1.3)。前者是将探头通过探杆从海床面连续贯入土中,这种方式触探路径连续完整;后者是将钻孔与静力触探相结合,先钻孔再触探,循环推进,这种方法触探深度大,但是存在钻孔对地层扰动带来的误差问题[87]。探头主要采用圆锥形,也有 T 形 (T-bar)、圆球形等,后两种主要用于室内实验。

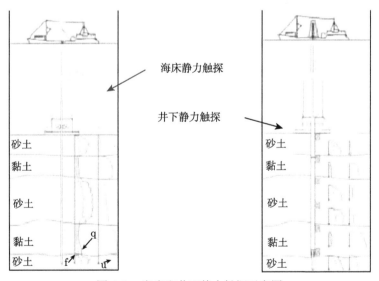

图 1.3 海底和井下静力触探示意图

静力触探施加压力的方式有机械式、液压式和人力式等。由于地层中各种土的软硬不同,探头所受的阻力自然也不一样,这样就可以确定地层剖面及各层的物理和力学参数。

静力触探适用于黏土层、砂土层、水合物层等多种地层，尤其对于地层情况变化较大的复杂场地，以及不易取得原状土的饱和砂土和高灵敏度的软黏土层更具有优势。针对水合物地层，尤其是海底水合物地层，静力触探具有显著的优点，如不需要进行现场保压保温取样；可以获得沿深度连续的地层物理和力学信息等。

1.4.4.2　动力触探

与静力触探不同，动力触探是用一定重量的击锤，从一定高度自由落下产生冲击载荷，将具有一定形状和一定尺寸的内部装有传感器的触探头打入土中，根据贯入击数 (锤击数) 获得地层性质和参数的方法。如果探头是管式标准贯入器，落锤质量采用 63.5kg，该方法又称为标准贯入实验 (SPT)。孔压静力触探实验 (cone penetration test with pore water pressure measurement，简称 CPTU 实验) 由于实验数据重复性好，实验技术较为成熟，数据分析方法和经验较多，一直被广泛地应用在海洋土工调查和评价中，且是必不可少的原位实验之一 [88]。目前，根据 CPTU 实验数据，可获知海洋土的土层剖面、强度、相对密度、固结和渗透参数、液化可能性等较可靠的土性参数和信息。这种方法不仅具有在原位地层实际应力状态进行实验的优点，而且可减少昂贵的原位取心费用，是非常有前景的水合物沉积物原位力学性质测试方法。

根据穿心锤质量和提升高度的不同，国内在陆地上常用的落锤质量分别为10kg、63.5kg 和 120kg 三种，分别称为轻型、重型和超重型动力触探。轻型动力触探适用于黏土和粉土地层；重型动力触探适用于砂土和砾卵石地层；超重型动力触探适用于砾卵石地层。标准贯入实验适用于黏性土、粉土和砂土地层。虽然目前关于深海海底水合物地层的动力触探的研究和实践极少，但是在未来还是非常具有应用前景的。对于究竟采用何种加载方式、多大的幅值、如何进行数据分析等还需要做进一步的研究。目前用于陆地及海底一般地层的原位力学性质测试方法和设备，在用于含水合物地层时则需要作相应的技术改进，比如，为避免水合物受热分解而在探头压入过程中进行温控处理，以防止水合物分解、加入声波和温度测定的综合探头的研制等。另外，由于水合物沉积物的强度较大，水合物沉积物中的水会以液态和固态存在，甲烷会以气态、固态和液态存在，因此对探头的阻力设计以及孔压和气压的设计难度加大，尤其是在孔压的测量方面。

除了采用落锤加载，也有采用自由落体方式、全流动贯入仪等的，但这些目前应用还不多 [89]。

1.5　室内实验

室内实验的目的主要是获得水合物沉积物的物理性质(包括热力学参数、相平衡曲线、密度、孔隙度等) 和力学性质 (如应力应变曲线、强度参数、渗透参数等)。目前用于水合物物理和力学性质测量的室内实验仪器与常规土工实验仪器类似，比如，通过三轴仪测量应力应变曲线、强度参数及渗透系数，通过共振柱测量阻尼、动模量等。但是为了满足水合物沉积物的制样以及保证实验过程中水合物稳定的需要，在常规土工实验仪器的基础上一般要增加低温和高压环境模块，以及水合物合成和分解模块，即提供一定高压和一定低温的环境保障和供气能力；另外，为了监测水合物在沉积物样品中的含量、分布等，还需要增加测量水分的模块，如 TDR 测量、超声测量模块、电阻率测量模块和土工CT 等。

1.5.1 三轴实验

与一般的黏土、砂等沉积物样品不同，水合物沉积物样品对周围压力的降低和温度的升高非常敏感，如果温度和压力的稍微变化和样品短时间暴露到空气中，就会引起水合物的分解，而且其分解的速度也很快。这样就不容许有对水合物沉积物样品的开样、切样以及装样的操作过程，否则样品中的水合物会在这期间发生很大程度的分解，从而影响对原有水合物沉积物样品强度的真实测量。另外，因为水合物对保温和保压取样技术的要求高，目前取得的实际水合物沉积物岩心样品很少，而且在保证水合物不分解时将岩心移到三轴仪上进行实验的难度也很大，所以目前水合物沉积物的室内三轴实验研究主要还是人工合成的水合物沉积物样品。为了克服水合物沉积物合成样品在实验前的水合物分解，必须将水合物合成模块和力学实验系统有效地衔接起来，避开开样、装样等操作引起的减压和温度变化过程。这样建成的专门用于水合物实验的三轴实际上是常规土工三轴的升级。一般是将水合物合成釜与三轴压力室合二为一，增加水合物合成所需的供气装置和温度控制装置，围压装置必须能提供一定的高压，如 2MPa 以上，从而形成低温和高压的水合物沉积物合成与分解及力学实验一体化的装置。当然，为了测量水合物沉积物样品在实验过程中物理性质和力学性质的变化，还需要布置比常规岩土测量更多的装置，如 TDR、电阻等。

美国地质调查局于 2000 年通过改造原有岩土三轴仪 [90,91]，搭建了一套天然气水合物沉积物模拟实验装置 (GHASTLI)(图 1.4)，主要是针对沉积物的声波特性进行实验研究，同时也可测试水合物的多种力学特性。

Hyodo 等 [92] 将一套岩土三轴仪改装成一台水合物沉积物三轴实验设备 (图 1.5)。这套设备的最大设计围压为 30MPa，利用油压源提供；最大反压为 20MPa，利用脉冲电机的旋转和改变从而控制上部气缸的容量。压力室内部温度可调，从而可实现水合物的合成和分解功能。反应釜和压力室合二为一，水合物实验样品包裹橡皮膜外面的液体采用极光盐水，其冰点为 −40℃。

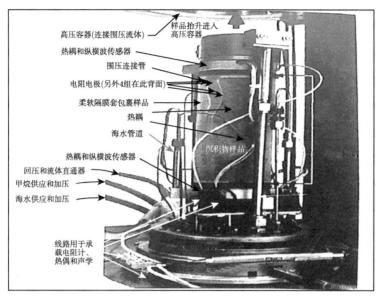

图 1.4 美国 GHASTLI 实验装置[90]

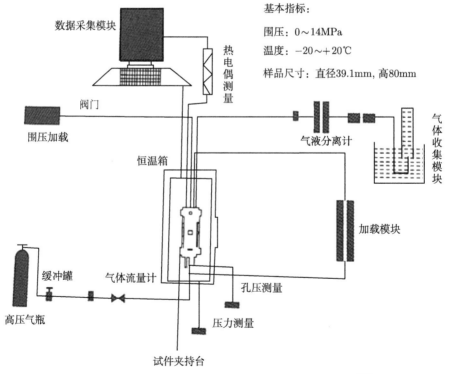

图 1.5 日本水合物沉积物合成与分解及三轴实验装置[92]

1. 结构简介

下面以中国科学院力学研究所 (以下简称中科院力学所) 于 2004 年和 2005 年分别改造自土工三轴的水合物沉积物静动三轴实验装置和后来研制的水合物合成分解及力学性质测试三轴仪为例来说明这类装置的结构及功能 [93−95]。

中科院力学所于 2004 年在原有土工高压静三轴和高压动三轴基础上改造了两套水合物沉积物合成与分解及静动力学强度实验一体化设备 (图 1.6), 主要增加的是水合物合成分解模块 (包括供气、压力室、温控装置), 以及测量装置 (TDR、超声)。将整套装置放置于一个低温室中, 这样可以增加温度保障, 更重要的是制样方便, 以及实验后将样品取出观察时降低水合物分解速率。

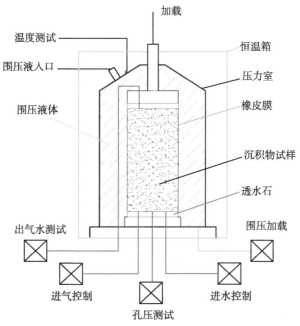

图 1.6 水合物沉积物合成−分解−加载−测试一体化

水合物沉积物合成与力学性质实验一体化装置是指合成/分解、加载、测试三个模块一体化 (图 1.6)。将高压三轴的压力室内的空间作为合成水合物沉积物的反应釜, 以围压加载系统模拟水合物沉积层的地层压力环境, 设置低温控制模块提供低温环境, 温度和压力环境通过橡皮膜外的围压液体传递给沉积物试样, 旁设供气控制系统以及气体排出系统提供气体运移条件, 共同构成水合物沉积物合成/分解模块; 该模块与围压条件下的轴向压缩系统一起构成加载模块。在水合物沉积物合成后, 可以在保持低温高压环境不变且水合物沉积物不受扰动的情况下直接进行三轴剪切实验。温度、孔隙压力、含水量、声波测量装置共同构成温度测试模块，温度测量用于检测低温控制系统的工作状况和精度，作为控温调试的依据；孔隙压力的测试一方面用于计算沉积物试样的饱和程度，另一方面可以得到水合物形成过程中的沉积物内孔隙水压力的演化规律，提供判断水合物沉积物合成程度的简便方法。

2. 技术参数

水合物沉积物的合成与分解及力学性质一体化实验装置 (结构示意图见图 1.7(a)) 的技术参数如下：油压系统可以提供 0~14MPa 之间 (精度为 0.7%) 的围压，低温控制系统可以提供 −20~20℃ 之间 (精度 2.5%) 的温度；供气系统中气瓶内气体的压力为 0~10MPa，通过缓冲罐可将气体压力升高；缓冲罐 (承压 25MPa) 一方面作为高压气源提供合成所需的气体与压力，另一方面保证气流压力平稳以及防止管路中气体膨胀压力过大；流量计采用数字式质量流量计以记录瞬时流量与累计流量，量程 500mL/min，精度 0.1%，适用压力 10MPa；数据采集系统用于记录压力室内温度 (热电偶)、土试样内孔隙压力 (压力传感器)、气体流量、载荷等数据；在水合物合成过程中，通过流量计记录从缓冲罐进入土试样内的气体量，但部分气体由于溶解或缓慢渗漏等原因进入提供围压的防冻液体中，使得流量计记录的气体总量的数据大于合成水合物所消耗的气体量,因此,合成时输

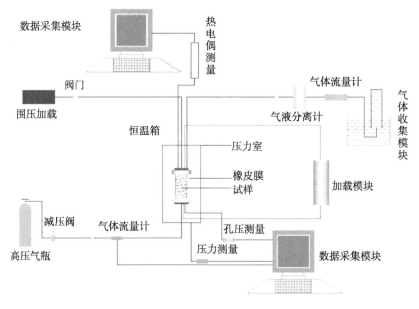

(a) 水合物沉积物合成与分解及力学性质一体化实验装置示意图

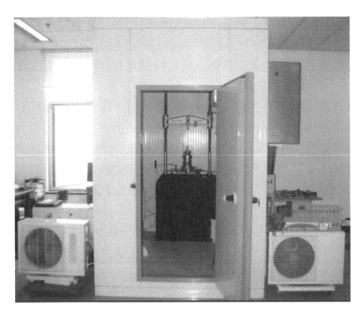

(b) 水合物沉积物合成与分解及力学性质一体化实验装置实物图

(c) 气体收集系统

图 1.7 水合物沉积物合成与分解及力学性质一体化实验装置

入土试样中的气体总量只能根据要合成的水合物饱和度设定值和实验经验来估计,不能完全用作水合物饱和度计算。鉴于此,基于排水法设计了用两个 3L 的有机玻璃容器连接而成的气体收集系统,测量水合物分解后产生的气体量来计算合成的水合物的饱和度。根据经过两种方法计算的水合物饱和度确定合理的值。三轴实验可以控制轴向剪切速度或轴向压力。

　　水合物沉积物的力学实验系统主要包括压力室、轴向加压或扭剪系统、围压和反压系统、变形和孔压测量系统等。通过在实验过程中测量试样的应力、孔压、轴向应变或扭剪应变、体变等数据，从而得到水合物沉积物的应力应变曲线及强度指标。

　　这套水合物沉积物的合成与分解及力学性质一体化实验装置不仅能模拟含沉积物的天然气水合物的合成和分解过程，还能进行水合物的物理性质 (密度、孔隙率、热传导系数) 和力学性质 (应力曲线、强度、渗透性) 实验。它的各系统之间既可相互独立实验，又可互相依存地进行整套实验，既模拟不同沉积物中水合物的合成和分解过程，也可同时或随后进行水合物沉积物的物理性质和力学性质实验。

　　后来，在前期设备应用的基础上，将静力学与动力学实验模块集成到一起，并且对测量系统进行改进，于 2015 年搭建了一套新的水合物沉积物合成与分解及静动力学实验系统，该系统基于美国 GCTS(Geotechnical Consulting & Testing Systems) 公司的高压低温三轴仪建设。

　　这套新系统的水合物沉积物合成与分解模块主要包括反应釜、低温控制系统、高压供气、声、光、电学监测系统和计算机自动采集、处理数据和控制系统。水合物合成和分解系统的总体特点应为：设计压力高 (最大设计压力为 30MPa)、温度范围大 (设计温度为 $-40 \sim +100°C$，高温主要为研究水合物分解特性使用)，可通过添加表面活性剂及反复升降温等方法来加速水合物合成的速度，以及增加水合物饱和度。加载模块除了能施加静载荷，还能施加各种波形的动载荷。这套系统的自动化程度高，包括多通道计算机数据采集与实时显示、自动控制和预警等，测试手段多样，除了能够进行常规的温度、压力、应力应变、流量测量，还具有超声、电阻、TDR 测量装置等。

　　目前在水合物沉积物实验系统中比较常用的测量水合物组成成分、密度、孔隙率和热传导性等性质的方法和技术主要有：

　　(1) 超声检测技术，即根据实测的声学参数 (如声速、频率) 及其衰减来反演水合物沉积物的孔隙度、饱和度以及弹性模量等参数。超声检测方法一般是在水合物沉积物试样的两端各放置一个声波发射和接收的探头，利用超声波声学参数随水合物赋存状态的变化，通过观察声波的波速和频率变化来判断岩心中水合物的生成和分解过程 [96]。Winters 等 [97] 研究了不同沉积物中水合物对声学参数的影响，得到了水合物充填孔隙及胶结性可增加沉积物强度等结论。

　　(2) 光学摄像技术，即根据水合物对光的透过率变化来分析水合物的生成和分解，但光学检测要求反应釜必须是透明和透光的，考虑到反应釜必须能够承受几十兆帕的高压以及红宝石蓝材料的昂贵，目前多数采用在反应釜上开个小的红宝石蓝窗口来进行光学观测或目测。该测量技术是利用甲烷–水体系在水合物合成过程中，当温度降到一定值时光通过率综合值会突然降低，此时水合物大量生成；当温度升高到一定值时，光通过率综合值上升，表明此时水合物大量分解，证实了光学检测的可行性[98]，但光学检测结果还是比较粗糙的，只能定性却不能很好地定量检测水合物生成和分解的程度。

(3) 电学检测技术，主要是指电阻法和电容法。其中电阻法主要针对 CO_2 水合物等可溶于水并可电离的气体。如果用于甲烷水合物研究，则要利用含有离子的水溶液进行实验。因为甲烷水合物在生成或分解过程中需要吸收或释放水，所以根据测量的水变化量引起的电阻减少量或电容值的变化就可以判断水合物生成或分解情况[99]。除了用电阻测量，电容值测量也可用来判断水合物的生成或分解[100]。目前这两种方法还存在局限性，应用于水合物分解或合成研究尚待完善。

(4) 岩土 CT、核磁共振 (MRI) 及中子衍射 (ND) 技术，是观测水合物生成微细观结构的理想方法，可观察在水合物沉积物生成、分解过程中试样的密实度、水合物分布情况以及剪切过程中微观裂缝的出现。通过 CT 扫描[101,102] 或者 MRI[103] 的定量信息可以比较清楚地观察到土体中水合物的形成/分解过程及分布状况。

(5) TDR 技术，即根据介电常数和含水量的关系，由测量的节点常数变化，计算水合物形成和分解过程中的含水量变化，进而计算水合物的变化量。TDR 技术最早用于电缆阻抗的测试以检测通信电缆的故障，后来有人利用 TDR 技术可以测量介质的介电常数的特点，设计和制作了多种探头来测量土壤中的含水量，并进行了多种方法的对比实验，证实了介电常数与许多土壤的含水量具有很好的相关关系，并提出了估算含水量的经验公式。经过 20 多年的发展，目前 TDR 探头已有很多类型，并可实现非扰动定位的瞬时测量。Wright 等[104] 成功应用 TDR 技术测量水合物在生成和分解过程中的饱和度变化。业渝光等[105] 发明了一套结合超声和 TDR 技术的水合物测量装置，该装置在高压反应釜内设置 TDR 检测仪和两个 TDR 探头，在样品上下两端分别放置超声发射和接收探头，这样就可以同时探测岩心中水合物的含水量和声学特性参数，消除了用不同装置分别探测带来的误差。

3. 三轴实验步骤

经过多年的探索性实验工作，得到如下的合理实验步骤，包括水合物沉积物的样品制备与三轴剪切实验两部分。

1) 水合物沉积物样品制备

目前人们除了针对甲烷水合物沉积物、二氧化碳水合物沉积物等样品进行三轴实验，还用四氢呋喃水合物样品进行了大量的三轴实验及其他模型实验。因为四氢呋喃在 +4℃ 以下和常压条件下即可形成水合物，室内实验简单易行，而且四氢呋喃水合物沉积物与甲烷水合物的物理和力学性质接近。表 1.3 为四氢呋喃水合物与甲烷水合物的一些物理特性的对比情况。因此，用四氢呋喃水合物样品进行力学性质实验既可得到反映接近甲烷水合物沉积物物理和力学性质的结果，又可大大节省时间和经费，同时安全性更好。

表 1.3　四氢呋喃水合物与甲烷水合物的物理特性对比

	四氢呋喃水合物	甲烷水合物
热传导系数/(W/(m·K))	0.45~0.54	0.4~0.6
比热/(kJ/(kg·K))	2.12	1.6~2.7
容重/(kg/m³)	997	913
分解热/(kJ/kg)	270	$-1050T + 3.53 \times 10^{6}$($T$ 为温度)
热扩散系数/(m²/s)	$2 \times 10^{-8} \sim 4 \times 10^{-8}$	

a. 甲烷水合物沉积物样品的制备。

(1) 根据气体压力、气量、温度、水量和气–水–水合物三相平衡 p-T 曲线，预先通过理论计算出制备到设计的水合物饱和度所需要的含水量，将制备好的岩土沉积物骨架样品用橡皮膜包好并放置于高压三轴的压力室内，并通过样品底部的管路注入含有少量十二烷基硫酸钠与四氢呋喃 (加速水合物合成) 的水溶液使土样达到设计的水饱和度。如果制备低饱和度水合物沉积物样品或对时间不要求，可不注入添加剂。该方法是通过控制供水量，以提供足够的气体量，来控制水合物的合成量。

(2) 检查高压气体管路的密封性，在密封正常的前提下，缓慢施加围压和气压至水合物合成所需要的压力值，并在该过程中始终保证围压稍大于气压，以防止橡皮膜破坏。

(3) 保持该压力值通气 24h，使气体尽量均匀并溶解在土样的孔隙水中，以利于合成的水合物在样品中分布均匀且增加合成速度和水合物饱和度。

(4) 启动制冷机，使恒温箱内的温度降至水合物合成所需要的温度值，并根据不同水合物的合成情况，保持适当的时间直到进气量和孔隙压力不再变化。使用恒温箱的目的是保证样品在水合物合成期间的温度恒定。

(5) 通过反复 2 次以上的升温和降温的合成和分解过程，以提高水合物合成效率和饱和度。对于制备低水合物饱和度的实验，这一步骤可以省略。

(6) 通过气体流量计测量消耗气体的累计量，根据水量和气量估算可能形成的最大水合物饱和度 (这一水合物饱和度可能偏大，需要根据分解气体量进行校核)，当达到实验设计的水合物饱和度时，关闭气源阀门，待孔隙压力降为零时认为水合物合成完成，这一过程需要 2~3 天时间。注意，对于其他类型的气体水合物沉积物，如二氧化碳水合物沉积物样品的制备，与甲烷水合物沉积物样品的制备方法一样。

b. 四氢呋喃水合物沉积物样品的制备。

由于黏土和砂土渗透性差别大，四氢呋喃水溶液能较容易进入砂性土，但是难以进入黏性土。因此，利用这两类土骨架制备水合物沉积物样品时，最好采用不同的方法。

a) 砂性土四氢呋喃水合物沉积物样品的制备。

(1) 根据实验要求的水合物饱和度，配制对应体积的质量浓度为 19% 的四氢呋喃水溶液 (如果需要水合物形成后孔隙中在低温下还存在液体，则升高质量浓度；如果需要孔隙中存在冰，则降低浓度)，将溶液从土样顶部绕圆圈缓慢均匀滴入使其逐渐向下入渗，直到滴入的量达到设计所需的总量。

(2) 迅速将含四氢呋喃水溶液的样品放置到三轴仪的压力室内，施加一定的围压，并启动低温控制装置使压力室内降温至设定的值，一般为 0~2℃ (四氢呋喃水合物的合成温度为 4.4℃，压力为标准大气压)。

(3) 制冷 2~3 天后，认为四氢呋喃水合物沉积物样品制备完成，可以进行三轴剪切实验。

b) 黏性土四氢呋喃水合物沉积物样品的制备。

(1) 因为渗透性低，时间要长才能保证溶液充分进入土骨架，故对于黏性土骨架采用浸泡法制样。将制备的土样放置在密闭容器中，保持密闭容器与抽真空装置、储液装置相连通，在密闭的储液装置中盛放与合成所需饱和度对应的一定体积比的四氢呋喃水溶液。

(2) 先打开抽真空开关，对土样抽真空 2h，然后打开储液装置开关，向密闭容器中自上而下浇注溶液，直到液面超过土样 2cm。该过程分两次完成，间隔抽真空 5min。保持此状态，让土样浸泡 2 天。

(3) 将制备好的样品放置在三轴压力室内，施加一定的围压，并启动低温控制装置使恒温箱内降温至设定的值，一般为 0~2℃。

(4) 制冷 2~3 天后，认为四氢呋喃水合物沉积物样品制备完成，可以进行三轴剪切实验。

2) 水合物沉积物三轴剪切实验

(1) 待水合物沉积物样品制备完成，调整三轴压力室的围压和温度，以模拟不同水合物沉积层赋存环境。

(2) 按一定的轴向变形速度 (一般可设定为 0.9mm/min，如果要研究慢速率或快速率或速率影响，可设为其他的值) 进行三轴加载实验。实验过程中记录载荷–变形数据直至破坏。加载期间如果要进行样品的 CT 扫描，则应该在扫描期间固定载荷。

(3) 加载过程结束后，连接气体收集系统，升高压力室温度或降低围压使水合物缓慢分解，通过测量气体排出的水量计算水合物分解生成的气体的量，进而计算水合物的饱和度。如果需要观察和测量实验后样品外观几何参数，如表面裂纹、直径及高度的变化量等，则应该采取降低压力的方法，以防止水合物分解后强度和模量降低，导致较大的变形。

（4）由载荷–变形数据绘出应力应变关系曲线，做出莫尔圆，求水合物沉积物的强度参数：内摩擦角和黏聚力。如果同时进行了 CT、NMR 测量，则将相关的结果整理出来。

若制备水合物样品时的围压较剪切实验时的围压小，尤其当沉积物中水合物含量较大，如达到 80％孔隙率时的三轴实验结果，则一般较低饱和度或者制备水合物样品时的围压较三轴剪切实验时的围压高的实验结果低。因此，在制样时要考虑实验条件和制样条件的匹配。

1.5.2　基于保压岩心分析及传输系统的物理和力学参数测量

由于水合物需要在一定的低温和高压条件下稳定存在，传统的岩心取样和运移方法用于水合物岩心时会产生扰动，改变其温压条件，导致水合物分解，在此基础上进行实验获得的物理和力学参数与真实值将存在误差。为了解决这个难题，最好是将取心器与实验装置连接起来，保持两者间的温压相同。Fugro 公司研制了这样一套保压岩心分析及传输系统 (PACTS)，该系统已多次用于海上水合物取样及实验工作，并不断进行改进 [106–109]。下面介绍这套装置的基本结构与功能。

PACTS 是保压取心器和利用保压岩心进行实验的接口或中间环节。它可以利用机械装置将来自独立的取心高压室内的岩心在保压保温条件下转移到实验测量室并进行岩心质量评估、无损测量 (X 射线测量、照相等)、接触测量 (超声、电阻等)、二次取样 (将岩心切割成段)，以及力学参数实验 (如三轴实验等)。

目前的 PACTS 可以接收外径 63mm、管壁厚 4mm、长度 3.5m 的塑料衬管中的岩心，最大工作压力 35MPa，工作温度范围 4~30℃，岩心线性移动精度 0.1mm，岩心旋转移动精度 ±0.1°，系统总长度 18.3m，系统重量约 24t。PACTS 的核心和关键是由计算机控制的精确的岩心移动部分。除了保证岩心水平移动，还使用了一个辅助装置使得岩心可以转动，以满足进行 X 射线图像测试以及岩心分割的需要。供力学参数测试的试样的制备是将保压保温岩心样品从岩心衬管挤入实验室，然后用一个标准的防渗橡胶膜包裹。

该装置还配备了一套三轴实验系统。该系统能对保压岩心样品进行大、小应变力学参数实验，以及渗透率测量。小应变实验时采用共振柱加载头进行，大应变实验时使用三轴实验加载头进行。图 1.8 是 PACTS 三轴系统的主要部件。该系统由一系列的互相连接的部件组成，包括下部马达驱动的操作部件、将岩心从 PACTS 转移到三轴的保压保温传送管道、三轴加载实验部件及上部马达驱动的操作部件，可使保压岩心在最高 25MPa 围压下进行实验。

水合物沉积物的合成与分解和强度性质实验一体化设备仍存在很多问题, 比如, 三轴实验中的土样尺寸较小 (样品的直径和高度一般有两种规格: 39.1mm × 80mm 和 61.8mm × 150mm), 将沉积物样品提前制备好且包裹在橡皮膜内, 天然气只能通过细管在高压下从土样底部进入, 因此甲烷气体在沉积物中自下而上地流动中由于橡皮膜的可胀缩性和土样上下受到高压气体冲力等因素, 会不可避免地造成气体在沉积物中分布不均匀, 如在土样与橡皮膜之间及土样与透水石之间的气体多于其内部, 并且其内部的气体也分布不均匀等, 使得水合物在土样内部的含量比外部和两端部分少。同时水合物的合成需要有足够的水分, 且要求气体处于脉动和紊流等扰动状态并有结晶成核中心存在, 要实现这些效果, 除了添加表面活性剂, 还需要增加振动和搅拌设备使气液充分混合, 以致合成的样品中水合物形成快速且分布均匀。但三轴压力室内空间有限且样品底座固定, 连接后有多个排水孔, 以及孔压和温度等传感器的管路, 所以设计和加装这些设备的难度非常大。

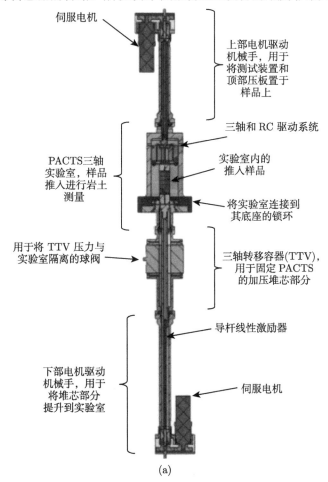

(a)

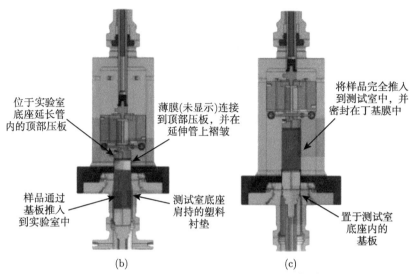

图 1.8　PACTS 三轴系统的主要部件[108]

目前水合物沉积物合成与分解和力学性质一体化实验设备还需要改进的主要技术和测量问题有：采用何种技术手段使得沉积物中形成的水合物分布均匀，并且使水合物的含量和分布情况可控可测；如何定性判断水合物在沉积物中合成过程中形成时间以及分解过程中水合物的分解程度；如何了解水合物沉积物的微细观结构以及观察剪切过程中微观裂缝的发生和发展。这些将直接决定水合物沉积物力学强度实验结果的精确度。

1.5.3　直剪实验

直剪仪是主要用于室内测量土体抗剪强度的仪器，也可以测量体变特性等参数。这个功能与三轴类似，但是测量的应变范围比三轴大。直剪仪的实验原理比较简单，即将试样放在扁平的剪切盒中，它在一水平面上被分为上、下两部分，一半固定，另一半或推或拉以产生水平位移。这样，直剪仪不仅可以进行同一种材料的实验，而且可以在上下两盘采用不同材料时进行不同材料间摩擦特性的实验。上部通过刚性加载帽施加正的竖向载荷，实验过程中该竖向载荷一般不变，实时测量剪切过程中的水平向剪切载荷、水平位移。因此其剪切面是预先确定的。加载方式一般分为应变控制式和应力控制式两种[95,110,111]。

为了测量剪切过程中水合物沉积物的应力应变响应，需要使用具有精确温度和压力控制功能的直剪装置。如图 1.9 所示，水合物沉积物直剪仪主要由五部分组成：剪切盒部分、水平和竖向加载部分、温度控制部分、气体供应部分和数据采集部分，整体结构示意图中标出了各个零部件的组成与作用。如果将直剪仪整体放于低温室中，则直剪仪上的温控装置可以省去。

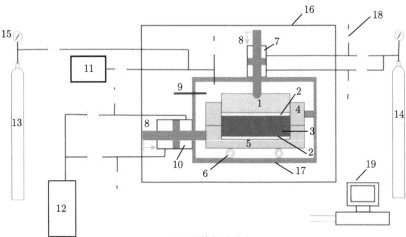

(a) 整体构造示意图

(b) 剪切盒单元内部结构图

(c) 高压釜体外观结构图

图 1.9 水合物直剪仪 [111]

1. 传压板；2. 透气垫片；3. 人工试样；4. 上剪切盒；5. 下剪切盒；6. 滑轮支撑；7. 坚向加载活塞；8. 位移计；9. 温度探头；10. 水平加载活塞；11. 真空泵；12. 平流泵；13. CO_2 气源；14. N_2 气瓶；15. 减压阀；16. 温控室；17. 压力釜；18. 截止阀；19. 数据采集系统

目前将直剪仪用于水合物力学性质测试的工作开展得不多，且用直剪仪制备甲烷水合物难度大，主要是由于不便于提供围压和密封条件，故用四氢呋喃制备水合物沉积物样品的较多，也有部分甲烷水合物沉积物实验结果。

试样制备和实验方法如下 [95,111]：

(1) 试样压制。根据所需的水合物饱和度确定含水量，将土骨架与水充分混合成设定的含水量并搅拌均匀，然后将混合物放入与标准环刀相匹配的直径 61.8mm、厚度 20mm 的压力盒中。使用液压千斤顶压制一定时间 (一般 5~10min)，制成需要的重塑样品。如果实验采用原状样，则这一步可省略。

(2) 通过标准环刀将压制完成的样品 (或原状样) 挤入剪切盒中，在样品的顶部和底部放置透水石便于水气渗透。封闭压力反应釜和温控装置，连接气体供应管线，并打开采集系统记录实时数据。

(3) 对整个设备管路抽真空 (砂土的抽真空时间为 5~10min，黏土的抽真空时间需 30min 以上)，然后将气体注入压力反应釜中。通过调压阀维持预设气体压力，并保持 24h 使气体在试样中充分渗透和溶解。如果是制备四氢呋喃水合物沉积物，则注入四氢呋喃溶液。

(4) 调节反应釜的压力和温度到预设值，并维持到水合物合成完成，即直到压力停止下降，气体停止消耗。

(5) 待水合物合成完毕，调节竖向活塞对试样的竖向应力至设定值，然后通过恒流泵调节水平活塞以设定的恒定剪切速度推动剪切盒水平运动，其间实时采集各项数据，在剪切位移达到设定值后实验结束。

1.5.4   共振柱实验

共振柱实验是进行低频动态性能测试的重要手段。共振柱的实验原理是通过激振系统，使试样在特定的频率条件下发生共振，从而确定试样的弹性波速，进而分析试样的弹性模量、剪切模量和阻尼比。

共振柱实验的试样可以是圆柱形的，也可以是空心圆柱形的。试样可以是一端固定，一端自由；或者一端固定，另一端为弹簧和阻尼器支承，如图 1.10 所示。

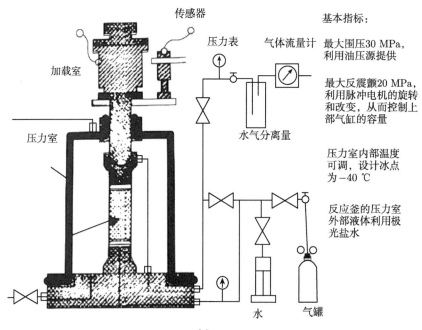

(a)

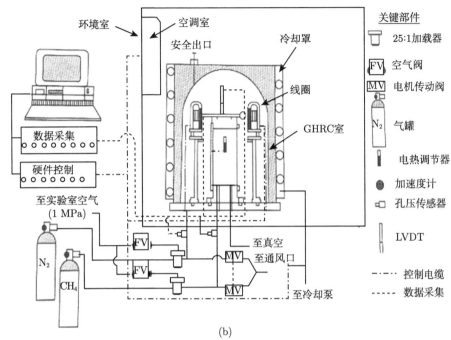

(b)

图 1.10 扭剪共振柱实验装置图 (a)[30] 和水合物共振柱装置 (b)[31]

激振可以是轴向激振,也可以是扭剪激振。在确定阻尼比时,当自由振动和稳态激振达到试样共振频率时,切断激振器电源使试样发生自由衰减振动,从其振幅和振次关系曲线确定土的对数递减率和阻尼比。

Clayton 等[110] 在常规土工共振柱仪基础上增加了水合物合成与分解模块,最后形成水合物沉积物合成和扭剪共振柱实验一体化设备,参见图 1.10。设备通过氮气加压,最大反压可加到 20MPa。温度由一个环境温度箱和内置压力室夹套控制,最低温度可达到 −20℃。通过合成甲烷水合物砂样的共振柱实验,得到了在 0.25∼2MPa 范围内甲烷水合物含量对砂样沉积物的剪切模量、体积模量以及阻尼比的影响。

共振柱实验数据分析方法与常规土工共振柱的一样,剪切模量由下式获得

$$\frac{I}{I_0} = \beta \tan\beta \tag{1.1}$$

其中 I 是样品的惯性矩,I_0 是驱动盘的惯性矩,β 为

$$\beta = \frac{\omega_{\mathrm{n}} L}{V_{\mathrm{s}}} \tag{1.2}$$

其中 ω_n 是样品和驱动盘系统的共振频率, L 是样品长度, V_s 是样品的剪切波速。

设样品材料是各向同性弹性的, 则剪切模量可以由剪切波速 V_s 得到

$$G = V_s^2 \rho_b \tag{1.3}$$

其中 ρ_b 是样品的体积模量。

用自由振动衰减方法分析阻尼。阻尼比 D 由下式确定:

$$D = \sqrt{\frac{\delta^2}{4\pi^2 + \delta^2}} \tag{1.4}$$

其中对数衰减 δ 通过求连续循环周次与幅值峰值曲线的斜率得到

$$\delta = \frac{1}{n-1} \ln\left(\frac{\theta_1}{\theta_{n+1}}\right) \tag{1.5}$$

其中 θ_1 和 θ_2 是自由衰减条件下两个不同时间的振幅峰值, n 是第一个峰值和第二个峰值间的循环周次, 由将样品理想化为悬臂梁时的弯曲共振参数求得。利用 Rayleigh 方法, 且考虑顶盖和驱动头部件作为 N 个分布质量 m_i, 杨氏模量由下式确定 [111-114](忽略弯曲应变能):

$$V_{lfx} = \sqrt{\frac{E_{flex}}{\rho}} \tag{1.6}$$

其中

$$h(h_{0i}, h_{1i}) = 1 + \frac{3(h_{0i} + h_{1i})}{2L} + \frac{3}{4}\frac{h_{1i}^2 + h_{0i}h_{1i} + h_{0i}^2}{L^2} \tag{1.7}$$

h_{0i} 和 h_{1i} 分别是从样品顶部到每个质量块 i 的底部和顶部的高度, E_{flex} 是样品的弹性模量。

弯曲产生的纵波速度为

$$V_{lfx} = \sqrt{\frac{E_{flex}}{\rho}} \tag{1.8}$$

试样制备的实验步骤如下 [111]:

(1) 采用对开模制土样, 在底座上依次放置刀盘、透水石、滤纸, 然后将乳胶膜套于刀盘底部并扎紧, 采用对开夹具将底座和乳胶膜锁紧, 将乳胶膜另一端从对开夹具上端翻出、整平, 使其与对开夹具内壁紧密贴合, 且翻出部分平整贴于对开夹具外壁, 便于后续装样。

(2) 根据水合物饱和度计算含水量，将水和土混合搅拌均匀。如果是制备四氢呋喃水合物沉积物，则将土体与设定质量浓度的四氢呋喃水合物沉积物均匀混合。

(3) 将配制好的含水土体 (或含四氢呋喃溶液的土体) 分层填充到乳胶膜内，在填充过程中进行分层压实刮毛，直至预定的试样高度 (比如一般的试样尺寸为直径 70mm，高度 140mm)。

(4) 在土样顶部依次放置滤纸和透水石，然后将连接试样和驱动盘的顶帽安放在试样顶部，将夹具外壁的乳胶膜上翻，使其平整贴于顶帽外壁，扎紧乳胶膜。

(5) 将驱动盘放置于顶帽上，然后通过四个水准螺母调节驱动系统的高度和水平，使每个磁铁和线圈处于水平居中状态，避免磁铁和线圈之间相互接触及影响振动过程。

(6) 连接加速度计的电缆、驱动线圈电缆和孔压管路等管线接头等部件，然后抽真空排出试样内部的空气，并产生负压使乳胶膜内的土样能够依靠吸力维持自身结构的稳定，方便对开模的拆除。

(7) 用反应釜盖住土样，将围压和温度调节到设定值，接通供气管道 (如果是四氢呋喃水合物沉积物，则不连接)，将这个状态维持足够的时间 (四氢呋喃水合物沉积物一般至少 24h，甲烷水合物一般要 48h 以上，制备高水合物饱和度样品还需要升降温几次，并延长时间)。

(8) 试样制备完成后，通过强迫振动模式和自由振动模式获得不同有效应力和剪切应变条件下的共振频率和自由振动衰减曲线，采集实验数据并进行分析。

1.6　水合物沉积物力学参数实验

人们通过声波测量、电阻测量、三轴压缩、扭剪或共振柱实验等手段获得水合物沉积物的模量、阻尼和强度等参数。

Winters 等 [90,91,97] 利用 GHASTLI 装置进行了一系列的水合物沉积物应力应变实验。他们对加拿大的 Mallik 马更些三角洲 (Mackenzie Delta)Malik2l-38 井 1150m 深度内钻取的几个原状水合物沉积物岩心样 (含甲烷水合物的砂样) 和几个室内合成样品 (含甲烷水合物的渥太华砂室内合成样和含冰的人工砂样) 进行了声波和三轴压缩实验，获得了不同介质充满沉积物孔隙时和水合物在不同合成方式下对应的声波特性，以及不同孔隙度的沉积物强度、孔隙压力变化等力学特性。他们的结果表明，与不含水合物的试样相比，原状和重塑水合物沉积物样品的剪切强度和压缩波波速都增大，增大的比例取决于水合物的含量和分布、沉积物的性质和实验条件，但因原状和重塑水合物沉积物样品少和取样地区的局限，实验研究结果仅是对水合物沉积物的应力应变关系和强度等力学特性的初步认识 (图 1.11，图 1.12)；取自现场的水合物并未与沉积物颗粒胶结，而他们实验室合成的甲烷水合物的渥太华砂沉积物样品中的水合物却与沉积物颗粒存在胶结现象，即水合物对水合物沉积物物理和力学性质的影响在原状与室内合成水合物沉积物样品中的结果可能是不同的，这与水合物合成方法有关，故当使用基于人工合成样品进行实验以及利用实验结果建立物理模型预测实际水合物沉积物的物理特性时，必须考虑到这一点；对于沉积物的孔隙中分别充满水合物和冰时的声波特性，随着不同介质充满孔隙空间，纵波速度范围很宽，从充满气体时的低于 1 km/s 到全部充满水时的 1.77~1.94 km/s，当充满不同水合物含量时，波速变化范围为 2.91~4.00 km/s，充满冰时为 3.88~4.33 km/s。相对来说，细颗粒水合物沉积物的波速较低 (1.97 km/s)。粗颗粒水合物沉积物中的孔压在剪切过程中降低，而细颗粒水合物沉积物中的则相反。总的来说，水合物或冰填充的沉积物的波速呈增加趋势，增加程度与其含量和填充物与岩土颗粒间的胶结特性有关。

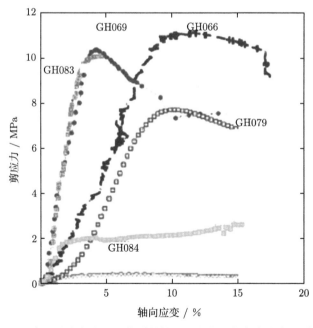

图 1.11   在孔隙中包含不同物质的筛分渥太华砂的应力应变关系 [90]

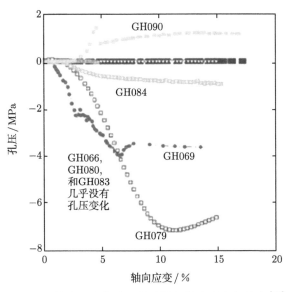

图 1.12　筛分渥太华砂及黏质粉土的孔压应变关系[91]

　　Hyodo 等[92] 利用改造的三轴装置对含甲烷水合物的砂样进行了一系列室内实验，考察了水合物饱和度对水合物沉积物物理和力学性质的影响，得到了甲烷水合物砂样的应力应变和强度与温度、反压、有效围压和甲烷饱和度的关系，以及甲烷分解过程中砂样体积应变的变化与有效围压、剪应力和临界孔隙比的关系。结果表明：形成甲烷水合物过程中的温度和压力对甲烷水合物砂样的强度没有影响；甲烷水合物砂样的物理和力学性质取决于与温度、反压、有效围压和甲烷水合物的饱和度。另外，在甲烷水合物分解过程中，当无剪应力施加时，不论有效应力是否减少，其体积应变有剪胀的趋势；当有剪应力施加时，其剪切变形的发展和变化趋势则根据是否达到临界孔隙比而变化，同时甲烷水合物的饱和度也会影响体积变化量。Masui 等[32,115] 和 Yoneda 等[116] 利用这套装置对在日本南海 Nankai Trohgh 地区钻取的 4 个原状水合物岩心以及实验室不同制取方法获得的重塑样进行三轴实验，结果表明，水合物饱和度的增大对水合物沉积物的强度、弹性模量的增强起促进作用，水合物沉积物强度的提升主要归因于黏聚力的显著增加，内摩擦角无明显增大。通过对比发现，虽然两种样品的强度基本相同，但变形特性以及应力应变走势即应力–应变和体变–应变关系明显不同。前者的切线弹性模量 E_{50} 平均值明显低于后者约 200MPa；原状样的泊松比一般在 0.1~0.2，合成样的泊松比在 0.05~0.22，两者的泊松比与水合物饱和度之间都没有明显的相关趋势，即泊松比与水合物饱和度关系不大。他们认为原状样和合成样的变形特性的不同主要是由于初始孔隙比和沉积物颗粒级配的不同造成的。

　　水合物可能分布在砂土、粉土、黏土等多种土体中，力学性质如屈服应变、屈服模量、屈服强度也因而有较大差别，同时有效围压、饱和度、温度等因素对力学性质的影响也较大。人们利用三轴压缩实验对这些因素的影响进行了一系列的实验[117-120]，利用中国科学院力学研究所自行研制的水合物沉积物三轴实验一体化装置，鲁晓兵等[121,122]通过实验室制备的四氢呋喃水合物沉积物开展力学性质实验，获得了不同围压和饱和度下纯水合物和水合物沉积物在分解前后的应力应变曲线以及强度；张旭辉等[123,124]利用原位合成法制得的含四氢呋喃、甲烷、二氧化碳水合物以及冰水合物的实验研究表明，一般情况下，围压和水合物饱和度越大，水合物沉积物的抗剪强度越大，且在饱和度相同时，4 种沉积物强度各不相同。但在某些情况下，如高围压，尤其是制样时围压低于剪切实验室温压的情况下，强度反而低。这可能跟试样在高围压下屈服或破坏有关。在高饱和度时，如果因膨胀出现微裂纹，也可能出现强度降低现象。下面以中国科学院力学研究所的三轴实验结果为例来具体说明各类水合物沉积物的应力应变曲线、强度参数随主要因素的变化规律。

　　实验样品的土体骨架按颗粒从粗到细有砂土、烧制黏土、粉细砂土、黏土，水合物有甲烷水合物、四氢呋喃水合物、二氧化碳水合物。为了对比，首先进行了纯冰、纯四氢呋喃水合物、土骨架的三轴实验。甲烷水合物样品制备时通过初始含水饱和度控制水合物饱和度，结合控制温差法和温度振荡法加速水合物合成速度和提高合成的水合物饱和度。

1.6.1　纯冰、纯水合物三轴实验结果

　　纯冰的应力应变曲线呈典型的应变软化特点，当应变为 1%~2% 时达到偏应力峰值，偏应力峰值随围压增加而增加 (图 1.13)。在实验中，制样时冷冻时间为 5 天，纯冰的应力应变曲线与冰冻时间有关，时间越长，强度越高。

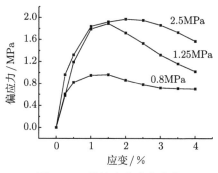

图 1.13　纯冰应力应变曲线

在三轴固结排水条件下，四氢呋喃纯水合物表现出脆性性质，达到峰值时的应变较小，在 2% 左右 (图 1.14)，并且围压越大，对强度的影响越小 [15]。

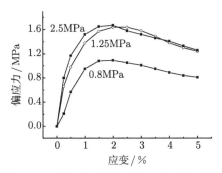

图 1.14　四氢呋喃纯水合物应力应变曲线

1.6.2　蒙古砂为骨架的四氢呋喃水合物沉积物三轴实验

蒙古砂的基本土性参数为：比重 2.648，相对密度 0.45~0.6，颗粒级配曲线如图 1.15 所示。

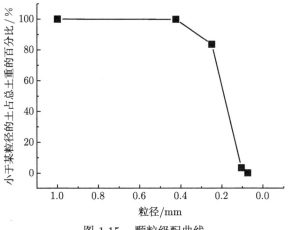

图 1.15　颗粒级配曲线

采用蒙古砂在模具中配制样品，作为合成水合物沉积物的骨架。初始干密度为 1600 kg/m³，比重为 2.69(孔隙率为 0.35)。将质量浓度 21% 的四氢呋喃水溶液渗入骨架样品制备水合物沉积物 [123]。

从图 1.16、图 1.17 可以看到，蒙古干砂略呈脆性，而饱和时呈典型的弹塑性，在相同围压下，干砂的偏应力最大值比饱和砂的大。这可能是干砂的粒间摩擦作用更强的缘故。

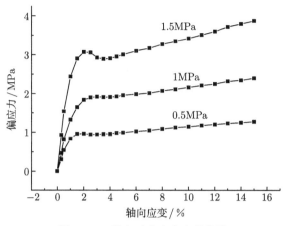

图 1.16　蒙古干砂应力应变曲线

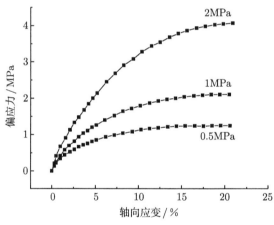

图 1.17　饱和蒙古砂应力应变曲线

以蒙古砂为骨架的四氢呋喃水合物沉积物样品完全被水合物饱和时,剪切时施加的围压分别为 250kPa、500kPa 和 1000kPa。图 1.18 为蒙古砂为骨架时的四氢呋喃水合物沉积物的应力应变曲线。可以看到,应力应变曲线呈弹塑性,且随围压增加,强化效应增强;蒙古砂为骨架时的水合物沉积物的内摩擦角为 36.9°,比饱和蒙古砂的内摩擦角 (31.6°) 大。说明水合物对骨架有黏结强化作用。

图 1.19 中的两条曲线取自围压 0.5MPa 条件下水合物分解前后的结果。可以看出,以蒙古砂土作为骨架的水合物沉积物在水合物分解前后的强度有明显变化。水合物分解后,沉积物的强度显著下降,即分解后的应力应变曲线峰值为分解前的 1/7~1/10。这是因为水合物分解后,水合物对骨架颗粒的胶结性丧

失,甚至破坏,使其强度低于对应的饱和蒙古砂在同样条件下的强度。同时注意到,砂土骨架的应力应变曲线没有明显的峰值点,这可能与砂土骨架缺乏脆性有关。

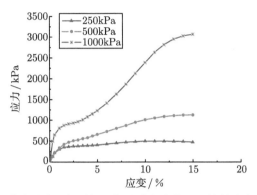

图 1.18　蒙古砂为骨架时的四氢呋喃水合物沉积物的应力应变曲线

$c = 0$, $\phi = 36.9°$

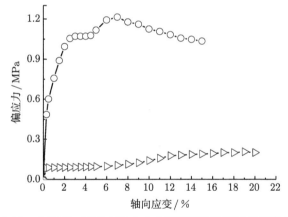

图 1.19　0.5MPa 下蒙古砂土水合物沉积物分解前后强度曲线

1.6.3　黏土高温烧制骨架的四氢呋喃水合物三轴实验

在用黏土作为骨架时,将黏土在高温陶瓷炉中 1500℃ 环境下烧制成型,然后渗入配制成的质量浓度 21% 的四氢呋喃水溶液。黏土骨架干密度为 650kg/m³,孔隙率为 0.33[15]。该实验的目的是考察岩石骨架水合物沉积物力学特性。

从图 1.20 和图 1.21 可以看出,饱和烧制黏土样品与含水合物烧制黏土沉积物的内摩擦角差别较小,但是后者的黏聚力约是前者的 2 倍。这说明水合物的形成主要是增加了水合物沉积物的黏聚效应,使得黏聚力增加,但是由于原骨架本身的颗粒连接作用较强，水合物的形成对颗粒咬合增强效应不明显，即强度增加主要表现在黏聚力的增加方面。

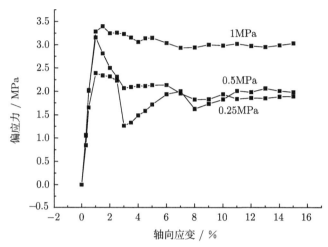

图 1.20   饱和烧制黏土样品应力应变曲线

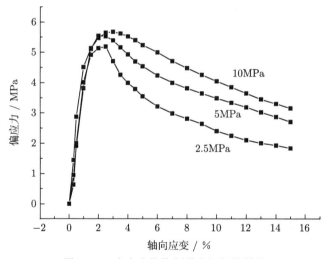

图 1.21   含水合物烧制黏土沉积物样品

从图 1.22 可以看出，水合物分解后，烧制黏土骨架的强度降低程度小，这与蒙古砂土作为骨架的情况明显不同。这是因为骨架的初始强度越大，颗粒间联结越好，水合物分解造成的破坏就越小。同时可以看到，应力应变曲线有明显的峰值，表明不论在水合物分解前还是分解后，样品的脆性很显著。

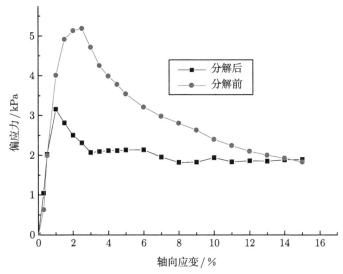

图 1.22 烧制黏土在水合物分解前后强度曲线 (围压 0.5MPa)

1.6.4 饱和粉砂应力应变曲线

沉积物骨架本身的力学参数采用固结排水方法测试，实验前骨架中水饱和度为 60%，剪切时施加的围压大小分别为 2.5MPa、5MPa 和 10MPa[124]。

图 1.23 给出了沉积物骨架的应力应变曲线。可以看出，围压越大，沉积物骨架

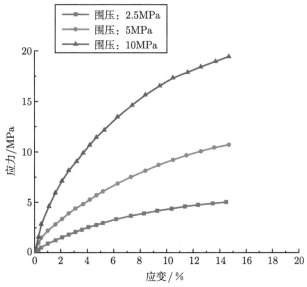

图 1.23 沉积物骨架的应力应变曲线

的弹性模量和同一应变下的强度越高，弹性模量分别为 122MPa、378MPa、602MPa，且骨架最终发生塑性破坏。

1.6.5 四氢呋喃水合物粉砂沉积物力学性质实验

四氢呋喃水合物的形成条件容易控制，在一个大气压和温度 4℃ 条件下即可形成四氢呋喃水合物沉积物。实验中使用质量分数为 19% 的四氢呋喃溶液，控制合成的四氢呋喃水合物沉积物的温度为 −9℃ 和围压 2.5MPa，并保持 24h 以上，可以完全合成。经测试，三个四氢呋喃水合物沉积物样品的饱和度 (水合物占孔隙体积的百分比) 分别为 86%、86.6% 和 83.4%，剪切时施加的围压分别为 2.5MPa、5MPa 和 10MPa。

图 1.24 为四氢呋喃水合物沉积物的应力应变曲线。可以看出：四氢呋喃水合物沉积物也表现为塑性破坏；围压越大，强度越高；黏聚力和内摩擦角分别为 3.1MPa 和 12.4°。

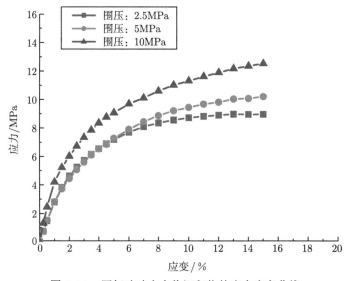

图 1.24   四氢呋喃水合物沉积物的应力应变曲线

为获得四氢呋喃水合物沉积物分解后的力学参数，进一步测试了四氢呋喃水合物样品在水合物分解后在不排水和排水条件下的应力应变曲线。四氢呋喃水合物的饱和度为 86%，不排水条件下剪切时围压分别加载为 2.5MPa 和 5MPa，其中两个剪切围压 5MPa 的实验为重复性实验，排水后剪切时加载围压分别加载为 2.5MPa、5MPa 和 7.5MPa。图 1.25(a) 给出了四氢呋喃水合物沉积物分解前和分解后 (不排水) 的应力应变曲线对比，水合物沉积物的弹性模量为分解后的 7 倍以上，以 15% 的剪切应变作为工程破坏应变，水合物沉积物的破坏强度为分解后的 5 倍以上。图 1.25(b)、(c) 分别给出了四氢呋喃水合物沉积物在水合物分解后排水剪切的应力应变关系曲线和莫尔圆，黏聚力从分解前的 3.1MPa 减小到 0.2MPa，内摩擦角从分解前的 12.4° 增加到 27°。

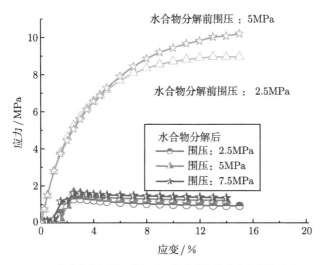

(a) 水合物分解前和分解后不排水剪切的应力应变关系对比

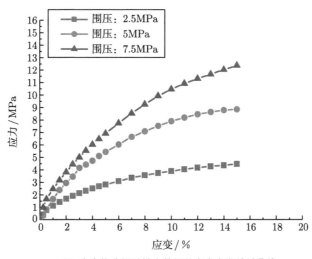

(b) 水合物分解后排水剪切的应力应变关系曲线

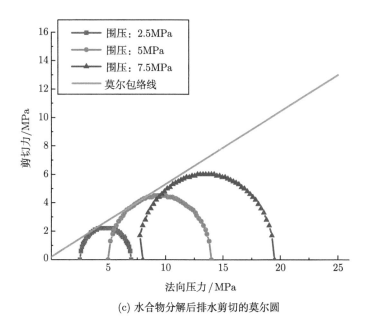

(c) 水合物分解后排水剪切的莫尔圆

图 1.25　四氢呋喃水合物沉积物分解前后的应力应变关系曲线和莫尔圆对比

1.6.6　含冰和甲烷水合物沉积物力学性质实验

本小节采用粉细砂为骨架制备甲烷水合物样品，采用与纯水合物相平衡接近的温度压力条件。由于温度低于 0℃，合成后骨架孔隙中被甲烷水合物和冰填充。

甲烷水合物饱和度 S_H 和冰饱和度 S_I 的计算方法分别为：$S_H = \dfrac{V_H}{V_p} = \dfrac{\alpha V_g}{V_p}$ 和 $S_I = \dfrac{V_I}{V_p} = \dfrac{\beta V_w}{V_p}$，其中，$V_H$ 为水合物所占孔隙的体积，V_I 为冰所占孔隙的体积，V_p 为孔隙体积，V_g 为水合物对应的甲烷气体的体积，V_w 为冰对应的水的体积，$\alpha = \dfrac{p_0 M_h}{R T_0 \rho_h}$，$\beta = 1 - \dfrac{N_h M_w p_0 V_g}{\rho_w R T_0 V_w}$，$p_0$、$T_0$、$M_h$、$\rho_h$ 和 R 分别表示 0.1MPa 的大气压、273K 的温度、水合物摩尔质量、水合物密度和理想气体常数 8.3J/(K·mol)。

首先考察含冰沉积物 (不含甲烷水合物) 的应力应变特性，然后考察含冰和甲烷水合物沉积物的应力应变特性。在含冰沉积物制样时，温度压力条件分别控制为 −9℃、2.5MPa。三个冰沉积物样品 (标号分别为 A1、B1、C1) 形成后含冰的饱和度分别为 86.3%、83.2% 和 85.5%。三个试样剪切实验围压分别为 2.5MPa、5MPa 和 10MPa。

从图 1.26 可以看到，对于含冰饱和度相近的冰沉积物，围压越高，强度越高；初始弹性模量差别不大，A1、B1、C1 的弹性模量分别为 566MPa、377MPa、415MPa，后期均呈塑性破坏；黏聚力 C、内摩擦角 ϕ 分别为 2.85MPa、9.6°。由于实验中对样品中含水量不能做到精确控制，合成的冰饱和度有少许误差，对结果有少许影响。

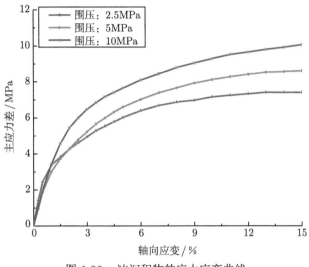

图 1.26　冰沉积物的应力应变曲线

　　实验中甲烷水合物沉积物合成时的温度和压力分别为 -9℃、2.5MPa。首先将孔隙气体压力与围压恒定在 2.5MPa，然后在 3h 左右冷却到 264K。为了加速水合物的合成，实验中采用质量分数 4‰ 的十二烷基硫酸钠溶液 (SDS 溶液) 作为 "催化剂"，并在水合物形成过程中进行 2 次以上的升降温，使得水合物分解并再生成，以提高水合物合成的饱和度和均匀性。

　　三个试样进行三轴剪切实验的围压分别 2.5MPa、5MPa、10MPa，当应变发展到 15%~20% 时停止实验。

　　第一组甲烷水合物沉积物试样标号为 A2，B2，C2，沉积物合成后甲烷水合物和冰的饱和度情况如表 1.4 所示。实验时温度压力控制、样品骨架均匀性等因素引起孔隙、饱和度有少许的波动。甲烷水合物饱和度在 30% 左右波动。

表 1.4　第一组试样中甲烷水合物和冰的饱和度

试样编号	A2	B2	C2
甲烷水合物饱和度/%	29.6	31.1	31.1
冰饱和度/%	59.6	55.5	51.1

图 1.27 给出了第一组的水合物沉积物应力应变曲线。围压越高，沉积物弹性模量和强度越高，A2、B2、C2 的弹性模量分别为 117MPa、212MPa、170MPa，后期均呈现塑性破坏；在此饱和度条件下黏聚力和内摩擦角分别为 1.2MPa 和 8.5°。

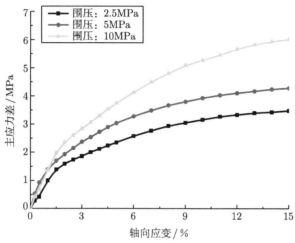

图 1.27　第一组水合物沉积物应力应变曲线

第二组甲烷水合物沉积物试样标号为 A3，B3，C3，沉积物合成后甲烷水合物和冰的饱和度情况如表 1.5 所示。甲烷水合物饱和度控制在 43%~51.3% 之间，总孔隙度较第一组的均匀，即样品间的差距小。

表 1.5　第二组试样中甲烷水合物和冰的饱和度

试样编号	A3	B3	C3
甲烷水合物饱和度/%	43	48.9	51.3
冰饱和度/%	31.5	26.4	24.4

第二组水合物沉积物应力应变曲线见图 1.28。可以看到，围压越高，沉积物弹性模量和强度越高，A3、B3、C3 的弹性模量分别为 94.3MPa、208MPa、220MPa，围压较高时后期呈现塑性破坏，剪切围压较低的 A3 试样应力应变曲线出现峰值 (试样呈现 45° 斜线剪切破坏情况)；在此饱和度条件下黏聚力和内摩擦角分别为 1.16MPa 和 12.4°。

第三组沉积物试样中甲烷水合物和冰的饱和度情况如表 1.6 所示，标号分别为 A4，B4，C4。这一组的样品较均匀，其中第三个样品的甲烷水合物饱和度较前两个略高。

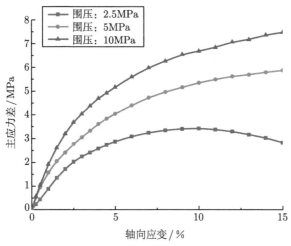

图 1.28　第二组水合物沉积物应力应变曲线

表 1.6　第三组试样中甲烷水合物和冰的饱和度

试样编号	A4	B4	C4
甲烷水合物饱和度/%	26.3	26.3	30
冰饱和度/%	45.8	45.8	42.6

从图 1.29 可以看到，A4、B4、C4 的弹性模量分别为 158MPa、287MPa、453MPa，围压较高时呈现塑性破坏，围压较低的 A4 试样应力应变曲线出现峰值（试样呈现 45° 斜线剪切破坏情况），与第二组情况类似，在此饱和度条件下黏聚力和内摩擦角分别为 0.7MPa 和 19.3°。

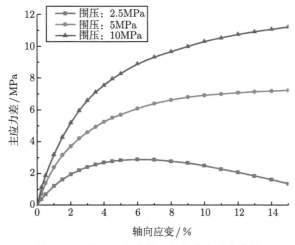

图 1.29　第三组水合物沉积物应力应变曲线

第四组为甲烷水合物沉积物分解前后的应力应变曲线测试，首先合成甲烷水合物饱和度为 30%、冰饱和度为 60% 的两个沉积物样品，对一个样品直接进行三轴剪切实验，对另外一个样品升温促使水合物沉积物分解，然后进行剪切排水实验，围压均为 2.5MPa。图 1.30 给出了水合物沉积物分解前后的应力应变曲线对比结果。可以看出，水合物沉积物分解后样品呈脆性破坏，水合物沉积物的弹性模量是分解后的 1.5 倍，当应变为 11% 时，发生脆性破坏，以 15% 的应变作为工程破坏应变，水合物沉积物样品的强度为分解后的 2.5 倍。

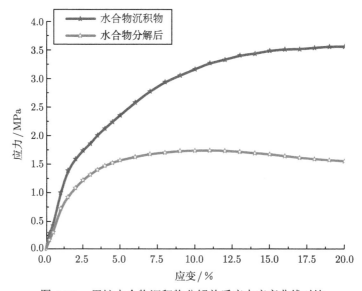

图 1.30   甲烷水合物沉积物分解前后应力应变曲线对比

图 1.31 为孔隙中充满二氧化碳水合物和冰时的应力应变曲线。实验时先给土样施加 1 MPa 的围压，并在土样底部通入接近 1 MPa 的二氧化碳气体且保持 24 h，使二氧化碳气体充分在土样中扩散；然后控制水合物合成温度和压力分别为 −9℃ 和 1 MPa。3 个试样合成后的二氧化碳水合物饱和度分别为 7.0%、7.5% 和 7.3%，冰的饱和度分别为 90.2%、82.2% 和 86.0%。3 个试样剪切时的围压分别为 0.5 MPa、1 MPa、2 MPa。可以看出：二氧化碳水合物沉积物表现为塑性破坏；围压越大，强度越高；沉积物中二氧化碳水合物和冰的饱和度分别为 7.3% 和 86.1% 时，黏聚力 C 和内摩擦角 ϕ 分别为 1.16 MPa 和 19.3°。

1.6.7   含冰和甲烷水合物沉积物力学参数汇总

1.6.7.1   甲烷水合物沉积物的黏聚力、内摩擦角和弹性模量

将 1.6.6 节中 A1、B1、C1 实验中的冰的饱和度转化为体积分数并取为平均

值，三者统一写成冰沉积物实验；将 A2、B2、C2 实验中的冰和甲烷水合物饱和度转化为体积分数并取为平均值，三者统一写成水合物沉积物 1；依次类推，有水合物沉积物 2 和 3；A5、B5、C5 实验统一写成沉积物骨架。因此，可以获得五组实验的莫尔–库仑 (Mohr-Coulomb) 准则强度参数值见表 1.7。可以看到，黏聚力随冰体积分数增加而增大，但是内摩擦角与冰体积分数相关性不明显。水合物体积分数与内摩擦角和黏聚力没有明显的线性相关关系。内摩擦角和黏聚力随冰和水合物总体积分数增加而增大，但不是线性关系，应该还与冰和水合物的各相的内摩擦角和黏聚力有关系。

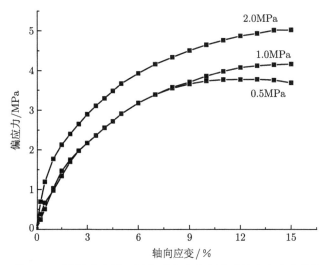

图 1.31　孔隙中充满二氧化碳水合物和冰时的应力应变曲线

表 1.7　内摩擦角和黏聚力 (温度 −9℃)

标号	骨架体积分数 ε_s	水合物体积分数 ε_H	冰体积分数 ε_I	内摩擦角/(°)	黏聚力/MPa
冰沉积物	0.60	0	0.34	9.6	2.85
水合物沉积物 1	0.60	0.12	0.22	8.5	1.2
水合物沉积物 2	0.60	0.19	0.11	12.4	1.16
水合物沉积物 3	0.60	0.11	0.18	19.3	0.8
沉积物骨架	0.60	0	0	33	0

根据 A1~C5 剪切实验得到的应力应变曲线，在 0%~0.5% 应变范围内以直线段的斜率作为沉积物的弹性模量，汇总结果见表 1.8。可以看到，虽然总孔隙一致，但是不同的样品孔隙中冰和水合物总体积分数还是有区别的，弹性模量与冰和水合物的体积分数没有明显的线性相关关系。

表 1.8 弹性模量 (温度 −9°C)

标号	围压 σ_c/MPa	骨架体积分数 ε_s	水合物体积分数 ε_H	冰体积分数 ε_I	弹性模量 E_T/MPa
A1	2.5	0.60	0	0.345	566
B1	5	0.60	0	0.333	377
C1	10	0.60	0	0.342	415
A2	2.5	0.60	0.118	0.238	117
B2	5	0.60	0.124	0.222	212
C2	10	0.60	0.124	0.204	170
A3	2.5	0.60	0.172	0.126	94.3
B3	5	0.60	0.196	0.106	208
C3	10	0.60	0.205	0.098	226
A4	2.5	0.60	0.105	0.183	158
B4	5	0.60	0.105	0.183	287
C4	10	0.60	0.120	0.170	453
A5	2.5	0.60	0	0	122
B5	5	0.60	0	0	379
C5	10	0.60	0	0	602

1.6.7.2 冰沉积物、甲烷和四氢呋喃水合物沉积物的力学性质的比较

甲烷水合物沉积物由水合物、冰与土骨架三相组成，冰沉积物则仅由冰与土骨架两相组成，四氢呋喃水合物沉积物由四氢呋喃水合物与土骨架组成。表 1.9 给出了冰沉积物、四氢呋喃水合物沉积物、甲烷水合物沉积物和沉积物骨架的含冰或水合物的饱和度以及黏聚力和内摩擦角。在获得的不同种沉积物的力学参数中，选取水合物相或冰相的饱和度相同的情况进行比较，对水合物和冰对沉积物力学性质的影响大小有一个基本的认识。

表 1.9 四种沉积物的饱和度及强度参数

沉积物类型	黏聚力 /MPa	内摩擦角/(°)	水合物饱和度/%	冰的饱和度/%
甲烷水合物沉积物	1.17	8.5	30.6	55.4
沉积物骨架	0	33	0	0
四氢呋喃水合物沉积物	3.10	12.4	85.3	0
冰沉积物	2.86	9.6	0	85

可以看出，沉积物中由于冰、甲烷水合物以及四氢呋喃水合物的存在，不同程度地提高了黏聚力，但内摩擦角有较大程度的降低，而且三者对沉积物力学参数的影响不尽相同，具体如下：

(1) 冰沉积物的含冰饱和度与四氢呋喃水合物沉积物的水合物饱和度基本相同，但四氢呋喃水合物沉积物的黏聚力和内摩擦角均大于冰沉积物。

(2) 甲烷水合物沉积物的含冰饱和度与水合物饱和度之和与冰沉积物的含冰饱和度相同，但是甲烷水合物沉积物的黏聚力为冰沉积物的 1/3 左右，且内摩擦稍小，说明甲烷水合物对于沉积物黏聚力的增加程度低于冰，而对沉积物内摩擦角的减小程度与冰的相近。

总体来讲，水合物沉积物的强度会因水合物种类的不同而不同，冰沉积物的强度略大于甲烷水合物的强度，但小于四氢呋喃水合物的强度。在实验中，四氢呋喃水合物在沉积物中形成的含量高且比较均匀，甲烷水合物在沉积物中合成的含量低且分布不均匀。因此，如能用四氢呋喃代替甲烷水合物进行实验，将更方便操作和饱和度控制。

1.6.8 不含冰的粉细砂土水合物沉积物力学参数

本节中水合物合成时温度高于 0℃，即孔隙中填充四氢呋喃水合物，由于采用的水被全部合成水合物，不存在孔隙水。

实验中制备直径 3.91cm、高 8.0cm 的实验样品，采用不同围压 (1MPa、3MPa 和 5MPa) 和不同饱和度 (水合物饱和度分别为 5%、10%、25%、40%、80%) 进行三轴剪切实验。

在水合物饱和度较低 (<25%) 时，随着水合物饱和度的增加，主要呈现应变硬化趋势；应力应变曲线在水合物饱和度 25%~40% 时，最大剪应力值 (应力应变曲线上的最大剪应力) 有显著提升，且应变软化明显。这是因为水合物沉积物在水合物饱和度较高时，样品内部在加载时微裂隙的产生导致抗剪强度下降。对于孔隙填充型水合物沉积物，在水合物饱和度较低时，在样品压缩初始阶段，应力和应变均较小，孔隙压缩较小，水合物的支撑作用并不明显，随着应变的增加，孔隙继续压缩，这时水合物在孔隙内所起的支撑作用比较明显，这种情况下应力应变曲线呈弹塑性。水合物饱和度较高时，水合物与骨架接触处更容易出现压碎、颗粒间攀爬、滚动等效应，从而导致剪胀现象，应力随应变的增加而减小 (图 1.32)，这种情况下应力应变曲线呈弹脆性。如果是胶结型水合物沉积物，则在水合物饱和度低时，应力应变曲线也可能呈现弹脆性。

对于水合物饱和度为 40% 的样品，水合物完全分解后，通过实验测量其应力应变呈现两个阶段的弹塑性，有效围压分别为 1MPa、3MPa 和 5MPa 时，强度分别为 0.8MPa、1.0MPa 和 1.2MPa，分别降低到分解前强度的 1/9~1/5。

根据上述应力应变曲线，可以获得含水合物粉细砂土的最大剪应力、内摩擦角、黏聚力和弹性模量随着水合物饱和度和有效围压的变化规律 (见表 1.10)。最大剪应力、内摩擦角、黏聚力和弹性模量在水合物饱和度 0%~40% 范围内均随着水合物饱和度的增加而增加的变化规律与之类似。这说明水合物对水合物沉积物有强化作用。

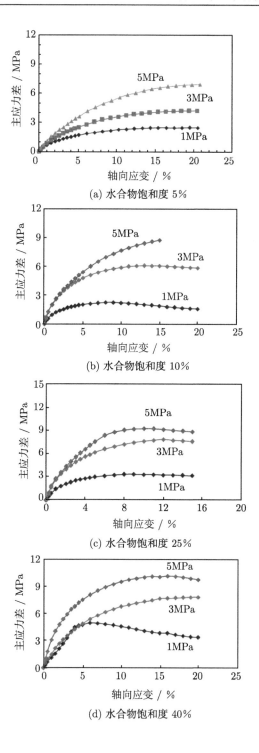

(a) 水合物饱和度 5%

(b) 水合物饱和度 10%

(c) 水合物饱和度 25%

(d) 水合物饱和度 40%

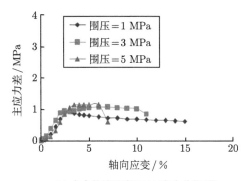

(e) 水合物饱和度 80%(完全分解后)

图 1.32 应力应变曲线

有效围压分别为 1MPa、3MPa 和 5MPa

表 1.10 含水合物粉细砂土的力学参数表

水合物饱和度	强度/MPa	内摩擦角/(°)	黏聚力/MPa	弹性模量/MPa
0.05	2.5	22	0.3	80
	4.2			100
	6.9			140
0.11	2.2	26	0.4	102
	6.1			250
	8.7			254
0.23	3.4	26	0.8	170
	7.9			324
	9.3			356
0.38	5.0	24	1.1	132
	7.8			192
	10.2			362

　　以粉砂质黏土为骨架合成四氢呋喃水合物饱和度为 5% ~40%的样品，并进行了有效围压分别为 1MPa、3MPa、5MPa，温度为 2° 的三轴剪切实验。5%和 38%的样品的应力应变曲线呈现明显的压硬性，而且分为两个阶段。在样品压缩初始阶段，应力和应变均较小，孔隙压缩较小，水合物对弹性模量和强度的影响并不显著，随着应变的增加，当孔隙度达到一个临界值，应力随应变快速增加，呈现出明显的硬化，这与含水合物砂土沉积物的应力应变曲线具有明显的区别。在三个围压下，饱和度 5%样品的最大剪应力分别为 0.6MPa、1.0MPa、1.6MPa，黏聚力和内摩擦角分别为 0.13MPa、7.0°；饱和度为 38%的样品对应的最大剪应力分别为 1.8MPa、2.7MPa、4.0MPa，黏聚力和内摩擦角分别为 0.5MPa 和 13° (图 1.33)。

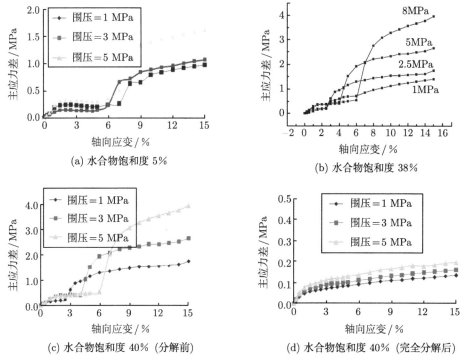

图 1.33　粉土水合物沉积物的应力应变曲线

对于水合物饱和度为 40% 的样品, 在有效围压分别为 1MPa、3MPa 和 5MPa 时, 水合物完全分解后的最大剪应力分别为 0.13MPa、0.16MPa 和 0.20MPa, 分别降低到分解前的 1/10 左右, 应力应变曲线不再具有两个阶段特性。

1.6.9　水合物分解过程中沉积物力学参数

1.6.9.1　粉细砂骨架

采用干密度 1600kg/m³ 的粉细砂制备直径 3.91cm、高 8.0cm 的实验样品。初始水合物饱和度为 50%。开展水合物分解过程中的三轴剪切实验, 以孔隙中分解水合物占总的孔隙百分比为指标, 分别将水合物分解至 30%、10%、0%, 在每个饱和度下采用 1MPa、3MPa、5MPa 的围压进行三轴不排水不固结 (UU) 实验。

采用降压分解, 在样品出口端降压, 使气体缓慢排出样品, 根据注入气量和排出气量以及水合物相平衡条件, 计算水合物分解过程中的剩余水合物饱和度。通过反复几次放气和水合物分解过程 (每次过程持续在 1h 左右), 将水合物饱和度降至指定值, 然后进行三轴剪切实验。

随着水合物分解程度的增加, 应力应变曲线的压硬性明显增加。在水合物分解前, 当有效围压分别为 1MPa、3MPa 和 5MPa 时, 最大剪应力分别为 4.78MPa、

6.84MPa 和 9.0MPa,黏聚力为 1.1MPa,内摩擦角为 24°;当分解至水合物饱和度为 30%,有效围压分别为 1MPa、3MPa 和 5MPa 时,对应的最大剪应力分别为 3.1MPa、7.0MPa 和 8.9MPa,黏聚力为 0.65MPa,内摩擦角为 20°;当分解至水合物饱和度为 10%,有效围压分别为 1MPa、3MPa 和 5MPa 时,对应的最大剪应力分别为 1.0MPa、1.7MPa 和 2.0MPa,黏聚力为 0.25MPa,内摩擦角为 10°;当水合物完全分解,有效围压分别为 1MPa、3MPa 和 5MPa 时,对应的最大剪应力分别为 0.7MPa、0.78MPa 和 0.9MPa,黏聚力为 0.2MPa,内摩擦角为 4°(图 1.34)。可以将这些数据做成表格。

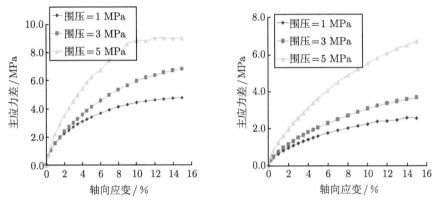

(a) 水合物饱和度为 50% 时的应力应变曲线 (b) 水合物饱和度降为 30% 时的应力应变曲线

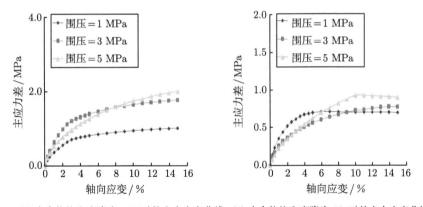

(c) 水合物饱和度降为 10% 时的应力应变曲线 (d) 水合物饱和度降为 0% 时的应力应变曲线

图 1.34　水合物分解过程中的应力应变曲线

在水合物分解过程中,水合物与骨架的胶结程度降低,同时含水量增加,土体中界面效应与结构性逐渐发生明显变化,从而导致强度随之降低,但降低程度随着水合物的分解而逐渐减弱。发生这种变化的主要原因是水合物分解过程中样品组分和相态变化:固体组分含量减少,孔隙含水量增加,气体量增加;由于实验中采用控制孔隙流体压力的方法,气体在孔隙中的体积占比总体变化不大;骨架与水合物的相互作用变化,尤其是在水合物饱和度较高的情况下,水合物的分解使得骨架与水合物之间的胶结作用显著降低,土体的结构性减弱,同时伴随水合物分解导致的孔隙结构的变化。

1.6.9.2　粉土

水合物分解前后,含水合物粉土沉积物的应力应变曲线均呈现弹塑性变形,且有一个强化阶段,即在应变达到一定值后,应力会随应变增加出现一个陡然上升阶段。

对于水合物饱和度为 45% 的样品,当有效围压分别为 2.5MPa、5MPa 和 8MPa 时,初始弹性模量分别为 25MPa、21MPa 和 21MPa,最大剪切应力分别为 2.15MPa、2.66MPa 和 2.76MPa,内摩擦角为 5°,黏聚力为 0.82MPa。当水合物饱和度从 45% 分解至 15% 后,有效围压分别为 2.5MPa、5MPa 和 8MPa 时,初始弹性模量分别为 13MPa、14MPa 和 16MPa,最大剪切应力分别为 0.66MPa、0.99MPa 和 1.17MPa,内摩擦角为 3°,黏聚力为 0.22MPa。当水合物饱和度从 45% 完全分解后,有效围压分别为 2.5MPa、5MPa 和 8MPa 时,初始弹性模量分别为 10MPa、12MPa 和 16MPa,最大剪切应力分别为 0.52MPa、0.62MPa 和 1.13MPa,内摩擦角为 3°,黏聚力为 0.15MPa(图 1.35)。可以看到,水合物分解量越大,黏聚力降低越显著,但内摩擦角变化较小,可能跟这种沉积物在水合物分解前的内摩擦角绝对值小有关。初始弹性模量和最大剪切应力也随着水合物的分解量增加而减小。随着水合物饱和度从 45% 降到 0%,发生强化的应变值约从 2.8% 升到 8%。这可能是因为水合物饱和度越大,沉积物可压缩的空间越小,即应变越小。

从上述实验可以看到,虽然粉砂与粉土两种土体的颗粒级配和细颗粒含量有显著差别,但水合物分解过程中力学参数的变化特征大体上类似。当水合物完全分解后,粉土沉积物的黏聚力降低量相对于粉细砂土更小。当含水合物粉土沉积物在水合物分解后,由于其孔隙度较大,土体的可压缩性变化明显,土层模量降低更明显。

Clayton 等[110] 通过对一系列室内合成甲烷水合物砂样的共振柱实验,着重调查了在 0.25~2MPa 范围内甲烷水合物含量对砂样沉积物的剪切模量、体积模量以及阻尼比的影响,并与那些没有与水合物黏结的和分离后的甲烷水合物砂样进行了对比。实验结果表明:这种在实验过程中形成的围绕在砂粒间的水合物胶结对砂样的剪切模量具有很大的影响,而对体积模量的影响则很小;饱和砂样的体积模量和剪切模量的比值从 15~30(取决于有效应力水平) 到 2(当水合物含量

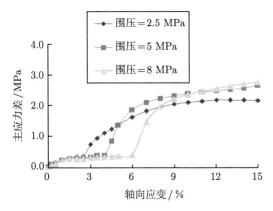

(a) 初始水合物饱和度 45%

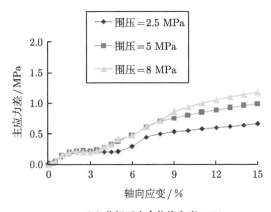

(b) 分解至水合物饱和度 15%

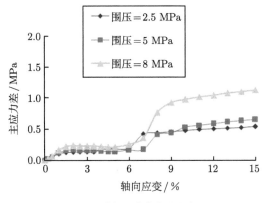

(c) 分解至水合物饱和度 0%

图 1.35　含水合物粉土应力应变曲线

为增加到充满 20% 孔隙空间时); 具有水合物胶结的砂样的阻尼比值高得多, 当水合物含量为 3%～5% 时, 砂样的阻尼达到峰值。

1.7   直 剪 实 验

直剪仪可以用于做大应变实验, 除了全水合物沉积物实验, 还有水合物沉积物与其他材料 (玻璃、钢板等) 之间的摩擦系数测定实验。刘志超开展了含四氢呋喃 (THF) 水合物沉积物的实验[111]。结果表明, 水合物饱和度越高, 含 THF 水合物沉积物试样的剪切模量越高。在相同压力条件下, 水合物饱和度 71% 时剪切模量显著增加。含冰饱和度 30% 试样的剪切模量大于含 THF 水合物饱和度 33% 的试样的剪切模量, 甚至高于含水合物饱和度 71% 试样的剪切模量 (图 1.36)。

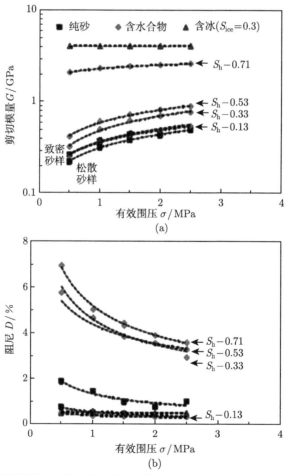

图 1.36   不同围压下含水合物砂土的直剪实验数据: (a) 剪切模量; (b) 阻尼

图 1.37 所示为水合物沉积砂土试样的剪胀角和内摩擦角差值 (峰值内摩擦角减去残余内摩擦角) 之间的关系, 虚线所示为典型的不含水合物致密砂样的应力–应变关系曲线[125]。总体上来说, 剪胀角随水合物饱和度的提高和竖向应力的降低而增大, 而内摩擦角差值 ($\phi_p - \phi_r$) 反映了由于膨胀效应带来的额外强度的提升。在这一点上, 内摩擦角差值的增大也印证了水合物通过提升沉积物试样的剪胀性来提高试样的强度[126]。同时水合物沉积物试样的内摩擦角差值和剪胀角之间 0.8 倍的比例符合常规致密砂样的参数范围, 在水合物引起剪胀性变化方面的性质与常规致密砂样一致。

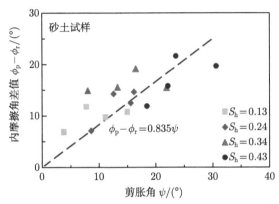

图 1.37 不同水合物饱和度下含水合物砂土剪胀角和内摩擦角差值的关系

张旭辉等[95] 为了测量水合物沉积物与有机玻璃板之间的摩擦特性, 利用直剪仪进行了相关实验。实验布置如图 1.38 所示, 水合物沉积物放在直剪仪样品腔内上盘, 有机玻璃板放在下盘, 通过测量上下盘之间运动时所需的作用力, 根据样品横截面积和垂直作用力, 就可以计算出两者之间的摩擦系数。图 1.39 给出了垂直压力分别为 0.1MPa、0MPa、0MPa, 四氢呋喃水合物的饱和度均为 86% 的实验结果。结果表明, 在垂直压力为 0.1MPa 和无垂直压力的条件下, 剪切破坏强度均接近 0.27MPa, 也就是说有机玻璃和四氢呋喃水合物沉积物之间的摩擦系数为 $\tau_f = 0.27$MPa, 但在存在垂直压力时, 发生剪切时的变形在破坏时比较小。

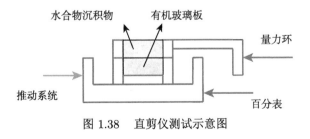

图 1.38 直剪仪测试示意图

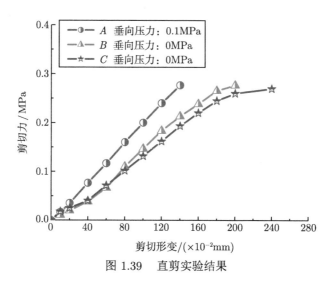

图 1.39　直剪实验结果

1.8　水合物沉积物动态力学特性实验

本节中动三轴实验采用的实验样品是甲烷水合物沉积物,也有四氢呋喃水合物沉积物。由于动态力学实验对样品均匀性的要求高,压力传递将会决定测量的精度,而高饱和度时采用甲烷气体与水形成甲烷水合物容易造成合成的水合物均匀性差,且合成周期较长。而四氢呋喃水合物粉土的制备,可以将土与溶液均匀混合,根据四氢呋喃溶液配比可以有效地控制水合物饱和度和含水量,因此制备的含水合物粉土比较均匀,适合动态三轴实验样品的制备。

本节开展了三方面的实验,即水合物沉积物的动三轴力学参数实验、动三轴实验后的静三轴实验、三轴实验后的核磁微观观测实验。

(1) 水合物沉积物的动三轴力学参数实验。

制备的样品中水合物饱和度分别为 0%、10% 和 40%,实验中采用的动载荷幅值为有效围压的 $1/5 \sim 4/5$、频率为 $0.5Hz$、$1Hz$ 和 $2Hz$,控制有效围压 $1 \sim 3MPa$。在实验过程中测量样品的应变、孔隙压力等数据[102]。

(2) 动三轴实验后的静三轴实验。

为了考察动载作用对水合物沉积物静力学参数的影响,在动三轴实验结束后,再紧接着进行静三轴实验,获得静力学应力应变曲线和强度参数。下面的数据分析中,弹性模量是指应力应变曲线的初始弹性模量,强度取值有两种情况:一种是对于弹塑性变形情况,即应力随应变增加而增加,取应变 15% 时的偏应力差为强度参数;第二种是弹脆性变形,即应力先随应变增加而增加,而后达到脆性破坏,取破坏应变时的偏应力差为静强度参数。

(3) 三轴实验后的磁微观观测实验。

为了观察样品在经过静、动实验后的微结构变化，基于水合物核磁共振测量技术，分别获得动载、静载作用后水合物沉积物的孔隙分布变化规律，用于分析和解释振动所起的作用，比如是否将样品的孔隙压密、孔隙的分布范围是否变化、孔隙是否有破坏微裂隙出现等，如图 1.40 所示。

图 1.40 天然气水合物动静加载后的微观孔隙测量

1.8.1 实验材料与装置

1.8.1.1 沉积物土样的制备

实验介质采用实验室配制的粉细砂土和黏土为固体骨架，样品直径为 3.91cm，高为 8cm，并在水合物沉积物力学特性测量装置 (GCTS 三轴仪) 上完成土孔隙中水合物的合成，以及不同工况的动态实验。选取的粉细砂比重为 2.69，相对密实度为 54%，属于中密砂，制备的土样干密度 ρ_d 为 1600kg/m^3。黏土的比重为 2.7，制备的土样干密度 ρ_d 为 1200kg/m^3，两者的颗粒级配曲线分别如图 1.41、图 1.42 所示。

土样的制取方法依照《土工试验方法标准》(GB/T50123—2019)，通过分层砸实的方法控制土样干密度。分五层制样，进一步提升制备试样的成样质量，保持其干密度。首先根据砂样的干密度及体积，计算并称取所需的干砂样质量，平均分五等份，再将每等份砂样放入模具中砸实至所要求的高度，并在每层制样中用切土刀将试样拉毛，以降低其分层现象，使试样整体性更好，所得数据更真实。当实验要求的干密度较大时，填砂过程中轻轻敲打对开圆模，使所称的砂样填满规定的体积，整平砂面。实验中采用常规对开圆模及附属的四个快速制样工具及土样拉毛刀具，可在短时间内完成 8cm×3.91cm 重塑土三轴试样的五层砸实制样，能较好控制土样密度，保证试样的成样质量，如图 1.43 所示。

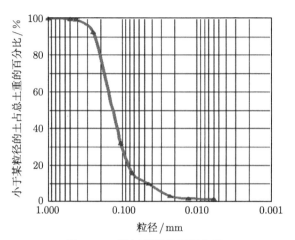

图 1.41   粉细砂颗粒级配曲线

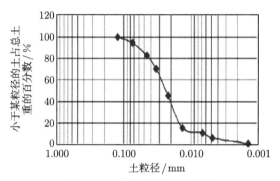

图 1.42   黏土颗粒级配曲线

图 1.43   重塑土三轴试样制备工具

1.8.1.2 水合物沉积物的合成

实验中选取两种水合物、三种水合物沉积物,分别是甲烷水合物粉细砂质沉积物、四氢呋喃水合物粉细砂沉积物、四氢呋喃水合物黏土沉积物。各自合成过程如下。

1) 甲烷水合物粉细砂质沉积物的合成过程

采用气饱和法进行样品制备,根据气体压力、气量、温度、水量和气–水–水合物三相平衡 p-T 曲线的预先理论计算,通过控制供水量、提供足够的气体量来控制水合物的合成量。

首先,将制备好的土样品用橡皮膜包好并置于高压三轴的压力室内,通过量管注水使得样品部分饱和,根据设定的甲烷水合物饱和度控制水量;其次,加围压和气压至设定的水合物合成压力值,保持该压力一天左右,目的是让更多的气体充满土样孔隙,增大与孔隙水的接触面积,并充分溶解;最后,启动低温控制装置使恒温箱内降温至设定的值,直至进气量达到指定值,认为孔隙水全部消耗,甲烷水合物合成完成。

2) 四氢呋喃水合物粉砂沉积物的合成过程

首先,根据实验要求的水合物饱和度,配制对应的一定体积四氢呋喃水溶液,将溶液从土样顶部均匀绕圆圈滴入;其次,迅速将含四氢呋喃水溶液的样品放置到高压三轴压力室内,施加一定的围压,并启动低温控制装置使恒温箱内降温至设定的值,一般为 0~2℃ (四氢呋喃水合物的合成温度为 4.4℃,压力为大气压条件);最后,制冷时间 2~3 天后,可认为四氢呋喃水合物沉积物样品制备完成,然后等待三轴剪切实验。

3) 四氢呋喃水合物黏土沉积物的合成过程

首先,采用浸泡法制样,即将制备的干密度为 1200kg/m^3 的土样放置在密闭容器中,保持密闭容器与抽真空装置、储液装置相连通,在密闭的储液装置中盛放与合成所需饱和度对应的一定体积比的四氢呋喃水溶液。首先,打开抽真空开关,对土样抽真空 2h,然后打开储液装置开关,向密闭容器中自上而下浇注溶液,直到液面超过土样 2cm,该过程分两次完成,间隔抽真空 5min。保持该状态,让土样浸泡 2 天,土样的含液量会维持恒定。其次,将制备好的样品放置高压三轴压力室内,施加一定的围压,并启动低温控制装置使恒温箱内降温至设定的值,一般为 0~2℃;最后,在制冷 2~3 天后,可认为四氢呋喃水合物沉积物样品制备完成,然后等待三轴剪切实验。

1.8.1.3 实验装置

1) 水合物沉积物合成、分解与静动态力学性质测试一体化装置

中科院力学所的 GCTS2000 装置可以进行不同饱和度的水合物沉积物的合

成与分解、动静三轴实验，从而获得动静力学响应参数，如图 1.44 所示，该装置的技术参数为：可加载、测量最大围压、孔隙压力 30MPa；温度控制范围 −30～80℃；最大动载频率 20Hz，提供正弦波、方波、三角波等多种动态加载波形；此外可以同时测量横波、纵波、非饱和土等关键土力学参数；该设备所使用的样品尺寸为直径 × 高度 =3.91cm×8cm 和 6.18cm×15cm。

图 1.44   水合物沉积物合成、分解与静动态力学性质测量实验装置 (GCTS2000)

2) 含水合物土合成与力学性质测量一体化实验系统

该套实验装置是由中科院力学所自行研制的一体化装置，可实现水合物沉积物的合成以及不同围压、不同饱和度下的三轴实验。该套实验装置的参数为：油压系统可提供 0～14MPa 的围压，精度为 0.7%，供气系统可提供 0～10MPa 的孔隙压力，低温系统可提供 −20～20℃ 的温度，精度为 2.5%，本节中利用该装置的低温合成室来实现水合物沉积物分解实验中的合成。低温合成室如图 1.45 所示。

3) 水合物合成与分解微观测量核磁共振仪

为开展水合物沉积物宏微观力学性质实验，采用核磁共振测量专用的水合物沉积物合成与分解的高压压力室，直径为 20mm，高度为 60mm，通过核磁共振分析仪可测量水合物分解和合成过程中含水量的变化，从而反演出水合物沉积物微观的孔隙度、孔隙大小等参数。其中主要获取的图像为 T2 谱曲线，如图 1.46 所示，横坐标为 T2 弛豫时间，纵坐标为幅值大小，T2 弛豫时间测量的最小孔隙尺寸可至几十纳米，核磁成像的最小孔隙尺寸为 100μm 量级。核磁技术参数：磁场强度 (0.5±0.05)T，脉冲频率范围为 2～30MHz，精度为 0.1Hz。

图 1.45 含水合物土合成与力学性质测量一体化实验系统

(a)

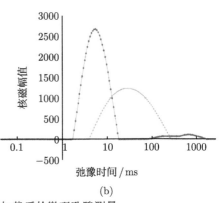

(b)

图 1.46 天然气水合物动静加载后的微观孔隙测量
(a) 天然气水合物核磁共振仪；(b) 核磁共振 T2 谱

1.8.2 实验步骤与内容

1.8.2.1 实验步骤

进行水合物沉积物动静态宏微观力学实验的步骤如下 [102]：

(1) 按照 1.8.1.1 节的方法制取沉积物骨架；

(2) 制备水合物沉积物。在研究水合物沉积物分解前动静力学性质的实验中，水合物沉积物的合成在 GCTS2000 设备中完成，具体步骤按照 1.8.1.2 节的方法进行，在合成过程中施加的有效围压为 1MPa。在研究水合物分解后动静力学性质的实验中，水合物沉积物的合成环节在中国科学院力学研究所自行研制的低温合成室中合成，合成时压力为大气压，温度为 0~1℃。将制备好的含液沉积物放

置在低温室中，由于四氢呋喃具有挥发性，因此在每个砂样外罩上烧杯，保持该
合成条件 48h，认为水合物合成完毕。

（3）进行水合物沉积物的动静三轴加载。在水合物沉积物分解前力学性质研
究实验中，待水合物沉积物制备完毕，设置 GCTS2000 设备中计算机控制系统中
的动载实验参数，如动载波形、幅值、频率、振动周次以及动载应变控制条件，然
后进行实验，在完成动载实验后，以动载的变形量为零点，设置静载剪切应变速
率以及应变控制条件，进行静三轴实验。在水合物沉积物分解后力学性质研究实
验中，待水合物沉积物制备结束后将其取出，利用室温 (20℃) 升温分解一天，使
水合物分解完成，将分解后的沉积物装入 GCTS2000 压力室中，并施加上围压，
利用上述相同方法进行动、静三轴加载实验。图 1.47 为土样动、静实验前后对
比图。

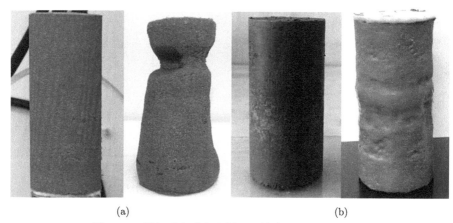

(a)　　　　　　　　　　　　　　　　(b)

图 1.47　粉细砂和黏土土样动、静实验前后的对比图

（4）进行核磁频谱分析仪微观测量。在三轴实验结束前，先将核磁共振测量空
间的温度调至与三轴实验一致，在相同的环境温度下，对溶液的核磁共振信号即
T2 谱进行标定，得到溶液的基准值。待动、静三轴实验结束后，迅速取出实验后
的土样，装入核磁共振系统的实验空间进行测量，获取 T2 谱曲线，进而分析孔
隙尺度以及捕捉含水量等信息，并对比不同工况下的 T2 谱曲线、孔隙等。

1.8.2.2　实验研究内容

实验采用“三阶段”室内力学测量，即动态三轴力学测量、动载后静态加载测
量、微观核磁共振测量孔隙结构变化，获取动态力学参数 (动应力、动孔压、动
应变随时间或者周次的变化曲线) 以及残余强度，并结合宏微观力学机制提出动、
静态响应力学的参数模型。

实验中选择有效围压 1MPa，动载频率的选择主要是借鉴 Seed 等所提出的方法[127]，将随机的地震载荷简化为等效谐波，根据不同震级的烈度确定谐波的循环次数，且频率范围为 1~2Hz。动载荷幅值的选择在有效围压的 0.2~1 范围。具体的实验工况安排如表 1.11 所示。

表 1.11 水合物沉积物动静载力学实验控制参数

水合物类型	状态	饱和度/%	频率/Hz	动载荷幅值/kPa	周次
粉细砂质	分解前	0	1	500	500 周
		10	1、2、10	200、300、400、500、600、700、800	
		40	1	500	
	分解后	10	1	400、500、600、700、800、900	
黏土质	分解前	0、10	1	300、400、500、600	300 周
	分解后	10	1	200、300、400	

注：动、静载实验的极限应变分别为 10%、15%，静载的剪切应变速率为 1%/mm。

1.8.3 水合物沉积物动态力学性质实验

本节主要介绍针对不同类型水合物沉积物开展的动静态三轴实验结果。由于四氢呋喃水合物易生成且实验过程简单、危险程度低等，以下实验中的水合物类型主要为四氢呋喃水合物。首先对四氢呋喃水合物沉积物和甲烷水合物沉积物的动静力学特性进行对比，在其力学特性趋势近似的情况下再开展不同动载幅值、动载频率以及水合物饱和度下的不同类型水合物沉积物动三轴实验，通过实验得到动偏应力、动应变以及动孔压等动载参数随时间的变化趋势，从而分析水合物沉积物的动态力学特性，当动载实验结束后，以动载变形为零点，再进行静三轴实验，获得静载应力应变曲线。以此分析动载特性并评估不同动载幅值后的残余静强度大小。

1.8.3.1 甲烷水合物和含四氢呋喃水合物的沉积物动态力学性质比较

通过开展甲烷水合物和四氢呋喃水合物的沉积物动静三轴实验，以探究这两种类型水合物沉积物的力学性质是否相近，以及后续利用四氢呋喃水合物沉积物开展动静三轴实验的合理性。

采用粉细砂沉积物骨架，分别制备含四氢呋喃水合物和甲烷水合物的粉细砂沉积物样品。控制含水饱和度均为 75%，有效围压均为 1MPa。含甲烷水合物沉积物动静三轴实验中围压、初始孔隙压力分别为 4.1MPa、3.1MPa；而四氢呋喃水合物沉积物实验中分别为 1.2MPa、0.2MPa。由于四氢呋喃水合物的制备过程中，水与四氢呋喃提前充分混合形成混合水溶液，因此在样品孔隙中的分布更加均匀，而甲烷水合物是在消耗和补给循环过程中生成，因此在孔隙中的分布均匀性较差。实验中合成的甲烷水合物、四氢呋喃水合物的饱和度分别为 12% 和 10%。

由图 1.48 看出，当有效围压 (1MPa)、动载幅值 (800kPa) 以及动载频率 (1Hz) 相同时，虽然水合物类型不同，两者的孔隙压力的发展特点以及产生的超静孔压值相近，且动载作用后的残余静强度大小近似，静载的应力应变曲线类似，因此两者可以用来相互模拟。

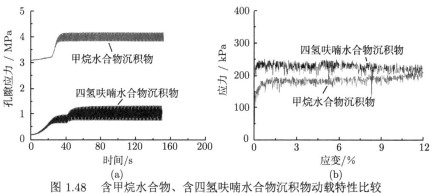

图 1.48　含甲烷水合物、含四氢呋喃水合物沉积物动载特性比较
(a) 动载孔隙压力对比；(b) 动载后的静载应力应变对比

1.8.3.2　粉细砂水合物沉积物动态力学性质

1. 不同动载幅值下粉细砂水合物沉积物分解前动力学性质

1) 含四氢呋喃水合物粉细砂沉积物分解前直接静载对照实验

按照 1.8.1 节中四氢呋喃水合物粉细砂沉积物的制备方法，在 GCTS2000 设备中合成饱和度为 10% 的粉细砂水合物沉积物，并进行有效围压为 1MPa 的静三轴对照实验，目的是获得分解前水合物饱和度为 10% 的静载强度，以此为参照，评估后续开展的动三轴实验后的残余静强度。图 1.49 为饱和度 10% 的粉细砂

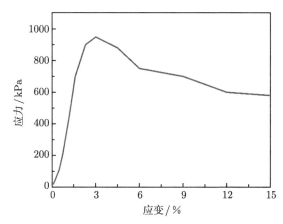

图 1.49　饱和度 10% 的粉细砂水合物沉积物分解前静载应力应变图

水合物沉积物分解前静载应力应变图,可以看出其变形特点呈现弹脆性的特点,极限静强度为 950kPa 左右。以此静强度为参考值,来设计验证动载幅值取值范围以及合理性。

2) 动载幅值为 200kPa、300kPa、400kPa、500kPa、600kPa 时动态特性以及残余静强度

在 GCTS2000 设备中合成水合物饱和度为 10% 的粉细砂水合物沉积物,沉积物制备结束后,按照 1.8.2 节中的实验步骤,开展不同动载幅值的动载实验。实验中保持有效围压为 1MPa,施加的动载为正弦波形,幅值分别为有效围压的 0.2MPa、0.3MPa、0.4MPa、0.5MPa、0.6MPa 以及 0.7MPa、0.8MPa,频率为 1Hz。分解前的粉细砂水合物沉积物在不同动载幅值后的动偏应力、动应变、动孔压随时间的变化趋势以及动载后残余强度随应变的变化分别如图 1.50 和图 1.51 的 (a)∼(d) 所示。

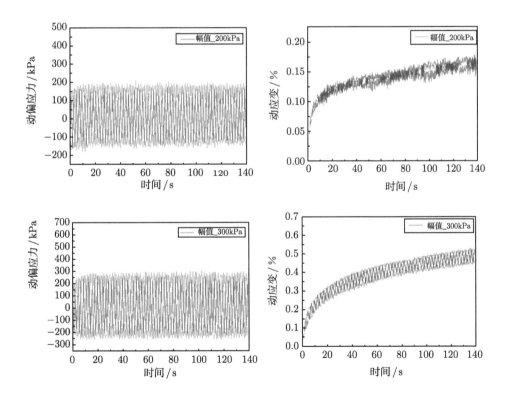

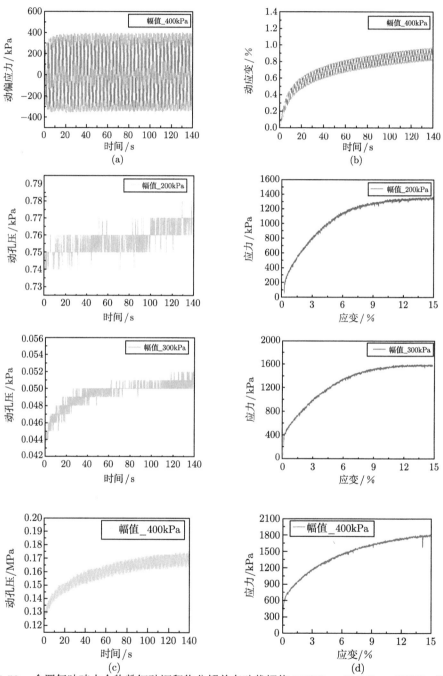

图 1.50 含四氢呋喃水合物粉细砂沉积物分解前在动载幅值 200kPa、300kPa、400kPa 下的
动态特性

(a) 动偏应力发展；(b) 动应变发展；(c) 动孔压发展；(d) 残余静强度应力应变曲线

由图 1.50、图 1.51 可以看出，当动载幅值为有效围压的 0.2、0.3、0.4、0.5、0.6 时，即 200kPa、300kPa、400kPa、500kPa、600kPa 时，在相同的动载循环周次内 (此处取 140 周)，动偏应力随周次的增大而呈现正弦波循环形式的变化，如图 1.50 和图 1.51 的 (a) 所示；动应变随振动周次的增大而增大，应变峰值随动载幅值的增大而增大，分别为 0.15%、0.5%、0.9%、2.0%、3.0%，如图 1.50 和图 1.51 的 (b) 所示；动孔压随周次的增大逐渐增大，且峰值随动载幅值的增大基本呈增大的趋势，当动载幅值小于 600kPa 时，动孔压峰值增大趋势较缓慢，分别是 0.077MPa、0.052MPa、0.13MPa、0.010MPa，当动载幅值为 600kPa 时，动孔隙压力峰值增大为 0.4MPa，增长幅度较大，如图 1.50 和图 1.51 的 (c) 所示；不同幅值的动载作用后的残余静载强度值如图 1.50 和图 1.51 的 (d) 所示。由应力应变曲线可以看出其变形呈现弹塑性特点，当动载幅值小于 500kPa 时，残余静载强度随动载幅值的增大而增大，当应变达到 15% 时，残余静载强度峰值分别为 1.3MPa、1.6MPa、1.8MPa，幅值为 500kPa 时，残余静载强度为 1.5MPa，皆大于直接施加静载的强度值，分别是直接施加静载后强度的 1.4 倍、1.7 倍、1.9 倍

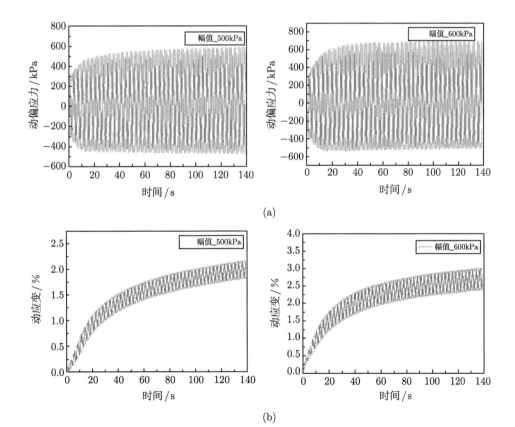

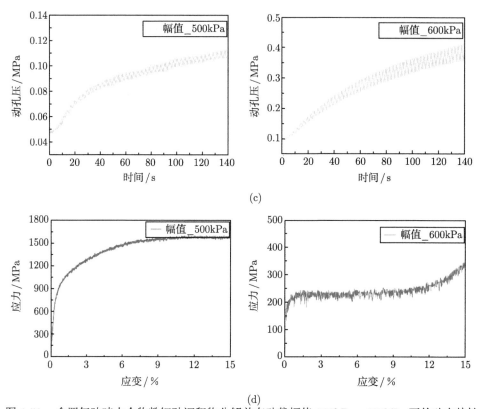

图 1.51   含四氢呋喃水合物粉细砂沉积物分解前在动载幅值 500kPa、600kPa 下的动态特性
(a) 动偏应力发展；(b) 动应变发展；(c) 动孔压发展；(d) 残余静强度应力应变曲线

和 1.6 倍。由此可以看出，当动载幅值在 500kPa 左右时，动载振动对土样的抗剪强度起加强作用，其原因是振动造成孔隙的压密。但是，当动载幅值为 600kPa 时，残余强度峰值为 0.35MPa，是直接静载强度的 0.37，抗剪切能力已降低，即在此高幅值后，动载主要起削弱承载力的作用。

3) 动载幅值为 700kPa、800kPa 时的动态特性以及残余静强度

图 1.52 为含四氢呋喃水合物粉细砂沉积物在动载幅值为 700kPa、800kPa 时动载力学参数变化趋势图和残余静强度图。可以看出，在相同的振动周次内，在高动载幅值作用下，动偏应力会呈现非均匀的正弦循环振动特点，且动载幅值在振动一定周次后降低，动载幅值越高，降低的程度越大，如图 1.52(a) 所示；动应变的变化趋势相似，皆为出现动应变峰值后逐渐降低，出现负的动应变，这是由于水合物沉积物在承受一定时间高幅值动载后，承载力逐渐降低，土样不能承受较大的拉应力状态，因而造成了负的动应变，在达到最大允许值的 10% 时，动加载结束。此外随着动载幅值的增大，达到动应变峰值的振动时间越短，动应变峰值

分别为 6%、5%。在动应变达到峰值的同时，动孔压急剧增加，逐渐大于等于围压，出现液化失效。紧接着进行三轴加载实验后，得到残余静强度分别为 200kPa、150kPa，即残余静强度降低到原来的 21%、16%，可以认为此时的沉积物已失去承载力。由此可知，在较高的动载幅值下 (即幅值大于 600kPa 时) 会引起振动破坏，孔隙压力快速增加，造成粉细砂质沉积物发生液化。

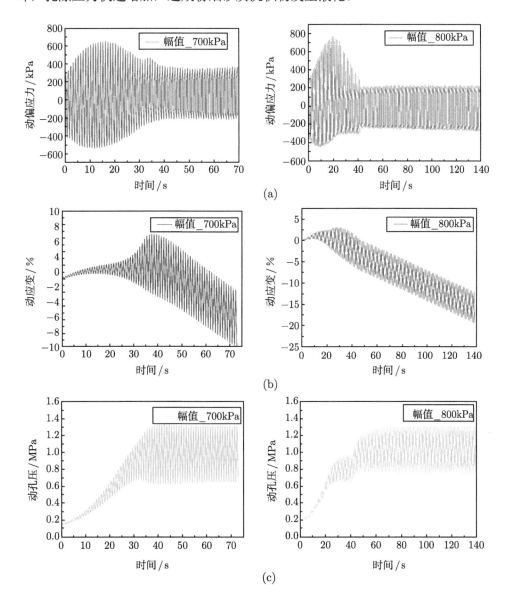

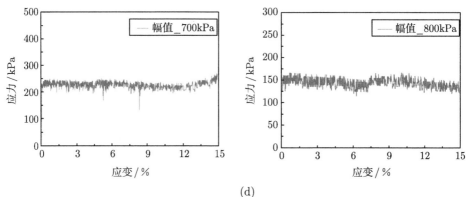

(d)

图 1.52　含四氢呋喃水合物粉细砂沉积物分解前在动载幅值 700kPa、800kPa 下的动态特性

(a) 动偏应力发展；(b) 动应变发展；(c) 动孔压发展；(d) 残余静强度应力应变曲线

4) 粉细砂沉积物动静载后核磁微观观测

在相同有效围压及动载频率下，粉细砂水合物沉积物在经历不同动载幅值及相同静载条件后获取的核磁共振 T2 谱曲线如图 1.53 所示，分别为低动载幅值、高动载幅值振动后的 T2 谱。由图可知，在未经动态加载而直接施加静载的条件下，T2 谱曲线呈扁平状且峰值较低，说明土样中的孔隙半径分布范围较大，且孔隙中的溶液在孔隙中基本均匀分布；在动载作用后，当动载幅值低于 600kPa，振动周次在 500 周之内时，水合物沉积物的 T2 谱曲线整体向左移动，峰值强度增大且对应的弛豫时间减小，曲线呈现尖峰状，但较大弛豫时间处出现小的凸起，说明中等尺度的孔隙被动载压缩致密，出现重新形成小尺度孔隙，少部分土样中由于初始裂隙等缺陷处可能会造成大孔隙的出现；当动载幅值大于 600kPa 时，已出现破坏和液化，曲线仍整体左移，且动载幅值越大，峰值越小越扁平，出现大量的大孔隙，振动破坏的现象越来越剧烈，如图 1.53(a)、(b) 所示。

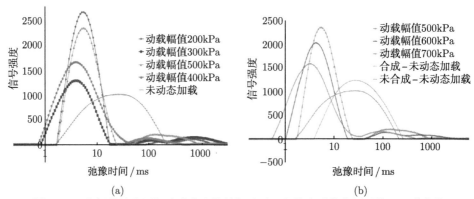

(a)　　　　　　　　　　　　　　　　　　(b)

图 1.53　分解前的含四氢呋喃水合物粉细砂质沉积物在动载作用后的 T2 谱曲线

(a) 低动载幅值振动后样品的 T2 谱；(b) 高动载幅值振动后样品的 T2 谱

在相同的有效围压 1MPa、动载频率 1Hz 的条件下，出现以上现象的主要原因为：制备的水合物沉积物的初始含水饱和度为 75%，即为非饱和土，在动载荷作用的初期，主要以孔隙压缩为主，在此过程中孔隙流体压力变化缓慢，土体由于循环应力的影响造成的变形较小，随着振动周次的增加，土体变形逐渐显著。因此，当动载幅值小于静强度参考值的 0.6 倍时，在最大实验周次 500 周内，主要呈现土体变形缓慢、孔隙流体压力缓慢增加的特点，此时水合物沉积物土样不会发生破坏；而当动载幅值超过静强度参考值的 0.6 倍时，土体变形迅速发展，体积压缩、振动产生微裂隙、剪切带等缺陷，水合物沉积物会逐渐由非饱和土向饱和土转变，随着振动周次增大，土体的孔隙压力急剧增大，产生破坏和剧烈形变。

2. 不同动载幅值下粉细砂水合物沉积物分解后动静力学性质

1) 含四氢呋喃水合物粉细砂沉积物分解后直接静加载对照实验

在水合物沉积物合成与力学性质测量一体化实验装置的低温合成室中完成饱和度为 10% 的粉细砂水合物沉积物的合成工作，待水合物合成结束，将沉积物从低温室取出，放置在室内 (温度为 20℃) 分解一天，使其完全分解。将分解好的沉积物装入 GCTS2000 压力室中，并进行有效围压 1MPa 的静三轴实验。该实验为基本实验，目的是获得水合物饱和度为 10% 沉积物完全分解后的静载强度，作为对照实验，用于评估后续开展的动三轴实验所残余的静强度。图 1.54 为饱和度 10% 的粉细砂水合物沉积物分解后静强度的应力应变图，可以看出其变形特点呈现弹塑性的特点，且极限静强度为 1.75MPa 左右。

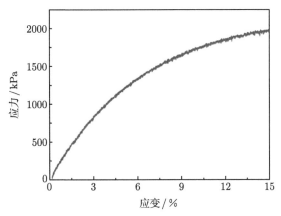

图 1.54 饱和度 10% 的粉细砂水合物沉积物分解后静强度应力应变图

2) 动载幅值 400kPa、500kPa、600kPa、700kPa 时动态特性及残余静强度

制备四氢呋喃水合物粉细砂沉积物，并在饱和度为 10% 的粉细砂水合物沉积

物完全分解后，开展不同动载幅值的动载实验，实验中保持有效围压为 1MPa，频率为 1Hz，并采用正弦波形式的振动载荷，动载幅值分别为有效围压的 0.4、0.5、0.6、0.7、0.8 和 0.9。不同动载幅值下粉细砂水合物沉积物分解后的动载力学参数的变化趋势以及动载后残余强度随应变的变化分别如图 1.55～图 1.57 的 (a)~(d) 所示，可以看出各参数的变化走势同分解前水合物沉积物的基本类似。

由图 1.55、图 1.56 可以看出，当动载幅值为有效围压的 0.4、0.5、0.6、0.7 时，即 400kPa、500kPa、600kPa、700kPa，在相同的动载循环周次内 (此处取 500 周)，可以发现动偏应力随周次的增大呈现正弦波循环形式，如图 1.55 和图 1.56 的 (a) 所示，动应变初始时随时间的增大而增大，一段时间后趋于稳定，由此观之，低动载幅值下，周次对动应变影响小，稳定后的动应变峰值分别为 1.2%、0.8%、0.4%、1.6%，如图 1.55 和图 1.56 的 (b) 所示，动孔压随周次的增大逐渐增大，且峰值随动载幅值的增大基本呈增大的趋势，稳定后的动孔压峰值分别为 0.03MPa、0.04MPa、0.075MPa、0.08MPa，如图 1.55 和图 1.56 的 (c) 所示；

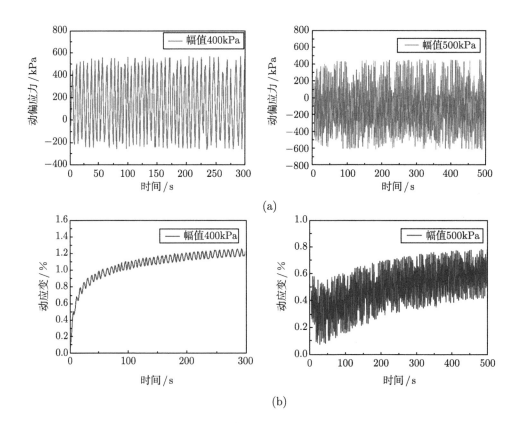

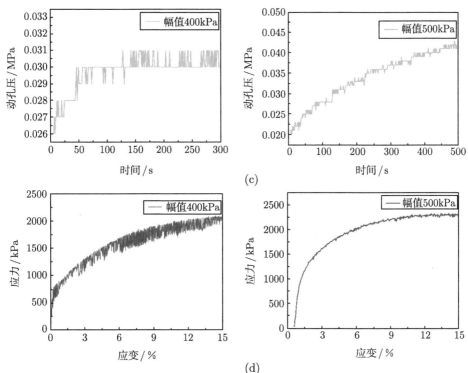

图 1.55 含四氢呋喃水合物粉细砂沉积物分解后在动载幅值 400kPa、500kPa 下的动态特性
(a) 动偏应力发展；(b) 动应变发展；(c) 动孔压发展；(d) 残余静强度应力应变曲线

不同动载幅值后的残余静强度值，如图 1.55 和图 1.56 的 (d) 所示，由应力应变曲线可以看出其变形呈现弹塑性特点，当应变达到 15% 时，残余静强度分别为 2.0MPa、2.25MPa、2.35MPa、2.5MPa，即为直接静载作用下强度的 1.1 倍、1.2 倍、1.3 倍、1.4 倍和 1.5 倍。由此可知，当动载幅值在 700kPa 以下时，同分解前沉积物的特性一致，由于振动致密提高了土样的抗剪切能力。

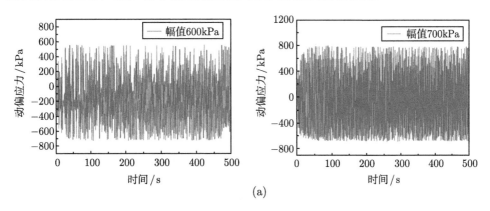

(a)

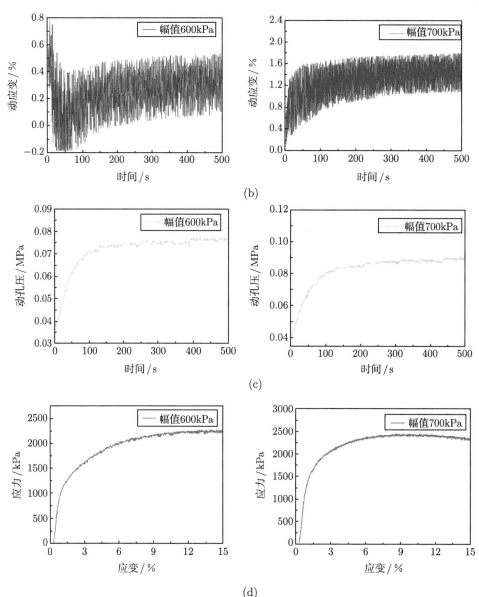

图 1.56   含四氢呋喃水合物粉细砂沉积物分解后在动载幅值 600kPa、700kPa 下的动态特性
(a) 动偏应力发展；(b) 动应变发展；(c) 动孔压发展；(d) 残余静强度应力应变曲线

3) 动载幅值为 800kPa、900kPa 时动态特性及残余静强度

图 1.57 为分解后的水合物沉积物在动载幅值为 800kPa、900kPa 时动载力学参数变化趋势图以及残余静强度图。可以看出，当动载幅值大于 800kPa 时，在振动 10 周后，动应变达到正值的峰值，之后逐步降低，变为负值出现拉应力，在

35 周后，由于动应变大于 10％而动载结束；但动孔压的变化不显著，大小趋势基本一致，未出现液化失效现象，此时的残余静强度分别为 200kPa、180kPa，即相对于直接静强度，残余强度降低 0.88、0.9。因此，当动载幅值大于 800kPa 时，土样会直接振动破坏。

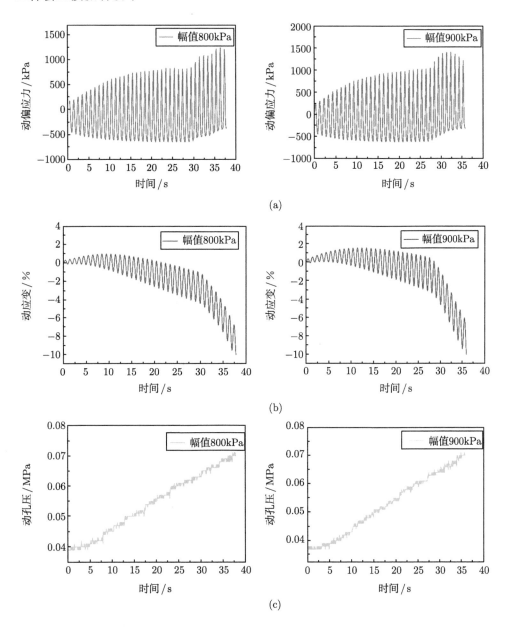

(a)

(b)

(c)

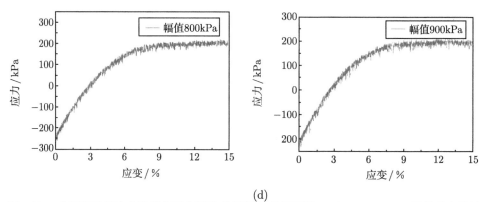

(d)

图 1.57　含四氢呋喃水合物粉细砂沉积物分解后在动载幅值 800kPa、900kPa 下的动态特性
(a) 动偏应力发展；(b) 动应变发展；(c) 动孔压发展；(d) 残余静强度应力应变曲线

3. 不同饱和度下粉细砂水合物沉积物分解前动静力学性质

图 1.58 为饱和度分别在 10%、40% 下的粉细砂质四氢呋喃水合物沉积物，在

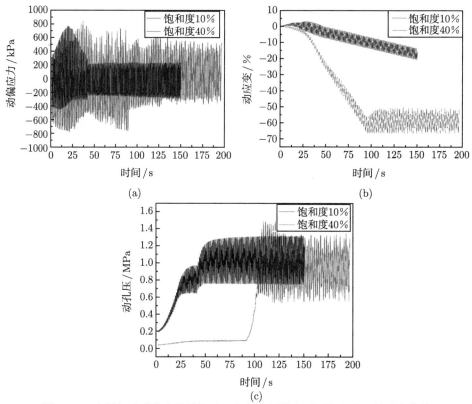

图 1.58　含四氢呋喃水合物粉细砂沉积物分解前在不同饱和度下的动态特性
(a) 动偏应力发展；(b) 动应变发展；(c) 动孔压发展

相同的动载幅值 800kPa 和频率 1Hz 下的动态特性对比。可以发现：不同饱和度下导致破坏的振动周次分别为 50 周、100 周，即随着水合物饱和度的增大，土样振动导致破坏的周次逐渐增大，如图 1.58(c) 所示，由于随着饱和度的增大，土样颗粒之间的支撑效果增强，有效孔隙减小，土体的静强度增加，因此抵抗动载变形的能力增强，此外减小孔隙度导致连通性更差，压力传递变化变慢。因此，储层中水合物饱和度越高，抵抗振动变形和破坏的能力越强，稳定性越高。

4. 不同动载频率下粉细砂水合物沉积物分解前动静力学性质

图 1.59 为含四氢呋喃水合物粉细砂沉积物未分解时在相同动载幅值 800kPa 以及饱和度 10%，不同动载频率 1Hz、2Hz、10Hz 下的动态力学响应。从实验结果可以看出，随着动载频率的增大，孔隙压力发展越快，土体变形越大；高动载幅值 ($\geqslant$500kPa) 和高频率 ($\geqslant$1Hz) 时，振动会导致土体的破坏，而低动载幅值、低频率时，振动起致密作用。主要原因是高动载幅值和高频率容易产生较大的

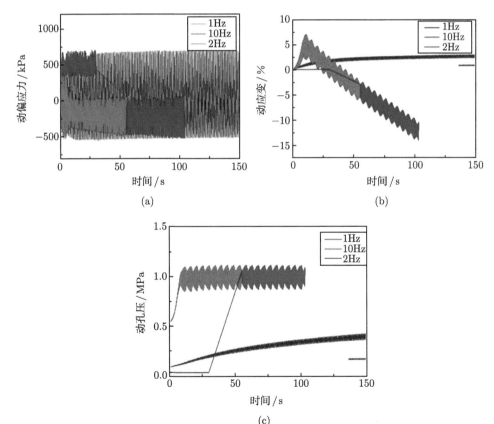

图 1.59 含四氢呋喃水合物粉细砂沉积物分解前在不同频率下的动态特性

(a) 动偏应力发展；(b) 动应变发展；(c) 动孔压发展

加速度，由于土体和流体的密度差较大，惯性效应的差别使得流体的压力更容易累积，从而引起孔隙流体压力的增加；根据多孔介质的有效应力原理，孔隙流体压力的增加又引起有效应力的减小，从而导致更大的变形，这是典型的动载荷作用下引起的流–固耦合效应。

1.8.3.3　黏土水合物沉积物动态力学性质

1. 不同动载幅值下黏土水合物沉积物分解前动力学性质

1) 含四氢呋喃水合物黏土沉积物分解前直接静加载实验

在 GCTS2000 设备中合成水合物饱和度为 10% 的黏土质水合物沉积物，并进行有效围压 1MPa 的静三轴实验，获得分解前水合物饱和度为 10% 的静载强度，并以此为参照，评估后续开展的动三轴实验所残余的静强度。图 1.60 为饱和度 10% 的黏土水合物沉积物分解前静强度的应力应变图，可以看出其变形特点呈现弹塑性的特点，极限静强度为 750kPa 左右。

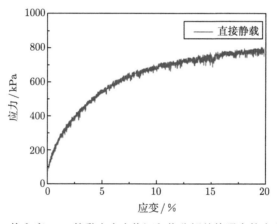

图 1.60　饱和度 10% 的黏土水合物沉积物分解前静强度的应力应变图

2) 动载幅值为 300kPa、400kPa、500kPa、600kPa 时动态特性及残余静强度

在 GCTS2000 中合成水合物饱和度为 10% 的黏土质水合物沉积物，并开展相同动载频率 (1Hz) 和有效围压 (1MPa) 下的不同动载幅值实验，动载幅值分别为有效围压的 0.3、0.4、0.5 及 0.6，且呈正弦循环波的形式施加。不同动载幅值下黏土水合物沉积物未分解时的动偏应力、动应变、动孔压随时间的变化趋势以及动载后残余强度随应变的变化分别如图 1.61 和图 1.62 的 (a)~(d) 所示。

当动载幅值分别为有效围压的 0.3、0.4、0.5、0.6 时，即 300kPa、400kPa、500kPa、600kPa 时，在相同的动载循环周次 (300 周) 下，动偏应变、动孔压以及动应变的变化趋势与粉细砂水合物沉积物类似，皆存在动载幅值的临界点。在幅值小于临界点之前,动应变、残余静强度逐渐增大,且高于直接施加静载时的参考强度,当幅值超过临界点,动应变达到峰值后骤减、残余静强度低于参考强度值。在动载幅值低于 400kPa 时,水合物沉积物在 300 周次内动应变仍低于实验停止设定值 (±10%),动态加载在设定周次内完成,其间动应变峰随动载幅值的增大而逐渐增大,但动孔压增长缓慢,基本持平,残余静强度在动载幅值为 300kPa 和 850kPa 时,高于直接静加载的参考强度,在动载幅值为 400kPa 时,基本与参考强度值一致;当动载幅值为 500kPa、600kPa(高于 400kPa) 时,随着动载幅值的增大,动载循环周次逐渐降低,分别在 170 周、110 周时动应变达到实验停止设定值,动应变皆在达到峰值后降低,土样处于拉伸破坏状态,该特点与粉细砂质水合物沉积物类似;但是对于黏土质水合物沉积物而言,由于多为小孔隙,且孔隙之间的连通性较差,因此其破坏前后动孔压变化不显著,超静孔压力值较小;随着动载幅值的增大,残余强度值显著降低,分别为 600kPa、450kPa,即为参考静强度的 0.8、0.6。因此在动载幅值高于 400kPa 时,发生振动导致沉积物强度衰减甚至破坏,动载会削弱土样的承载力,低于 400kPa 时,达到振动致密,可以起到提高抗剪强度的促进作用。

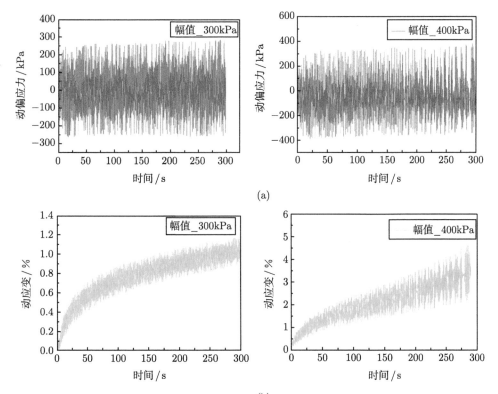

(a)

(b)

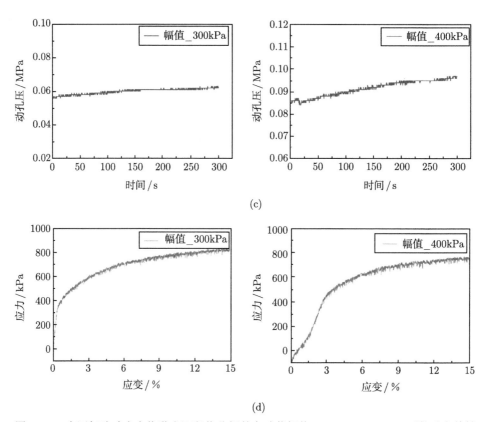

图 1.61　含四氢呋喃水合物黏土沉积物分解前在动载幅值 300kPa、400kPa 下的动态特性
(a) 动偏应力发展；(b) 动应变发展；(c) 动孔压发展；(d) 残余静强度应力应变曲线

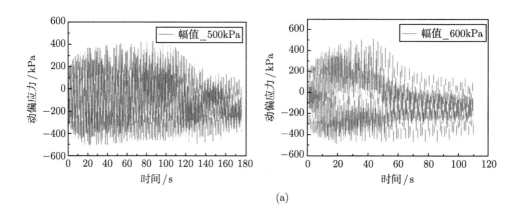

(a)

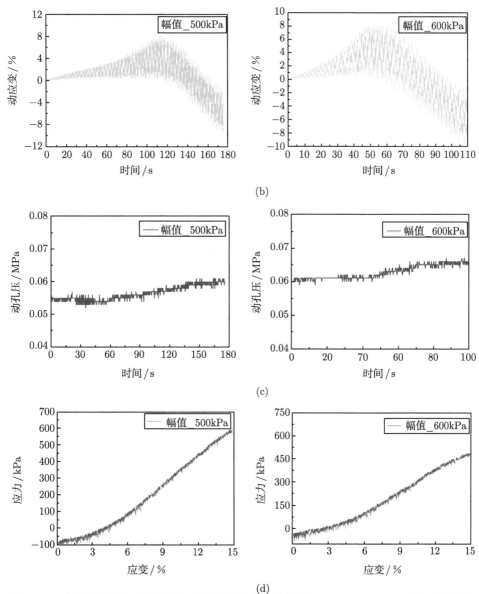

图 1.62 含四氢呋喃水合物黏土沉积物分解前在动载幅值 500kPa、600kPa 下的动态特性
(a) 动偏应力发展；(b) 动应变发展；(c) 动孔压发展；(d) 残余静强度应力应变曲线

3) 不同动载幅值下黏土沉积物动静载后核磁微观观测

如图 1.63 所示，与粉细砂沉积物相比，粉土沉积物孔隙半径分布不均匀，多以小孔隙为主，且水合物未合成时小孔隙体积较大；在施加的动载幅值小于临界值 (400kPa) 时，由于沉积物的强度随动载幅值的增大而增大，因此大、小孔隙的

体积会随着动载幅值的增大而逐渐减小；当超过临界值后，大、小孔隙的体积逐渐增大，导致沉积物的承载力降低。

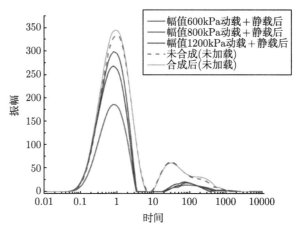

图 1.63   分解前的含四氢呋喃水合物黏土质沉积物在动载作用后的 T2 谱曲线

2. 不同动载幅值下黏土水合物沉积物分解后动静力学性质

1) 含四氢呋喃水合物黏土沉积物分解后直接静加载实验

在含水合物沉积物的合成与力学性质测量一体化实验装置的低温合成室中完成饱和度为 10% 的粉细砂水合物沉积物的合成工作，待水合物合成结束，将沉积物从低温室取出，放置在室内 (温度为 20℃) 分解 1 天，使其完全分解。将分解好的沉积物装入 GCTS2000 压力室中，并进行有效围压 1MPa 的静三轴实验，目的是获得水合物饱和度为 10% 沉积物完全分解后的静载强度，并以此为参照，用于评估后续开展的动三轴实验所残余的静强度。图 1.64 为饱和度 10% 的黏土水合物沉积物分解后静强度的应力应变图，可以看出其变形呈现弹塑性的特点，且极限静强度为 600kPa 左右。

2) 动载幅值为 200kPa、300kPa、400kPa 时动态特性以及残余静强度

首先制备饱和度为 10% 的粉细砂水合物沉积物，然后使其完全分解后，开展不同动载幅值的动载实验，实验中保持有效围压为 1MPa、频率为 1Hz，并采用正弦循环振动载荷，动载幅值分别为有效围压的 0.2、0.3、0.4。不同动载幅值下粉细砂水合物沉积物分解后的动偏应力、动应变、动孔压随时间的变化趋势以及动载后残余强度随应变的变化分别如图 1.65 和图 1.66 的 (a)~(d) 所示。各参数的变化趋势与分解前水合物沉积物的特点基本类似。

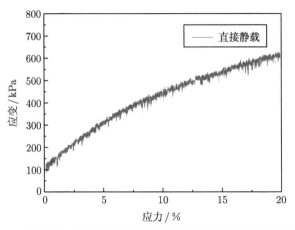

图 1.64 饱和度 10％的黏土水合物沉积物分解后静强度应力应变图

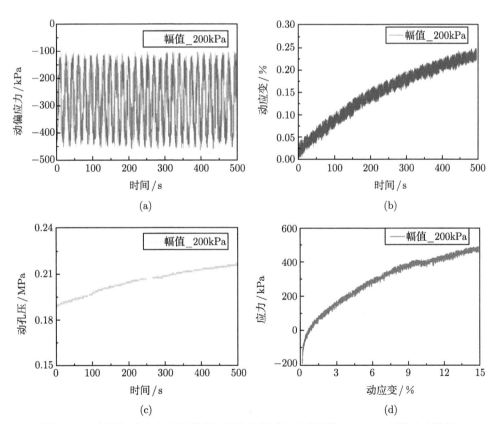

(a)

(b)

(c)

(d)

图 1.65 含四氢呋喃水合物黏土沉积物分解后在动载幅值 200kPa 下的动态特性
(a) 动偏应力发展；(b) 动应变发展；(c) 动孔压发展；(d) 残余静强度应力应变曲线

　　当动载幅值为有效围压的 0.2、0.3、0.4 时，即 200kPa、300kPa、400kPa 时，随着动载幅值的增大，沉积物能承受的循环周次逐渐减少，分别为 500 周、160 周、70 周，如图 1.65(a)、图 1.66(a) 所示，当动载幅值小于 200kPa 时，动应变随振动周次的增大逐渐增大，但未振动破坏，当动载幅值大于 200kPa 时，动载循环 20 周次时动应变达到压缩极限峰值，土样逐渐失去承载力，转变为受拉破坏；动孔压变化情况并不显著，且远低于有效围压；随着动载幅值的增大，动载后土样的静承载力逐渐降低，变化趋势与含水合物粉细砂质沉积物不同，即没有先增强后减弱的走势，而是直接降低，低于静载参考强度值，当动载幅值为 200kPa 时，静载残余强度为 500kPa，当动载幅值大于 200kPa 时，沉积物基本已失去承载力。

　　3. 不同饱和度下黏土水合物沉积物分解前动力学性质

　　相对动载幅值为 0.5、频率为 1Hz 时，水合物饱和度分别为 0%(不含水合物)、10% 的沉积物的残余强度略大于未合成水合物的沉积物，且振动导致破坏的周次分别为 20 周和 180 周，即随着水合物饱和度的增加，土体振动导致破坏的

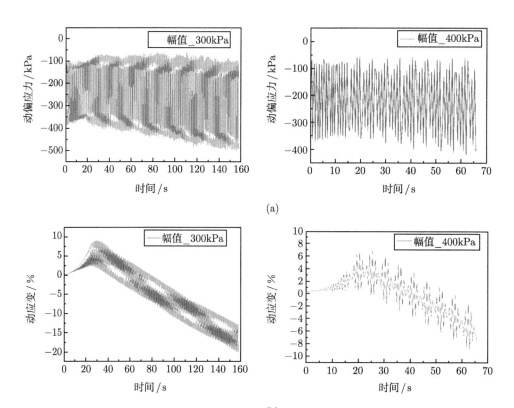

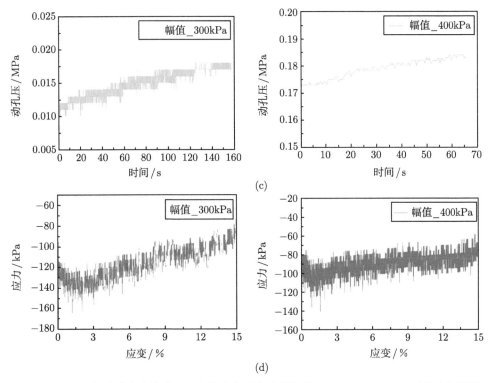

图 1.66 含四氢呋喃水合物黏土沉积物分解后在动载幅值 300kPa、400kPa 下的动态特性

(a) 动偏应力发展；(b) 动应变发展；(c) 动孔压发展；(d) 残余静强度应力应变曲线

周次增加、残余强度增大，如图 1.67 所示。产生这种现象的主要物理机制是：水合物饱和度增加，颗粒支撑效应增强，有效孔隙减小；土体静强度增加，抵抗动态变形的能力增加；孔隙尺度变小，连通性更差，压力传递变化慢。从而可以看出，水合物饱和度越高的储层，抵抗振动变形和破坏的性能越强，相对越稳定。

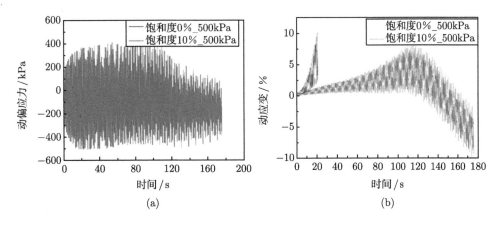

(a)   (b)

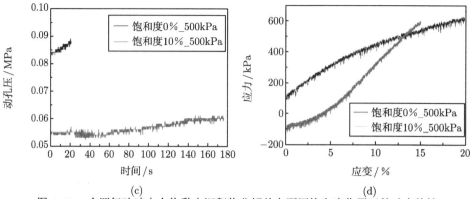

(c)   (d)

图 1.67   含四氢呋喃水合物黏土沉积物分解前在不同饱和度作用下的动态特性
(a) 动偏应力发展；(b) 动应变发展；(c) 动孔压发展；(d) 残余静强度应力应变曲线

1.8.3.4   不同类型水合物沉积物分解前后动静态力学性质比较与分析

在相同有效围压 (1MPa)、水合物饱和度 (10%) 和动载频率 (1Hz) 下，将不同动载幅值后的含水合物粉细砂、黏土沉积物的静载残余应力应变曲线汇总于图 1.68 中。可以发现：水合物分解前后，粉细砂质水合物沉积物在不同动载幅值后的残余静强度皆存在一转折点，即转折点之前，残余静强度随动载幅值的增大而增大，转折点之后，残余将强度随动载幅值的增大而减小。由此说明，对于分解前的非饱和水合物沉积物而言，动载荷作用后，存在新的临界相对动载幅值点，即振动致密与振动破坏的分界点；而对于黏土质水合物沉积物来说，水合物分解前的特点与粉细砂质水合物沉积物类似，也存在临界相对动载幅值点，但分解后的黏土质沉积物无分界点的存在。

将动载下分解前后的粉细砂质、黏土质水合物沉积物的残余静强度峰值分别汇总于图 1.69(a) 和 (b) 中。可以看出，分解前后的粉细砂质沉积物临界相对动载幅值点不同，分别为 0.55(550kPa)、0.75(750kPa)，分解前的相对残余强度值均高于分解后，即相同动载幅值下，水合物饱和度对沉积物强度的影响显著，饱和度越高残余静强度越大，但饱和度的大小与临界相对动载幅值大小并不存在直接对应关系，由此观之，动载对分解前水合物沉积物强度的影响要强于分解后。此外，分解前黏土质水合物沉积物的临界相对动载幅值点为 0.4(400kPa)，分解前后黏土质水合物沉积物的动载相对残余强度值均低于粉细砂质水合物沉积物，这主要受不同沉积物类型的影响，如图 1.69(c) 和 (d) 所示。此外将分解前后水合物沉积物在各动载幅值下可承受的振动周次汇总，可以发现分解前后的粉细砂质沉积物在动载幅值超过临界点后周次骤减 (其中 500 周、300 周统一为设定值)，骤减程度高于黏土质沉积物，如图 1.70 所示。

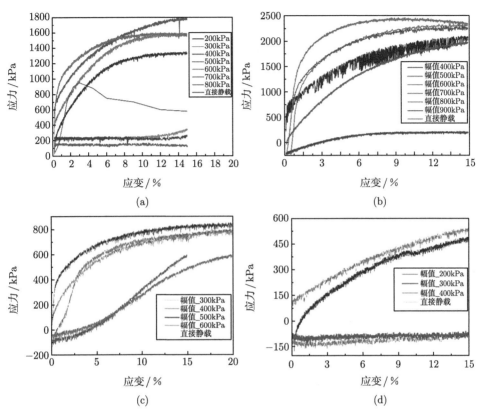

图 1.68 粉细砂、黏土水合物沉积物分解前后不同动载幅值下无量纲残余应力应变对比图
(a) 粉细砂水合物沉积物分解前; (b) 粉细砂水合物沉积物分解后; (c) 黏土水合物沉积物分解前; (d) 黏土
水合物沉积物分解后

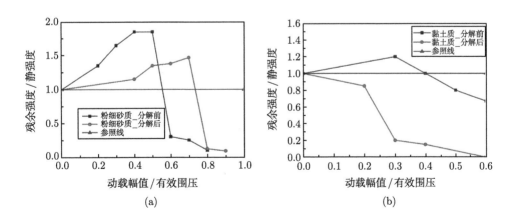

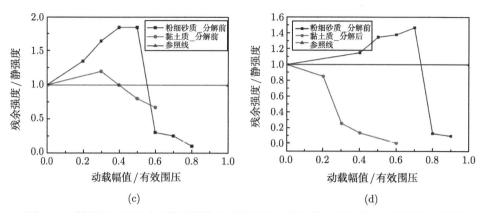

图 1.69　粉细砂、黏土水合物沉积物分解前不同动载幅值下残余强度无量纲化对比图
(a) 粉细砂质沉积物分解前后；(b) 黏土质沉积物分解前后；(c) 粉细砂质与黏土质沉积物分解前；(d) 粉细砂质
与黏土质沉积物分解后

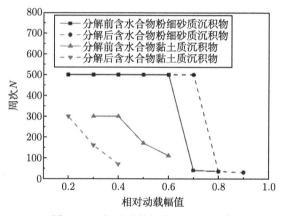

图 1.70　相对动载幅值与周次关系

　　产生以上实验现象的主要物理机制为：在低的动载幅值作用下，水合物沉积物的孔隙渐进压密，但不至于破坏，随着动载荷加载周次的增加，应变发展到一定程度，水合物沉积物的强度也发展到足够高，这样的动载荷幅值并不能再引起更大的应变，应变最终趋于不变；高的动载幅值使得孔隙的压密和孔隙缺陷的发展更加容易，会造成孔隙流体压力的增加以及振动破坏的双重效应，甚至出现非饱和土向饱和土的转变，如粉细砂质沉积物会出现液化。

1.8.4　水合物沉积物动态力学参数模型

1.8.4.1　水合物沉积物动态力学特性量纲分析

　　量纲分析是分析复杂问题、迅速捕住主要因素，即因果关系的有效工具，通过该方法可以获得物理问题中关键的无量纲控制参数，从而进行有效的实验设计和理论分析，并能够简化分析过程，尤其对于新的认识和新的现象尤为重要。

本问题中水合物沉积物本身的组分及组分含量参数为 [102,128]：

水合物饱和度 S_h，含水饱和度 S_w，孔隙度 φ，因此，各组分体积分数均可确定：土骨架的体积分数 $(1-\varphi)$；水合物的体积分数 φS_h，水的体积分数 φS_w，气体的体积分数 $\varphi(1-S_h-S_w)$。

动载荷作用的控制参数：动载荷幅值 σ_d，动载荷作用频率 ω，动载荷作用周期 t_d；水合物沉积物的静强度 τ_s。

环境条件：温度 T，有效围压 σ_3，初始孔隙流体压力 p_0。

需要求的量，动载荷作用后水合物沉积物的强度 τ_d。

由于不考虑水合物分解及热传导的作用，温度 T 不发生变化，对结果无影响，因此可以忽略。待求量 1 个，控制参数共有 9 个，基本量纲如表 1.12 所示，其中，L 表示长度的量纲，M 表示质量的量纲，T 表示时间的量纲，幂次根据定义或定律来确定。

表 1.12　动载荷作用控制参数基本量纲

物理量分类	基本量纲
$1-\varphi$,　φS_h,　φS_w	$L^0 M^0 T^0$
σ_d,　τ_s,　σ_3,　p_0,　τ_d	$L^{-1} M^1 T^{-2}$
ω	$L^0 M^0 T^{-1}$
t_d	$L^0 M^0 T^1$

待求量与控制参数之间的关系可以写为

$$\tau_d = f(1-\varphi, \varphi S_h, \varphi S_w; \sigma_d, \tau_s, \sigma_3, p_0; \omega, t_0) \tag{1.9}$$

用 τ_s、ω 将上式无量纲化，得到

$$\frac{\tau_d}{\tau_s} = f\left(1-\varphi, \varphi S_h, \varphi S_w; \frac{\sigma_d}{\sigma_3}, \frac{\sigma_3}{\tau_s}, \frac{p_0}{\tau_s}; \omega t_0\right) \tag{1.10}$$

若沉积物类型相同，且有效围压和初始孔隙流体压力保持一致，动载荷作用下的力学强度无量纲关系式还可以简化如下：

$$\frac{\tau_d}{\tau_s} = f\left(\varphi S_h, \frac{\sigma_d}{\sigma_3}, \omega t_0\right) \tag{1.11}$$

可以看出，式 (1.11) 中只有 3 个无量纲的控制参数，问题大大简化。也就是说，问题可以看为水合物沉积物的动载荷作用后的强度取决于含水合物饱和度、动载荷幅值以及一定频率下的作用周期。一般来讲，动载荷幅值越高，频率相对越高，振动周期越长，水合物沉积物土体振动破坏的可能性越大，强度下降得更多。

1.8.4.2　水合物沉积物动载荷作用后的强度参数模型

根据实验结果可知，动载荷幅值对动载荷作用后强度的影响比较显著。因此，在不同水合物饱和度的条件下，建立的动载荷作用后的强度模型以载荷幅值为主要控制参数。

基于莫尔–库仑准则，水合物沉积物的静强度可以表示为[129]

$$\tau_{\mathrm{s}} = c(S_{\mathrm{h}}) + \sigma' \tan\phi(S_{\mathrm{h}}) \tag{1.12}$$

其中，τ_{s} 为静强度，c 为黏聚力，ϕ 为内摩擦角，σ' 为法向有效应力。

基于 D-P 模型，假定该模型中的材料强度参数是水合物饱和度的函数，材料参数的选取可以反映水合物饱和度对水合物沉积物强度的宏、微观参数的影响。修正模型表达如下：

$$\sqrt{J_2} = K_{\mathrm{f}}(S_{\mathrm{h}}) + \beta(S_{\mathrm{h}}) \cdot I_1 \tag{1.13}$$

其中，$J_2 = \dfrac{1}{6}\left[(\sigma_1 - \sigma_2)^2 + (\sigma_2 - \sigma_3)^2 + (\sigma_3 - \sigma_1)^2\right]$，$I_1 = \sigma_1 + \sigma_2 + \sigma_3$，$K_{\mathrm{f}}(S_{\mathrm{h}})$ 和 $\beta(S_{\mathrm{h}})$ 为随水合物饱和度变化的材料参数。

在三轴压缩实验中，有 $\sigma_2 = \sigma_3$，式 (1.13) 可写为

$$\sigma_1 - \sigma_3 = \sqrt{3}K_{\mathrm{f}}(S_{\mathrm{h}}) + \sqrt{3}\beta(S_{\mathrm{h}}) \cdot (\sigma_1 + 2\sigma_3) \tag{1.14}$$

即

$$\sigma_1 - \sigma_3 = A(S_{\mathrm{h}}) + B(S_{\mathrm{h}}) \cdot \sigma_3 \tag{1.15}$$

其中，$A(S_{\mathrm{h}}) = \dfrac{\sqrt{3}K_{\mathrm{f}}(S_{\mathrm{h}})}{1 - \sqrt{3}\beta(S_{\mathrm{h}})}$，$B(S_{\mathrm{h}}) = \dfrac{3\sqrt{3}\beta(S_{\mathrm{h}})}{1 - \sqrt{3}\beta(S_{\mathrm{h}})}$。

以动载前水合物沉积物的静强度为基准，衡量动载荷作用后的强度。根据 $\tau_{\mathrm{d}}/\tau_{\mathrm{s}} = f(\varphi S_{\mathrm{h}}, \sigma_{\mathrm{d}}/\sigma_3, \omega t_0)$，将其表示成如下的指数形式：

$$\tau_{\mathrm{d}}/\tau_{\mathrm{s}} = (1 - \sigma_{\mathrm{d}}/\sigma_3)^n \tag{1.16}$$

其中，指数 n 的取值与水合物饱和度和载荷作用频率与周期相关。式 (1.29) 的物理意义是动载荷作用下相对强度随着动载荷幅值的 n 次指数衰减或增加。

当动载荷幅值为 0 时，意味着不加动载荷，那么强度与静强度相等，即 $\tau_{\mathrm{d}}/\tau_{\mathrm{s}} = 1$；

当动载荷幅值大于或等于有效围压，即 $\sigma_{\mathrm{d}}/\sigma_3 \geqslant 1$ 时，水合物沉积物在动载荷作用过程中出现拉应力，一般来讲，若拉应力超过黏聚力时，沉积物出现脆性拉裂。根据实验结果，水合物沉积物在动载荷作用下的力学响应具有相对动载幅值临界点，即 $\xi_{\mathrm{c}} = (\sigma_{\mathrm{d}}/\sigma_3)_{\mathrm{critical}}$，当 $\xi < \xi_{\mathrm{c}}$ 时，水合物沉积物表现为振动致密，动载荷作用后力学性能增强；而当 $\xi \geqslant \xi_{\mathrm{c}}$ 时，振动破坏并导致液化。

对式 (1.16) 进行双对数处理，得到

$$\log\tau_{\mathrm{d}}/\tau_{\mathrm{s}} = n\log(1 - \sigma_{\mathrm{d}}/\sigma_3) \tag{1.17}$$

根据实验数据，结合最小二乘法用上式进行拟合，就可以求得参数 n。

将水合物粉细砂和黏土水合物沉积物的实验结果绘于图 1.71。通过对比发现，两者的相对动载荷幅值临界点分别为 $\xi_c = 0.55$、$\xi_c = 0.4$，粉细砂沉积物的临界动

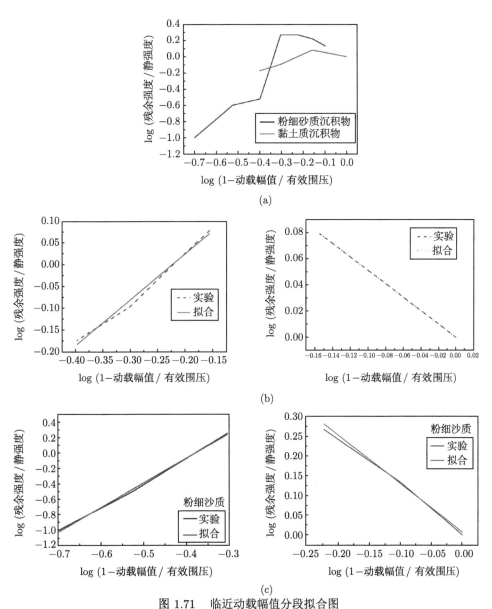

图 1.71 临近动载幅值分段拟合图

(a) 含水合物粉细砂质、黏土质沉积物拟合；(b) 含水合物黏土质沉积物分段拟合；(c) 含水合物粉细砂质沉积物
分段拟合

载荷幅值高于黏土沉积物。对于黏土沉积物而言，在 $\xi < 0.4$ 时，指数 $n \approx -0.51$，表示相对动强度呈现增加的趋势；在 $\xi \geqslant 0.4$ 时，指数 $n \approx 1.05$，表示相对动强度呈现降低的趋势，模型结果与实验结果基本一致，如表 1.13 所示，此处 n 的取值适用于有效围压 1MPa、动载频率 1Hz、饱和度 10%、动载周次在 500 以内的水合物沉积物。

表 1.13　临近动载幅值分段拟合结果汇总表

沉积物介质类型	拟合临界值 ξ_c	拟合 n 值	
粉细砂质	0.55	$\xi_c < 0.55, n = -1.23$	与实验结果一致
		$\xi_c > 0.55, n = 2.81$	
黏土质	0.4	$\xi_c < 0.4, n = -0.51$	
		$\xi_c > 0.4, n = 1.05$	

通过公式 (1.12)~(1.16) 可以建立起从静态到动态力学特性的一套系统的力学模型，从而为不同的实际工程问题提供简便实用的力学参数。

1.8.4.3　工程应用探讨

在实际工程应用或评价中，以地震为例，不同动载荷幅值可等价于震级，根据地震的级别与最大加速度的对应关系，六级~九级地震对应基本加速度值 a 分别为 0.05g、0.10g、0.15g、0.2g 和 0.3g。根据工程设计中考虑的不同地震级别，则可以给出了动载荷的范围，再根据实验室获得的动态力学参数的变化规律和模型，赋予评价方法基本的力学参数，从而评价储层在动载荷作用下的承载力和稳定性问题。

在工程上考虑地震等动载荷作用时，通常采用经典的 Seed 公式 [130]，即对动载荷幅值进行平均化处理，即 $\tau_{\max} = \sigma_v \cdot a_{\max}/g$，其中 $\tau_{\max}$ 为储层的最大动剪应力，σ_v 为储层深度上的竖向应力，$a_{\max}$ 为最大地震加速度。如考虑上覆土层的厚度 h 为 200m，取 $\bar{\rho} = 1700\text{kg/m}^3$，那么不同地震加速度 (0.05$g$、0.10$g$、0.15$g$、0.2$g$ 和 0.3g) 对应的动载荷幅值分别为 167kPa、333kPa、500kPa、666kPa 和 1000kPa，有效围压约 1000kPa。根据上述分析方法得到，在七级地震以下，动载荷相对幅值不会超过粉细砂的振动液化临界值。

1.8.4.4　水合物沉积物动静态力学实验后的核磁微观测量结果

采用专用于水合物沉积物测试而设计的低场核磁共振仪测量水合物沉积物在静动载作用后的微结构变化。该设备最主要的是将一般的核磁共振仪进行改造，增加温控和加压模块，并制成适合水合物合成与分解的直径 20mm、高度 60mm 的高压低温压力室。核磁技术参数为 (图 1.72)：磁场强度 (0.5 ± 0.05)T，脉冲频率范围 2~30MHz，精度 0.1Hz，通过测量水合物合成与分解过程中的含水量的变化，获得沉积物微观孔隙结构参数 (孔隙度、孔隙大小和分布等参数)。通过 T2 弛豫时间测量最小孔隙尺寸可至几十纳米，核磁成像的最小孔隙尺寸为 100μm 量级 [102]。

图 1.72 水合物合成、分解过程核磁共振测量装置

通过核磁共振测量的数据，T2 弛豫时间与信号强度分布的积分表示含水量大小，T2 弛豫时间可表征孔隙半径大小，二者间呈正比例关系，信号强度分布表征孔隙半径对应的分布函数关系。T2 谱的面积越大，表示含水量越大；信号强度峰值对应的弛豫时间越大表示含水的孔隙半径越大。一般来讲，一定量的 T2 谱的幅值代数和与含水总量呈正比例关系。据此可以确定孔隙的半径分布和含水量的大小。

这里介绍的实验结果的基本工况包括：含四氢呋喃溶液的粉细砂、含四氢呋喃水合物的粉细砂以及动、静态三轴后的水合物沉积物，获取它们的 T2 弛豫时间与核磁信号强度的变化曲线，分析这些参数间的孔隙含水或孔隙结构的变化关联。

实验步骤如下 [102]：

(1) 预先将核磁共振测量空间的温度控制在三轴力学实验的相同条件下，保证两类实验保持相同的环境温度；

(2) 在相同的环境温度下，对溶液的核磁共振信号即 T2 谱进行标定，得到溶液的基准值；

(3) 将动静态实验后样品从三轴仪中迅速取出，保证样品中水合物不会发生分解，然后装入核磁共振系统的测量空间；

(4) 对水合物沉积物样品进行核磁共振测量，获得其核磁共振信号的分布曲线，即 T2 谱曲线；

(5) 将含四氢呋喃溶液的粉细砂、含四氢呋喃水合物的粉细砂分别装入核磁共振系统的测量空间进行测量；

(6) 将不同工况下的 T2 谱曲线进行分析整理。

实验结果表明，对未经历动态加载前的样品，T2 谱曲线呈现扁平状，且峰值低，说明孔隙半径分布范围较宽，且孔隙溶液基本均匀地分布在孔隙中；在动载荷作用下，振幅小于 600kPa(相对值 0.6)、振动次数 N 小于 3000 时，含水合物沉积物的核磁 T2 谱峰值对应弛豫时间减小，曲线整体向左偏，峰值强度较高，曲线呈现尖峰状,且有小部分大孔隙不断出现,即振动压密;振幅大于 600kPa,振动次数在 50 周以内出现破坏与液化,动载荷幅值越大,曲线整体越向左偏,峰值减小更加扁平,且再次出现大孔隙 (100~1000ms),说明随着动载荷幅值的增加,振动破坏现象逐渐发生,如图 1.73 所示。因此将宏观力学测量与微观观测结合,更能够获得水合物沉积物的变形机制。

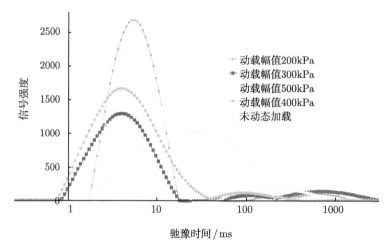

(a) 低动载幅值振动后样品的 T2 谱

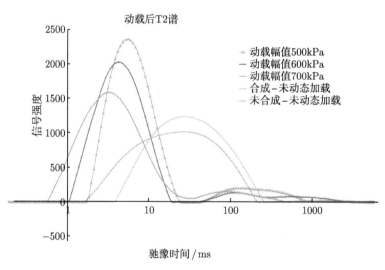

(b) 高载荷幅值振动后样品的 T2 谱

图 1.73 含四氢呋喃水合物沉积物在动载作用后的核磁共振测量

1. 含水粉细砂中冰冻与分解过程核磁分析

土体骨架采用与前面力学特性实验相同的粉细砂, 密度 1600kg/m^3, 孔隙度 40%, 含水饱和度分别为 15%、25%、35% 和 45% 的四种情况, 图 1.74 中含

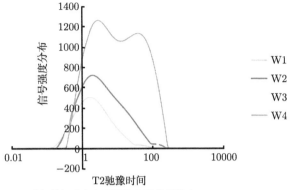

(a) 粉细砂中含不同饱和度的蒸馏水

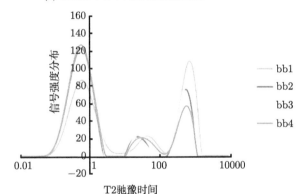

(b) 结冰后粉细砂中 T2 弛豫时间与信号强度变化

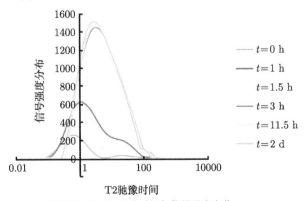

(c) 冰融化过程 T2 弛豫时间与信号强度变化

图 1.74   含冰沉积物在生成前、生成后和融化过程的核磁共振 T2 谱

水未结冰状态分别用 W1~W4 表示，结冰状态后分别用 bb1~bb4 表示，同时也分析在不同含冰状态分解的 T2 谱测量。

从图 1.74(a) 可以看出，初始粉细砂土孔隙中含水量越高，谱面积越大，孔隙水基本均匀地分布在 T2 时间谱 1~100。从图 1.74(b) 可以看出，经过冷冻结冰之后，峰值强度降低，谱面积减小，表示含水量减小。最大峰值强度向左移动，T2 弛豫时间在 0.01~1，表明孔隙中结冰占据了孔隙空间，剩余的未冻水，其对应的孔隙半径非常小。

以含水饱和度为 45% 的工况为例，结冰后又融化的过程如图 1.74(c) 所示，通过升温使冰融化，粉细砂中的孔隙中含水量逐渐增大，谱面积也逐渐增加，而水逐渐又回归到基本均匀地分布在 T2 时间 1~100 的状况，也反映了冰融化过程中孔隙增大的过程，但孔隙分布较结冰前更加集中，最大孔隙尺度分布占比相对缩小，这也体现了冰冻融化过程对沉积物孔隙结构的影响。

2. 含四氢呋喃溶液粉细砂合成前后核磁分析

土体骨架采用与前面动三轴力学特性实验相同的粉细砂，密度 1600kg/m³，孔隙度 40%。含四氢呋喃水溶液 (配比按照四氢呋喃水合物完全生成，即体积分数 21% 或质量分数 19%) 的饱和度分别为 15%、25%、35% 和 45% 的四种情况。图 1.75 中含水合物生成前状态分别用 S1~S4 表示，水合物生成后分别用 SS1~SS4 表示。

从图 1.75(a) 可以看出，初始粉细砂孔隙中含四氢呋喃水溶液量越高，谱面积越大，水基本均匀地分布在 T2 时间谱 1~100，与含水的情况基本类似，仅峰值强度较水略低。

四氢呋喃水合物在沉积物孔隙中生成后，核磁信号与弛豫时间的基本特征如图 1.75(b) 所示，T2 弛豫时间谱由右向左移动，同样分布在 0.01~1 之间，但核磁信号强度较结冰状态更强，约为水的 5 倍。

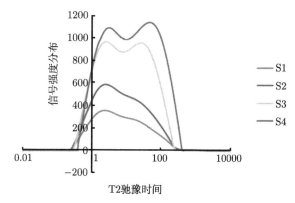

(a) 粉细砂中包含不同饱和度的四氢呋喃溶液

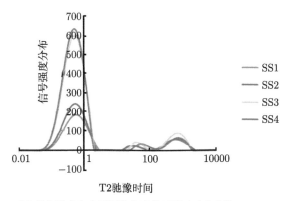

(b) 粉细砂中包含不同饱和度的四氢呋喃水合物

图 1.75　含四氢呋喃水合物沉积物在生成前和生成后的核磁共振测量

以核磁共振数据和热传导理论为基础,确定水合物分解过程中水合物粉土分解不同程度的时间 (图 1.76),以这种方法可以确定水合物分解过程的饱和度,分解程度约与时间的平方根成比例。

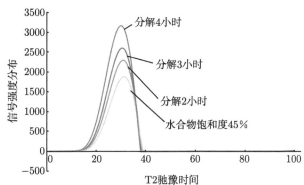

图 1.76　含水合物粉细砂分解过程中宏微观力学参数测量
T2 弛豫时间反应含水孔隙尺度,信号分布强度积分反应含水总量

图 1.77、图 1.78 分别为相同围压、不同饱和度下的沉积物,在应变为 0%、5%、10%、15%时的 CT 扫描图 (选取中间切片中) 以及在应变 0%、5%时阈值分割后水合物分布图。图 1.77 中白色为砂,黑色为孔隙体积,包含水合物、水以及气体,图 1.78 中白色为砂,黄色为水合物,蓝色为气体。实验结果表明,随着水合物饱和度的增大,剪切带的宽度逐渐减小,倾角逐渐增大,如图 1.77 中标注所示,随着饱和度的增大,在应变为 10%时,倾角分别为 49.1°、52.3°、60.2°,剪切带宽度分别为 1.8mm、1.5mm。这是由于随着饱和度的增大,较多的水合物充斥孔隙,与骨架胶结并逐渐持力,从而提高了水合物沉积物的抗剪切能力,剪切

带宽度随之减小，对于砂土质沉积物而言，极限抗剪强度的提高主要归功于内摩擦角的增大，因此剪切带倾角增大。

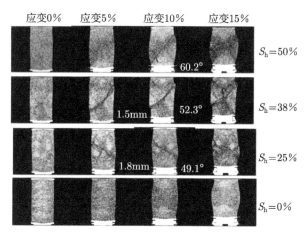

图 1.77　相同围压、不同饱和度下的沉积物在不同应变阶段的微观三轴扫描图

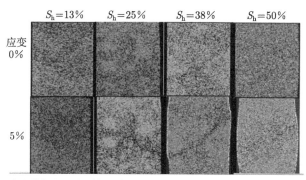

图 1.78　相同围压、不同饱和度下的沉积物在不同应变阶段的水合物分布图

观察图 1.78 可以发现，在高饱和度 ($S_h > 40\%$) 时，水合物分布均匀；低饱和度 ($S_h < 40\%$) 时，多呈团块状集合体分布，且剪切破坏多开始于水合物富集区与未生成区的不均匀交界处，在饱和度较高时，剪切后期多出现交叉型剪切带，且在剪切过程中，伴随着块状集合体的破碎以及上下移动。由此推测，当 $S_h > 40\%$ 时，水合物填充大部分空隙，多呈胶结型和包覆型；当 S_h 在 $10\% \sim 40\%$ 范围时，水合物分布多为胶结型。

图 1.79 为相同围压下不同饱和度的沉积物在不同应变阶段的孔隙体积分布图，图中数值表示该应变阶段的孔隙体积大小范围，即通过 CT 处理技术，剔除所有的砂，只保留孔隙体积部分，不同的颜色代表不同的孔隙体积。与图 1.77、图 1.78 对比可看出，当水合物饱和度 S_h 小于 50% 时，水合物沉积物会在一定应变

范围逐渐达到应力峰值, 随着剪切的进行, 由于沉积物仍有较大的残余应力, 因此应力重分布达到稳定状态后, 孔隙体积逐渐减小, 此时残余应力处于稳定值, 且残余强度随饱和度的增大而增大; 当饱和度 S_h 大于 50% 时, 沉积物应力应变状态呈现弹脆性, 由于沉积物的剪切破坏, 其对应的残余强度更低, 达到应力重分布稳定状态所需的时间更久, 因此孔隙体积仍处于增大趋势, 且其残余应力随饱和度的增大而减小。

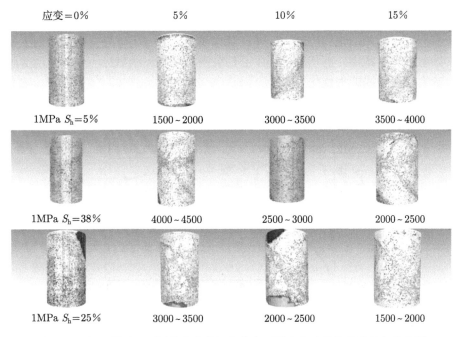

应变=0%　　　　5%　　　　10%　　　　15%

1MPa S_h=5%　　1500～2000　　3000～3500　　3500～4000

1MPa S_h=38%　　4000～4500　　2500～3000　　2000～2500

1MPa S_h=25%　　3000～3500　　2000～2500　　1500～2000

图 1.79　相同围压下不同饱和度的沉积物在不同应变阶段的孔隙体积分布图

1.8.4.5　不同围压下甲烷水合物沉积物的宏微观静三轴实验

图 1.80 为甲烷水合物沉积物在有效围压 3MPa、饱和度分别为 0%、13% 和 40% 时的应力应变曲线。将图 1.76 和图 1.80 中的不同有效围压在不同饱和度下的极限强度值汇总于图 1.81。可以发现, 随着有效围压的增大, 极限应力增大; 与图 1.76 和图 1.80 对比可知, 在相同饱和度下, 有效围压越小, 饱和度越高, 应变软化现象越明显[102]。

图 1.82 为相同饱和度下不同围压的三轴剪切实验后的核磁扫描图。可以看出, 在相同饱和度 (40% 左右) 时, 有效围压越大, 剪切带宽度较窄, 倾角稍大; 明显剪切带现象出现得较晚。这是由于随着有效围压的增大, 抗剪能力也得到提高, 从而剪切带宽度减小, 又由于沉积物内摩擦角的角度增大, 因此剪切带倾角增大。

对于含水合物松散沉积物, 在低饱和度高围压、高饱和度低围压情况下, 由不同应变阶段的三轴剪切实验后的核磁扫描图以及孔压变化情况 (图 1.83 和图 1.84) 可以看出, 围压越大, 饱和度越低, 沉积物越容易发生剪缩; 围压越小, 饱和度越高, 剪胀效应越明显。这是由于在饱和度相同时, 即初始的孔隙度相同, 当有效围压较小时, 初始状态的孔隙比小于平均有效正应力对应的孔隙比, 因此沉积物的初始状态可能位于临界孔隙状态线的紧面 (密度大于临界值), 三轴剪切过程中随着有效应力的增大势必会向右上方的松面 (密度小于临界值) 过度, 从而呈现剪胀特性, 此时的应力应变曲线则呈现为应变软化特点。同理可以得到, 当有效围压相同时, 初始的饱和度越大, 即孔隙比越小, 且小于临界孔隙比, 则沉积物的初始状态位于紧面, 剪切的过程中必然会向右往临界线靠拢, 最终呈现剪胀特性, 应力应变曲线即为软化型。

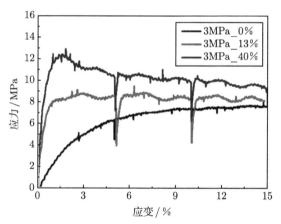

图 1.80　相同围压、不同饱和度下甲烷水合物沉积物宏观应力应变曲线

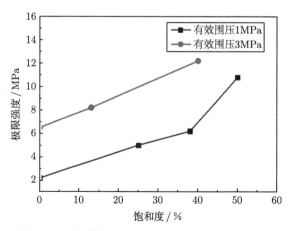

图 1.81　不同围压下不同饱和度对应的极限应力值

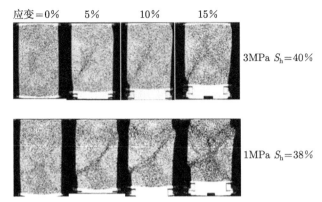

图 1.82　相同饱和度下不同围压在不同应变阶段的三轴扫描图

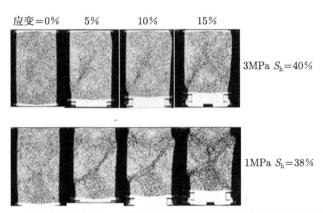

图 1.83　低饱和度高围压、高饱和度低围压在不同应变阶段的三轴扫描图

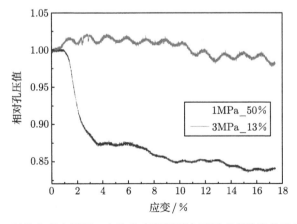

图 1.84　低饱和度高围压、高饱和度低围压在不同应变阶段的孔压变化图

1.9　蠕变特性实验

本节主要介绍水合物储层在水合物分解前后的蠕变力学特性。采用高压固结仪进行实验。采用海底粉土作为土体骨架，制备四氢呋喃水合物沉积物，并在固结仪上进行蠕变力学实验。

1.9.1　实验

1.9.1.1　实验步骤

实验步骤如下 [131]：

(1) 土骨架制备：土样的制备方法依照《土工试验方法标准》(GB/T50123—2019)，通过分层砸实的方法控制土样干密度，保证试样质量。根据土样的干密度及试样体积，称取所需的土质量，平均二等分，将每份土样填入环刀内砸实至所要求的高度，并在每层制样中用切土刀将试样拉毛，以降低其分层现象，使试样整体性更好。

(2) 水合物合成：根据实验设定的水合物饱和度制备水合物沉积物。具体过程如下：

a. 采用浸泡法制备样品，先将干密度为 $1200kg/m^3$ 的土样放置在密闭容器中，且密闭容器与抽真空装置、储液装置相连通，密闭的储液装置中盛放合成所需饱和度而配制的一定体积比的四氢呋喃水溶液。打开抽真空开关，对土样抽真空 2h，然后打开储液装置开关，向密闭容器中自上而下浇注溶液，直到液面超过土样 2cm，该过程分两次完成，间隔抽真空 5min。保持该状态使土样浸泡 2 天，土样的含液量维持恒定。

b. 将制备好的样品放置到压力室内，启动低温控制装置使恒温箱内降温至设定的值，一般为 0 ~ 2℃ (四氢呋喃水合物的合成温度为 4.4℃，压力为大气压条件)。

c. 制冷时间一般为 2~3 天后，认为四氢呋喃水合物沉积物样品制备完成，然后等待进行蠕变力学实验。

(3) 蠕变特性实验：采用单杠杆高压固结仪，采用应力控制加载方式，具体分为每种载荷分级加载和分别一次性加载两种方式加载，测量水合物沉积物、水合物分解前后水合物沉积物的变形随时间的发展曲线，测试不同载荷下沉积物变形发展变化特征。

水合物沉积物蠕变力学性质实验过程中，需要保证水合物不发生分解。为此将固结仪安置在低温室中完成整个实验。进行水合物分解后沉积物的蠕变力学特性实验时，通过升高温度使水合物完全分解。在实验过程中根据土层变形是否达到平稳进行判定实验时间。试样的变形不超过 0.001mm/d 即认为试样达到稳定状态。

进行蠕变特性实验的步骤如下：

a. 将制备完成后的样品放置在固结仪上，上下均需加一层滤纸和透水石，调节好位移测量系统及加载系统等。

b. 在固结仪底座内加满水，直接浸水饱和，并在储水盒外部密闭保鲜膜，保证试样在实验过程中的含水量不变。

c. 施加载荷，通过添加砝码施加恒定的应力，记录沉降值随时间的变化。

d. 采用一次性加载方式时，试样的变形达到稳定值后停止实验，采用逐级加载方式则是在当前以及加载稳定后，再施加下一级载荷。

e. 实验结束后卸去载荷，取出试样，观测并记录试样变化。

1.9.1.2　含水合物土分解后蠕变力学实验

选用海底含水合物粉土为土体骨架，黏土的比重为 2.7，样品面积为 $30cm^2$，高 2cm。制样时为保证土样的均匀性，分 2 层砸实，每层 1cm，在层与层之间用细铁丝刮毛来衔接。

采用南海粉土控制干密度为 $1300kg/m^3$ 制备土骨架，水合物饱和度为 40%。

使放置在高压固结仪上合成的水合物沉积物样品在室温条件下完全分解，采用分别一次性加载的方式进行，在恒定载荷的作用下，连续观测 30 天。图 1.85 中给出了四种载荷下的实验结果，即 0.5MPa、1.5MPa、2.5MPa 和 3.5MPa。

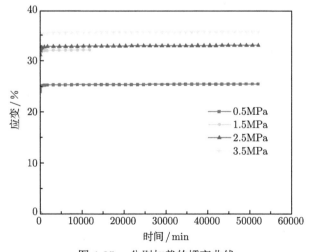

图 1.85　分别加载的蠕变曲线

由图 1.85 可以看出，水合物沉积物分解后土样在各级载荷下的应变–时间关系曲线的变化规律基本相同。施加载荷瞬间产生较大变形，之后曲线的斜率逐渐减小，意味着试样的变形速率逐渐减小。试样的变形速率越来越小，虽然试样的变形随时间还有所增大，但该阶段总的变形值已经较小。

将试样的应变–时间关系表示在双对数坐标上。从图 1.86 中可以看出，在各级载荷条件下的实验曲线相近。每级加载初期，变形快速发展，然后进入蠕变阶段。蠕变阶段近似为直线，且各级载荷下蠕变曲线基本平行，土样的应变随时间的变化在双对数坐标上具有相似的规律。随着加载载荷的增加，瞬时变形量的台阶降低，超过 1.5MPa 之后，台阶高度变化越来越小，主要原因是由瞬时的弹性变形阶段占主导转变为固结变形、塑形变形的阶段占主导。因此可以根据双对数坐标中的蠕变曲线规律使用数学表达式描述水合物沉积物分解后的蠕变规律。

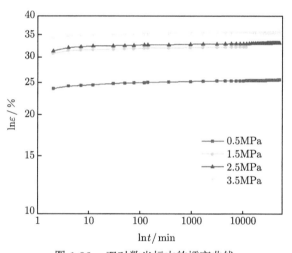

图 1.86　双对数坐标中的蠕变曲线

1.9.1.3　分级加载蠕变力学特性实验

制备与 1.9.1.1 节中一次性加载实验相同的样品，将合成的水合物沉积物样品在室温条件下使其完全分解。采用分级加载的方式进行实验。在每级载荷的作用下，观测到每天的沉降量小于 0.005mm 时即认为变形稳定，然后施加下一级载荷。实验中采用的分级加载顺序为两种：① 0kPa、50kPa、100kPa、200kPa、400kPa、800kPa、1600kPa、3200kPa；② 0kPa、50kPa、200kPa、800kPa、3200kPa。

水合物沉积物分解后土样的变形随时间呈阶梯形变化，且各阶梯的变化规律基本相同。将分级加载全过程蠕变曲线进行处理，得到了分别加载条件下的蠕变曲线簇。每一级载荷施加后，变形都会瞬时发生跳跃增加，很快又趋于平缓。载荷增加值越大，跳跃值越大，但是并不是呈正比关系 (图 1.87)。

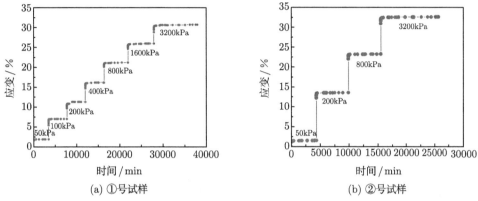

(a) ①号试样   (b) ②号试样

图 1.87　分解后蠕变实验全过程曲线

在各级载荷条件下，土样的应变随时间的变化具有相似的规律。每级载荷加载的瞬间，均会产生较大的变形，试样的变形速率较快，随着加载时间逐渐减小，最后趋于稳定。根据曲线的发展特征可将土体的变形分为三个部分：瞬时沉降、固结变形、蠕变变形 (图 1.88)。

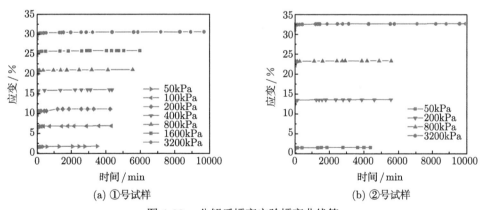

(a) ①号试样   (b) ②号试样

图 1.88　分解后蠕变实验蠕变曲线簇

1.9.1.4　水合物沉积物蠕变力学特性实验

制备出与 1.9.1.1 节相同的水合物沉积物样品，但是不使水合物分解，因此整个实验过程温度保持不变。采用分级加载的方式进行，在每级载荷的作用下，观测到每天的沉降量小于 0.005mm 即认为稳定, 然后施加下一级载荷。分级加载的顺序为: ③ 0kPa、50kPa、100kPa、200kPa、400kPa、800kPa、1600kPa、3200kPa; ④ 0kPa、50kPa、100kPa、200kPa、400kPa、800kPa、1600kPa、3200kPa。

可以看出, 水合物沉积物分解前沉积物的变形随时间呈阶梯形变化, 且各阶梯的变化规律基本相同。将分级加载全过程蠕变曲线进行处理, 得到了分别加载条件下的蠕变曲线簇, 对各级载荷下的蠕变规律进行分析 (图 1.89)。

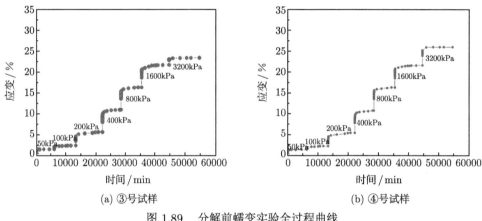

(a) ③号试样　　　　　　　　　　　　(b) ④号试样

图 1.89　分解前蠕变实验全过程曲线

在各级载荷条件下, 土样的应变随时间的变化具有相似的规律。每级载荷加载的瞬间, 均会产生较大的变形, 试样的变形速率较快, 随着加载时间逐渐减小, 最后趋于稳定。根据曲线的发展特征将土体的变形分为三个部分: 瞬时沉降、固结变形、蠕变变形 (图 1.90)。

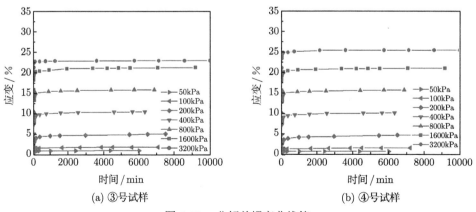

(a) ③号试样　　　　　　　　　　　　(b) ④号试样

图 1.90　分解前蠕变曲线簇

瞬时变形是在应力加载极短的时间内就发生的变形。水合物分解后，会破坏试样原有的孔隙结构，使部分土颗粒呈散粒状存在，孔隙度较大，故在施加载荷的瞬间会发生较大的直接压缩变形。固结变形是在应力施加，瞬时变形后，由于孔隙水排出的渗流固结变形。由于水合物沉积物的渗透性较小，孔隙水压力消散较慢，故这一阶段变形时间较长，同时还伴随着较小的蠕变变形。蠕变变形是固结完成后，在恒定应力的作用下，随时间不断增长的试样的变形。

在高应力条件下，即使试样进入破坏阶段，其蠕变曲线仍呈现一定衰减性，温度和载荷的变化对水合物沉积物蠕变特性的影响很大。试样被破坏后，仍然具有一定的黏弹性。在低应力条件下，水合物沉积物的轴向形变和蠕变速率随温度和载荷的升高而增大，随围压的升高而减小。在变载荷条件下，变载后的蠕变曲线普遍表现为变载后出现新一轮阻尼蠕变阶段和等速蠕变阶段，但最终都与常载蠕变曲线相差越来越大[132]。

1.9.2 水合物沉积物蠕变实验拟合曲线

在水合物分解前后，在各级载荷条件下，沉积物的应变–时间的发展在双对数坐标中具有相似的规律，且各曲线基本平行，应变–时间关系可以表示为

$$\lg \varepsilon\left(\sigma, t\right) - \lg \varepsilon\left(\sigma, t_0\right) = k\left(\lg t - \lg t_0\right) \tag{1.18}$$

或

$$\tag{1.19}$$

其中，t 为加载时间；t_0 为参考时间，可取 $t_0 = 1\mathrm{min}$；$\varepsilon\left(\sigma, t\right)$ 为在恒定压力作用下 t 时刻的应变；$\varepsilon\left(\sigma, t_0\right)$ 为在恒定压力作用下，t_0 时刻的应变；k 表示双对数坐标中各直线的斜率，对于饱和度 40% 的水合物分解后的沉积物，各直线基本平行，可以近似认为 k 为常数。

1.10 水合物沉积物力学性质理论模型

1.10.1 水合物沉积物力学参数 (模量、强度) 与水合物饱和度的关系模型

水合物沉积物力学参数的 (弹性模量、强度等) 主要影响因素包括：土骨架的矿物类型、颗粒粒径与级配参数、水合物的类型、水合物合成前干土样的初始孔隙度、样品的制备方法与合成水合物的饱和度、水合物在孔隙中的赋存形态、排水条件、温度环境、加载速率、围压与孔压等。

本节提出的模型以复合材料经典串并联模型为基础，着重考察材料各组分局部相互作用对整体有效模量的影响。考虑典型的两组分颗粒材料，一般而言，其粒间接触方式存在如下几种情况：同组分颗粒在载荷作用方向连续接触；颗粒在

载荷作用方向被异组分颗粒隔开而不发生直接接触；颗粒在载荷作用方向既与同组分颗粒相互接触，又与异组分颗粒相互接触。在给定载荷的情况下，对于不同的接触方式，力在组分间的传递路径也不同。上述三类接触方式可以根据这种方式简化为两组分串联、两组分并联和串并联混合结构[133]。

在建模过程中，做如下假定：各组分材料自身 (基体填料夹杂相) 各向同性，且复合材料总体亦表现为宏观各向同性；各组分在各种排列方式中皆保持均匀分布，且不同排列方式中的组分比一致。

1. 两组分复合材料弹性模量模型

基本串并联模式：在串、并联模型中，根据均匀分布假定，两组分材料的含量均与材料的总体组分含量一致，两组分之间的力的传递路径与载荷作用方向相关，当载荷方向改变时，两者可以相互转换，纵向力作用下的并联模型在横截面方向作用力下成为串联模型，反之亦然，不妨称之为一对相互对称的基本串并联力链，分别采用符号串联模式 (R_{ab}) 和并联模式 (V_{ab}) 表示，很显然基本串并联模式具有各向异性性质，如图 1.91 所示。

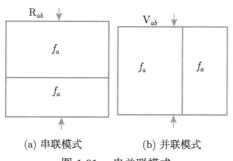

(a) 串联模式　　　　　　　(b) 并联模式

图 1.91　串并联模式

混合模式：考虑到一般情况下，材料中的颗粒细观接触方式为混合模式，与基本对称模式类似，假定材料由两种组分对称的混合模式组成。针对水合物沉积物，为与孔隙中水合物的不同赋存形态相对照，引入表征混合模式中基本串并联模式的数量比的比例系数 $f = f_1 : f_2$，把基本对称模式按照一定系数加权组合形成混合模式，混合模式中串联模式与并联模式的数量比为 $f_1 : f_2$，并满足 $f_1 + f_2 = 1$；同样由于组合方向的不同可分为两种，如图 1.92 所示，两种混合模式中并联与串联模式比重分别为 $f_1 : f_2$ 与 $f_1' : f_2'$。同一材料中，两种混合模式根据载荷方向变化可相互转变，由各向同性假定，因此材料中各组分的串联与并联基本模式数量总量必须相等，即

$$f_1 + f_2 = f_1' + f_2' = f_1 + f_1' = f_2 + f_2' = 1 \quad \Rightarrow \quad f_1 = f_2', \quad f_2 = f_1' \quad (1.20)$$

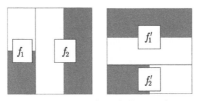

图 1.92   两种混合单元示意

各向同性单元：各向同性单元作为材料代表性体积单元 (RVE)，由两组完全相同的混合模式组合形成，如图 1.93 所示。模型具有正交对称性，显然满足各向同性关系 (考虑到模型颗粒在任何方向均可以采用上述方法建模，因此这里体现的正交各向同性即可认为各向同性)。至此，本混合模式模型，通过引入材料细观结构参数：混合模式中基本串并联模式数量比，可模拟复合材料的材料成型条件不同带来的性质差异，其与组分含量一起共同决定复合材料的有效模量等物理和力学性质。

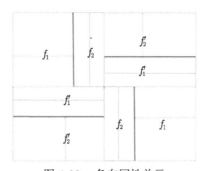

图 1.93   各向同性单元

根据以上分析，在不考虑两组分泊松比不同所造成的误差的情况下，通过简单计算可求到各向同性单元的整体表观模量与其各子单元中模式数量比相关的表达式 $E(f_1, f_2)$：

$$E(f_1, f_2) = \left(\frac{1}{2} \left(\frac{f_1}{E_v} + \frac{f_2}{E_r} \right) + \frac{1/2}{E_v f_2 + E_r f_1} \right)^{-1} \tag{1.21}$$

其中，$E_v = E_a f_a + E_b f_b$；$E_r = \left(\dfrac{f_a}{E_a} + \dfrac{f_b}{E_b} \right)^{-1}$。

对式 (1.21) 求导，不难证明，当 $\dfrac{\partial E(f_1, f_2)}{\partial f_1} = 0 \Rightarrow f_1 / f_2 = \sqrt{E_v / E_r}$ 时，由这类非各向同性子单元组成的代表性单元的弹性模量取得理论最大值，而若当复合材料中的代表单元全部为这类单元时则对应于其模量上限；而当非各向同性子单元中串并联比例相差最大，即 $f_1 / f_2 = 0, \infty$ 时，同样对应于复合材料模量上限，从而得到两相复合材料对称模型模量的上下限公式如下：

$$E(f_1, f_2) = \begin{cases} E(f_1, f_2)_{\max} & \xleftarrow{\quad f_1/f_2=\sqrt{E_v/E_r} \quad} & \sqrt{E_v E_r} \\ E(f_1, f_2)_{\min} & \xleftarrow[f_1=0,1]{\quad f_1/f_2=0,\infty \quad} & \dfrac{2E_v E_r}{E_v + E_r} \end{cases} \tag{1.22}$$

不难看出，当且仅当 $E_v = E_r$ 时，本模型模量的上下限相等，该条件相当于各组分相模量相等 $E_a = E_b$。

图 1.94 为两组分模量比为 3∶1、10∶1 和 100∶1 时的模量上下限曲线，同时图中绘制了本模型以及经典 V-R 模型上下限的对应曲线。

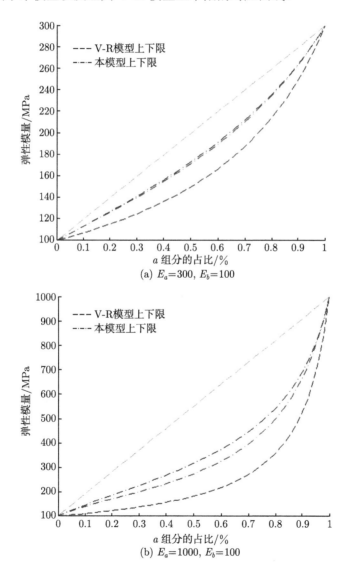

(a) $E_a=300$, $E_b=100$

(b) $E_a=1000$, $E_b=100$

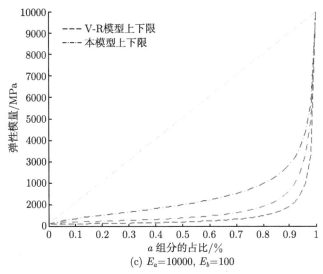

(c) $E_a=10000$, $E_b=100$

图 1.94 模量上下限曲线与经典 V-R 模型对照

再与经典 H-S 上下限模型以及 We-Co 合金 (两组分模量比约为 3.4∶1) 实测曲线对照 (图 1.95)，图 1.95(a) 为经典 H-S 上下限曲线以及 We-Co 合金有效模量与组分含量关系数据 (图中圆圈表示)，图 1.95(b) 为本模型与 H-S 上下限曲线的对照，从图中可以看出该模型上下限的波动范围远小于经典 H-S 上下限范围，且都集中在经典 H-S 下限附近，而且与 We-Co 合金实测数据吻合度特别高。

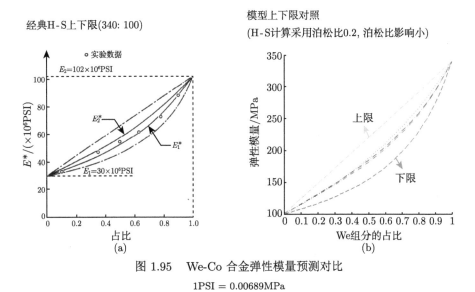

图 1.95 We-Co 合金弹性模量预测对比

1PSI = 0.00689MPa

对照台湾谢锦隆 Al_2O_3-NiAl 合金实测数据，各组分模量分别为 401GPa 和

186GPa、泊松比分别为 0.24 和 0.31，同样可以看出本模型上下限模量几乎重合 (图 1.96)。

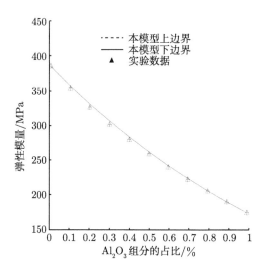

图 1.96　Al$_2$O$_3$-NiAl 合金弹性模量预测对比

为详细考察子单元中串并联力链数量比对 RVE 有效模量的影响，按子单元串并联力链数量比 f_1=0:0.1:1 分别计算得到了的组分含量–材料模量曲线，图 1.97 为曲线局部放大图。对应于 f_1 由 0 以 0.1 为间隔逐渐增大到 1，相应曲线颜色按如下顺序排列：红–粉–绿–青–兰–红–黄–黑–红–粉–绿–青。

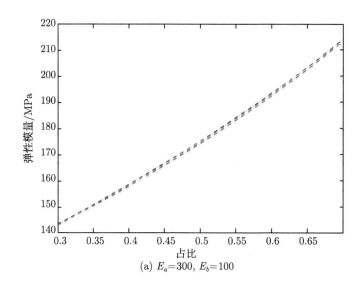

(a) E_a=300, E_b=100

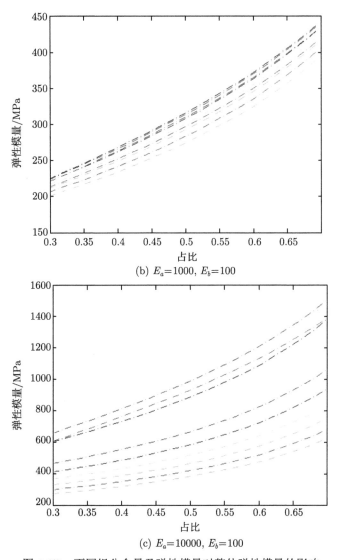

(b) $E_a=1000$, $E_b=100$

(c) $E_a=10000$, $E_b=100$

图 1.97   不同组分含量及弹性模量对整体弹性模量的影响

进一步, 由下式关系:

$$f_1/f_2 = \sqrt{E_v/E_r} \quad \Rightarrow \quad \frac{f_1}{E_v} + \frac{f_2}{E_r} = \frac{1}{E_v f_2 + E_r f_1} = \frac{1}{E^*} \tag{1.23}$$

再结合 RVE 有效模量计算式:

$$E(f_1, f_2) = \left[\frac{1}{2}\left(\frac{f_1}{E_v} + \frac{f_2}{E_r}\right) + \frac{1/2}{E_v f_2 + E_r f_1}\right]^{-1} = \left(\frac{1}{2E^*} + \frac{1}{2E^*}\right)^{-1} = E^* \tag{1.24}$$

可以看出该条件所代表的各混合力链亦呈现出各向同性性质，此时材料的代表性体积单元可进一步简化为混合力链，或者说该条件是可以在考虑子单元有效泊松比等因素作用时，还可以保证四个子单元组合形成的 RVE 具备各向同性性质的更强的条件。

2. 三组分复合材料弹性模量模型

三组分复合材料与两组分复合材料相比，最大的不同在于其组分间作用模式种类增加，且不再仅仅是简单的串并联两种基本模式，而可能表现为一种相对复杂的组合形式。三相复合材料的代表性体积单元的种类按照基本力链模式的不同而不同。

采用与两组分模型相同的方法，可求到相同形式的三相各向同性单元模型的有效模量计算式：

$$E\left(f_1, f_2\right)=\left[\frac{1}{2}\left(\frac{f_1}{E_1}+\frac{f_2}{E_2}\right)+\frac{1/2}{E_1 f_2+E_2 f_1}\right]^{-1} \tag{1.25}$$

其中

$$E_1=E_a f_a+E_b f_b+E_c f_c, \quad E_2=\left(\frac{f_a}{E_a}+\frac{f_b}{E_b}+\frac{f_c}{E_c}\right)^{-1} \tag{1.26}$$

模量上下限范围及取值条件：

$$E\left(f_1, f_2\right)=\begin{cases} E\left(f_1, f_2\right)_{\max} & \xleftrightarrow{f_1/f_2=\sqrt{E_1/E_2}} & \sqrt{E_1 E_2} \\ E\left(f_1, f_2\right)_{\min} & \xleftrightarrow[f_1=0,1]{f_1/f_2=0,\infty} & \dfrac{2E_1 E_2}{E_1+E_2} \end{cases} \tag{1.27}$$

当且仅当 $E_1=E_2$，即组分相模量 $E_a=E_b=E_c$ 时，该模型模量的上下限相等。

同样可得到与类型一相同的类型二～类型四的有效模量计算式：

$$E\left(f_1, f_2\right)=\left[\frac{1}{2}\left(\frac{f_1}{E_1}+\frac{f_2}{E_2}\right)+\frac{1/2}{E_1 f_2+E_2 f_1}\right]^{-1} \tag{1.28}$$

其中，E_1、E_2 的具体计算式如图 1.98 所示。

模量上下限范围及取值条件：

$$E\left(f_1, f_2\right)=\begin{cases} E\left(f_1, f_2\right)_{\max} & \xleftrightarrow{f_1/f_2=\sqrt{E_1/E_2}} & \sqrt{E_1 E_2} \\ E\left(f_1, f_2\right)_{\min} & \xleftrightarrow[f_1=0,1]{f_1/f_2=0,\infty} & \dfrac{2E_1 E_2}{E_1+E_2} \end{cases} \tag{1.29}$$

当且仅当 $E_1 = E_2$，亦即组分相模量 $E_a = E_b = E_c$ 相等时，该模型模量的上下限相等。

E_{bc_a}, 类型二	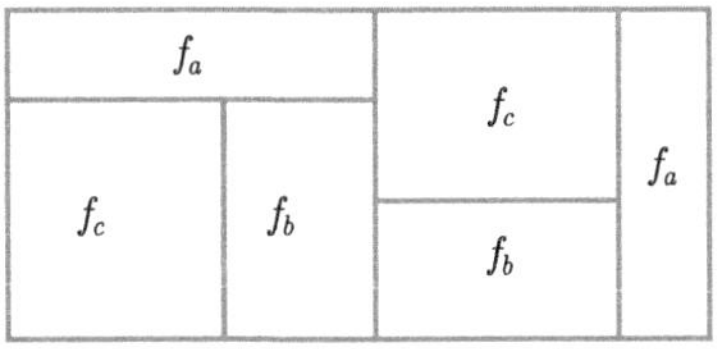	$E_1=\left[\frac{(f_c+f_b)^2}{E_cf_c+E_bf_b}+\frac{f_a}{E_a}\right]^{-1}$ $E_2=\frac{(f_c+f_b)^2}{\frac{f_c}{E_c}+\frac{f_b}{E_b}}+E_af_a$
E_{ac_b}, 类型三	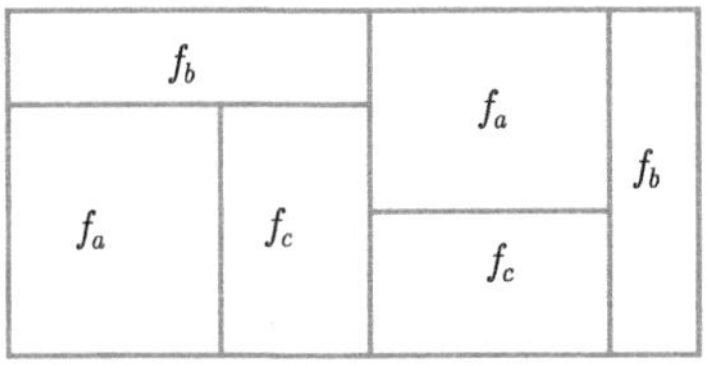	$E_1=\left[\frac{(f_a+f_c)^2}{E_af_a+E_cf_c}+\frac{f_b}{E_b}\right]^{-1}$ $E_2=\frac{(f_a+f_c)^2}{\frac{f_a}{E_a}+\frac{f_c}{E_c}}+E_bf_b$
E_{ab_c}, 类型四	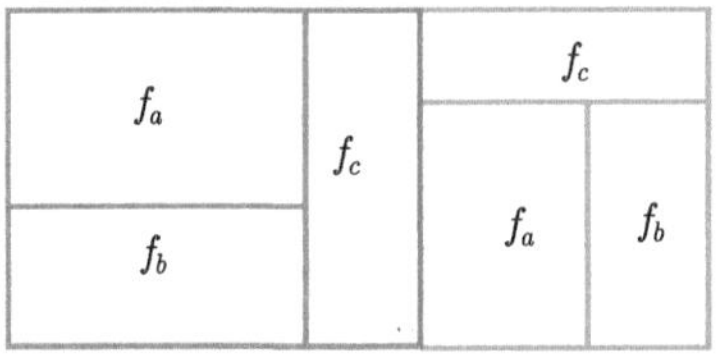	$E_1=\left[\frac{(f_a+f_b)^2}{E_af_a+E_bf_b}+\frac{f_c}{E_c}\right]^{-1}$ $E_2=\frac{(f_a+f_b)^2}{\frac{f_a}{E_a}+\frac{f_b}{E_b}}+E_cf_c$

图 1.98　三组分复合材料模型二～模型四基本公式

此外，三相材料中，除上述四种由单一力链模式组合而成的单元外，还可能存在由两种不同力链组成的复合型代表性体积单元，由上述 4 种基本力链最多可组成 24 种复合型单元。

其弹性模量预测计算公式如下：

$$E\left(f_1,f_2\right)=\left[\frac{1}{2}\left(\frac{f_1}{E_{11}}+\frac{f_2}{E_{12}}\right)+\frac{1/2}{E_{21}f_2+E_{22}f_1}\right]^{-1} \tag{1.30}$$

其中

$$E_{11}=\left[\frac{(f_c+f_b)^2}{E_cf_c+E_bf_b}+\frac{f_a}{E_a}\right]^{-1},\quad E_{21}=\frac{(f_c+f_b)^2}{\frac{f_c}{E_c}+\frac{f_b}{E_b}}+E_af_a \tag{1.31}$$

$$E_{12}=E_af_a+E_bf_b+E_cf_c,\quad E_{22}=\left(\frac{f_a}{E_a}+\frac{f_b}{E_b}+\frac{f_c}{E_c}\right)^{-1} \tag{1.32}$$

由此可见，影响三组分复合材料有效模量的因素主要有：

(1) 各组分相含量的变化；

(2) 力在组分相之间传递路径的变化，即组成子单元的基本力链模式种类；

(3) 子单元中基本力链数量比即"串并比"的变化，其中第二条是两相复合材料所没有的。下面将以这三个因素为变量，通过数值模拟逐一分析三者变化对有效模量的影响。

同理，对于更多组分的复合材料，模型原理上与三组分和两组分复合材料模型一样，区别只在于四组分及更多组分复合材料中存在更多的组分间力的传递路径。两组分各向同性复合材料中力在组分间的传递路径只有一组对称力链，因此只有一种与此组分间细观排列方式对应的各向同性代表性体积对称单元；三组分各向同性复合材料中力在组分间的传递路径有四组对称力链，因此存在四种各向同性代表性体积对称单元；四组分及更多组分复合材料中力在组分间的传递路径数量符合如下表达式：

$$
N_{(n)} = \begin{cases} 1, \quad n=2 \\ C_n^0 + C_n^1 + \cdots + C_n^{(n-1)/2} = 2^{n-1}, \quad n>2, \quad \mod(n,2)=1 \\ C_n^0 + C_n^1 + \cdots + \frac{1}{2}C_n^{n/2} = 2^{n-1}, \quad n>2, \quad \mod(n,2)=0 \end{cases} \tag{1.33}
$$

该模型实质上可认为是建立在各向同性假定基础上的，通过对经典 V-R 模型的一次扩展，如若视两个对称串并联力链的加权组合形成混合力链为一阶扩展，则在该混合力链的基础上，可再次进行混合扩展，可分别视为两阶、三阶扩展等。随着扩展的加进，预测结果的范围将更精确。同时，对于非各向同性材料，也可基于这一思路进行建模和扩展，其与本模型的区别在于不再有各个方向上颗粒之间的基本串并联力链的数量总量相等的关系。

3. 水合物沉积物弹性模量预测模型

水合物沉积物试样由土颗粒、水合物与孔隙流体三相组成，应用上述混合律模型，其力链路径模型可能存在的四种混合力链，混合力链中的对称力链数量比 f_1/f_2 为可变参量，水合物在孔隙中的不同赋存形态可通过改变该参数以及四类不同的各向同性单元模型来表征。

水合物沉积物中可能的单一型子单元与各种类型子单元对应的混合律计算式具有相同形式：$E(f_1,f_2) = \left[\frac{1}{2}\left(\frac{f_1}{E_1}+\frac{f_2}{E_2}\right)+\frac{1/2}{E_1 f_2 + E_2 f_1}\right]^{-1}$，其中 E_1、E_2 具体表达式如图 1.99 所示。

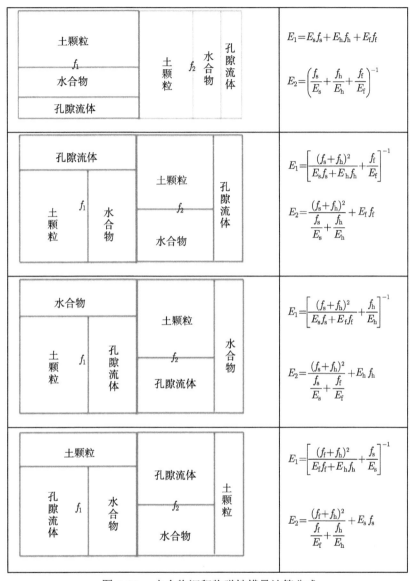

图 1.99 水合物沉积物弹性模量计算公式

在模量混合律公式中，如若基本各向同性单元的类型已经确定，水合物饱和度对其有效模量的可能影响主要体现在以下几个方面：

(1) 水合物饱和度的变化改变各组分相含量，改变基本力链的有效模量；

(2) 水合物赋存形态的变化改变混合力链中的对称串并联力链的数量比；

(3) 水合物饱和度还可以通过改变孔隙率的方式影响围压的作用大小。

4. 模型验证

以土样初始孔隙率、孔压、有效围压、水合物饱和度以及模量混合律模型的混合力链中的基本力链的数量比为五个基本可变参量，按照是否排水条件可分为两大类计算，而每类条件下又有四种可能的单一组分相互作用模式模型。计算模型的验证数据主要来自中国科学院力学研究所和日本山口大学的水合物沉积物三轴实验数据。

取土颗粒 (非骨架) 杨氏模量 70GPa，甲烷水合物杨氏模量 $E_\mathrm{h} = 8\mathrm{GPa}$。采用前面提出的第一类模型，给定不同的串并联比，分析不同水合物饱和度和有效围压分别为 0.5MPa、1MPa、2MPa、3MPa、5MPa 时水合物沉积物的有效模量，并与实验测量结果对比。

从模拟结果中可以看出实验测量结果全部包含在由 f_1、f_2 所确定的预测曲线上下限之间，更接近于 $f_1 = 0.5$。预测曲线和实验测量结果随着水合物饱和度与围压的增大具有相似的变化趋势。比较各类模型的模拟结果与特点，可以看到，第一类、第二类单元的预测结果对 E_f 的取值最为敏感，这是因为流体相作为最弱相在第一类、第二类单元中的细观排列中独立承载；而第三类、第四类模型中流体相不独立承载，因此，单元的有效模量计算结果不再与最小相模量的取值敏感变化。

综合比较各种类型单元的模拟结果与实测值，第一类单元能较好地预测水合物沉积物的不固结实验的实验测量结果，且 $f_1/f_2 = 1$ 时，实验结果与分析结果吻合 (图 1.100)。

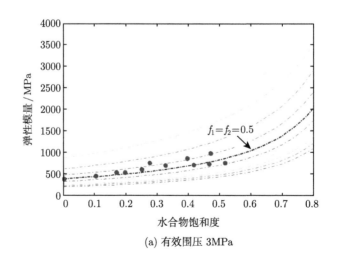

(a) 有效围压 3MPa

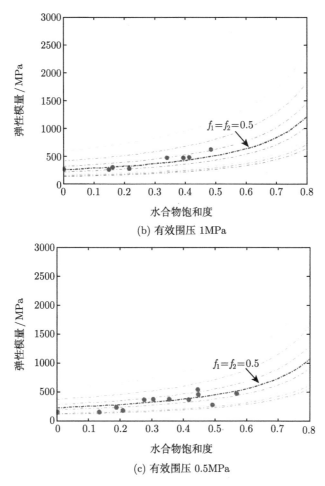

(b) 有效围压 1MPa

(c) 有效围压 0.5MPa

图 1.100 水合物沉积物的弹性模量第一类模型验证

图 1.101 为第二类模型计算的水合物沉积物弹性模量与实验数据值的比较，可以看出，第二类模型预测结果与实验值也吻合较好，从这一点也可以说明骨架的作用对于水合物沉积物弹性模量变化的影响不明显，只有水合物饱和度和流体含量的变化的影响是显著的。

综上所述，日本山口大学的实验测量结果在第一类模型和第二类模型由 f_1、f_2 所确定的预测曲线上下限之间，且预测曲线和实验测量结果都随着水合物饱和度与围压的增大具有相似的变化趋势，$f_1 = f_2 = 0.5$ 条件下的第一类模型预测结果与实验结果接近。这代表材料中的各种基本串并联模式在试样范围内总体均匀分布，同时在各个局部 (各向同性单元内) 也基本均匀。

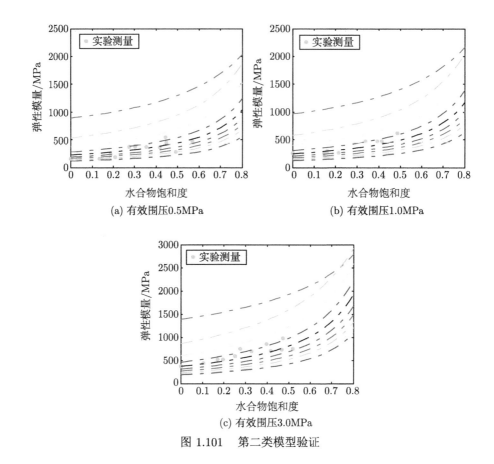

(a) 有效围压0.5MPa

(b) 有效围压1.0MPa

(c) 有效围压3.0MPa

图 1.101   第二类模型验证

5. 串联模式下的弹性模量

讨论 "3. 水合物沉积物弹性模量预测模型" 中的一种特殊情形: 各相串联, 考虑其预测效果。各相弹性模量 E_H、E_r、E_I, 各相的含量 ε_H、ε_r、ε_I, 剪切速率 ε, 围压 σ_c 和形成水合物的压力温度条件 T_e、P_e。T_e、P_e 和 ε 在试验中已知常数。将水合物沉积物的弹性模量写成水合物相、冰相和骨架黏聚力与内摩擦角的关系式:

$$\frac{\varepsilon_t}{E} = a\frac{\varepsilon_H}{E_H} + b\frac{\varepsilon_I}{E_I} + c\frac{\varepsilon_r}{E_r} \tag{1.34}$$

采用文献 [95] 中的实验数据, 对上式进行拟合, 并比较预测效果。水合物的弹性模量 $E_H = 8200\mathrm{MPa}$ 和冰的弹性模量 $E_I = 9500\mathrm{MPa}$。根据表 1.14 中的数据利用最小二乘法拟和可以得到参数值 $a = 117.298$, $b = 34.5526$, $c = 1.0299$。从图 1.102 可以看到, 拟合值与实验值比较接近, 即采用这种串联模式的效果也是较好的选择。

表 1.14 弹性模量实验数据

标号	水合物含量	冰含量	弹性模量/MPa
A1	0	0.345	566
B1	0	0.333	377
C1	0	0.342	415
A2	0.118	0.238	117
B2	0.124	0.222	212
C2	0.124	0.204	170
A3	0.172	0.126	94.3
B3	0.196	0.106	208
C3	0.205	0.098	226
A4	0.105	0.183	158
B4	0.105	0.183	287
C4	0.120	0.170	453
A5	0	0	121.9
B5	0	0	378.9
C5	0	0	601.6

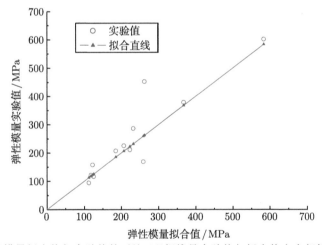

图 1.102 弹性模量拟合值与实验值的对比 (理想线是实验值与拟合值完全相等时所在的位置)

1.10.2 水合物沉积物强度模型

目前还没有专门针对水合物沉积物的强度模型。作为一种特殊的岩土介质,水合物沉积物的强度模型可以参考一般岩土介质的模型。

岩土力学中较为经典的强度准则包括:Drucker-Prager 强度准则、Mohr-Coulomb 强度准则和 Lade-Duncan 强度准则等。

1952 年 Drucker 和 Prager[134] 把不考虑中间主应力影响的 Coulomb 屈服准则与不考虑静水压力影响的 Mises 准则联系在一起,提出广义 Mises 理想塑性模型，即 D-P 模型。D-P 屈服函数所表示的屈服面在 π 平面上是一个圆，更适合数值计算，且被广泛应用。

Coulomb[135] 提出了库仑破坏准则，即剪应力屈服准则，它认为当土体某平面上剪应力达到某一特定值时，土体发生屈服，其准则方程形式一般为：$\tau_n = f(c, \phi, \sigma_n)$。在 π 平面上的屈服曲线为一封闭的非正六边形。莫尔-库仑准则也被广泛应用，该准则在 π 平面上的拉、压轴相等时，与广义 Tresca 准则一致。莫尔-库仑准则比较符合实验，但是它的缺点在于三维应力空间中的屈服面存在角点奇异性，且没有考虑中间主应力的影响。

Lade 和 Duncan[136] 于 1975 年根据对砂土的真三轴实验结果，提出了一种适用于砂土类的真三轴弹塑性模型。该模型的屈服函数由实验资料拟合得到，它把土视作加工硬化材料，服从不相关联流动法则，并采用塑性功硬化规律。在应力空间中屈服面形状是开口三角锥面。L-D 模型是以塑性功为硬化参量，其优点是较好地考虑了剪切屈服和应力 Lode 角的影响；缺点是没有充分考虑体积变形，难以考虑静水压力作用下的屈服特性，即使采用非相关联流动法则也会产生过大的剪胀现象，且不能考虑体缩。

虽然这些岩土强度模型已经得到广泛应用，但是由于一般岩土介质与水合物沉积物的组成、结构等因素有很大区别，所以这些模型不能直接用于水合物沉积物的强度分析中，必须加以修正。

1.10.2.1   基于 Drucker-Prager 强度准则的修正模型

从微观机制上讲，水合物饱和度及其在孔隙中的赋存形式会影响水合物沉积物的孔隙结构，改变颗粒间的摩擦、胶结和颗粒滚动的情况，故该修正模型假定材料强度参数是水合物饱和度的函数，材料参数的选取可以反映水合物饱和度对水合物沉积物强度的宏微观参数的影响。修正模型表达如下 [128]：

$$\sqrt{J_2} = K_{\mathrm{f}}(S_{\mathrm{h}}) + \beta(S_{\mathrm{h}}) \cdot I_1 \tag{1.35}$$

其中，$J_2 = \dfrac{1}{6}\left[(\sigma_1 - \sigma_2)^2 + (\sigma_2 - \sigma_3)^2 + (\sigma_3 - \sigma_1)^2\right]$，$I_1 = \sigma_1 + \sigma_2 + \sigma_3$，$K_{\mathrm{f}}(S_{\mathrm{h}})$ 和 $\beta(S_{\mathrm{h}})$ 为随水合物饱和度变化的材料参数。

在三轴压缩实验中，有 $\sigma_2 = \sigma_3$，式 (1.35) 可写为

$$\sigma_1 - \sigma_3 = \sqrt{3}K_{\mathrm{f}}(S_{\mathrm{h}}) + \sqrt{3}\beta(S_{\mathrm{h}}) \cdot (\sigma_1 + 2\sigma_3) \tag{1.36}$$

也即

$$\sigma_1 - \sigma_3 = A(S_{\mathrm{h}}) + B(S_{\mathrm{h}}) \cdot \sigma_3 \tag{1.37}$$

其中

$$A\left(S_{\mathrm{h}}\right) = \frac{\sqrt{3}K_{\mathrm{f}}\left(S_{\mathrm{h}}\right)}{1 - \sqrt{3}\beta\left(S_{\mathrm{h}}\right)}, \quad B\left(S_{\mathrm{h}}\right) = \frac{3\sqrt{3}\beta\left(S_{\mathrm{h}}\right)}{1 - \sqrt{3}\beta\left(S_{\mathrm{h}}\right)} \tag{1.38}$$

针对该修正模型，采用含四氢呋喃水合物粉土沉积物剪切强度三轴实验数据进行验证。取式 (1.37) 水合物饱和度的 1 阶近似表示，即

$$\sigma_1 - \sigma_3 = \left(A'(0) \cdot S_{\mathrm{h}} + A(0)\right) + \left(B'(0) \cdot S_{\mathrm{h}} + B(0)\right) \cdot \sigma_3 \tag{1.39}$$

其中，$A'(0) = \dfrac{\partial A(S_{\mathrm{h}} = 0)}{\partial S_{\mathrm{h}}}$，$B'(0) = \dfrac{\partial B(S_{\mathrm{h}} = 0)}{\partial S_{\mathrm{h}}}$。

采用最小二乘法可以求解：

$$\sigma_1 - \sigma_3 = Y = \begin{pmatrix} y_1 \\ \vdots \\ y_n \end{pmatrix}, \quad X = \begin{pmatrix} (S_{\mathrm{h}})_0 & 1 & (S_{\mathrm{h}} \cdot \sigma_3)_0 & (\sigma_3)_0 \\ \vdots & \vdots & \vdots & \vdots \\ (S_{\mathrm{h}})_n & 1 & (S_{\mathrm{h}} \cdot \sigma_3)_n & (\sigma_3)_n \end{pmatrix}, \quad \beta = \begin{pmatrix} A'(0) \\ A(0) \\ B'(0) \\ B(0) \end{pmatrix} \tag{1.40}$$

$$\beta = \left(X^{\mathrm{T}}X\right)^{-1} X^{\mathrm{T}}Y \tag{1.41}$$

对于含水合物粉土沉积物，得到四个系数分别为 7.13、0.92、0.02 和 1.26，相关系数 $R^2 = 0.97$，理论预测结果与实验基本吻合 (图 1.103)。

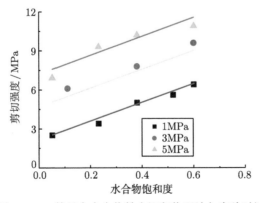

图 1.103　基于含水合物粉土沉积物理论与实验对比

对于含水合物黏土沉积物，得到四个系数分别为 3.65、0.28、0.22 和 0.07，相关系数 $R^2 = 0.95$，理论预测结果与实验基本吻合 (图 1.104)。

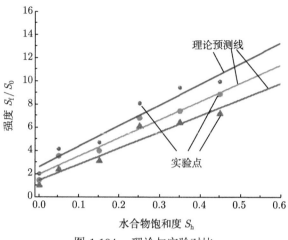

图 1.104　理论与实验对比

1.10.2.2　基于 Mohr-Coulomb 强度准则的修正模型

根据 Mohr-Coulomb 强度准则，将偏差应力写成有效围压、内摩擦角、黏聚力和水合物饱和度的基本函数[128]：

$$\sigma_1 - \sigma_3 = \frac{2\sin\phi(S_\mathrm{h})}{1-\sin\phi(S_\mathrm{h})} \cdot \sigma_3 + \frac{2\cos\phi(S_\mathrm{h})}{1-\sin\phi(S_\mathrm{h})} \cdot c(S_\mathrm{h}) \qquad (1.42)$$

式中，内摩擦角和黏聚力与水合物饱和度相关。

实验结果表明，对于含水合物黏土沉积物，内摩擦角随着水合物饱和度的改变不明显，只有黏聚力的变化显著。因此，基本关系式可以简化为如下形式：

$$\sigma_1 - \sigma_3 = E \cdot \sigma_3 + F \cdot [c(0) + c'(0) \cdot S_\mathrm{h}] \qquad (1.43)$$

其中，$E = \dfrac{2\sin\phi_0}{1-\sin\phi_0}$，$F = \dfrac{2\cos\phi_0}{1-\sin\phi_0}$。

同样，采用最小二乘法进行拟合，n 列抗剪强度向量如下：

$$\sigma_1 - \sigma_3 = Y = \begin{pmatrix} y_1 \\ \vdots \\ y_n \end{pmatrix} \qquad (1.44)$$

由水合物饱和度和有效围压组成的矩阵如下：

$$X = \begin{pmatrix} (\sigma_3)_0 & 1 & (S_\mathrm{h})_0 \\ \vdots & \vdots & \vdots \\ (\sigma_3)_n & 1 & (S_\mathrm{h})_n \end{pmatrix} \qquad (1.45)$$

系数向量如下：

$$\beta = \begin{pmatrix} E \\ F \cdot c(0) \\ F \cdot c'(0) \end{pmatrix} \tag{1.46}$$

同时，有关系式 $Y = X\beta$。

根据最小二乘法公式，可以得到系数向量：

$$\beta = (X^{\mathrm{T}} X)^{-1} X^{\mathrm{T}} Y \tag{1.47}$$

根据黏土水合物沉积物的实验结果，拟合得到

$$E = 0.1, \quad F \cdot c(0) = 0.044 \mathrm{MPa}, \quad F \cdot c'(0) = 4.8 \mathrm{MPa}$$

这里相关系数 R^2 为 0.90(图 1.105)。

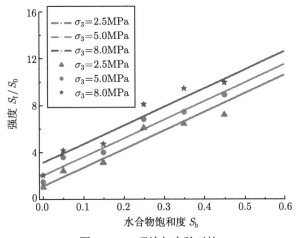

图 1.105 理论与实验对比

总体来讲，Drucker-Prager 强度准则和 Mohr-Coulomb 强度准则与实验的吻合度均较好。

1.10.2.3 黏聚力和内摩擦角

水合物沉积物的黏聚力和摩擦角主要由以下一些参数决定：水合物相、骨架、冰相的黏聚力 C_{H}、C_{r}、C_{I} 和摩擦角 θ_{H}、θ_{r}、θ_{I}，各相的含量 ε_{H}、ε_{r}、ε_{I}，剪切速率 ε 和形成水合物的压力温度条件 T_{e}、P_{e}。T_{e}、P_{e} 和 ε 在试验中保持一定，同时在砂土试样中黏聚力 C_{r} 为零，这四个量即成为已知常数。将水合物沉积物的

黏聚力和内摩擦角表述为水合物相、冰相和骨架黏聚力和内摩擦角的关系式，假定各相间黏聚力和摩擦角为如下的并联模式：

$$\begin{cases} \dfrac{\varepsilon_t}{C} = \alpha_H \dfrac{\varepsilon_H}{C_H} + \alpha_I \dfrac{\varepsilon_I}{C_I} \\[3mm] \dfrac{\varepsilon_t}{\tan\theta} = \beta_H \dfrac{\varepsilon_H}{\tan\theta_H} + \beta_I \dfrac{\varepsilon_I}{\tan\theta_I} + \beta_r \dfrac{\varepsilon_r}{\tan\theta_r} \end{cases} \tag{1.48}$$

其中，$\varepsilon_t = \varepsilon_H + \varepsilon_I$。采用文献 [95] 中的实验数据 (表 1.15) 进行拟合。图 1.106 给出了拟合结果与实验数据对比，可以发现，二者吻合良好。

表 1.15   强度参数实验数据

标号	骨架含量	水合物含量	冰含量	内摩擦角/(°)	黏聚力/MPa
冰沉积物	0.60	0	0.34	9.6	2.85
水合物沉积物 1	0.60	0.12	0.22	8.5	1.2
水合物沉积物 2	0.60	0.19	0.11	12.4	1.16
水合物沉积物 3	0.60	0.11	0.18	19.3	0.7
沉积物骨架	0.60	0	0	33	0

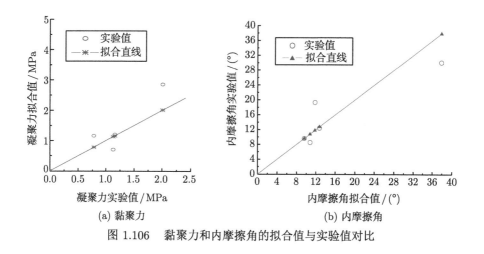

(a) 黏聚力   (b) 内摩擦角

图 1.106   黏聚力和内摩擦角的拟合值与实验值对比

1.10.3 应力应变关系理论模型

水合物沉积物的应力应变关系模型是水合物勘探开发分析和方案设计所需的基础内容之一。人们在这方面开展了系列的研究工作。李洋辉[137] 采用三轴实验研究了冻土区含水合物地层的应力应变规律，以及降压和注热分解条件下含水合物地层的破坏特性，并基于修正剑桥 (modified cam-clay model) 模型，结合次加载面 (subloading surface) 理论，建立了新的适用于含天然气水合物地层的弹塑性本构模型。Miyazaki 等[138] 考虑水合物饱和度和有效围压的影响，基于

Duncan-Zhang 模型提出了一个修正模型，偏应力应变关系为

$$q = \frac{\varepsilon_a}{a + b\varepsilon_a} \tag{1.49}$$

其中

$$a = \frac{1}{E_\mathrm{i}}, \quad b = \frac{1}{q_\mathrm{ult}} \tag{1.50}$$

初始割线模量 E_i 为

$$E_\mathrm{i} = \left(1 + \gamma S_\mathrm{h}^\delta\right) e_{\mathrm{i}0} \sigma_3'^n \tag{1.51}$$

割线弹性模量 E_t 为

$$E_\mathrm{t} = \frac{\partial q}{\partial \varepsilon_a} = \left(1 - R_\mathrm{f} \frac{q}{q_\mathrm{f}}\right)^2 E_\mathrm{i} \tag{1.52}$$

上述几个公式中 ε_a 为轴向应变，R_f 为破坏比，q_f 为失效时的主应力差，σ_3' 为有效围压，$e_{\mathrm{i}0}$ 为有效围压 1MPa 且无水合物时的初始割线模量，γ，δ，n 为模型参数。

Sultan 和 Garziglia 提出了一个基于临界态概念的修正模型 [139]。他们提出的水合物沉积物的剪切模量为

$$G_\eta = \frac{E_0 + \eta E_\eta}{2\left(1 + \nu_\eta\right)} \tag{1.53}$$

其中，E_0、E_η 分别为水饱和沉积物和水合物沉积物的杨氏模量，η 为水合物饱和度，ν_η 为水合物沉积物的泊松比。

泊松比与静止土压力的关系式为

$$\nu_\eta = \frac{K_\eta}{1 + K_\eta} \tag{1.54}$$

$$K_\eta = (K_0 - 1)\,\mathrm{e}^{-\beta\eta + 1} \tag{1.55}$$

其中，K_0 为水饱和沉积物的静止土压力系数。

这个本构模型可以体现水合物沉积物的弹性模量、强度、软化趋势、膨胀角随着水合物饱和度的增加而增加，但是不能给出峰值强度后，应力随应变平滑减小的强度软化行为。

吴二林和颜荣涛等 [140−143] 认为随着剪切过程的进行，水合物受到破坏对试样的强度贡献逐渐减弱，因而建立起了考虑水合物损伤本构模型。

1.10.3.1 有强化阶段的黏土沉积物本构模型

观察 1.6.9.2 节中的实验结果可以看到，对于含水合物黏土，应力应变发展常常会发生应变强化效应，即应力应变曲线有如下特征：① 具有三个明显的阶段：

弹性段、塑性段、强化段。在小的应力范围内近似为弹性阶段；之后在应变小于6%内有一个屈服平台，即应力不变，应变增加；接着发生应力随应变快速上升的强化段，但是曲线应力没有峰值。这三段分界点的应变随水合物饱和度和围压的变化而变化。② 破坏应力随着饱和度和围压的增加而增加，在饱和度约 25% 时破坏应力产生跳跃，即破坏应力随水合物饱和度的变化可分为两部分：饱和度小于 25% 时水合物的存在对沉积物破坏应力影响较小，饱和度大于 25% 时水合物的存在对沉积物破坏应力影响较大。应力应变有三个阶段的原因是：在加载初期，由于应变小，样品只发生弹性变形；随着应变增加，样品进入塑性屈服阶段。随着塑性应变增加，沉积物颗粒将发生重新排列和压密，水合物饱和度变大，对外在的支撑作用越来越显著，故发生强化。破坏应力发生跳跃的原因也是当水合物饱和度达到一定值时，水合物自身已经形成连续骨架，抵抗外力的作用发生突增。

对于这种情况，采用分段函数的形式可以较好地描述应力应变关系。这里介绍一种分段式全应力应变模型[144]。模型分为三段：

第一段为弹性段：设弹性极限应变为 ε_e，则当应变 $\varepsilon \leqslant \varepsilon_e$ 时，$\sigma = E_e \varepsilon$。

第二段为屈服段：设 ε_s 为强化段起始点应变，则当 $\varepsilon_e \leqslant \varepsilon \leqslant \varepsilon_s$ 时，$\sigma = \sigma_f$，σ_f 为屈服应力。

第三段为强化段：$\varepsilon \geqslant \varepsilon_s$ 时，参考 Duncan-Zhang 模型，这里取应力应变关系的形式为

$$\sigma = \frac{\varepsilon - \varepsilon_s}{a + b(\varepsilon - \varepsilon_s)}$$

根据图 1.107 中的实验数据，可以得到两种围压和三种水合物饱和度下的应力应变关系表示如表 1.16。用得到的关系式计算并绘出图线 (图 1.108)，可以看到与实验值吻合较好。

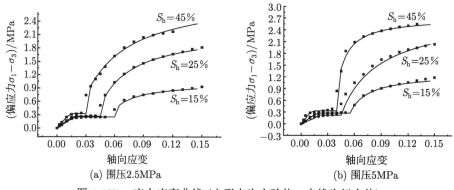

图 1.107　应力应变曲线 (方形点为实验值，实线为拟合值)

表 1.16 不同围压和水合物饱和度下的应力应变关系

围压	水合物饱和度	第一段	第二段	第三段
2.5MPa	15%	$0 \leqslant \varepsilon_d \leqslant 0.015$ $\sigma_d = 14\varepsilon_d$	$0.015 < \varepsilon_d \leqslant 0.05$ $\sigma_d = 0.25$	$0.05 < \varepsilon_d \leqslant 0.15$ $\sigma_d = 0.42 + \dfrac{\varepsilon_d - 0.06}{0.0436 + 1.628(\varepsilon_d - 0.06)}$
	25%	$0 \leqslant \varepsilon_d \leqslant 0.015$ $\sigma_d = 16\varepsilon_d$	$0.015 < \varepsilon_d \leqslant 0.04$ $\sigma_d = 0.27$	$0.04 < \varepsilon_d \leqslant 0.15$ $\sigma_d = 0.51 + \dfrac{\varepsilon_d - 0.045}{0.0213 + 0.584(\varepsilon_d - 0.045)}$
	45%	$0 \leqslant \varepsilon_d \leqslant 0.01$ $\sigma_d = 25\varepsilon_d$	$0.01 < \varepsilon_d \leqslant 0.025$ $\sigma_d = 0.325$	$0.025 < \varepsilon_d \leqslant 0.15$ $\sigma_d = 0.74 + \dfrac{\varepsilon_d - 0.03}{0.021 + 0.438(\varepsilon_d - 0.045)}$
5MPa	15%	$0 \leqslant \varepsilon_d \leqslant 0.015$ $\sigma_d = 15.3\varepsilon_d$	$0.015 < \varepsilon_d \leqslant 0.05$ $\sigma_d = 0.275$	$0.05 < \varepsilon_d \leqslant 0.15$ $\sigma_d = 0.48 + \dfrac{\varepsilon_d - 0.06}{0.0327 + 1.234(\varepsilon_d - 0.06)}$
	25%	$0 \leqslant \varepsilon_d \leqslant 0.015$ $\sigma_d = 9.5\varepsilon_d$	$0.015 < \varepsilon_d \leqslant 0.04$ $\sigma_d = 0.22$	$0.04 < \varepsilon_d \leqslant 0.15$ $\sigma_d = 0.24 + \dfrac{\varepsilon_d - 0.045}{0.0167 + 0.39(\varepsilon_d - 0.045)}$
	45%	$0 \leqslant \varepsilon_d \leqslant 0.01$ $\sigma_d = 28\varepsilon_d$	$0.01 < \varepsilon_d \leqslant 0.035$ $\sigma_d = 0.35$	$0.035 < \varepsilon_d \leqslant 0.15$ $\sigma_d = 0.84 + \dfrac{\varepsilon_d - 0.04}{0.0059 + 0.531(\varepsilon_d - 0.04)}$

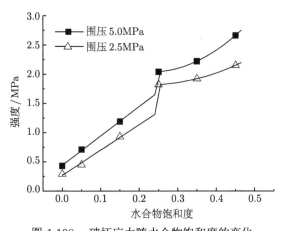

图 1.108 破坏应力随水合物饱和度的变化

破坏应力随饱和度增加而增大,且在 25% 时出现跳跃。下面给出 2.5MPa 和 5.0MPa 对应的分段函数表示。

围压 2.5MPa:

$$当 \varepsilon_d < 25\% 时, \quad \tau_s = 0.267 + 4.34S_h \tag{1.56}$$

$$当 \varepsilon_d \geqslant 25\% 时, \quad \tau_s = 2.14 - 2.9S_h + 6.5S_h^2 \tag{1.57}$$

围压 5.0MPa:

$$当 \varepsilon_d < 25\% 时, \quad \tau_s = 0.441 + 5.03S_h \tag{1.58}$$

$$当 \varepsilon_d \geqslant 25\% 时, \quad \tau_s = 2.73 - 6S_h + 13S_h^2 \tag{1.59}$$

利用上述公式, 可很好拟合实验数据 (图 1.108).

考虑到在实际开采中, 水合物饱和度随位置和时间变化, 为了实际应用的方便, 下面提出将上述公式表述为破坏强度和应力应变随空间位置和时间变化的函数的方法. 本节仅以破坏应力随水合物饱和度变化为例来说明这种方法.

水合物分解速率可以表示成:

$$\frac{\partial S_{\mathrm{h}}}{\partial t} = k_{\mathrm{d}} M_{\mathrm{g}} A_{\mathrm{s}} (p_{\mathrm{e}} - p) \tag{1.60}$$

其中, S_{h} 表示水合物饱和度 (占孔隙的比例), k_{d} 是一个系数, M_{g} 是甲烷气体的摩尔分数, A_{s} 是表面积, p_{e} 是水合物平衡孔隙压力, p 是孔压.

如果知道 p 随时间的变化, 则可以通过上式求解出 ε_{h} 随时间的变化, 进而通过前面得到的函数得到应力应变关系. 以 p 是常数为例, 忽略表面积的变化

$$S_{\mathrm{h}} = k_{\mathrm{d}} M_{\mathrm{g}} A_{\mathrm{s}} (p_{\mathrm{e}} - p) t \tag{1.61}$$

在实际生产过程中, p 是随时间和空间位置变化的, 以降压开采为例, 如果边界给定压力 p_0, 内部压力 p_l, 则孔压随时间和空间位置的变化为

$$p = p_1 + \frac{p_0 - p_l}{l} x + \sum_{n=0}^{\infty} \frac{2(p_0 - p_l)}{n\pi} \mathrm{e}^{-\frac{n^2 \pi^2 a^2}{l^2} \tau_0} \sin \frac{n\pi}{l} \tag{1.62}$$

代入到强度关系为 (以围压 2.5MPa 情况为例)

当 $\varepsilon_{\mathrm{d}} < 25\%$ 时,

$$\tau_{\mathrm{s}} = 0.267 + 4.34(S_{\mathrm{h0}} - k_{\mathrm{d}} M_{\mathrm{g}} A_{\mathrm{s}} (p_{\mathrm{e}} - p)) \tag{1.63}$$

当 $\varepsilon_{\mathrm{d}} \geqslant 25\%$ 时,

$$\tau_{\mathrm{s}} = 2.14 - 2.9 \times (S_{\mathrm{h0}} - k_{\mathrm{d}} M_{\mathrm{g}} A_{\mathrm{s}} (p_{\mathrm{e}} - p)) + 6.5(S_{\mathrm{h0}} - k_{\mathrm{d}} M_{\mathrm{g}} A_{\mathrm{s}} (p_{\mathrm{e}} - p))^2 \tag{1.64}$$

1.10.3.2　亚塑性本构关系模型

亚塑性模型是一种三维非线性应力应变关系模型, 可以描述土体的剪胀与软化的土力学行为, 该模型不考虑弹塑性理论中的屈服面、塑性势、弹性阶段与塑性阶段的分解等概念, 易用张量形式表示, 计算简单, 参数少且物理意义明确, 便于实验测量.

以 Cartesian 坐标系为参考系, 颗粒体的位移用 $u = u(U, t)$ 表示, 应变率和旋转张量分别用 $\dot{\varepsilon}$ 和 $\dot{\omega}$, 柯西应力张量用 σ 表示.

$$\sigma = \begin{pmatrix} \sigma_{11} & \sigma_{12} & \sigma_{13} \\ \sigma_{21} & \sigma_{22} & \sigma_{23} \\ \sigma_{31} & \sigma_{32} & \sigma_{33} \end{pmatrix} \tag{1.65}$$

根据弹性力学应变与位移的基本关系，动力学和运动学方程可以写为

$$\dot{\varepsilon} = \frac{1}{2}\left[\nabla\dot{u} + (\nabla\dot{u})^{\mathrm{T}}\right], \quad \dot{\omega} = \frac{1}{2}\left[\nabla\dot{u} - (\nabla\dot{u})^{\mathrm{T}}\right] \tag{1.66}$$

$$\varepsilon = \begin{pmatrix} \dfrac{\partial u_1}{\partial x_1} & \dfrac{1}{2}\left(\dfrac{\partial u_2}{\partial x_1} + \dfrac{\partial u_1}{\partial x_2}\right) & \dfrac{1}{2}\left(\dfrac{\partial u_3}{\partial x_1} + \dfrac{\partial u_1}{\partial x_3}\right) \\[4mm] \dfrac{1}{2}\left(\dfrac{\partial u_2}{\partial x_1} + \dfrac{\partial u_1}{\partial x_2}\right) & \dfrac{\partial u_2}{\partial x_2} & \dfrac{1}{2}\left(\dfrac{\partial u_3}{\partial x_2} + \dfrac{\partial u_2}{\partial x_3}\right) \\[4mm] \dfrac{1}{2}\left(\dfrac{\partial u_3}{\partial x_1} + \dfrac{\partial u_1}{\partial x_3}\right) & \dfrac{1}{2}\left(\dfrac{\partial u_3}{\partial x_2} + \dfrac{\partial u_2}{\partial x_3}\right) & \dfrac{\partial u_3}{\partial x_3} \end{pmatrix} \tag{1.67}$$

$$\omega = \begin{pmatrix} 0 & \dfrac{1}{2}\left(\dfrac{\partial u_1}{\partial x_2} - \dfrac{\partial u_2}{\partial x_1}\right) & \dfrac{1}{2}\left(\dfrac{\partial u_1}{\partial x_3} - \dfrac{\partial u_3}{\partial x_1}\right) \\[4mm] \dfrac{1}{2}\left(\dfrac{\partial u_2}{\partial x_1} - \dfrac{\partial u_1}{\partial x_2}\right) & 0 & \dfrac{1}{2}\left(\dfrac{\partial u_2}{\partial x_3} - \dfrac{\partial u_3}{\partial x_2}\right) \\[4mm] \dfrac{1}{2}\left(\dfrac{\partial u_3}{\partial x_1} - \dfrac{\partial u_1}{\partial x_3}\right) & \dfrac{1}{2}\left(\dfrac{\partial u_3}{\partial x_2} - \dfrac{\partial u_2}{\partial x_3}\right) & 0 \end{pmatrix} \tag{1.68}$$

其中，$\dot{\varepsilon} = \dfrac{\partial \varepsilon}{\partial t}$，$\dot{\omega} = \dfrac{\partial \omega}{\partial t}$，T 表示矩阵的转置。

Wu 和 Kolymbas[145] 提出了颗粒材料的亚塑性本构方程，即 Jaumann 应力率可以用张量函数表示如下：

$$\overset{\circ}{\sigma} = H(\sigma, \dot{\varepsilon}) \tag{1.69}$$

Jaumann 应力率定义为

$$\overset{\circ}{\sigma} = \dot{\sigma} + \sigma\dot{\omega} - \dot{\omega}\sigma \tag{1.70}$$

需特别指出，张量函数在 $\dot{\varepsilon} = 0$ 时不可微分。

在土体应力应变关系描述中，亚塑性模型应满足以下几个条件：

$$H(\sigma, \lambda\dot{\varepsilon}) = \lambda H(\sigma, \dot{\varepsilon}) \tag{1.71}$$

$$H\left(Q\sigma Q^{\mathrm{T}}, Q\dot{\varepsilon}Q^{\mathrm{T}}\right) = QH(\sigma, \dot{\varepsilon})Q^{\mathrm{T}} \tag{1.72}$$

$$H(\lambda\sigma, \dot{\varepsilon}) = \lambda^n H(\sigma, \dot{\varepsilon}) \tag{1.73}$$

在此基础上，提出简化的亚塑性模型：

$$\overset{\circ}{\sigma} = c_1(\mathrm{tr}\sigma)\dot{\varepsilon} + c_2\frac{\mathrm{tr}(\sigma\dot{\varepsilon})\sigma}{\mathrm{tr}\sigma} + \left(c_3\frac{\sigma^2}{\mathrm{tr}\sigma} + c_4\frac{(\sigma^*)^2}{\mathrm{tr}\sigma}\right)\|\dot{\varepsilon}\| \tag{1.74}$$

其中，$c_1 \sim c_4$ 是无量纲的材料参数，偏应力张量 $\sigma^* = \sigma - \dfrac{1}{3}(\mathrm{tr}\sigma)\,I$。

对应于三轴压缩实验

$$\sigma = \begin{pmatrix} \sigma_1 & 0 & 0 \\ 0 & \sigma_3 & 0 \\ 0 & 0 & \sigma_3 \end{pmatrix}, \quad \dot{\varepsilon} = \begin{pmatrix} \dot{\varepsilon}_1 & 0 & 0 \\ 0 & \dot{\varepsilon}_3 & 0 \\ 0 & 0 & \dot{\varepsilon}_3 \end{pmatrix}, \quad \dot{\omega} = \begin{pmatrix} 0 & 0 & 0 \\ 0 & 0 & 0 \\ 0 & 0 & 0 \end{pmatrix}$$

可以求得

$$\overset{\circ}{\sigma} = \begin{pmatrix} \dot{\sigma}_1 & 0 & 0 \\ 0 & \dot{\sigma}_3 & 0 \\ 0 & 0 & \dot{\sigma}_3 \end{pmatrix}$$

结合关系式 (1.74)，将所有三轴压缩实验中的应力、应力率、应变率关系式代入 $\sigma^* = \sigma - \dfrac{1}{3}(\mathrm{tr}\sigma)\,I$，可以得到应力率与应变率、应力的基本关系[129]：

$$\dot{\sigma}_1 = c_1\left(\sigma_1 + 2\sigma_3\right)\dot{\varepsilon}_1 + c_2 \frac{\sigma_1 \dot{\varepsilon}_1 + 2\sigma_3 \dot{\varepsilon}_3}{\sigma_1 + 2\sigma_3}\sigma_1 + \left(c_3 \sigma_1^2 + \frac{4}{9}c_4\left(\sigma_1 - \sigma_3\right)^2\right)\frac{\sqrt{\dot{\varepsilon}_1^2 + 2\dot{\varepsilon}_3^2}}{\sigma_1 + 2\sigma_3}$$

$$(1.75)$$

$$\dot{\sigma}_3 = c_1\left(\sigma_1 + 2\sigma_3\right)\dot{\varepsilon}_3 + c_2 \frac{\sigma_1 \dot{\varepsilon}_1 + 2\sigma_3 \dot{\varepsilon}_3}{\sigma_1 + 2\sigma_3}\sigma_3 + \left(c_3 \sigma_3^2 + \frac{1}{9}c_4\left(\sigma_1 - \sigma_3\right)^2\right)\frac{\sqrt{\dot{\varepsilon}_1^2 + 2\dot{\varepsilon}_3^2}}{\sigma_1 + 2\sigma_3}$$

$$(1.76)$$

参数取值：

$$c_1 = \frac{E_i}{3\sigma_3(1 + v_i)}$$

$$c_2 = \frac{9d_f v_i(R_f^2 - 4) + d_i(R_f + 2)^2(1 + 4v_f)}{d_f(1 - 2v_i)(R_f^2 - 4) + d_i(2v_f - R_f)(R_f - 4)}c_1$$

$$c_3 = \frac{9v_i(2v_f - R_f)(R_f - 4) + (1 - 2v_i)(R_f + 2)^2(1 + 4v_f)}{d_f(1 - 2v_i)(R_f^2 - 4) + d_i(2v_f - R_f)(R_f - 4)}c_1$$

$$c_4 = \frac{9\left[(R_f^2 v_f + 1)(R_f + 2)^2 c_1 + (R_f - 1)R_f(2v_f - R_f)c_2\right]}{d_f(R_f - 1)^2(R_f^2 - 4)} \tag{1.77}$$

一般来讲，三轴压缩变形阶段，初始应变率为零，因此上述参数可以简化如下：

$$c_1 = \frac{E_i}{3\sigma_3}$$

$$c_2 = c_3 = \frac{(R_{\rm f} + 2)^2 (1 + 4v_{\rm f})}{d_{\rm f}(R_{\rm f}^2 - 4) + (2v_{\rm f} - R_{\rm f})(R_{\rm f} - 4)} c_1$$

$$c_4 = \frac{9(R_{\rm f} + 2)^2 \left[R_{\rm f}^2 d_{\rm f} v_{\rm f} + R_{\rm f} v_{\rm f}(2v_{\rm f} - R_{\rm f}) + d_{\rm f} + (2v_{\rm f} - R_{\rm f})\right]}{d_{\rm f}(R_{\rm f} - 1)^2 \left[d_{\rm f}(R_{\rm f}^2 - 4) + (2v_{\rm f} - R_{\rm f})(R_{\rm f} - 4)\right]} c_1 \tag{1.78}$$

若采用 Drucker-Prager 修正模型 (1.36) 衡量强度指标，可以采用以下参数计算 $c_1 \sim c_4$：

$$R_{\rm f} = \left(\frac{\sigma_1}{\sigma_3}\right)_{\max}, \quad v_{\rm f} = \left(\frac{\dot{\varepsilon}_3}{\dot{\varepsilon}_1}\right)_{R = R_{\rm f}}, \quad d_{\rm f} = \sqrt{1 + 2v_{\rm f}^2} \tag{1.79}$$

对于不排水条件下，由于体积应变为零，即

$$\varepsilon_1 + 2\varepsilon_3 = 0 \tag{1.80}$$

因此，我们有

$$\frac{\dot{\varepsilon}_3}{\dot{\varepsilon}_1} = -0.5 \tag{1.81}$$

对于排水条件，根据 Roew[146] 针对静力条件下接触散体颗粒材料的应力–剪胀关系，可以大致估计土体侧向应变率与轴向应变率的基本关系：

$$\frac{\dot{\varepsilon}_3}{\dot{\varepsilon}_1} = \frac{\sigma_1}{\sigma_3 \tan^2(45 + 1/2\phi_u)} \tag{1.82}$$

一般地，对于粉细砂，颗粒间摩擦角度可取为 $26°$。

弹性模量可以采用公式 (1.77) 进行计算。那么，给定水合物土层的水合物饱和度，我们根据公式 (1.77) 和公式 (1.78) 可以确定计算参数，从而可以模拟水合物沉积物的应力应变曲线，相对于其他本构关系模型，可以通过简单实验获得这些相对较少的模型参数。

根据岩土的亚塑性模型理论，有下式可以描述水合物沉积物的应力应变行为 [129]：

$$\overset{\circ}{\sigma} = c_1 \left(\operatorname{tr}(\sigma)\right) \dot{\varepsilon} + c_2 \frac{\operatorname{tr}\left((\sigma)\,\dot{\varepsilon}\right)(\sigma)}{\operatorname{tr}(\sigma)} + \left(c_3 \frac{(\sigma)^2}{\operatorname{tr}(\sigma)} + c_4 \frac{\left((\sigma)^*\right)^2}{\operatorname{tr}(\sigma)}\right) \|\dot{\varepsilon}\| \tag{1.83}$$

最后，将应力率沿时间进行积分，即可得到应力应变关系的数值曲线：

$$\sigma(t + \Delta t) = \sigma(t) + \int_t^{t + \Delta t} \dot{\sigma}[\sigma(\eta), \dot{\varepsilon}(\eta)]\mathrm{d}\eta \tag{1.84}$$

$$E = \left(\frac{1}{2} \left(\frac{\lambda_r}{E_r} + \frac{\lambda_v}{E_v} \right) + \frac{1/2}{\lambda_r E_v + \lambda_v E_r} \right)^{-1} \tag{1.85}$$

$$\sigma_1 - \sigma_3 = (A'(0) \cdot S_{\mathrm{h}} + A(0)) + (B'(0) \cdot S_{\mathrm{h}} + B(0)) \cdot \sigma_3 \tag{1.86}$$

对于水合物饱和度为 38% 的情况：实验中，水合物沉积物的应力应变曲线与水合物饱和度 5%、11%、23% 的情况类似，继续呈现压硬性，但塑性阶段发展更加明显，即曲线具有一个拐点。将亚塑性模型的模型参数 $(c_1, c_2, c_3, c_4) \sim \{(-22, -135, -135, 374);\ (-11, -111, -111, 383);\ (-12, -164, -164, 647)\}$，理论预测曲线与实验曲线基本吻合 (图 1.109)。

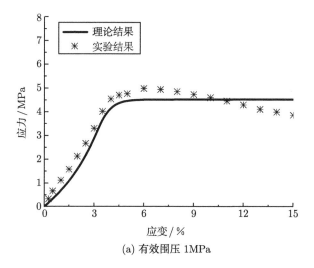

(a) 有效围压 1MPa

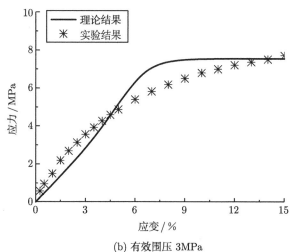

(b) 有效围压 3MPa

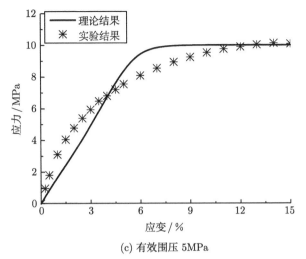

(c) 有效围压 5MPa

图 1.109　基于亚塑性模型的应力应变曲线 (水合物饱和度 38%)

对于水合物饱和度为 50% 的情况: 实验中, 水合物沉积物的应力应变曲线开始呈现应变软化, 即应力达到峰值点后, 应变继续发展, 应力反而下降, 这一阶段, 土体强度随着应变的增加而降低。根据亚塑性模型的模型参数 (c_1, c_2, c_3, c_4)~ $\{(-67, -368, -368, 981); (-39, -404, -404, 1397); (-33, -471, -471, 1893)\}$ 获得的理论预测曲线不能很好地反映应变软化的趋势, 但从体变与应变曲线可以看出, 从土体变形初期, 剪胀现象已经出现, 从而导致了土体应变软化的特征 (图 1.110)。

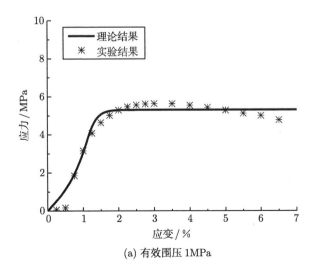

(a) 有效围压 1MPa

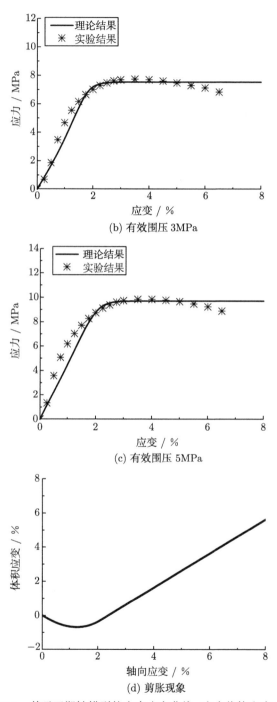

(b) 有效围压 3MPa

(c) 有效围压 5MPa

(d) 剪胀现象

图 1.110　基于亚塑性模型的应力应变曲线 (水合物饱和度 50%)

1.11　小　　结

关于水合物沉积物物理和力学性质的研究已经开展多年。一方面目前已有的研究已经通过地球物理勘探和测井获得了较大尺度上平均的水合物地层的弹性模量、泊松比、密度、孔隙等参数，这些数据适合于水合物勘探，对于水合物开发方案和安全性分析还不够；另一方面，通过大量的室内三轴、直剪、共振柱实验获得了系列的静动态应力应变和强度实验数据。在这些实验数据基础上，提出了多种本构模型，如基于莫尔-库仑模型和亚塑性模型的修正模型。这些模型主要是通过水合物饱和度来考虑水合物对地层力学性质的影响，没缺乏对水合物赋存方式等因素的考虑。总体来说，这些成果对于前期的水合物勘探以及试采具有一定的指导意义。

目前得到的现场原位实验数据还很少，而室内实验样品与现场地层情况在水合物形成、分布等方面还是有差别的；另外，现有的实验都是基于水合物在地层中均匀分布的假设进行的，而现场还存在块状、结节状等形式分布的情况。

因此，为了获得更接近实际水合物地层的物理和力学数据及本构模型，今后还需要更多地进行保压保温原位取心及无扰动的物理和力学性质实验、更多地进行现场原位实验，如静力触探测试 (CPT) 等。因为水合物的形成与分解、赋存方式等对沉积物力学性质影响显著，故需要开展宏微观结合的实验，从微观上观测水合物形成与分解过程中在孔隙中的分布、胶结等特性，从而更好地分析宏观力学性质。在这些工作基础上，提出更符合实际的本构模型。在这些模型中，不仅要考虑水合物赋存的胶结状态和颗粒形态等微观特性，还要考虑水合物分布的多尺度特性。

参 考 文 献

[1]　史斗, 郑卫军. 世界天然气水合物研究开发现状和前景 [J]. 地球科学进展, 1999, 14(4): 330-338.

[2]　Kvenvolden K A, Lorenson T D. Global occurrences of gas hydrate[J]. Proceedings of the 11th International Offshore and Polar Engineering Conference. Stavanger, Norway, 2001: 462-467.

[3]　叶黎明, 罗鹏, 杨克红. 天然气水合物气候效应研究进展 [J]. 地球科学进展, 2011, 26(5): 565-574.

[4]　郭平, 刘士鑫, 杜建芬. 天然气水合物气藏开发 [M]. 北京: 石油工业出版社, 2006.

[5]　考克斯. 天然气水合物: 性质、资源与开采 [M]. 曾昭懿, 吕德本, 译. 北京: 石油工业出版社, 1988.

[6]　Kvenvolden K A, Lorenson T D. The global occurrence of natural gas hydrate[J]. Geophysical Monograph, 2001, 124: 3-18.

[7]   Wu N Y, Zhang H Q, Su X, et al. High concentrations of hydrate in disseminated forms found in very fine-grained sediments of Shenhu area, South China Sea[J]. Terra Nostra, 2007, l2: 236-237.

[8]   张旭辉, 鲁晓兵, 刘乐乐. 天然气水合物开采方法研究进展 [J]. 地球物理学进展, 2014, 29(2): 858-869.

[9]   祝有海, 张永勤, 文怀军, 等. 祁连山冻土区天然气水合物及其基本特征 [J]. 地球学报, 2010, 31(1): 7-16.

[10]   张洪涛, 祝有海. 中国冻土区天然气水合物调查研究 [J]. 地质通报, 2011, 30(12): 1809-1815.

[11]   雷怀彦, 王先彬, 房玄, 等. 天然气水合物研究现状与未来挑战 [J]. 沉积学报, 1999, 9: 493-497.

[12]   吴能友, 苏明, 徐华宁, 等. 天然气水合物运聚体系: 理论、方法与实践 [M]. 合肥: 安徽科学技术出版社, 2020.

[13]   Englezos P. Clathrate hydrates[J]. Ind. Eng. Chem. Res., 1993, 32: 1251-1274.

[14]   Mathews M. Logging characteristics of methane hydrate[J]. The Log Analyst, 1986, 27(3): 26-63.

[15]   Lu X B, Wang L, Wang S Y, et al. Study on the mechanical properties of Tetrahydro-furan hydrate deposit[C]. 18th Proc. ISOPE, Vancouver, 2008: 57-60.

[16]   Sulton N, Cochonat P, Foucher J P, et al. Effect of gas hydrate dissociation on seafloor slope stability[M]//Stake K. Submarine Mass Movement and Their Consequences, London: Kluwer Academic Publishers, 2003: 103-111.

[17]   Lu X B, Li Q P, Wang L, et al. Instability of Seabed and Pipes Induced by NGH Dissociation[C]. Beijing: Proc. 20th Int. Offshore and Polar Engrg. Conf., 2010: 110-114.

[18]   矫滨田, 鲁晓兵, 王义华, 等. 海底水合物开采中地层稳定性的几个力学问题 [C]. 第十届全国海事技术研讨会文集, 2005: 248-251.

[19]   宋海斌, 松林修, 吴能友, 等. 海洋天然气水合物的地球物理研究 (I): 岩石物性 [J]. 地球物理学进展, 2001, 16(2): 118-126.

[20]   金庆焕. 天然气水合物资源概论 [M]. 北京: 科学出版社, 2006.

[21]   王淑云, 鲁晓兵. 天然气水合物沉积力学性质的研究现状 [J]. 力学进展, 2009, 39(2): 176-188.

[22]   Sloan E D. Clathrate Hydrates of Natural Gas[M]. 2nd ed. New York: Marcel Dekker, 1998.

[23]   Ribeiro C P, Lage P L C. Modelling of hydrate formation kinetics: state-of-the-art and future directions, Chemical Engrg[J]. Science, 2008, 63: 2007-2034.

[24]   Glew D N, Hagget M L. Kinetics of formation of ethylene oxide hydrate. Part I—experimental method and congruent solutions[J]. Canadian J. Chemistry, 1968, 46: 3857-3865.

[25]   Glew D N, Hagget M L. Kinetics of formation of ethylene oxide hydrate. Part II—incongruent solutions and discussion[J]. Canadian J. Chemistry, 1968, 46: 3867-3877.

[26] Englezos P, Kalogerakis N E, Dholabhai P D, et al. Kinetics of formation of methane and ethane gas hydrates[J]. Chem. Engrg. Science, 1987, 42: 2647-2658.

[27] Sun X F, Mohanty K K, Kinetic simulation of methane hydrate formation and dissociation in porous media[J]. Chemical Engrg. Science, 2006, 61: 3476-3495.

[28] Llamedo M, Anderson R, Tohidi B. Thermodynamic prediction of clathrate hydrate dissociation conditions in mesoporous media[J]. American Mineralogist, 2004, 89: 1264-1270.

[29] 陈光进, 孙长宇, 马庆兰. 气体水合物科学与技术 [M]. 北京: 化学工业出版社, 2007.

[30] Klauda J B, Sandler S I. Predictions of gas hydrate phase equilibria and amounts in natural sediment porous media[J]. Marine and Peteroleum Geology, 20, 2003: 459-470.

[31] Koh C A. Towards a fundamental understanding of natural gas hydrates[J]. Chemical Society Reviews, 2002, 31: 157-167.

[32] Masui A, Hironori H, Yuiji O, et al. Effects of methane hydrate formation on shear strength of synthetic methane hydrate sediments[C]. ISOPE-2005, 15th Int. Offshore and Polar Engineering Conf., Vol. 1, 2005: 364-369.

[33] 李清平, 张旭辉, 鲁晓兵. 沉积物中水合物形成机理及分解动力学的研究进展 [J]. 力学进展, 2011, 41(1): 1-14.

[34] Stern L A, Kirby S H, Durham W B. Peculiarities of methane clathrate hydrate formation and solid-state deformation, including possible superheating of water ice[J]. Science, 1996, 273: 1843-1848.

[35] Buchanan P, Sopper A A, Thompson H, et al. Search for memory effects in methane hydrate: structure of water before hydrate formation and after hydrate decomposition[J]. J. Chem. Phys., 2005, 123: 164507-1-164507-7.

[36] Kini R A, Dec, S F, Sloan D. Methane + propane structure II hydrate formation[J]. J. Phys. Chem. A, 2004, 108: 9550-9556.

[37] Ribeiro C P, Lage P L C. Modelling of hydrate formation kinetics: state-of-the-art and future directions, Chemical Engrg[J]. Science, 2008, 63: 2007-2034.

[38] 黄犊子, 樊栓狮. 甲烷水合物在静态体系中生成反应的促进 [J]. 化学通报, 2005, 5: 379-384.

[39] 李刚, 李小森, 唐良广, 等. 降温模式对甲烷水合物形成的影响 [J]. 过程工程学报, 2007, 7(4): 723-727.

[40] 涂运中, 蒋国盛, 张凌, 等. SDS 和 THF 对甲烷水合物合成影响的实验研究 [J]. 现代地质, 2008, 22(3): 485-488.

[41] Tohidi B, Anderson R, Clennell M B, et al. Visual observation of gas-hydrate formation and dissociation in synthetic porous media by means of glass micromodels[J]. Geology, 2001, 29(9): 867-870.

[42] 刘昌岭, 孟庆国, 等. 天然气水合物实验测试技术 [M]. 北京: 科学出版社, 2016: 149.

[43] Kono H O, Narasimhan S, Song F, et al. Synthesis of methane gas hydrate in porous sediments and its dissociation by depressurizing[J]. Powder Tech, 2002, 122: 239-246.

[44] Clennell M B, Hovland M, Booth J S. Formation of natural gas hydrates in marine

sediments 1: Comceptual model of gas hydrate growth conditioned by host sediment properties[J]. J. Geophys. Res., 1999, 104(B10): 22985-23003.

[45] Nagashima K, Suzuki T, Nagamoto M, et al. Formation of periodic layered pattern of tetrahydrofuran clathrate hyrates in porous media[J]. J. Phys. Chem. B., 2008, 112: 9876-9882.

[46] Handa Y P, Stupin D. Thermodynamic properties and dissociation characteristics of methane and propane hydrates in 70Å-radius silica Gel pores[J]. J. Phys. Chem., 1992, 96: 8599-8603.

[47] Waite W F, Winters W J, Mason D H. Methane hydrate formation in partially water-saturated Ottawa sand[J]. Am. Mineral., 2004, 89(8-9): 1202-1207.

[48] Winters W J, Pecher I A, Waite W F. Physical properties and rock physics models of sediment containing natural and laboratory-formed methane gas hydrate[J]. Am. Mineral, 2004, 89(8-9): 1221-1227.

[49] Kneafsey T J, Tomutsa L, Morodis G J, et al. Methane hydrate formation and dissociation in a partially saturated core-scale sand sample. J. petrol[J]. Sciecne Engrg., 2007, 56: 108-126.

[50] Uchida T, Ebinuma T, takeya T, et al. Effects of pore sizes on dissociation temperatures and pressures of methane, carbon dioxide, and propane hydrates in porous media[J]. J. Phys. Chem. B, 2002, 106: 820-826.

[51] Ostergaard K K, Anderson R, Llamedo M, et al. Hydrate phase equilibria in porous media: effect of pore size and salinity[J]. Terra Nova, 2002, 14(5): 307-312.

[52] Uchida T, Takeya S, Chuvilin R, et al. Decomposition of methane hydrates in sand, sandstone, caly, and glass beads[J]. Journal of Geophysical Research, 2004, 109: B05206.

[53] Gupta A, Kneafsey T J, Morodis G J, et al. Composite thermal conductivity in a large heterogeneous porous methane hydrate sample[J]. J. Phys. Chem. B, 2006, 110: 16384-16392.

[54] Henry P, Thomas M, Clenell M B. Formation of natural gas hydrates in marine sediments 2: Thermodynamic calculations of stability conditions in porous sediments[J]. J. Geophy. Res., 1999, 104(B10): 23000-23022.

[55] Stern L A, Kirby S H, Circone S, et al. Scanning electron microscopy investigations of laboratory-grown gas clathrate hydrates formed from melting ice, and comparison to natural hydrates[J]. American Mineralogist, 2004, 89: 1162-1175.

[56] Circone S, Stern L A, Kirby S H. The role of water in gas hydrate dissociation[J]. J Phys. Chem. B, 2004, 108: 5747-5755.

[57] Circone S, Kirby S H, Stern L A, et al. Thermal regulation of methane hydrate dissociation: implications for gas production models[J]. Energy & Fuels, 2005, 19(6): 2357-2363.

[58] Carcione J M, Gei D. Gas-hydrate concentration estimated from P- and S-wave velocities at the Mallik 2L-38 research well, Mackenzie Delta, Canada[J]. Journal of Applied Geophysics, 2004, 56: 73-78.

[59] 李丽青, 刘永翔. 海洋天然气水合物的地球物理勘探技术 [J]. 海洋地质, 2002, 1: 1-9.

[60] 宋海斌, 松林修, 杨胜雄, 等. 海洋天然气水合物的地球物理研究 (II): 地震方法 [J]. 地球物理学进展, 2001, (3): 110-118.

[61] 勾丽敏, 张金华, 王嘉玮. 海洋天然气水合物地震识别方法研究进展 [J]. 地球物理学进展, 2017, 32(6): 2626-2635.

[62] Weitemeyer K, Conatable C, Key K. Marine EM techniques for gas-hydrate detection and hazard mitigation[J]. The Leading Edge, 2006, 25(5): 629-632.

[63] Coren F, Volpi V, Tinivella U. Gas hydrate physical properties imaging by multi-attribute analysis-Blake Ridge BSR case history[J]. Marine Geology, 2001, 178: 197-210.

[64] Willoughby E C, Latychev K, Edwards R N, et al. Resource evaluation of marine gas hydrate deposits using seafloor compliance methods[J]. Annals of the New York Academy of Sciences, 2000, 912: 146-158.

[65] Rajput S, Rao P P, Thakur N K. Two dimensional elastic anisotropic/AVO modeling for the identification for the BSRs in marine sediments using multicomponent receivers[J]. Geo. Mar. Lett., 2005, 25: 241-247.

[66] Andreassen K, Hart P E, Mackey M. Amplitude versus offset modeling of the bottom simulating reflection associated with submarine gas hydrate[J]. Marine Geology, 1997, 137: 25-40.

[67] Lu S M, McMechan G A. Elastic impedance inversion of multichannel seismic data from unconsolidated sediments containing gas hydrate and free gas[J]. Geophysics, 2004, 69(1): 164-179.

[68] 景鹏飞, 胡高伟, 卜庆涛, 等. 天然气水合物地球物理勘探技术的应用及发展 [J]. 地球物理学进展, 2019, 34(5): 2046-2064.

[69] 陈颙, 黄庭芳, 刘恩儒. 岩石物理学 [M]. 安徽: 中国科学技术大学出版社, 2009.

[70] 汤凤林, 张时忠, 蒋国盛, 等. 天然气水合物钻探取样技术介绍 [J]. 地质科技情报, 2002, 21(2): 97-99.

[71] Dickens G R, Paull C K, Wallace P. Direct measurement of in situ methane quantities in a large gas-hydrate reservoir[J]. Nature, 1997, 385(6615): 426-428.

[72] Francisca F, Yun T S, Ruppel C, et al. Geophysical and geotechnical properties of near sea-floor sediments in the northern gulf of Mexico gas hydrate province[J]. Earth and Planetary Science Letters, 2005, 237(3-4): 924-939.

[73] Mathews M. Logging characteristics of methane hydrate[J]. The Log analyst, 1986, 27(3): 26-63.

[74] Murray D R, Kleinberg R L, Sinha B K, et al. Saturation, acoustic properties, growth habit, and state of stress of a gas hydrate reservoir from well logs[J]. Petrophysics, 2006, 47(2): 129-137.

[75] 张健. 多孔介质中水合物饱和度与声波速度关系的实验研究 [D]. 青岛: 中国海洋大学, 2008.

[76] 范宜仁, 朱学娟. 天然气水合物储层测井响应与评价方法综述 [J]. 测井技术, 2011, 35(2): 104-111.

[77] 刘昌岭, 业渝光, 张剑, 等. 海洋天然气水合物的模拟实验研究现状 [J]. 岩矿测试, 2004,

23(3): 201-206.

[78]   王东, 张海澜, 王秀明, 等. 天然气水化合物的声学探测进展 [J]. 应用声学, 2005, 24(2): 72-77.

[79]   张剑, 业渝光, 刁少波, 等. 超声探测技术在天然气水合物模拟实验中的应用 [J]. 现代地质, 2005, 19(1): 113-118.

[80]   Gei D, Carcione J M. Acoustic properties of sediments saturated with gas hydrate, free gas and water[J]. Geophysical Prospecting, 2003, 51(2): 141-157.

[81]   赵军, 武延亮, 周灿灿, 等. 天然气水合物的测井评价方法综述 [J]. 测井技术, 2016, 40(4): 392-398.

[82]   王丽忱, 李男. 国内外天然气水合物测井方法应用现状及启示 [J]. 中外能源, 2015, 20(4): 35-41.

[83]   季福东, 贾永刚, 刘晓磊, 等. 海底沉积物工程力学性质原位测量方法 [J]. 海洋地质与第四纪地质, 2016, 36(3): 191-200.

[84]   Zuidberg H M. Seacalf: a submersible cone penetrometer rig[J]. Marine Georesources and Geotechnology, 1975, 1(1): 15-32.

[85]   Lunne T, The Fourth James K. Mitchell Lecture: The CPT in offshore soil investigations — a historic perspective[J]. Geomechanics and Geoengineering, 2012, 7(2): 75-101.

[86]   吴波鸿. 静力触探在渤海某海上平台场址工程勘察中的应用研究 [D]. 北京: 中国地质大学, 2008.

[87]   Houlsby G T, Withers N J. Analysis of the cone pressuremeter test in clay[J]. Geotechnique, 1988, 38(4): 575-587.

[88]   王淑云, 鲁晓兵. 深水土工调查技术和分析方法新进展 [J]. 海洋工程, 2007, 259(2): 126-130.

[89]   朱超祁, 张民生, 贾永刚, 等. 深海浅层沉积物强度贯入式原位测试装置研制 [J]. 中国海洋大学学报 (自然科学版), 2017, 47(10): 121-125.

[90]   Winters W J, Pecher I A, Waite W F, et al. Physical properties and rock physica models of sediment containing natural and labortaroy-formed methane gas hydrate[J]. American Mineralogist, 2004, 89: 1221-1227.

[91]   Winters W J, Waite W F, Mason D H, et al. Methane gas hydrate effect on sediment acoustic and strength properties[J]. Journal of Petroleum Science and Engineering, 2007, 56: 127-135.

[92]   Hyodo M, Nakata Y, Yoshimoto N, et al. Shear behaviour of methane hydrate-bearing sand[C]. Proc. 17th Int. Offshore and Polar Engrg. Conf., 2007: 1326-1333.

[93]   王淑云, 鲁晓兵, 张旭辉. 水合物沉积物力学性质的实验装置和研究进展 [J]. 实验力学, 2009, 24(5): 413-420.

[94]   张旭辉. 水合物沉积层因水合物热分解引起的软化和破坏研究 [D]. 北京: 中国科学院研究生院, 2010.

[95]   张旭辉, 王淑云, 李清平, 等. 天然气水合物沉积物力学性质的试验研究 [J]. 岩土力学, 2010, 31(10): 3069-3074.

[96] 顾轶东, 林维正, 张剑, 等. 模拟岩芯中天然气水合物超声检测技术 [J]. 声学技术, 2006, 25(3): 218-221.

[97] Winters W J, Waite W F, Mason D H, et al. Methane gas hydrate effect on sediment acoustic and strength properties[J]. Journal of Petroleum Science and Engineering, 2007, 56: 127-135.

[98] 业渝光. 天然气水合物实验探测和测试技术 [J]. 海洋地质前沿, 2011, 27(6): 37-43.

[99] 周锡堂, 樊栓狮, 梁德青. 用电导性监测天然气水合物的形成和分解 [J]. 天然气地球科学, 2007, 18(4): 593-595.

[100] 赵仕俊, 徐建辉, 陈琳. 多孔介质中天然气水合物二维模拟实验装置 [J]. 自动化技术与应用, 2006, 25(9): 65-67, 87.

[101] 吴青柏, 蒲毅彬, 蒋观利, 等. 冻结粗砂土中甲烷水合物形成 CT 试验研究 [J]. 天然气地球科学, 2006, 17(2): 239-243, 248.

[102] 孙芳芳. 含水合物沉积物的动静力学特性及水平井开采的井口土层稳定性研究 [D]. 北京: 中国科学院大学, 2019.

[103] Graue A, Kvamme B, Baldwin B, et al. MRI visualization of spontaneous methane production from hydrates in sandstone core plugs when exposed to CO_2[J]. SPE Journal, 2008, 13(2): 146-152.

[104] Wright J F, NixonF M, DallimoreS R, et al. A method for direct measurement of gas hydrate amounts based on the bulk dielectric properties of laboratory test media[J]. Proceedings of the Fourth International Conference on Gas Hydrate, ICGH-IV. Japan: Yokohama, 2002, 745-749.

[105] 业渝光, 张剑, 胡高伟, 等. 天然气水合物超声和时域反射联合探测技术 [J]. 海洋地质与第四纪地质, 2008, 28(5): 101-107.

[106] Schultheiss P, Holland M, Roberts J, et al. PCATS: Pressure core analysis and transfer system[C]. Proc. 7th Int. Conf. on gas hydrate(ICGH 2011), 2011.

[107] Priest J A, Druce M, Roberts J, et al. PCATS triaxial: a new geotechnical apparatus for characterizing pressure core from the Nankai Trough, Japan[J]. Marine and Petroleum Geology, 2015, 66: 460-470.

[108] Priest J A, Hayley J L, Smith W E, et al. PCATS triaxial testing: Geomechanical properties of sediments from pressure cores recovered from the Bay of Bengal during expedition NGHP-02[J]. Marine and Petroleum Geology, 2019, 108: 424-438.

[109] He S D, Peng Y D, Jin Y P, et al. Review and analysis of key techniques in marine sediment sampling[J]. Chinese Journal of Mechanical Engineering, 2020, 33(66): 1-17.

[110] Clayton C R I, Priest J A, Best A I. The effects of dissemininated methane hydrate on the dynamic stiffness and damping of a sand[J]. Geotechnique, 2005, 55(6): 423-434.

[111] 刘志超. 含水合物沉积物静动力学行为与规律研究 [D]. 武汉: 中国地质大学, 2018.

[112] Priest J A, Best A I, Clayton C R I. A laboratory investigation into the seismic velocities of methane gas hydrate-bearing sand[J]. Journal of Geophy. Res, 2005, 110: B04102.

[113] Priest J A, Rees V L, Clayton C R I. Influence of gas hydrate morphology on the seismic velocities of sands[J]. Journal of Geophy. Res., 2009, 114: B11205.

[114] Cascante G, Santamarina J C. Interparticle contact behavior and wave propagation[J]. Journal of Geotechnical Engineering-ASCE, 1996, 122(10): 831-839.

[115] Masui A, Haneda H, Ogata Y, et al. Mechanical properties of sandy sediment cotaining marine gas hydrates in deep sea offshore Japan[C]. Proc. 17th Int. Offshore and Polar Engrg. Conf.,Ocean Mining Symposium, 2007: 53-56.

[116] Yoneda J, Masui A, Konno Y, et al. Mechanical behavior of hydrate-bearing pressure-core sediments visualized under triaxial compression[J]. Marine and Petroleum Geology, 2015, 66: 451-459.

[117] Yun T S, Santamarina J C, Ruppel C. Mechanical properties of sand, silt, and clay containing tetrahydrofuran hydrate[J]. Journal of Geophysical Research, 2007, 112: B04106.

[118] 于峰. 甲烷水合物及其沉积物的力学特性 [D]. 大连: 大连理工大学, 2011.

[119] Lijith K P, Malagar B R C, Singh D N. A comprehensive review on the geomechanical properties of gas hydrate bearing sediments[J]. Marine and Petroleum Geology, 2019, 104: 270-285.

[120] 朱一鸣. 天然气水合物沉积物静动力学特性研究 [D]. 大连: 大连理工大学, 2016.

[121] 鲁晓兵, 王丽, 王淑云, 等. 四氢呋喃水合物沉积物力学性质研究 [J]. 第十三届中国海洋 (岸) 工程学术讨论会论文集, 2007: 689-692.

[122] Lu X B, Zhang X H, Wang S Y, et al. Static and dynamic mechanical behavior of gas hydrate sediment[C]. Proceedings of the Ninth (2011) ISOPE Ocean Mining Symposium, Maui, Hawaii, USA, 2011: 19-24.

[123] Zhang X H, Lu X B, Zhang L M, et al. Experimental study on mechanical properties of methane-hydrate-bearing sediments[J]. Acta Mechanica Sinica, 2012, 28(5): 1356-1366.

[124] Zhang X H, Lu X B, Shi Y H, et al. Study on the mechanical properties of hydrate-bearing silty clay[J]. Marine and Petroleum Geology, 2015, 67: 72-80.

[125] Bolton M D. The strength and dilatancy of sands[J]. Géotechnique, 1986, 36(1): 65-78.

[126] Pinkert S. Rowe's stress-dilatancy theory for hydrate-bearing sand[J]. International Journal of Geomechanics, 2016, 17(1): 06016008.

[127] Seed H B, Idriss I M. Simplified procedure for evaluating soil liquefaction potential[J]. Journal of Soil Mechanics&Foundations Division, 1971, 97: 1249-1273.

[128] Sun F F, Wang S Y, Zhang X H, et al. Dynamic mechanical properties of tetrahydro-furan hydrate-bearing silty clay sediments [C]. Proceedings of the 19th International Offshore and Polar Engineering Conference, Honolulu, Hawaii, USA, 2019-TPC-0140.

[129] Zhang X H, Lin J, Lu X B, et al. A hypoplastic model for gas hydrate-bearing sandy sediments[J]. Int. J. for Numeri. Analy. Methods in Geomechanics, 2018, 42(7): 931-942.

[130] Seed H B, Idriss I M. Simplified procedure for evaluating soil liquefaction potential[J]. Journal of Soil Mechanics&Foundations Division, 1971, 97: 1249-1273.

[131] 张良华. THF 水合物相变过程微观结构演变及对力学性质的影响 [D]. 北京: 中国地质大学, 2020.

[132] 王锐. 甲烷水合物及其沉积物的蠕变特性研究 [D]. 大连: 大连理工大学, 2012.

[133] Zhang X, Liu L, Zhou J, et al. Model for the elastic modulus of hydrate-bearing sediments[J]. International Journal of Offshore and Polar Engineering, 2015, 25(4): 314-319.

[134] Drucker D C, Prager W. Soil mechanics and plastic analysis or limit design[J]. Q. Appl. Math., 1952, 10: 157-166

[135] Coulomb C A. Essai sur une application des règles de maximis et minimis a quelques problèmes de statique, relatifs a l'architecture[J]. Mémoires de Mathématique de I'Académie Royale des Sciences, Paris, 1776, 7: 343-82.

[136] Lade P V, Duncan J M. Stress-path dependent behavior of cohesionless soil[J]. J. Geot. Eng. Division, ASCE, 1976, 102(GT1): 51-68.

[137] 李洋辉. 天然气水合物沉积物强度及变形特性研究 [D]. 大连: 大连理工大学, 2013.

[138] Miyazaki K, Aoki K, Tenma N, et al. A nonlinear elastic constitutive model for artificial methane-hydrate-bearing sediment: Proc. 7th Int. Conf. on gas hydrates(ICGH 2011), Edinburgh, Scotland, United Kingdom, 2011, July 17-21.

[139] Sultan N, Garziglia S. Geomechanical constitutive modeling of gas-hydrate-bearing sediments: Proc[C]. 7th Int. Conf. on gas hydrates(ICGH 2011), Edinburgh, Scotland, United Kingdom, 2011, July 17-21.

[140] 吴二林, 韦昌富, 魏厚振, 等. 含天然气水合物沉积物损伤统计本构模型 [J]. 岩土力学, 2013, 34(1): 60-65.

[141] 颜荣涛, 梁维云, 韦昌富, 等. 考虑赋存模式影响的含水合物沉积物的本构模型研究 [J]. 岩土力学, 2017, 38(1): 10-18.

[142] 颜荣涛, 韦昌富, 魏厚振, 等. 水合物形成对含水合物砂土强度影响 [J]. 岩土工程学报, 2012, 34(7): 1234-1240.

[143] 魏厚振, 颜荣涛, 陈盼, 等. 不同水合物含量含二氧化碳水合物砂三轴试验研究 [C]. 海峡两岸隧道与地下工程学术及技术研讨会, 2011.

[144] 鲁晓兵, 张旭辉, 石要红, 等. 黏土水合物沉积物力学特性及应力应变关系 [J]. 中国海洋大学学报（自然科学版）, 2017, 47(10): 9-13.

[145] Wu W, Bauer E, Kolymbas D. Hypoplastic constitutive model with critical state for granular materials[J]. Mechanics of Materials, 1996, 23(1): 45-69.

[146] Rowe P W. The stress-dilatancy relation for static equilibrium of an assembly of particles in contact[J]. Proceedings of the Royal Society A, 1962, 264: 500-527.

第 2 章　水合物分解引起的土层层裂和喷发破坏

2.1　引　　言

岩土体中的层裂 (有时又称为分层、水层) 和喷发可能发生在多种情况下，比如，液化后的砂土层中 [1-3]、煤矿开采中的地层中 [4,5] 和水合物分解后的地层中 [6]。岩土体中的层裂是地层在高压气体或水导致断裂，断裂的地层被水和气填充形成。压力足够大时就产生喷发。喷发是水、气和岩土颗粒混合物从地层中像火山似的强烈地喷出 [7]。层裂可激发滑坡，喷发则可能产生更剧烈的破坏。

水合物一旦分解，则胶结作用消失，同时产生超静孔压 (超压)，地层强度大为降低，进而引起各种灾害。由于 $1m^3$ 的水合物在标准状况下可产生 $0.8m^3$ 的水和 $164m^3$ 的甲烷气体，因此释放的水和气体的体积比天然气水合物本身所占据的空间大，如果有一个较厚的天然气水合物的圈闭层存在于分解带之上，或者上覆渗透性低的盖层，孔隙压力因得不到释放而升高，产生的超压在有些情况下可达几十 MPa[8]。层裂和喷发这两种破坏都可能导致水合物大面积暴露于海水，进而产生大面积的水合物分解。释放的甲烷气部分溶解于海水，剩余的将上升到海面并释放到大气中，气体量大时，甚至引起水中气体喷发 [9]。由于水合物分解后地层孔隙中存在气、水和水合物，所以水合物分解导致的层裂和喷发较其他情况，如地震液化引起的水膜、瓦斯引起的层裂和瓦斯突出，更为复杂。目前关于这个问题的产生机制和运动过程还不清楚。

人们在西伯利亚发现了多处直径 20~100m、深度约 50m 的巨大天坑 [10,11]。初步研究探测和分析表明，都与水合物分解引起的气体喷出有关。在百慕大地区发现的数量巨大的海底坑，呈椭圆形、水平尺度 300~1000m、深度达 30m、坑侧坡度达 50°。人们认为这是由于从下部的油气藏通过断层和裂隙迁移到浅层来的天然气在上一次冰期形成水合物，在冰退期，水合物分解产生大量气体，进而引起气体伴随沉积物的突然喷发，形成巨坑 [12-15]。目前关于这种现象的形成机制还不清楚。

不论层裂还是喷发，一旦发生，极易引起分解的水合物气体裹挟着大量泥浆和水等喷出海底甚至溢出到海面，从而甲烷气体进入大气。人们经常可观察到海床上泥浆的喷出。这个过程中，泥浆主要是由浮力驱动。人们认为这种现象的形成与浅层气泡有关 [16]。气体驱动的喷发与开始溶解于流体中的气体的快速析出有关。在高压下气体溶解于流体，压力降低就会析出。一旦气体过饱和，则气泡就会形成并发展。气泡的膨胀一方面驱动泡状流体向上沿着既存裂缝或高压泡状流本身形成的裂缝 (泥火山) 穿过固体介质，另一方面可导致海水中或湖水中气泡羽流受浮力而上升。气体驱动的喷发动力学依赖于气体–流体系统及初边值条件 [17,18]。

一旦溢出到海床面上，甲烷水合物或气泡就可能溶解于水中或上升到海面，甚至产生类似湖沼型的喷发。甲烷水合物密度小于海水，水合物是否上浮取决于与其混合的沉积物的量。如果混合的沉积物的量微不足道，那么水合物将因浮力作用单独地与其他水合物聚集向上运动 [19]。

释放的甲烷气泡能与海水反应而形成水合物壳，在上升过程中，溶解成壳型气泡。水合物壳的形成导致甲烷在水中的稳定性及溶解率的降低。水合物晶体和壳状气泡聚合体可在任何条件下上升并溶解。Zhang 和 Xu[20] 的研究表明，直径 10mm 的水合物晶体可在水中上升约 2000m 而不分解。一旦达到临界条件则水合物晶体，包括包裹气泡的水合物壳就快速分解。一个直径 10mm 的水合物晶体可在水中上升 47m 的过程中完全分解。如果大量的水合物释放到海水中，则可在约 500m 水深处形成大而集中的泡状羽流，进而导致海面上的喷发。即使初始的气相分数只有 0.1wt％，最后沿中心线的速度也可达到 62m/s。因此，集中的大量的甲烷气泡可形成猛烈的海洋喷发。

Ginsburg 等 [21] 最早认识到水合物是与海底泥火山相关联的。随后，更多的人也观察到这种现象，比如在里海 [22,23]、黑海 [24-27]、地中海 [28,29]、挪威海 [30,31]、巴巴多斯近海 [32]、尼日利亚近海 [33,34]、墨西哥湾 [35]。与水合物相关的泥火山中，水合物经常呈白色或灰白色、以板状或随机方向存在于地层中 [36]。在泥火山中心区，水和甲烷气在渗流通过该区域时形成水合物；在外围区域则是甲烷扩散并与局部的衍生水 (derived water) 通过交代作用过程形成水合物。据估计，与泥火山相关的水合物总量为 $10^{10} \sim 10^{12}\,m^3$.

在本章中，将首先介绍通过实验观察到的两种破坏现象：层裂和喷发破坏。然后进行理论分析，提出相应的破坏条件。

2.2 水合物分解引起土层层裂实验

实际工程作业中，在水合物开采或深海油气田开采作业过程中 (图 2.1)，油气管道或者开采井管穿过水合物层，管道内高温油气在输送途中通过井管向水合物沉积层供热，因而诱发了水合物分解，当水合物的分解区域逐渐放大、扩展，就有可能引起上覆层的层裂或者喷发破坏，最终导致整个地基或工程结构破坏 [37,38]。

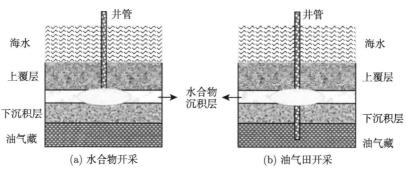

图 2.1　水合物油井开采示意图

2.2.1　实验设计

水合物分解引起地层层裂破坏是由于随着加热使水合物分解，地层分成未分解区域和分解区域。未分解区域的渗透性低，气体压力不能快速消散，在分解区域形成一个超静孔气压区，且分解区域土体强度降低甚至液化；在分解区域上方的未分解区域由沉积物上覆压力、地层强度和侧壁摩擦形成阻力，阻力随着水合物分解区域的扩展而减小。当超静孔隙气体压力大于上部阻力且气体能量不是很大时使得原来连续的沉积物被一小段充满气体和孔隙水的空间隔开形成一定厚度的裂缝，即地层层裂破坏。水合物分解引起的地层层裂可能作为滑动面引起大范围海底滑坡等灾害，也可能引起井口的破裂等破坏。因此，水合物分解引起地层层裂的破坏可能对水合物开发和上方含有水合物层的深海油气藏开发构成严重威胁。实验中采用水合物加热分解方式，在该问题中，受热程度、水合物沉积层自身物理属性及其热、力学特性，以及其上部覆盖层的强度、渗透性等因素都起到了重要的作用。在实验中，以实验室制备的覆盖层本身强度及其与有机玻璃壁的摩擦模拟实际问题中上覆层的强度、以四氢呋喃水合物替代甲烷水合物模拟水合物热分解的过程，根据实验相关数据和现象分析水合物分解区域的扩展、水合物分解锋面的推移、分解过程中所引起的上覆层内部应力分布，以及地层破坏的形式及机理分析，通过定量分析帮助我们更清楚地了解实验现象，并认识水合物分解时地层分层破坏物理机制。

实验模型如图 2.2 所示，该问题涉及的物理量有温度：初始温度 T_0，恒定加热温度 T_H，水合物相变温度 T_e；上覆层：土干密度 ρ_d，含水量 w，密度 ρ_c，高度 h_c；水合物层：水合物饱和度 S，密度 ρ_h，高度 h_h；未知量：分解产气量 m，气压 p_g。

实验中需要考察水合物分解产气量 m、分解前锋位置 h_{h1}、分层厚度 h_0、孔隙气体压力 p_g 等参数，从而分析地层层裂的发生条件。分解产气量等参数与影响

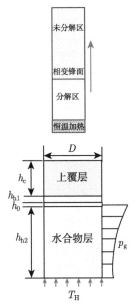

图 2.2 水合物受热分解引起地层破坏问题的相关物理量分析

因素的关系可以表述为

$$\left.\begin{array}{c} h_0 \\ m \\ p_g \end{array}\right\} = q\left(D, w, \rho_d, \rho_c, h_c, S, \rho_h, h_h, f_c, T_e, T_0, T_H\right) \tag{2.1}$$

选取水合物层高度 h_h、土样干密度 ρ_d、上覆层与边壁间单位面积上摩擦力 f_c、加热温度 T_H，将上式进行无量纲化，得到

$$\left.\begin{array}{c} \dfrac{h_0}{h_h} \\[2mm] \dfrac{m}{\rho_d h_h^3} \\[2mm] \dfrac{p_g}{f_c} \end{array}\right\} = q\left(\dfrac{D}{h_h}, w, \dfrac{\rho_c}{\rho_d}, \dfrac{h_c}{h_h}, S, \dfrac{\rho_h}{\rho_d}, \dfrac{T_e}{T_H}, \dfrac{T_e - T_0}{T_H}\right) \tag{2.2}$$

得到质量的无量纲量 $\dfrac{m}{\rho_d h_h^3}$，表征沉积层中水合物含量的相对比重。同时其他无量纲量 $\dfrac{D}{h_h}$、w、S、$\dfrac{\rho_h}{\rho_d}$、$\dfrac{T_e - T_0}{T_H}$ 分别表示柱状水合物试样的径高比 (即试样粗细)、沉积物骨架的初始含水量、水合物在沉积物中的饱和度、水合物的分布密实度、相变温度以及热载荷。在实验中，直径 D 不可更改，土样为粉细砂制备，干

密度 $\rho_\mathrm{d} = 1.6\mathrm{g/cm^3}$、$w$、$S$、$\dfrac{\rho_\mathrm{h}}{\rho_\mathrm{d}}$、$\dfrac{T_\mathrm{e}}{T_\mathrm{H}}$ 是实验中材料自身属性,也保持不变;$\dfrac{T_0}{T_\mathrm{H}}$ 取决于外部加热情况,由热源控制。这样,在实验材料、设备不更改的情况下,控制 $\dfrac{h_\mathrm{c}}{h_\mathrm{h}}$ 和 $\dfrac{T_\mathrm{e} - T_0}{T_\mathrm{H}}$,就可以水合物分解演化及层裂破坏随这两个因素的变化规律。上述关系式也可简化如下:

$$\frac{m}{\rho_\mathrm{d} h_\mathrm{h}^3} = f\left(wS, \frac{T_\mathrm{e} - T_0}{T_\mathrm{H}}\right) \tag{2.3}$$

2.2.2　传感器布置

该实验的目的是寻求水合物分解过程中温度压力的变化规律,以及地层层裂破坏临界条件,故在实验中需要测量沉积物内部的温度、压力随时间的变化情况。

整套实验装置由有机玻璃圆柱筒、热源、温度控制器、压力监测系统、温度监测系统、数据采集系统以及视频录制系统组成。其中有机玻璃筒的内径为 10cm,筒壁厚度为 2cm,筒高度为 60cm;热源由加热板和温控器共同组成,加热片(直径 8cm,厚度约 3mm,功率 400W)位于圆柱筒内部含水合物沉积层底部,玻璃砂分层处。温控器的探头与加热板的中心紧密接触在一起,通过温控器控制温度,当探头处温度超过温控器设定温度时,电源关闭,加热暂停;反之,电源开启,继续加热。控制温度误差小于 5℃,这样温控器在调控热源温度的同时,也在一定精度上测试了热源温度。在筒的两侧分别布置有四个传感器,一侧引出直径约为 2cm 的不锈钢管道,内布有压力传感器,另一侧开有小孔,通过螺母将温度传感器旋紧,温度传感器的探头伸入土体内约 2~3cm。温压传感器测得的数据通过数据采集系统记录下来。

筒底部设有管道,管道口内部布有透水石,防止土体内细小颗粒堵塞管道,管道能够控制四氢呋喃溶液的进出,同时能够排出土体孔隙内的气体。

温控器探头测量的是筒轴线附近沉积物的温度,压力表测量的是筒壁附近沉积物内的孔隙压力,整个实验过程由摄像设备实时采集,如图 2.3 所示。

实验室内制备甲烷水合物沉积物需保证低温、高压条件。制备大体积样品时安全隐患大,同时制备水合物分布均匀的样品很困难,且所需时间很长。目前一般采用与甲烷水合物性质极其相近的四氢呋喃水合物进行实验室研究。由于四氢呋喃水合物热力学性质和甲烷水合物很类似(表 2.1),另外四氢呋喃在常压下呈液态,无须搅拌即可以任意比例与水互溶,同时在常压下就可以生成水合物。四氢呋喃能与水较均匀地混合,因此在溶液内部任何地方都有可能生成晶核,使生成的样品中水合物分布较均匀。此外,四氢呋喃水合物平衡温度约为 4℃,大大降低了合成的难度和时间。因此采用四氢呋喃水合物替代甲烷水合物进行力学性质和地层安全性实验是研究人员常用的方法。当然，由于常温条件下四氢呋喃水合物分解后不产生气体，用其进行水合物分解渗流实验时，与实际情况将会有较大误差。

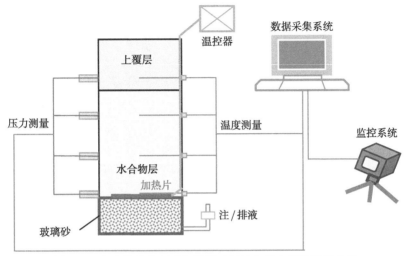

图 2.3 水合物热分解引起地层破坏的定量实验装置示意图

表 2.1 四氢呋喃水合物与甲烷水合物热学性质对比

相关参数	四氢呋喃水合物	甲烷水合物
热传导系数/(W/(m·K))	0.45~0.54	0.4~0.6
比热/(kJ/(kg·K))	2.123	1.6~2.7
容重/(kg/m³)	997	913
分解热/(kJ/kg)	270	429.66

四氢呋喃是一种常用的中等极性非质子性溶剂，可以和水在任意浓度下生成 II 型气体水合物。由于水是非极性分子，水与四氢呋喃互溶后，水分子围绕四氢呋喃分子形成多面体形态，该构造比水和四氢呋喃任何单一组分时的排布均较为致密，因此水和四氢呋喃溶液混合后会发生显著的体积减小。水和四氢呋喃生成水合物的物质的量之比为 17:1，即四氢呋喃的质量百分数为 19%。

由于四氢呋喃具有很强的挥发性，在试验过程中不可避免地会发生损失，为保证生成足够的四氢呋喃水合物，在实验中采用质量浓度为 21% 的四氢呋喃溶液。实验室配制溶液时取水的体积与 THF 体积比为 16:5，即每瓶 THF(标准体积 500mL) 与 1600mL 水混合，所得溶液四氢呋喃质量分数约为 21%。

为探讨水和四氢呋喃混合后体积的变化，在实验室进行了多组对比实验，获得实验结果如图 2.4 所示。THF 与水混合后得到的四氢呋喃溶液相对于混合前两者体积的减少量为原体积的 1/10。

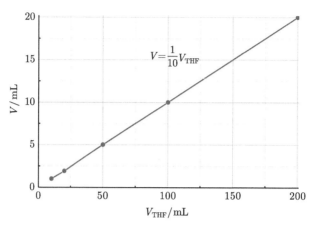

图 2.4　四氢呋喃溶液的体积减小量与混合前总体积的关系图

2.2.3　实验步骤

　　首先采用具有一定含水量的土作为土骨架，模拟沉积物的未固结状态；其次需要事先配制质量分数为 19% 的四氢呋喃溶液，并密封保存。在制样前，还需要对装置的温度和压力采集系统进行调试。为了保证水合物制样稳定顺利，所有关于水合物生成和保存的步骤均需在冰柜中完成。冰柜应提前预冷 8h 以上。实验过程中，采用温控器按照预定温度持续加热，视频采集记录整个实验过程中的实验现象。加热至分层现象发生后，系统稳定，停止采集温度压力数据，录像终止。

　　具体实验步骤如下：

　　(1) 水合物沉积物样品制备。采用干密度为 1.6g/cm³ 的土，测出其初始含水量，按照设计的水合物层高度 h 计算所需土质量，将其分 2 次装入有机玻璃筒中砸实，每次装入 $h/2$ 高的土量，砸实至其高度为预先设计的水合物沉积层高度 h。为保证层间具有较好的衔接，避免出现软弱层，在每一层砸实后的表面做刮毛处理。然后在有高度差的情况下用质量分数为 19% 的四氢呋喃溶液 (实验中实际使用的是质量分数约为 21% 的四氢呋喃溶液) 通过筒底部排水阀进入沉积层底层，缓慢上渗均匀饱和土体，直至溶液稍稍浸没沉积层顶层，关闭阀门，使沉积层自饱和一段时间；热源和温度传感器探头、压力传感器按照装置介绍中的位置布置；各个部件连接好之后，将模型箱放入冰箱内，控制冰箱温度为 −8°C，冷冻 2 天，合成水合物沉积物。水合物沉积层形成后再将设计高度为 h_c、含水 30% 的同种土加入筒内，形成沉积物覆盖层，继续冷冻 1 天。

(2) 实验分解过程在冰箱 (或冷库) 的低温环境中进行。连接摄像系统、温度压力采集系统，接通热源及各个系统电源；在设定温度下对水合物层进行恒温加热；数据采集系统记录各个测点的温度、压力数据，摄像系统实时记录整个实验过程，通过摄像视频可获得水合物分解相变面的推移过程和分层情况。

(3) 实验进行至沉积层分层破坏发生时为止，观察破坏类型和破坏时水合物分解范围及分层分布情况，并在筒内对分层部分采用测力系统测量分层与筒壁的摩擦力。

实验方案：

在实验设计的分析中，我们得到对实验起到关键作用的两个无量纲量分别是 $\dfrac{h_\mathrm{c}}{h_\mathrm{h}}$ 和 $\dfrac{T_0}{T_\mathrm{H}}$，它们将整个复杂的地层破坏问题简化到由三个可以控制的物理量决定的相对简单的情况，于是就在此基础上，针对不同水合物沉积层厚度 h_h、不同上覆层厚度 h_c、不同加热温度 T_H 分别进行了多组模型实验，实验参数如表 2.2 所示。

表 2.2　实验相关参数

设定温度/℃	盖层厚度 h_c/cm	水合物层厚度 h_h/cm
80	3	10
	5	10
100	5	10
	5	10
110	5	20
	6	20
	3	10
	3	10+14
120	3	10
	5	10+10
150	5	10+14

2.2.4　实验结果与讨论

实验记录了水合物沉积层中水合物受热分解过程以及引起的地层分层破坏的物理过程。保存实验过程中孔压变化过程和温度变化过程，同时跟踪记录了实验现象。

关于水合物受热分解引起地层破坏的实验，其中沉积物类型包括干密度 $\rho_\mathrm{d} = 1.6\mathrm{g/cm}^3$ 的粉细砂和密度 $\rho_\mathrm{d} = 1.3\mathrm{g/cm}^3$ 的黏土，实验开始加热后，水合物开始受热分解，到加热板达到预设的温度持续稳定加热，再到沉积层分层破坏发生，直至分层现象稳定 (图 2.5)。这一过程中，各个温度、压力采集点所记录下的温度、压力值表征了沿模型筒轴线方向的温度和压力分布，其数值的波动起伏代表了一个状态或一个过程。通过分析温压变化曲线能够帮助我们更深入地了解破坏过程，详细剖析其形成机理。

图 2.5   水合物分解面推移反映出的温度传导过程

　　加热板布置在有机玻璃筒内水合物底部，在加热过程中，由于加热板与周围存在温差，热量则分别由加热板两侧向上、向下传导，若传到之处的温度高于四氢呋喃水合物相变温度，水合物发生相变分解，原先的固体水合物分解变成液态四氢呋喃和水溶液，水合物原先占据的孔隙随着水合物分解其连通性变好，四氢呋喃和水溶液在重力作用下沿孔隙向下渗流，同时，液体的流动又反作用于孔隙通道，使其孔隙迂回度减小，连通性增强。当分解区域内部温度达到四氢呋喃沸点时 (66℃ 左右)，四氢呋喃气化成四氢呋喃气体，密度 (0.88kg/cm^3) 较水合物变小，因此其沿孔隙上移，直至推移到水合物分解面处，其中部分气体遇冷再次液化，而水合物的分解速度快于四氢呋喃气的液化速度，分解产气与另一部分未液化的气体积聚在此处孔隙中，产生较大压强。对于液化的那部分四氢呋喃，当温度高于其沸点时，液体再次气化，孔隙中的气、液体系处于动态平衡的状态。由于分解面以上土体处于冰冻状态，没有连通的空隙可容许气体继续上移，因此气体不断积聚，压强也不断升高。同时气体随着分解面缓慢上移，且不断积聚更多的分解产气，直到四氢呋喃水合物分解至与上覆层衔接处，或遇到土体中的相对软弱面时，土体间黏结力不足以抵抗气体产生的拉应力导致层裂现象发生，气体迅速填充分层空隙，气体体积膨胀，因此气压迅速下降。当气压非常大时，则会产生剧烈的喷发现象。

　　层裂的位置如图 2.6 所示。一般首先出现在水合物沉积物层与上覆层接触面处，然后是水合物沉积层制样时形成的砸实面之间，其原因是随着水合物沉积物分解区域的向上扩展，水合物相变产生的气体逐渐向上渗透，孔隙压力缓慢增长直至稳定，当气体达到水合物沉积层与上覆层之间 (较薄弱带) 时，孔隙压力足够推动上覆层向上移动时，沉积层在此处断裂，下方气体进一步渗透聚集，形成第一个明显的分层，此时该处的气体压力大于或等于上覆层土体的上覆压力与上覆层–模型筒间的侧壁摩擦力的合力。上覆层上移使得分层区域的压力降低，当水合物沉积物第一层与第二层砸实面 (较薄弱带) 间的孔隙压力与第一个分层区域的孔隙压力间的压力差大于或等于第一层的上覆压力和侧壁摩擦时, 沉积层再次发生断裂, 气体又在此处聚集, 形成第二个分层 (图 2.7), 可以清晰地观察到模型筒内黄棕色的水合物沉积层。

图 2.6   层裂的位置

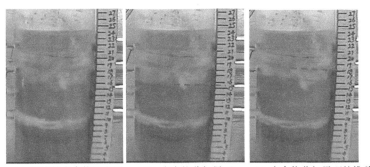

(a) 加热前水合物沉积层   (b) 水合物分解界面   (c) 水合物分解界面的推移

图 2.7   实验过程中水合物分解面的扩展

水合物受热后即对温度产生响应, 继而发生相变, 形成一片分解区域, 并逐步向未分解区域扩散。在实验中, 在模型筒内部可以观察到该现象, 即加热板附近的沉积物颜色开始变深, 变成棕褐色的润湿状态, 此处土体颜色与上方未分解的水合物沉积层间形成一道明显界限, 该界面可以认为是水合物分解推移面。

在水合物分解过程中, 原先占据沉积层内孔隙的固态水合物转化为液态水和四氢呋喃。在重力和孔隙压力作用下, 这些液体在水合物分解后腾出的连通孔隙中运动, 产生渗流, 从而引起超静孔压。通过压力传感器可观察到孔隙压力升高, 且随着推移面的向上扩展, 孔隙压力越来越大, 直至达到一个比较大的稳定值。

    水合物受到恒温加热 1h 左右，模型筒内的沉积层突然发生层裂破坏，此时
加热板附近的压力值由前面提到的最大的稳定值快速大幅度下降，同时，层裂处
的压力先急速上升，之后陡降。层裂一般发生突然，并且层裂间隙上方的土体被
气体迅速顶起。最初的层裂一般产生于含水合物沉积层与上覆层交界处。水合物
分解推移面达到交界面时，该处温度约为 4℃，即四氢呋喃水合物的相变温度。直
到水合物完全分解，产气累积到一定程度才能产生足够将上层土体顶起的压力而
发生层裂。

    实验中还可以观察到一个现象，水合物分解推移面达到分界面之后，从外部
看，该处区域筒壁内侧出现大片泛白区域，透过有机玻璃筒壁看上去似乎是上覆
层土体被架空 (图 2.8)。产生这种现象的原因可能是四氢呋喃水合物的相变温度
在冰点之上，因此交界面附近的上覆层沉积层中冰发生融化，尤其是与模型筒接
触的侧壁处，携带水汽的四氢呋喃气流传热将此处的冰融化，气流向上运动，一
方面降低了上覆层中由于土中水冻胀产生的侧壁压力，从而削弱了上覆层土体与
筒壁的摩擦力，另一方面气体存在于筒壁内侧起到一定程度的润滑作用。这样的
结果会导致层裂更容易产生。

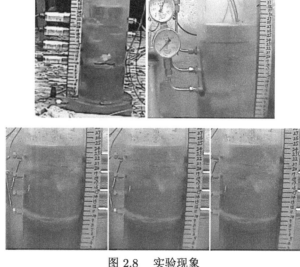

图 2.8   实验现象

    将所有实验按照上覆层厚度分为两大组：上覆层厚度是 3cm 实验组和上覆层
厚度为 5cm 实验组。首先分析上覆层 3cm 实验组，不同加热温度对于分层、温
度压力变化规律的影响。

    图 2.9∼图 2.11 分别是上覆层 3cm，水合物层 10cm，加热温度分别为 86.9℃、
111.1℃、140.1℃ 实验组的实验结果。

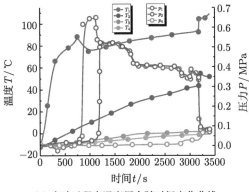 

(a) 实验过程中温度压力随时间变化曲线   (b) 分层前后各测点温度压力沿筒变化规律

图 2.9   上覆层 3cm、水合物层 10cm、加热板温度 86.9℃ 的温度压力数据图

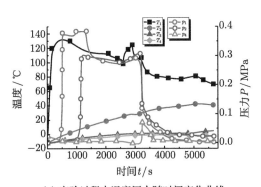 

(a) 实验过程中温度压力随时间变化曲线   (b) 分层前后各测点温度压力沿筒变化规律

图 2.10   上覆层 3cm、水合物层 10cm、加热板温度 111.1℃ 的温度压力数据图

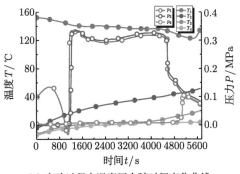 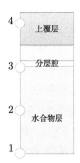

(a) 实验过程中温度压力随时间变化曲线   (b) 分层前后各测点温度压力沿筒变化规律

图 2.11   上覆层 3cm、水合物层 10cm、加热板温度 140.1℃ 的温度压力数据图

　　由实验过程中温度压力随时间变化曲线可知 (图 2.9 ~ 图 2.11)，位于加热片附近的 1 号压力传感器示数随分解产气迅速上升，同时，此处温度很快高于四氢呋喃沸点 (约 66℃) 使产生的四氢呋喃气化，而加热初期分解范围有限，气体在加热片附近积聚，在 1 号压力传感器处产生最大压力值，气体受到分解面以上冰冻土体的阻碍不能继续上移，因此 1 号压力保持稳定的最大值。气体随分解面上移，当分解面达到 2 号压力传感器处时，该处压力示数快速增加到最大值，且同一时刻 1 号压力值降低，是由于分解使孔隙连通，分解区域内部气液压力几乎处处一致，因此 1 号压力降至与 2 号压力示数相同。当分解到达沉积层与上覆层接触面时，随着分解产生的气体不断积累，孔压大小超过上覆层与边壁摩擦及其上覆压力的合力，发生分层。气体聚集在分层空隙内，则 1、2 号压力同时下降；上覆层受热其内部冰融化，产生超静孔压，同时上移的四氢呋喃气体润湿上覆层边壁，4 号压力传感器通道被润湿气体打通，其示数突然增大，但气体释放热量后反而液化，4 号压力示数也因此降低，之后气体和分层均达到稳定。

　　观察温度–时间变化曲线可以看到 (图 2.9 ~ 图 2.11)，1 号温度达到温控器预设温度后，还会继续上升一段，之后有个突降的变化，且降至温控器预设温度之下，随后再稳定加热，这是由于受到温控器中控制电路的调节后，加热板内部的电阻丝在停止通电后不能立刻降温，直到降至预设温度以下才能继续稳定加热。

　　另外，在地层沉积层分层的同时加热板处的 1 号温度示数突降一段 (或突然升高一段)，温度突降的原因可能是温度传感器测量的是气体的温度，未分层时水合物分解产气只能聚集在孔隙中形成巨大压力，温度也接近加热片的温度，而分层的出现，使得气体体积对于孔隙而言扩大数十倍甚至上百倍，气体迅速膨胀而使温度传感器附近空气变稀薄，导致温度突降。温度升高的原因是由于分层位于加热片附近，分层后，气体大量涌向分层空腔，加热片附近的 1 号温度传感器被大团热气流包围，引起示数的上升。

　　在上覆层和水合物层厚度均相等时，随着加热温度的升高，层裂的位置逐渐上移。当上覆层同为 3cm 厚，加热温度在 110~115℃ 之间，但水合物层厚不同时，分别是 24cm 和 10cm，两种情况下层裂前压力均在 0.3~0.4MPa 之间，但水合物层厚的实验分层位置更靠近上覆层 (图 2.12)。加热温度均在 120℃ 以下时，四组实验分层空腔的厚度均为 1.2~1.3cm，几乎不随加热温度变化。

　　对于上覆层为 5cm 的实验组，水合物层厚度均为 10cm，加热温度分别是 97.2℃ 和 124.7℃。实验的压力、温度变化同上覆层 3cm 实验组规律一致，层裂空腔的位置也是随着加热温度增加逐渐上移而远离加热片 (图 2.13、图 2.14)。加热温度较高的实验压力大于压力，前者出现剧烈的层裂。

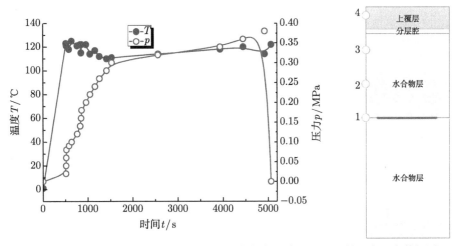

图 2.12 上覆层 3cm、水合物层 24cm、加热板温度 115.8℃ 的温度压力数据图

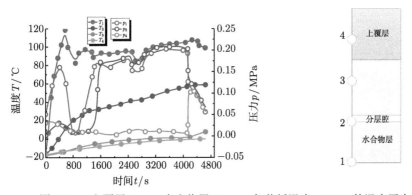

图 2.13 上覆层 5cm、水合物层 10cm、加热板温度 97.2℃ 的温度压力数据图

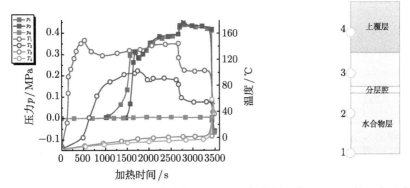

图 2.14 上覆层 5cm、水合物层 10cm、加热板温度 124.7℃ 的温度压力数据图

在水合物层为 10cm(图 2.13) 和 20cm(图 2.15) 两种不同厚度情况下，加热温度均在 95℃ 左右，水合物层厚度大时发生层裂时的压力为 0.7MPa，远大于水合物层薄的情况下的层裂压力。水合物层厚大时发生两处层裂，第一处位于距离上覆层与水合物层分界面 3cm 处，层裂空腔厚约 4cm；第二处位于加热片上方 2cm 处，层裂空腔厚约 3cm。产生两处层裂的原因是水合物层较厚时，水合物分解量大，产生的压力大，同时地层不均匀性较差，因此在产生第一处层裂后，孔隙压力还足以在其他位置产生层裂。

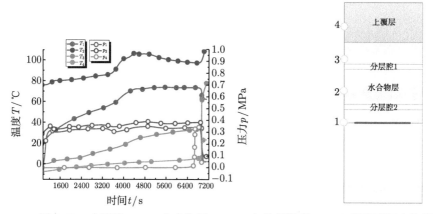

图 2.15 上覆层 5cm、水合物层 20cm、加热板温度 92.5℃ 的温度压力数据图

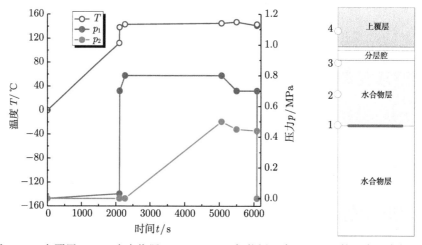

图 2.16 上覆层 5cm、水合物层 (10+14)cm、加热板温度 142.8℃ 的温度压力数据图

对比图 2.15 和图 2.16 水合物层厚度不小于 20cm(图 2.16)，在加热时间内加热片以上的水合物可达到完全分解，加热板温度由 92.5℃ 升高到 142.8℃ 时，从

实验现象可见，由一般的层裂发展到剧烈层裂。

2.2.5 分层破坏模型分析

水合物受热分解引起地层破坏实验装置中，热源设置在水合物沉积层底部或靠近中间段，开始加热后，热量随着水合物分解界面向上传导，直至水合物分解界面向上推移遇到沉积层中的软弱层或沉积层与上覆层的交界面发生破坏，该过程需要一定的时间。这个过程涉及传热、相变、渗流和应力传播四个过程。根据张旭辉[37]的推导，传热时间、相变时间、渗流时间以及应力传导时间数量级之比为 $10^9 : 10^7 : 10^6 : 1$。根据这个特征时间之比可知，应力波的传播最快，热传导在水合物分解过程中最慢。因此实验过程中对时间响应最快的应该是孔隙压力分布，温度的稳定需要一个比较长的过程。

实验中可以近似认为，水合物分解的每个时刻体系都处于一种相平衡的状态，即四氢呋喃水合物、气态四氢呋喃、液态四氢呋喃以及水和水蒸气处于稳定的动态转化状态，此时满足温度-压力的相平衡条件。四氢呋喃水合物分解的饱和蒸气压与温度具有图 2.17 的关系。其中，压力 p 的单位用 mmHg①表示，温度单位为 ℃。

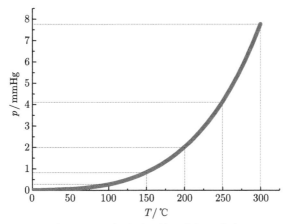

图 2.17 四氢呋喃的饱和蒸气压曲线

由四氢呋喃的饱和蒸气压曲线可知，温度较低时，蒸气压 p 随温度 T 增长缓慢，温度较高时，蒸气压 p 随温度 T 迅速增长，即蒸气压的曲线切线斜率呈增大趋势。

实验测得层裂前各个测点压力稳定，层裂出现之后各点压力发生突变。层裂前，水合物层处于稳定分解状态，且分解产生的液态四氢呋喃与气态四氢呋喃处于互相转换的平衡态，因此该稳定压力值应该与四氢呋喃气体的饱和蒸气压值相当，图 2.18 列出了实验测得的层裂前压力和四氢呋喃气体的饱和蒸气压值。

---

① 1mmHg=1.33×10^2Pa。

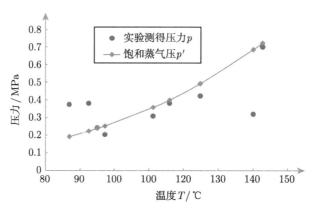

图 2.18   实验过程中温度压力变化规律与相应温度下的饱和蒸气压拟合图

由图 2.18 可知,在不同温度下四氢呋喃具有不同的饱和蒸气压,并且其值随着温度的升高而增大。当温度低于 100℃(即水的沸点) 时,层裂前压力明显大于饱和蒸气压,说明产气速度明显大于液化速度,导致未液化部分四氢呋喃气体与分解产生的四氢呋喃气体大量积聚,产生高于相应温度时的饱和蒸气压。

对于温度高于 100℃ 时的情况,实验层裂压力数据与相应温度下所对应的饱和蒸气压呈现极其相似的规律性,但后者较前者稍大,其原因是温度高于水的沸点时,分解产生的水气化变成水蒸气参与到气体压力中,水蒸气与四氢呋喃气体作为一种混合溶液,其饱和蒸气压小于任何单一组分的饱和蒸气压,因此压力较饱和蒸气压小。除此之外,实验中井筒的变形及温度随水合物分解的演化、渗流作用,均会对压力值产生影响。

层裂的发生需要达到其临界破坏条件,同时又能在气量充足的条件下继续扩展。随着水合物分解相变分解范围、四氢呋喃气化区和水气化区的扩展,水合物分解区域内形成超静孔隙气体压力 (层裂动力),同时未分解区域的尺度减小,那么上部边壁摩擦或剪切强度 (在实验中为边壁摩擦强度起作用) 和重力均随之减小,因此呈现出阻力减小、动力增大的趋势,当层裂动力略大于或等于上部阻力时,达到层裂的临界条件,层裂破坏开始并扩展,层裂厚度取决于气体能量大小,如图 2.19 所示。

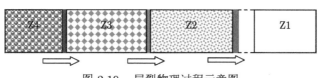

图 2.19   层裂物理过程示意图

实验中水合物的分解会改变筒内部温度的分布，在本节中分析具有恒温热源的圆筒内部温度沿筒轴线的分布，在此基础上考虑该温度分布的均值对饱和蒸气压的影响。

筒内四氢呋喃水合物沉积物层初始温度 T_0，该温度与冰柜温度相同。筒底受到恒定热源 T_H 的作用。将水合物沉积物视为均匀介质，只考虑热传导的过程，而忽略渗流和水合物分解相变造成的温度场变化。

土体发生层裂前的临界状态，即水合物分解产气所造成的气压足以突破上层所受的所有阻力 (包含上覆压力) 而将上层顶起。此时刻距开始加热已有较长时间，水合物沉积层中水合物分解区域内的水合物几乎达到完全分解，分解产生的气体因密度较小向上渗流，气流携带大量热量继续向分解界面上方扩散，而上半部分土体在低温下固化程度较高，渗透性极差，气体难以寻找到继续向上运动的通道，因而向边壁聚集，其所携带的热量在气体移动过程中传递给上层土体，造成与水合物分解界面接触的上层土体内孔隙冰融化。由于边壁处传热不均，聚集在边壁处的气流遇冷再次液化，将上层土体与边壁接触面润湿，产生白雾状的区域，随着润湿面积的逐渐扩大，该处的土体与筒边壁的摩擦力迅速减小。因此，此时提供边壁摩擦力的只有上覆层上方未融化的区域。

计算中，所测得的孔隙压力 p 并不能完全代表层裂面上作用于上部层裂土体所受到的气体压力。考虑体系中气、液均处于平衡态，层裂面上的气压应受到孔隙的疏散作用，因此，所用气压 p 应作用在包含水、土颗粒和水合物的有效面积上。

土体启动前达到力的平衡。由于气体将上层土体与筒壁的接触面润湿，削弱了一部分摩擦力，真正提供有效摩擦力的土体只有最上层的部分土体，设该部分土体厚度为 $\alpha\left(h_{\mathrm{c}}+h_{\mathrm{h}1}\right)$，于是有

$$G_{\mathrm{c}}+G_{\mathrm{h}}+f\cdot\pi D\cdot\alpha\left(h_{\mathrm{c}}+h_{\mathrm{h}1}\right)\leqslant p\cdot A_0 \tag{2.4}$$

其中

$$G_{\mathrm{c}}=\rho_{\mathrm{c}}gh_{\mathrm{c}}\cdot\frac{\pi D^2}{4},\qquad G_{\mathrm{h}}=\rho gh_{\mathrm{h}1}\cdot\frac{\pi D^2}{4}$$

$$A_0=\frac{V_{\mathrm{s}}+V_{\mathrm{w}}+V_{\mathrm{THF}}}{V}\cdot A=\frac{\pi D^2}{4}\left[S_{\mathrm{H}}+\frac{\rho_{\mathrm{d}}}{\rho_{\mathrm{w}}^{4^{\circ}\mathrm{C}}}\left(\omega+\frac{1-S_{\mathrm{H}}}{G_{\mathrm{s}}}\right)\right]=e\cdot\frac{\pi D^2}{4}$$

$$e=S_{\mathrm{H}}+\frac{\rho_{\mathrm{d}}}{\rho_{\mathrm{w}}^{4^{\circ}\mathrm{C}}}\left(\omega+\frac{1-S_{\mathrm{H}}}{G_{\mathrm{s}}}\right)$$

即有

$$f\leqslant\frac{e\cdot P-\left(\rho_{\mathrm{c}}h_{\mathrm{c}}+\rho h_{\mathrm{h}1}\right)g}{\alpha\left(h_{\mathrm{c}}+h_{\mathrm{h}1}\right)\dfrac{4}{D}} \tag{2.5}$$

由于气体迅速膨胀，气体压力消散，土体与筒壁摩擦力为向上的 f'，该摩擦力由整个上层土体边界处的沉积层土体共同提供。

$$G_{\mathrm{c}} + G_{\mathrm{h}} = f' \cdot \pi D \left(h_{\mathrm{c}} + h_{\mathrm{h}1} \right) + ep_1 \cdot \frac{\pi D^2}{4} \tag{2.6}$$

即有

$$ep_1 = \left(\rho_{\mathrm{c}} h_{\mathrm{c}} + \rho h_{\mathrm{h}1} \right) g - f' \left(h_{\mathrm{c}} + h_{\mathrm{h}1} \right) \frac{4}{D} \tag{2.7}$$

无论在层裂前还是层裂稳定后对土体的分析，摩擦力均为静摩擦，二者大小不等。不同的是，土体启动时需克服最大静摩擦，而停止时只需要根据受力平衡由外力提供相应的摩擦力即可。

按照前面的受力分析可知，对于上层土体，其与筒壁间的摩擦阻力必须降至一定值能够引发上层土体的运动，即

$$f = \frac{e \cdot p - \left(\rho_{\mathrm{c}} h_{\mathrm{c}} + \rho h_{\mathrm{h}1} \right) g}{\alpha \left(h_{\mathrm{c}} + h_{\mathrm{h}1} \right) \frac{4}{D}} \tag{2.8}$$

定义该阻力大小为层裂的临界力学条件，其中 α 为有效摩擦系数，表示提供有效摩擦的土体占上层土体的比例。α 越大，润湿的程度越小，摩擦力起到的阻碍作用越大。

为了探究起到主要阻碍作用的上覆层土体与有机玻璃筒壁间摩擦力大小，设计了若干组实验对厚度约为 5cm、含水量为 30% 的土样进行测试。求出单位面积上的最大静摩擦系数。

具体操作是：在两端开口的有机玻璃圆筒中 (该有机玻璃筒与实验用筒尺寸一样，材料一样)，倒入干密度为 $1.6\mathrm{kg/cm^3}$、含水量为 30% 的粉细砂骨架上覆层制样。在冰柜中冷冻 2 天，然后在三轴测试仪上测得其应力应变曲线和摩擦强度 (即所提及的摩擦力 f)。多组实验的重复性很好，摩擦强度 f 的值在 0.90~0.95 MPa 的范围内 (图 2.20)。

根据公式以及层裂实验的数据，对比了临界破坏条件与层裂厚度扩展的理论与实验结果，两者基本一致 (图 2.21)。

总的来说，水合物受热分解引发沉积层破坏的过程可分为传热阶段、渗流阶段、达到临界条件、多处层裂或喷发现象发生这四个阶段。水合物层裂前会产生一个相对较大的稳定压力，层裂瞬间压力释放，而层裂上部土体内的压力会突然增加一段。

层裂出现在上覆层与水合物层交界面或地层软弱带。层裂产生空腔的位置随着加热温度升高而远离加热片，即越靠近上覆层。水合物含量越高，加热温度较高时会出现剧烈的层裂现象，即加热温度较高时，层裂空腔厚度随温度升高而变大。

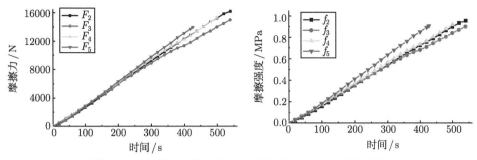

图 2.20 上覆层土体与有机玻璃筒壁间摩擦力和摩擦系数

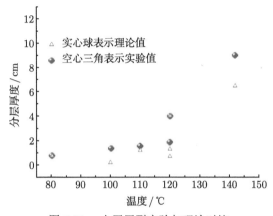

图 2.21 土层层裂实验与理论对比

　　水合物分解引起的土层层裂现象是一个强度破坏现象,重点模拟强度破坏后土层的承载特性变化。水合物分解后,土层层裂是否发生取决于加热温度、上覆层厚度、渗透性和产生气量等,黏土和粉细砂土中层裂现象有明显差异,主要原因是黏土渗透性差,实验的层裂结果与理论分析结果基本一致。层裂厚度主要取决于气体能量和土层运动的摩擦阻力。

2.3　水合物分解引起土层中气体喷发实验模拟

2.3.1　实验装置与实验技术

　　设计了轴对称模拟实验装置,由长 $L = 50$cm、高 $H = 30$cm、宽 $w = 10$cm 的有机玻璃模型箱、热源、温度测量系统、压力测量系统、摄像和数据采集系统组成。热源与平面一维模拟实验一样由加热棒和温控器组合而成,加热棒沿水平方向布置在模型箱的中间位置,布置方式有两种:① 沿长度方向中心线上距模型箱底部 10cm 横向布置长度为 12cm 的加热棒,这种加热棒加热效率高,热源控制温度效果较好,但模拟轴对称一维情况的分解区域的扩展有一定的近似;② 沿

宽度方向中心线距离底部 10cm 布置长度为 8cm 的加热棒，这种加热棒加热效率
相对第一种方式较差，但更合适模拟轴对称一维情况。在筒壁上与热源高度相等
处以及热源上部 5cm 边壁处接出管道 (管道口黏结透水石，防止土体堵塞管道)，
连接气体压力表组成压力测量系统测定水合物分解产生的气体压力；五个温度传
感器探头布置在水合物沉积层宽度方向中心轴线上，间距为 2cm，整个实验过程
由摄像设备实时采集，如图 2.22 所示 [37]。

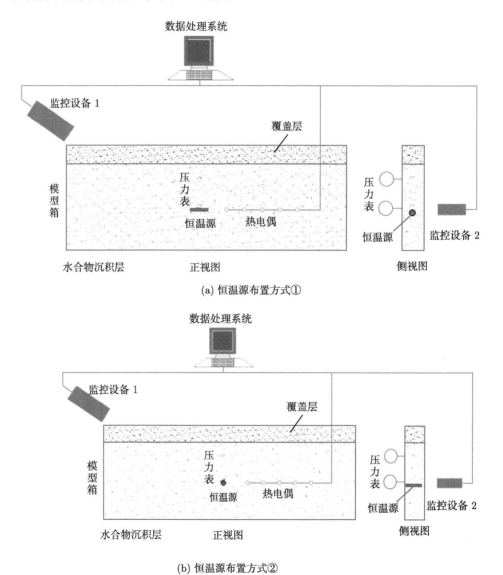

(a) 恒温源布置方式①

(b) 恒温源布置方式②

图 2.22   二维实验装置示意图

2.3.2 实验步骤

(1) 水合物沉积物样品制备、热源和测量探头布置：在模型箱内填入高度为 20cm 的砂土层，干密度为 $1.6g/cm^3$，分四次砸实而成，每次 5cm，为保证层与层之间较好地衔接，对前一层砸实后的表面划毛，再砸实后一层；然后配制质量分数为 19% 的四氢呋喃溶液，并用于饱和沉积层；热源、压力表和温度传感器探头按照装置介绍中的位置布置；最后将模型箱放入冰箱内，控制冰箱温度为 −8°C，冷冻 2 天，水合物沉积物形成。

(2) 水合物沉积层形成后，再砸实一层高度为 2cm 或 5cm 的砂土层，从表面注入一定量的质量分数 19% 的四氢呋喃溶液，再进行冷却 2 天，形成饱和度 86% 的四氢呋喃水合物覆盖层。

(3) 保持模型箱处在原来的低温环境中，接通热源、温度传感器、摄像头电源；在设定温度下进行恒温加热；实时记录温度传感器示数，通过摄像视频读取水合物相变阵面的推移和压力表示数。

(4) 实验进行至沉积层破坏发生时为止，观测破坏特征和破坏时水合物分解范围。

水合物沉积层因水合物轴对称热分解引起喷发破坏的模拟实验共做了 A、B、C、D、E 五组，其中 B、C 和 E 三组实验的热源布置采用第①种方式，水合物沉积层覆盖层的厚度为 2cm；为了进一步接近实际情况，将 A 组和 D 组两组实验的热源的布置采用第②种方式，水合物沉积物覆盖层的厚度为 5cm。水合物沉积层覆盖层的黏聚力为 3.1MPa，内摩擦角为 12.4°，水合物沉积层与有机玻璃壁的摩擦力为 0.27MPa。

2.3.3 实验现象和特征

表 2.3 给出了 A、B、C、D、E 五组水合物沉积层因水合物轴对称热分解引起破坏的模拟实验设计参数。

表 2.3　实验设计参数

设计参数	实验标号				
	A	B	C	D	E
热源温度/°C	150	120	112	120	130
上覆层厚/cm	5	2	2	5	2
加热棒布置	②	①	①	②	①

在实验过程中，最先看到的是在模型箱侧壁的水合物分解区域 (椭圆圈) 随加热时间的扩展，当分解区域达到一定程度时，扩展基本停止。与模型筒实验一样，在水合物分解前可清晰地观察到模型箱内深棕色的水合物沉积层，水合物热分解

过程中形成两个不同颜色的区域，椭圆圈内的白色区域为水合物分解区域，已经看不清内部的水合物沉积物。

　　喷发破坏形式主要有上覆层开裂喷发、圆孔喷发等破坏形式，上覆层开裂喷发是指水合物沉积层内水合物热分解产生的高压气体使上覆层某处拉裂破坏，掀翻附近整块区域而突出；圆孔喷发是指水合物热分解前锋扩展到上覆层某处使得该处软化，高压气体可克服上覆层阻力而从软化的圆孔通道中突出，如图 2.23 所示。

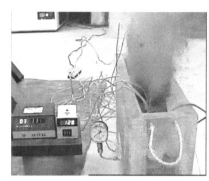

喷发中　　　　　　　　　　　　　喷发后

(a) 上覆层开裂喷发

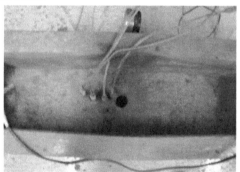

喷发中　　　　　　　　　　　　　喷发后

(b) 圆孔喷发

图 2.23　破坏类型

　　水合物沉积层因水合物轴对称热分解引起喷发破坏的演化过程可以表述为：① 热源不断地输入热量，引起水合物相变区域半径的增大；② 水合物的分解相变和分解相变产生的液气在水合物分解区域内的渗流形成超静孔隙压力的演化；③ 水合物相变区域半径增大到某一值，分解相变产生的气体突破上覆层，携带分解区域的土体喷出，即喷发破坏现象发生。

恒定热载荷作用下水合物沉积层因水合物轴对称热分解引起的喷发破坏的物理过程，首先是热分解区域的扩展，当分解区域达到一定程度时，扩展基本停止，相变阵面的扩展和温度场的分布可由轴对称热分解分析得到；然后是孔隙压力的演化，演化参数可由温度场和四氢呋喃水合物沉积物的相平衡条件获得；最后是当气体压力可以克服上覆层阻力时，喷发破坏现象发生，喷发破坏形式主要有上覆层开裂喷发、圆孔喷发等形式。

针对上覆层开裂喷发和圆孔喷发两种破坏形式的临界条件分析如下：

开裂喷发破坏时，水合物沉积层内水合物热分解产生的气体使水合物热分解区域上方的水合物沉积层拉裂并克服水合物沉积层和有机玻璃的摩擦力，掀翻整块区域而突出。已知模型箱的宽度为 w，沉积层的高度为 h，沉积层土体的平均比重为 $\bar{\rho}g$，喷发发生时，沉积层中水合物分解区域的半径为 R，水合物未分解区域与边壁的摩擦强度为 τ_{f}，开裂处的土体的拉应力为 σ_{t}，气体压力为 p_{g}，上方大气压力为 p_{a}。由于开裂区域的长度与水合物分解区域半径基本相等，因此认为开裂区域的长度即为水合物分解区域的长度。

开裂喷发的临界条件分析需要考虑的控制参数有：

载荷：孔隙气体压力 p_{g}，上方大气压力 p_{a}；材料性质：水合物沉积物的比重 $\bar{\rho}g$，四氢呋喃水合物沉积物与有机玻璃壁的摩擦强度 τ_{f}，四氢呋喃水合物沉积物的拉裂强度 σ_{t}；几何形状：水合物相变阵面的位置距离热源为 R，水合物沉积层的高度 h，模型箱体的宽度 w。

发生层裂破坏的临界条件可以写成

$$f(w, R, h, \bar{\rho}g, p_{\mathrm{g}}, \tau_{\mathrm{f}}, \sigma_{\mathrm{t}}, p_{\mathrm{a}}) = 0 \qquad (2.9)$$

选取 $\bar{\rho}g$ 和 h 作为单位，式 (2.9) 可化为无量纲关系：

$$f\left(\frac{w}{h}, \frac{R}{h}, \frac{p_{\mathrm{g}} - p_a}{\bar{\rho}gh}, \frac{\tau_{\mathrm{f}}}{\bar{\rho}gh}, \frac{\sigma_{\mathrm{t}}}{\bar{\rho}gh}\right) = 0 \qquad (2.10)$$

由于 $\dfrac{w}{h}$ 为已知的实验设计参数，若保持 $\dfrac{w}{h}$ 不变，$\dfrac{R}{h}$ 高达一定值、$\dfrac{p_{\mathrm{g}} - p_{\mathrm{a}}}{\bar{\rho}gh}$ 高达一定值、$\dfrac{\tau_{\mathrm{f}}}{\bar{\rho}gh}$ 或 $\dfrac{\sigma_{\mathrm{t}}}{\bar{\rho}gh}$ 低于一定值时，开裂喷发破坏就会发生。

在实验中，我们观察到上覆层的开裂喷发破坏的演化经历很长的一段时间，因此开裂喷发要发生时还可以看作是一个静态过程，即可以认为开裂喷发发生时孔隙气体压力与上覆层与有机玻璃壁的摩擦力、重力和沉积层土体间拉力处于力学平衡状态。

圆孔喷发破坏：水合物热分解前锋扩展至分解区域的半径 R，气体向相变阵面前锋迅速聚集，气体压力可克服上方土体的重力和强度而突出 (图 2.24)。已知热源至上覆层表面的高度为 h，孔隙气体压力为 p_g，上覆土体的平均比重为 $\bar\rho g$，大气压力为 p_a，薄弱圆孔区与水合物未分解区域的黏结强度为 τ_f。

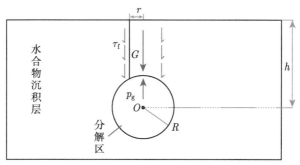

图 2.24   圆孔喷发

决定喷发的控制参数有：

载荷：孔隙气体压力 p_g，上方大气压力 p_a；材料性质：水合物沉积物的比重 $\bar\rho g$，四氢呋喃水合物沉积物与薄弱区的黏结强度 τ_f；几何形状：水合物相变阵面的位置距离热源为 R，水合物沉积层的高度 h。

喷发判定可写成上述参数的函数，即

$$f(R, h, \bar\rho g, p_g, \tau_f, p_a) = 0 \tag{2.11}$$

选取 $\bar\rho g$ 和 h 作为单位，式 (2.11) 可化为无量纲关系：

$$f\left(\frac{R}{h}, \frac{p_g - p_a}{\bar\rho gh}, \frac{\tau_f}{\bar\rho gh}\right) = 0 \tag{2.12}$$

无量纲关系说明了孔隙气体压力 $\dfrac{p_g}{\bar\rho gh}$、水合物相变区域半径 $\dfrac{R}{h}$ 和薄弱区域强度 $\dfrac{\tau_f}{\bar\rho gh}$ 等因素对于圆孔喷发形成的综合作用。

喷发发生时，水合物相变区域的正上方很小区域内的水合物沉积物迅速软化，出现一个强度低而且液气可渗透的薄弱小孔，半径为 r，由于水合物相变区域上方的薄弱区域半径 r 小于水合物相变区域半径 R，假定圆孔半径 $r = \alpha \cdot R$，这个取决于上覆层的强度、热源强度的大小。假定喷发时，气体压力与土柱重力和土柱与沉积层的强度满足静态平衡，令 $h_c = h - R$，可以得到

$$\pi \cdot (\alpha \cdot R)^2 \cdot \bar\rho \cdot g \cdot h_c + 2\pi \cdot \alpha \cdot R \cdot h_c \cdot \tau_f = (p_g - p_a) \cdot \pi \cdot (\alpha \cdot R)^2 \tag{2.13}$$

整理得到

$$\frac{2}{\alpha \cdot R} \cdot \frac{\tau_f}{\bar{\rho} \cdot g} - \frac{p_g - p_a}{\bar{\rho} \cdot g \cdot h_c} = 1 \tag{2.14}$$

因此，圆孔喷发的临界条件：

$$\frac{2 \cdot h}{\alpha \cdot R} \cdot \frac{\tau_f}{\bar{\rho} \cdot g \cdot h} - \frac{p_g - p_a}{\bar{\rho} \cdot g \cdot h} \cdot \frac{h}{h - R} = 1 \tag{2.15}$$

其中，$\frac{w}{h}$ 为实验常数。

首先是水合物沉积层中水合物热分解相变阵面的演化，喷发时，相变阵面的演化实验结果与轴对称热分解演化数值模拟结果对比显示，两者基本吻合，误差在 7.5% 以内。沉积物中四氢呋喃水合物热分解后，根据 $p_g = \frac{1}{R} \int_0^R p_e(T) \mathrm{d}x$ 分析孔隙气体压力的值为 $\frac{p_g}{\bar{\rho}gh} \approx 1$，而实验中测得的孔隙压力基本稳定在 $\frac{p_g}{\bar{\rho}gh} \approx 0.5$，更接近于四氢呋喃在沸点处的饱和蒸气压。分析原因是：由于实际实验过程中，水合物热分解产生的气体向沉积层上方渗透，四氢呋喃液体和水向热源下方及附近渗流，导致热源附近大范围内的温度接近四氢呋喃沸点，因此，孔隙气体的压力更接近饱和蒸气压。

目前，在喷发模拟实验中，水合物相变阵面接近沉积层上表面时，温度较高的气体积聚在相变阵面前锋处，使得上表面很快软化，相变阵面上方沉积层区域的土体间黏结强度随时间不断变化，因此还很难通过理论分析圆孔半径的大小。我们先以实验测得的喷发破坏时的孔隙压力、圆孔半径等参数计算喷发破坏时摩擦强度 τ_f，考察喷发发生时相变阵面以上沉积层软化程度。

对于实验 A，由临界条件计算公式可以得到 $\frac{\tau_f}{\bar{\rho}gh} = 3.3$。

对于实验 B，由临界条件计算公式可以得到 $\frac{\tau_f}{\bar{\rho}gh} = 0.9$。

对于实验 C，由临界条件计算公式可以得到 $\frac{\tau_f}{\bar{\rho}gh} = 0.2$。

对于实验 D，由临界条件计算公式可以得到 $\frac{\tau_f}{\bar{\rho}gh} = 0.1$。

由 A、B、C、D 的土体与沉积层之间的强度计算值可以看出，喷发时，圆孔处的土体间的黏聚力基本已经消失，说明气体积聚在相变阵面正上方使得相变阵面以上的土体软化，E 计算的有机玻璃和水合物沉积层摩擦系数为实验值的一半左右，分析原因也是由于喷发的瞬间气体沿边壁的渗透使得相变阵面以上的沉积层已经部分分解而摩擦强度减小。目前，由于实验中沉积层制备的效果与热源的布置还无法保证完全一致，水合物热分解后圆孔喷发破坏的位置和大小不完全相同，因此，如何进行实验样品的均匀制备和保证热源的轴对称布置是下一步需要考虑的实验技术。

综合以上分析，我们目前得到了水合物沉积层因水合物热分解引起地层破坏的临界条件 $f\left(\dfrac{R}{h}, \dfrac{p_{\mathrm{g}} - p_0}{\bar{\rho}gh}, \dfrac{\tau_{\mathrm{f}}}{\bar{\rho}gh}\right) = 0$ 的两种经验关系式。对于水合物沉积层因水合物热分解引起层裂破坏的经验临界条件为

$$c_1 \cdot \frac{\tau_{\mathrm{f}}}{\bar{\rho} \cdot g \cdot h} - \frac{p_{\mathrm{g}} - p_0}{\bar{\rho} \cdot g \cdot h} \cdot \frac{h}{h - R} = 1 \qquad (2.16)$$

其中，$c_1 = \dfrac{2 \cdot h}{r}$ 是实验设计常数，在实际工程中取决于水合物热分解范围和水合物沉积层的赋存的地层结构特征等。

开裂喷发时，若开裂强度可认为强度值相对很小，临界条件也可以写成

$$c_2 \cdot \frac{h}{R} \cdot \frac{\tau_{\mathrm{f}}}{\bar{\rho} \cdot g \cdot h} - \frac{p_{\mathrm{g}} - p_0}{\bar{\rho} \cdot g \cdot h} \cdot \frac{h}{h - R} = 1 \qquad (2.17)$$

因此，水合物沉积层因热分解引起的层裂和喷发破坏的经验临界条件可简单写成

$$c \cdot \frac{2}{R} \cdot \frac{\tau_{\mathrm{f}}}{\bar{\rho} \cdot g} - \frac{p_{\mathrm{g}} - p_0}{\bar{\rho} \cdot g \cdot (h - R)} = 1 \qquad (2.18)$$

在实际工程中 c 取决于水合物热分解范围和水合物沉积层的赋存的地层结构特征等。

2.3.4　水合物分解引起土层破坏的能量评估

首先，以将来我国南海北部陆坡现场因水合物开发和深海油气开采引起的水合物沉积层中水合物热分解为背景，估算水合物分解后的液气封闭在分解区域内的产生的超静孔隙压力；然后，从能量的观点估算水合物热分解相关能量的数量级并做比较。需要考察三种能量：一是水合物热分解所需热量；二是水合物沉积层中水合物热分解出的气体的内能，是促使沉积层破坏的能量；三是沉积层提供的弹性能，是抑制破坏的能量。

以我国南海报道的水合物储层环境与地质数据为依据，考虑工况如下：1200m海水深的大陆坡，钻获的天然气水合物样品以分散方式或以胶结方式充填在海床以下 200m 左右的泥质沉积物孔隙中。天然气水合物的气体组成为 99.7% 的甲烷。天然气水合物沉积层的厚度约为 20m，平均水合物饱和度约为 20%，水合物沉积层的孔隙度在 40% 左右。另外调查显示，在水合物沉积层下方有大型油气藏。图 2.25 为我国南海水合物沉积层赋存环境示意图，海水深 $h_{\mathrm{w}} = 1200\mathrm{m}$，上覆盖层厚度 $h_{\mathrm{cr}} = 200\mathrm{m}$，水合物沉积层厚度 $h = 20\mathrm{m}$。

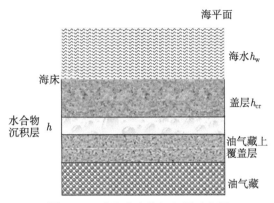

图 2.25 南海水合物沉积层示意图

2.3.4.1 水合物分解后超静孔隙压力计算

水合物沉积层初始地应力：鉴于经过漫长的地质年代，蠕变和剪应力基本消失，沉积层初始地应力可近似认为等于海水压力、覆盖层重力与水合物沉积层重力的总和，假定海水的密度 $\rho_{\rm w} = 1.0{\rm g/cm}^3$，水合物沉积层与覆盖层的密度相等，且 $\rho_{\rm s} = 2.5{\rm g/cm}^3$，水合物沉积层和覆盖层的整体高度 $h_{\rm s} = h_{\rm cr} + h = 220{\rm m}$，那么海水压力为 $p_{\rm w} = \rho_{\rm w}(h_{\rm w} + h_{\rm s})g = 13.9{\rm MPa}$，水合物沉积层和覆盖层土体产生的压力为 (设为透水层)$p_{\rm s} = \rho_{\rm s}h_{\rm s}g = 5.4{\rm MPa}$，水合物沉积层底部的初始地应力为 $p_{\rm i} = p_{\rm w} + p_{\rm s} = 19.3{\rm MPa}$。在海水压力和沉积层温度条件下水合物可以稳定存在。在沉积层的初始地应力中，海水压力起的作用较大，为海床下水合物沉积层和覆盖层共同提供土压力的 2.7 倍。暂不考虑沉积层孔隙内游离气体存在，则体积 V_0 的水合物沉积层由三相组成，即水合物的体积 $V_{\rm h0}$，土体骨架的体积 $V_{\rm s0}$ 和水的体积 $V_{\rm w0}$：

$$V_0 = V_{\rm h0} + V_{\rm s0} + V_{\rm w0} \tag{2.19}$$

以后下标 h、w、s 分别表示水合物相、水相、土骨架相。

各相在沉积物中的饱和度为

$$S_{\rm h0} = \frac{V_{\rm h0}}{V_0} \tag{2.20}$$

$$S_{\rm w0} = \frac{V_{\rm w0}}{V_0} \tag{2.21}$$

沉积层中各组分的体积分数分别写为孔隙度与饱和度的乘积，即

$$\varepsilon_{\rm h0} = \phi \cdot S_{\rm h0} \tag{2.22}$$

$$\varepsilon_{\text{w0}} = \phi \cdot S_{\text{w0}} \tag{2.23}$$

$$\varepsilon_{\text{s0}} = 1 - \phi \tag{2.24}$$

以水合物沉积物的含水合物的饱和度 50% 和孔隙度 40% 计算,则水合物初始体积分数取为:$\varepsilon_{\text{h0}} = 0.4 \times 0.5 = 0.2$,水的初始体积分数取为 $\varepsilon_{\text{w0}} = 0.4 \times 0.5 = 0.2$,骨架的体积分数为 $\varepsilon_{\text{s0}} = 0.6$。

假设水合物、水和土骨架不可压缩,其密度分别为 ρ_{w}、ρ_{h}、ρ_{s}。

水合物分解后,液体和气体封闭在分解区域内,可产生很大的超静孔隙压力,一方面使得分解区域内土骨架的有效应力消失而土体软化,大大降低水合物分解区域的沉积层的承载力,甚至在沉积层的薄弱区域形成土层间的层裂,即层裂;另一方面,过大的超静孔隙压力可以使得上覆层的较大变形、裂隙产生和发展,甚至可能掀翻薄弱的上覆层,最终引起气体喷发灾害,因此,需要对水合物热分解后的超静孔隙压力的量级做一个估算。

假定体积 V_0 的水合物沉积层中的水合物完全分解,以 M 表示各相的摩尔质量,那么分解出的水的物质量为 $n_{\text{w}} = N_{\text{h}} \dfrac{\rho_{\text{h0}} V_{\text{h0}}}{M_{\text{h}}}$,水的含量为 $\varepsilon_{\text{w}} = \dfrac{N_{\text{h}} \rho_{\text{h0}} M_{\text{w}}}{\rho_{\text{w}} M_{\text{h}}} \varepsilon_{\text{h0}} +$ $\dfrac{\rho_{\text{w0}}}{\rho_{\text{w}}} \varepsilon_{\text{w0}}$。分解出的气的物质量为 $n_{\text{g}} = \dfrac{\rho_{\text{h0}} V_{\text{h0}}}{M_{\text{h}}}$,气体含量为 $\varepsilon_{\text{g}} = \varepsilon_{\text{h0}} \cdot \left(1 - \dfrac{6\phi \cdot \varepsilon_{\text{h0}} M_{\text{w}}}{M_{\text{h}} \rho_{\text{w}}} \right)$。沉积物中水合物分解后,各相在超静孔隙压力下的压缩,甲烷气体从溶解状态转化为游离状态以及多相渗流过程。鉴于水合物、水和骨架的可压缩性很小,因此,下面的计算仅考虑气体溶解对压力的影响,也就是说,一部分气体 n_{g1} 以游离状态存在,一部分气体 n_{g2} 溶解于水中。

水合物沉积物分解后,溶解量可由下式估算:

$$n_{\text{g}} = C \cdot V_{\text{w}} = \left\{ \left(K + \dfrac{\phi}{RT + b_{\text{CH}_4} p} \right) p - \dfrac{b_{\text{CH}_4} p^2 K}{RT + b_{\text{CH}_4} p} \right\} \cdot V_{\text{w}} \tag{2.25}$$

其中,b_{CH_4} 为甲烷的范德瓦耳斯体积,取值为 $4.28 \times 10^{-5} \text{m}^3/\text{mol}$;$b_{\text{He}}$ 为氦的范德瓦耳斯体积,取值为 $2.37 \times 10^{-5} \text{m}^3/\text{mol}$。

参数 K、ϕ 分别由实验数据拟合得到

$$K = \exp \left(-18.6 + 7.81 \cdot \dfrac{T_0}{T} \right) \tag{2.26}$$

$$\phi = \dfrac{b_{\text{He}}}{b_{\text{CH}_4}} \left(0.0097 + 8.63 \times 10^{-3} \dfrac{T}{T_0} - 9.40 \times 10^{-2} \left(\dfrac{T}{T_0} \right)^2 + 4.34 \times 10^{-1} \left(\dfrac{T}{T_0} \right)^3 \right)$$
$$\tag{2.27}$$

其中，$T_0 = 273\mathrm{K}$。

以加热温度为 373K，使得水合物沉积物完全分解为例，总体积 V_0 保持不变，求解独立的未知数气体压力 p_g 和游离气体 ε_g1，联立理想气体状态方程和气体溶解量拟合式：

$$\begin{cases} p_\mathrm{g}V_\mathrm{g1} = n_\mathrm{g1}RT \\ n_\mathrm{g2} = C \cdot V_\mathrm{w} = 0.0224 \left\{ \left(K + \dfrac{\phi}{RT_\mathrm{h} + bp_\mathrm{g}} \right) p_\mathrm{g} - \dfrac{bp_\mathrm{g}^2 K}{RT_\mathrm{h} + bp_\mathrm{g}} \right\} \cdot V_\mathrm{w} \end{cases} \tag{2.28}$$

其中，水合物沉积物分解后，水的体积

$$V_\mathrm{w} = \left(\frac{N_\mathrm{h}\rho_\mathrm{h0}M_\mathrm{w}}{\rho_\mathrm{w0}M_\mathrm{h}}\varepsilon_\mathrm{h0} + \varepsilon_\mathrm{w0} \right) \cdot V_0 \tag{2.29}$$

气体的物质的量

$$n_\mathrm{g1} + n_\mathrm{g2} = \frac{\rho_\mathrm{h0}\varepsilon_\mathrm{h0}}{M_\mathrm{h}}V_0 \tag{2.30}$$

游离气体的体积为

$$V_\mathrm{g1} = \left(1 - \frac{N_\mathrm{h}\rho_\mathrm{h0}M_w}{\rho_\mathrm{w0}M_\mathrm{h}}\varepsilon_\mathrm{h0} - \varepsilon_\mathrm{w0} - \varepsilon_\mathrm{s0} \right) \cdot V_0 \tag{2.31}$$

于是上面方程可以简化为一般的方程的求解：

$$p_\mathrm{g}\left(1 - \frac{N_\mathrm{h}\rho_\mathrm{h0}M_\mathrm{w}}{\rho_\mathrm{w0}M_\mathrm{h}}\varepsilon_\mathrm{h0} - \varepsilon_\mathrm{w0} - \varepsilon_\mathrm{s0} \right)$$
$$= \left\{ \frac{\rho_\mathrm{h0}\varepsilon_\mathrm{h0}}{M_\mathrm{h}} - 0.0224 \cdot \left((K + \frac{\phi}{RT_\mathrm{h} + bp_\mathrm{g}})p_\mathrm{g} - \frac{bp_\mathrm{g}^2 K}{RT_\mathrm{h} + bp_\mathrm{g}} \right) \right.$$
$$\left. \cdot \left(\frac{N_\mathrm{h}\rho_\mathrm{h0}M_\mathrm{w}}{\rho_\mathrm{w0}M_\mathrm{h}}\varepsilon_\mathrm{h0} + \varepsilon_\mathrm{w0} \right) \right\} \cdot RT \tag{2.32}$$

由上述公式得到封闭体系中水合物沉积物完全分解后气体在孔隙中所占的体积分数为 0.04，气体的压力为 $p_\mathrm{g} = 105\mathrm{MPa}$(当然这是假定地层经加热后温度高于相平衡温度)，在此超静孔隙压力作用下，要保证上覆层不会喷发破坏，水合物热分解区域和上覆层的破坏强度之间应满足：

$$\frac{c \cdot \tau_\mathrm{f}}{R} \geqslant \left(\frac{p_\mathrm{g} - p_0}{\bar{\rho} \cdot g \cdot h_0} + 1 \right) \cdot \frac{\bar{\rho} \cdot g}{2} = 0.22\mathrm{MPa/m}$$

其中，c 的取值由多层沉积、裂隙通道等引起的上覆层的强度不均匀性决定。因此，在水合物开发和深海油气开采之前，还需要获得水合物沉积层、上覆层的力学参数和渗透参数，对水合物热分解可能引起的地层破坏演化过程做预测，以避免工程灾害的发生。

2.3.4.2　水合物热分解所需热量、气体内能和地层弹性能的比较

本节从能量的观点对水合物沉积层因水合物热分解引起的破坏做一个评估，主要考察三种能量，即水合物沉积层中水合物热分解需要向沉积层输入使得骨架、水合物、气体、水各组分温度增加和水合物分解相变足够的热量 W_1；水合物热分解后产生的气体具有内能 W_2；抛开分解区域的各组分，地层中形成分解区域这个空腔时地层提供的弹性能 W_3。

在水合物沉积层中水合物热分解所需热量计算方面，由于气体的体积分数较小，我们仅考虑骨架和水的温度增加及水合物分解相变所需的热量。假定分解区域内的温度平均增加量为 ΔT，那么骨架和水的温度增加所需热量：

$$W_{11} = (\phi \cdot \rho_\mathrm{s} \cdot C_\mathrm{s} + \varepsilon_\mathrm{w} \cdot \rho_\mathrm{w} \cdot C_\mathrm{w}) \cdot \Delta T \cdot V_0 \tag{2.33}$$

水合物分解相变所需热量：

$$W_{12} = \frac{\rho_\mathrm{h} V_0}{M_\mathrm{h}} \cdot \Delta H \tag{2.34}$$

因此，热量 W_1 为

$$W_1 = W_{11} + W_{12} = (\phi \cdot \rho_\mathrm{s} \cdot C_\mathrm{s} + \varepsilon_\mathrm{w} \cdot \rho_\mathrm{w} \cdot C_\mathrm{w}) \cdot \Delta T \cdot V_0 + \frac{\rho_\mathrm{h} V_0}{M_\mathrm{h}} \cdot \Delta H \tag{2.35}$$

假定分解前沉积层孔隙内只含有水合物和水，且不考虑气体渗流，分解区域内水合物完全转化为气体和水，那么气体的含量为 ε_g 的气体的能量 W_2 为

$$W_2 = \frac{\varepsilon_\mathrm{g} V_0}{\gamma - 1} p_\mathrm{g} \tag{2.36}$$

根据实际水合物沉积层结构特征，空腔的类型可分为两种，一是水合物沉积物分解前期，分解范围以球形扩展开来，称为球腔；二是水合物沉积物分解区域最大半径远远大于水合物沉积层厚度时（令 R 为分解区域最大半径，即 $\frac{R}{h_\mathrm{s}} \gg 1$），分解范围以圆柱形扩展，称为圆柱腔。假定地层弹性模量为 E_s，泊松比为 ν_s，分解区域的体积为 V_0，那么对于球腔情况，地层提供的弹性能为

$$W_3 = \frac{8(1+\nu_\mathrm{s})}{3E_\mathrm{s}} p_\mathrm{i}^2 V_0 \tag{2.37}$$

对于圆柱腔：

$$W_3' = \frac{4(1-\nu_\mathrm{s}^2)}{3\pi E_\mathrm{s}} \frac{R}{h_\mathrm{s}} p_\mathrm{i}^2 V_0 \tag{2.38}$$

选取参数 $p_{\mathrm{i}} = 19.3\mathrm{MPa}$, $E_{\mathrm{s}} = 500\mathrm{MPa}$, $\nu_{\mathrm{s}} = 0.3$, $\gamma = 1.2$, $\dfrac{h_{\mathrm{s}}}{R} = 0.1$, $\phi = 0.6$, 若选取热源温度为 $T = 373\mathrm{K}$, 则 $\varepsilon_{\mathrm{g}} = 0.04$, $p_{\mathrm{g}} = 105\mathrm{MPa}$, $\varepsilon_{\mathrm{w}} = 0.36$, 且可认为平均增加温度为 $\Delta T = 50\mathrm{K}$。因此, 水合物热分解所需热量、气体能量与地层提供能量之比如下。

对于球对称分解情况:

$$W_1{:}W_2{:}W_3 = (5.4 \times 10^8){:}(0.21 \times 10^8){:}(0.26 \times 10^7) \approx 208{:}8{:}1 \qquad (2.39)$$

对于柱对称分解情况:

$$W_1{:}W_2{:}W_3' = (5.4 \times 10^8){:}(0.21 \times 10^8){:}(0.29 \times 10^7) \approx 208{:}8{:}1 \qquad (2.40)$$

由以上比较可以看出, 水合物沉积层中水合物完全热分解后产生气体的内能为输入热量的 1/16, 地层提供的弹性能为气体内能的 8 倍。这说明一方面水合物沉积层热分解产生气体的内能来自外部输入的热量; 另一方面气体的内能又大于地层提供的弹性能, 必将引起地层的较大变形甚至可能发生破坏。因此, 在将来水合物开发和上方有水合物沉积层的深海油气开采过程中需要控制输入热量的功率和总量, 同时对分解区域沉积层进行一定的加固, 有助于避免水合物热分解后地层破坏而导致气体泄漏、管道井喷、滑坡等各种工程地质灾害的发生。

2.3.5 小结

土层中气体喷发。水合物分解引起的土层中气体喷发包括两个关键的物理过程: ① 水合物分解相变及分解范围扩展, 分解范围内孔隙压力累积与土体软化, 上覆阻力减小, 上覆土层中局部塑性破坏产生、扩展直至贯通, 形成剪切滑动破坏面, 这是土层强度破坏的临界条件; ② 气体能量足够大, 则推动破坏面内的上覆土层向上运动, 在运动过程中, 由于土的惯性大, 气体惯性小, 使得土层破碎成小块并逐渐加速, 形成类似火山喷发的气–液–固三相流动, 气体膨胀能量释放并转移成土体喷发运动的机械能。

2.4 层裂和喷发破坏的理论分析

2.4.1 层裂

当孔压达到或超过地层抗拉强度与上部地层重量 (包括其他负重) 之和时, 层裂就会发生。高压孔隙流体推开上部地层形成一个缝隙。随着该缝隙的扩张, 缝内部的孔压将降低。当缝内孔压与缝下部地层孔压的差值足够大时, 可形成新的裂缝。如果初始孔压足够大, 这个过程可以持续而形成多条裂缝即多个分层 [39]。

　　为理解分层的发展过程，建立如下的一维模型来进行分析。假设孔隙水及地层骨架颗粒不可压 [40-43]，地层是由孔隙水、孔隙气体和地层骨架颗粒组成的三相介质。三相介质的质量守恒方程如下：

$$\frac{\partial \varepsilon_i \rho_i}{\partial t} + \frac{\partial \varepsilon_i \rho_i u_i}{\partial x} = 0 \tag{2.41}$$

其中，ε_i、ρ_i、u_i 分别表示各相体积百分含量、密度和速度，$i=1, 2, 3$ 分别对应孔隙气体、孔隙水和骨架颗粒，x 是坐标，t 是时间。

　　三相介质的动量守恒方程为

$$\varepsilon_j \rho_j \frac{\mathrm{d}u_j}{\mathrm{d}x} + \varepsilon_j \frac{\mathrm{d}p_j}{\mathrm{d}x} = -H_j - \varepsilon_j \rho_j g \tag{2.42}$$

其中，$j = 1, 2$ 分别对应孔隙气体和孔隙水，p 是孔隙压力，$H_j(j = 1, 2)$ 分别为骨架、孔隙气体和孔隙水与骨架间的阻力，$H_j = \dfrac{\varepsilon_j^3}{k_j}(u_j - u_s)$，$k_j$ 是物理渗透率。

　　地层骨架颗粒的动量守恒方程为

$$\varepsilon_s \rho_s \frac{\mathrm{d}u_s}{\mathrm{d}x} + \frac{\mathrm{d}\varepsilon_s \sigma}{\mathrm{d}x} + p_g \frac{\mathrm{d}\varepsilon_g}{\mathrm{d}x} + p_w \frac{\mathrm{d}\varepsilon_w}{\mathrm{d}x} = H_w + H_g + \frac{\tau l}{A} - \varepsilon_s \rho_s g \tag{2.43}$$

其中，ρ_s 是骨架颗粒密度，u_s 是骨架颗粒速度，ε_s 是骨架颗粒体积百分含量，ε_g 是孔隙气体的体积百分含量，ε_w 是孔隙水体积百分含量，σ 是总应力，p_g 是孔隙气体压力，p_w 是孔隙水压力，H_w 是孔隙水与骨架颗粒间的阻力，H_g 是孔隙气体与骨架颗粒间的阻力，$\tau l/A$ 是单位长度上的侧摩阻力，A 是横截面积，l 是侧边长度。

　　将式 (2.42)、式 (2.43) 求和可以得到总动量守恒方程：

$$\varepsilon_s \frac{\partial \sigma}{\partial x} + \varepsilon_w \frac{\partial p_w}{\partial x} + \varepsilon_g \frac{\partial p_g}{\partial x} - \varepsilon_m \rho_m g - \varepsilon_w \rho_w g - \varepsilon_g \rho_g g$$
$$= \varepsilon_m \rho_m \frac{\partial u_m}{\partial t} + \varepsilon_w \rho_w \frac{\partial u_w}{\partial t} + \varepsilon_g \rho_g \frac{\partial u_g}{\partial t} + p_a + \frac{\tau l}{A} \tag{2.44}$$

当地层骨架刚性大且渗透性小时，上述方程中的惯性项 $\partial u_m/\partial t$、$\partial u_w/\partial t$ 和 $\partial u_g/\partial t$ 可以忽略。对式 (2.44) 积分可以得到层裂的发生条件为 (设地层是沿重力方程扩展)

$$p = \varepsilon_g p_g + \varepsilon_w p_w > \sigma_t + \varepsilon_m \rho_m g L + \varepsilon_w \rho_w g L + \varepsilon_g \rho_g g L + \frac{\tau l}{A} L + p_a \tag{2.45}$$

其中，σ_t 是地层的抗拉强度，p_a 是大气压，$p\,(= \varepsilon_w p_w + \varepsilon_g p_g)$ 是总的孔隙压力，L 是运动部分的长度 (图 2.26 中的区域 I)。只有在垂向上发生层裂时才需要考虑重力，而且在多数情况下重力较孔隙压力小得多，因此可以忽略。于是上式可以简化为

$$p \geqslant p_a + \frac{\tau l}{A} L + \sigma_t \tag{2.46}$$

针对图 2.26 中的区域 I 部分的运动，可采用下式描述：

$$p - p_a - \frac{\tau l}{A} L = \rho_s \left(1 - \varepsilon_0\right) L \cdot \ddot{\Delta} \tag{2.47}$$

$$\text{i. c.,} \quad t = 0, \quad \Delta = \Delta_0, \quad \dot{\Delta} = 0 \tag{2.48}$$

其中，ε_0 是初始孔隙率，Δ 是裂隙宽度，Δ_0 是初始裂隙宽度，为一个小量。式 (2.47) 等号左侧是驱动力，等于孔隙压力减去阻力，右侧是动量变化率。

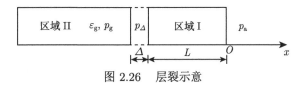

图 2.26　层裂示意

初始状态时，孔隙压力均匀分布，随着骨架的运动，裂隙扩展，裂隙内的孔隙压力逐渐降低到低于外部的孔隙压力。于是孔隙流体渗流进入裂隙，导致其孔压压力逐渐升高。

假设孔隙气体是理想气体且渗流满足达西定律，即有

$$\begin{cases} -\dfrac{\partial p_{ig}}{\partial x} = \dfrac{\varepsilon_0 \mu_g}{k_g} u_{ig} \\[2mm] \dfrac{\partial \rho_{ig}}{\partial t} + \dfrac{\partial \rho_{ig} u_{ig}}{\partial x} = 0 \\[2mm] p_{ig} = \rho_{ig} a^2 \end{cases} \tag{2.49}$$

同样地，孔隙水的渗流和质量守恒方程为

$$\begin{cases} -\dfrac{\partial p_{ig}}{\partial x} = \dfrac{\varepsilon_0 \mu_g}{k_g} u_{ig} \\[2mm] \dfrac{\partial \rho_{ig}}{\partial t} + \dfrac{\partial \rho_{ig} u_{ig}}{\partial x} = 0 \\[2mm] p_{ig} = \rho_{ig} a^2 \end{cases} \tag{2.50}$$

其中，$i=1,2$ 分别表示图 2.26 中的区域 I 或 II，μ_g、μ_w 分别为孔隙气体和流体的黏性系数，k_g、k_w 分别为孔隙气体和流体的渗透率，a 是当地声速。

设初始孔隙气体压力和孔隙水压力均匀分布且分别为 $P_{0\mathrm{g}}$ 和 $P_{0\mathrm{w}}$。在区域 I，右边界连接大气压，即右侧孔隙气体和水的压力边界条件均为 1 atm。在区域 I 的左边界，孔隙气体压力和水压力分别与裂隙内的相等，即区域 I 的边界条件和初始条件如下：

$$\text{i. c.,} \quad u_{\mathrm{Ig}} = 0, \quad p_{\mathrm{Ig}} = p_{0\mathrm{g}} \tag{2.51}$$

$$\text{b. c,} \quad x = -L, \quad p_{\mathrm{Ig}} = p_\mathrm{g}; \quad x = 0, \quad p_{\mathrm{Ig}} = p_\mathrm{a} \tag{2.52}$$

$$\text{i. c.,} \quad u_{\mathrm{Iw}} = 0, \quad p_{\mathrm{Iw}} = p_{0\mathrm{w}} \tag{2.53}$$

$$\text{b. c,} \quad x = -L, \quad p_{\mathrm{Iw}} = p_\mathrm{w}; \quad x = 0, \quad p_{\mathrm{Iw}} = p_\mathrm{a} \tag{2.54}$$

同样地，区域 II 的初始和边界条件如下：

$$\text{i. c.,} \quad u_{\mathrm{IIg}} = 0, \quad p_{\mathrm{IIg}} = p_{0\mathrm{g}} \tag{2.55}$$

$$\text{b. c,} \quad x = -\infty, \quad p_{\mathrm{IIg}} = p_{0\mathrm{g}}; \quad x = -L, \quad p_{\mathrm{IIg}} = p_\mathrm{g} \tag{2.56}$$

$$\text{i. c.,} \quad u_{\mathrm{IIg}} = 0, \quad p_{\mathrm{IIw}} = p_{0\mathrm{w}} \tag{2.57}$$

$$\text{b. c,} \quad x = -\infty, \quad p_{\mathrm{IIw}} = p_{0\mathrm{w}}; \quad x = -L, \quad p_{\mathrm{IIw}} = p_\mathrm{w} \tag{2.58}$$

孔隙气体压力和水压力与毛管压力 p_c 相关联，即

$$p_\mathrm{g} - p_\mathrm{w} = p_\mathrm{c} \tag{2.59}$$

从区域 I 和区域 II 渗流进入裂隙的单位时间流量 Q_I 和 Q_II 分别为

$$Q_\mathrm{I} = \varepsilon_0 A \left(\rho_{\mathrm{Iw}} u_{\mathrm{Iw}} + \rho_{\mathrm{Ig}} u_{\mathrm{Ig}} \right) \tag{2.60}$$

$$Q_\mathrm{II} = \varepsilon_0 A \left(\rho_{\mathrm{IIw}} u_{\mathrm{IIw}} + \rho_{\mathrm{IIg}} u_{\mathrm{IIg}} \right) \tag{2.61}$$

裂隙中的孔隙流体质量等于从区域 I 和区域 II 中渗流进入的量和初始质量。因为水合物分解产生的水占比小而密度又较气体大很多，因此裂隙的宽度主要由孔隙气体的体积决定。这样，裂隙内孔隙流体的质量和裂隙宽度可用下式描述：

$$m = m_\mathrm{g} + m_\mathrm{w} = m_{0\mathrm{g}} + m_{0\mathrm{w}} + \int_0^t Q_\mathrm{I} \mathrm{d}t + \int_0^t Q_\mathrm{II} \mathrm{d}t \tag{2.62}$$

$$\Delta = \Delta_\mathrm{g} + \Delta_\mathrm{w} = \frac{m}{A \cdot \rho_\mathrm{g}} \tag{2.63}$$

其中，m_{0w} 和 m_{0g} 分别为初始裂隙宽度 Δ_0 内的孔隙水和孔隙气体的初始质量。

裂隙内孔隙压力可由下式求出：

$$p_g = \rho_g \cdot c^2 = \frac{m_g}{A \cdot \Delta_g} c^2 \tag{2.64}$$

其中，c 是局部声速。

采用有限差分方法对式 (2.49)~式 (2.64) 进行分析，采用的参数为：$\rho_s = 1600\text{kg/cm}^3$，$\rho_w = 1000\text{kg/cm}^3$，$\varepsilon_0 = 0.4$，$\tau L/A = 1.9\text{MPa/m}$，$\sigma_t = 0$，$p_a = 0.1\text{MPa}$，$\mu = 1.5 \times 10^{-5}\text{Pa} \cdot s$，$k = 1.0 \times 10^{-12}\text{m}^{2[6]}$.

计算结果表明，裂隙内孔隙压力在开始的 5s 内快速降低，然后缓慢降低 (图 2.27)。裂隙宽度开始快速增加，然后逐渐趋于一个定值 (图 2.28)。这是由于裂隙内的孔压下降太快，区域 I 地层很快停止运动，导致裂隙宽度有限。

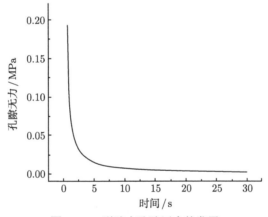

图 2.27 裂隙内孔隙压力的发展

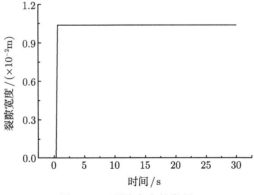

图 2.28 裂隙宽度的发展

2.4.2　喷发的分析

2.4.2.1　临界条件及破坏过程分析

当孔隙压力远大于地层抗拉强度和其他阻力之和时，或同时在地层中存在局部薄弱区如垂向裂缝或废弃的井口时，喷发就容易发生。根据实验，在开始阶段，水合物分解生成的孔隙气体和水限制在一个局部区域并不断累积[44,45]，地层中的渗流和变形非常小。逐渐地，渗流速度随着孔隙压力的增加而增加，部分地层骨架开始被压碎，于是骨架开始有明显运动。随着越来越多的骨架破碎，包含水、气骨架颗粒的混合物流动开始形成，即喷发开始。孔隙气体和水在快速流动的混合物后面地层中缓慢渗流。水合物导致地层喷发过程从表层到深层可划分为 5 个区域 (图 2.29)：

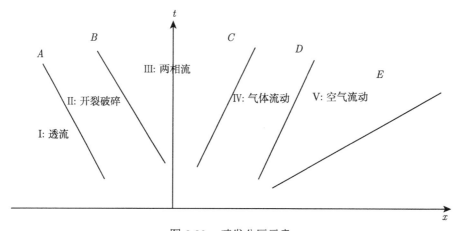

图 2.29　喷发分区示意

区域 I：在深处，骨架变形可忽略，仅存在渗流。

区域 II：骨架破碎从线 A 开始，同时两相流开始形成，该区域一直到线 B，在 B 处骨架颗粒和孔隙流体速度变得相等。

区域 III：两相流完全形成，即喷发形成。

区域 IV：纯的气体和水流。

区域 V：只有定常的气体和水流。

喷发过程一般呈现稳定过程, 即以常速度 w 喷出[4]。采用坐标变换 $\xi = x + wt$，方程 (2.41)~(2.45) 可转换为

$$s_g \rho_g (w + u_g) = \varepsilon_{0g} \rho_{0g} w \tag{2.65}$$

$$s_{\mathrm{w}}\rho_{\mathrm{w}}\left(w+u_{\mathrm{w}}\right)=\varepsilon_{0\mathrm{w}}\rho_{0\mathrm{w}}w \tag{2.66}$$

$$\left(1-\varepsilon\right)\rho_{\mathrm{s}}\left(w+u_{\mathrm{s}}\right)=\left(1-\varepsilon_0\right)\rho_{\mathrm{s}}w \tag{2.67}$$

$$s_{\mathrm{g}}\rho_{\mathrm{g}}\left(w+u_{\mathrm{g}}\right)\frac{\mathrm{d}u_{\mathrm{g}}}{\mathrm{d}\xi}+s_{\mathrm{g}}\frac{\mathrm{d}p_{\mathrm{g}}}{\mathrm{d}\xi}=-H_{\mathrm{g}} \tag{2.68}$$

$$s_{\mathrm{w}}\rho_{\mathrm{w}}\left(w+u_{\mathrm{w}}\right)\frac{\mathrm{d}u_{\mathrm{w}}}{\mathrm{d}\xi}+s_{\mathrm{w}}\frac{\mathrm{d}p_{\mathrm{w}}}{\mathrm{d}\xi}=-H_{\mathrm{w}} \tag{2.69}$$

$$\left(1-\varepsilon\right)\rho_{\mathrm{s}}\left(w+u_{\mathrm{s}}\right)\frac{\mathrm{d}u_{\mathrm{s}}}{\mathrm{d}\xi}+\frac{\mathrm{d}\left[\left(1-\varepsilon\right)\sigma\right]}{\mathrm{d}\xi}+p\frac{\mathrm{d}\varepsilon}{\mathrm{d}\xi}=H-\frac{\tau l}{A} \tag{2.70}$$

$$s_{\mathrm{g}}\rho_{\mathrm{g}}\left(w+u_{\mathrm{g}}\right)\frac{\mathrm{d}u_{\mathrm{g}}}{\mathrm{d}\xi}+s_{\mathrm{w}}\rho_{\mathrm{w}}\left(w+u_{w}\right)\frac{\mathrm{d}u_{\mathrm{w}}}{\mathrm{d}\xi}+\left(1-\varepsilon\right)\rho_{\mathrm{s}}\left(w+u_{\mathrm{s}}\right)\frac{\mathrm{d}u_{\mathrm{s}}}{\mathrm{d}\xi}$$

$$+\frac{\mathrm{d}\left[\left(1-\varepsilon\right)\sigma\right]}{\mathrm{d}\xi}+\frac{\mathrm{d}p_{\mathrm{g}}s_{\mathrm{g}}}{\mathrm{d}\xi}+\frac{\mathrm{d}p_{\mathrm{w}}\varepsilon_{\mathrm{w}}}{\mathrm{d}\xi}=-\frac{\tau l}{A} \tag{2.71}$$

其中, $\varepsilon=s_{\mathrm{g}}+s_{\mathrm{w}}$, $\varepsilon_0=s_{\mathrm{g}0}+s_{\mathrm{w}0}$。为简化起见, 作如下假设: 孔隙流体时密度为 $\rho=s_{\mathrm{g}}\rho_{\mathrm{g}}+s_{\mathrm{w}}\rho_{\mathrm{w}}$ 的混合流体, 孔隙压力等于 $p=s_{\mathrm{g}}p_{\mathrm{g}}+s_{\mathrm{w}}p_{\mathrm{w}}$, s_{g}、s_{w} 分别为孔隙气体和水的百分含量。

渗流阶段 (区域 I) 满足如下的方程 $\varepsilon=\varepsilon_0$, $u_{\mathrm{s}}=0$, $p=c^2\rho$, $H=\dfrac{\varepsilon_0^2\mu}{k}$, k 是孔隙流体的物理渗透率。

在区域 I 和 II 相连接的边界上, 孔隙压力等于 p_1, 在区域 I 深处, 孔隙压力等于初始孔压, 于是边界条件为

$$\xi=0,\quad p=p_1;\quad \xi=-\infty,\quad p\to p_0 \tag{2.72}$$

由方程 (2.65) 和 (2.66) 可以得到

$$\frac{p}{p_0}=\frac{1}{1+\dfrac{u}{w}} \tag{2.73}$$

考虑到 $w\ll a$ 且 $p\approx p_0$, 由方程 (2.69) 和 (2.70) 可以得到

$$\frac{\mathrm{d}\sigma'}{\mathrm{d}\xi}+\frac{\mathrm{d}p}{\mathrm{d}\xi}=-\frac{\tau l}{A} \tag{2.74}$$

其中, $\sigma'=\left(1-\varepsilon_0\right)\left(\sigma-p\right)$ 是有效应力。这时 τ 是极限侧摩阻力 τ_{M}, 故有 $\xi\to 0$, $\tau=\tau_{\mathrm{M}}$; $\xi\ll 0$ 时, $\tau=0$。

于是有

$$\sigma' = -\frac{\tau_{\mathrm{M}} l}{A}\xi + p_1 - p \tag{2.75}$$

在点 T 应该满足 (图 2.30)：

$$\sigma' = -\sigma_t, \quad \frac{\mathrm{d}\sigma'}{\mathrm{d}\xi} = 0 \tag{2.76}$$

故

$$p_T = \frac{1}{1+\xi} \tag{2.77}$$

且

$$\frac{\tau_{\mathrm{M}} l}{A p_0}\xi_T = s - p_T + p_1 \tag{2.78}$$

其中，$p_T = \dfrac{p_T}{p_0}$，$s = \dfrac{\sigma_{\mathrm{t}}}{p_0}$，$\eta = \dfrac{\tau_{\mathrm{M}} l k}{A\varepsilon_0 \mu w}$

$$\frac{1-p_1}{1-p_T} - \ln\frac{1-p_1}{1-p_T} = 1 + \frac{s}{\eta} \tag{2.79}$$

由方程 (2.73) 和 (2.77) 并考虑到定义，η 可以求得

$$\eta = \frac{u_T}{w} \tag{2.80}$$

从线 A 到线 B 的骨架破碎过程很复杂，这里考虑总动量方程 (2.71) 而忽略细节，同时假设破碎后剪应力为零。

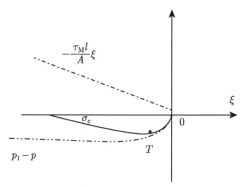

图 2.30   有效应力分布示意

根据方程式 (2.70) 和 (2.71)，并积分，忽略小量，可求得 p_2 为

$$p_2 = p_1 - (1 - \varepsilon_0)\rho_s w u_2 \tag{2.81}$$

根据方程 (2.67)，可以确定出 ε_2：

$$\varepsilon_2 = \frac{\dfrac{u_2}{w} + \varepsilon_0}{\dfrac{u_2}{w} + 1} \tag{2.82}$$

由方程 (2.65) 和 (2.66)，可求得 ρ_2 为

$$\rho_2 = \frac{\varepsilon_0 \rho_0}{\dfrac{u_2}{w} + \varepsilon_0} \tag{2.83}$$

能量守恒方程为

$$\frac{\varepsilon_0}{1 - \varepsilon_0}\frac{\rho_0}{\rho}\frac{\gamma}{\gamma - 1}\left(\frac{p_2}{\rho_2} - a^2\right) + \frac{1}{\rho_s}(p_2 - p_1) + \frac{1}{2}(w + u_2)^2 - \frac{1}{2}w^2 \tag{2.84}$$

且

$$p_2 = p_a + \rho_a c u_2 \tag{2.85}$$

其中，p_a 是大气压，ρ_a 是一个大气压下的密度。

一般地，对于稳定的喷发存在一个最小的气体压力 p_{cr}。由方程 (2.77)、(2.78)、(2.81) 和 (2.85)，可以求得 p_{cr} 为

$$p_{cr} = p_a + \sigma_t + [(1 - \varepsilon_0)\rho_s w_{cr} + \rho_a c]u_{2cr} - \frac{\tau_M l}{A}\xi_{Tcr} + \frac{u_T}{w_{cr}}p_T \tag{2.86}$$

根据方程式 (2.81) 和 (2.86)，可以确定 p_{cr} 与 u_T 和 ε_0 之间的关系。采用文献 [6] 中的数据将其关系显示于图 2.31 和图 2.32。可以看到，p_{cr} 随 u_T 开始快速增加，然后变慢，随 ε_0 线性增加。求得 u_2 约为 0.12m/s。计算中采用的具体参数为：$p_a = 0.1\text{MPa}$，$\sigma_t = 0\text{MPa}$，$\tau_M = 0.08\text{MPa}$，$\varepsilon_0 = 0.4$，$\rho_s = 1600\text{kg/m}^3$，$w_{cr} = 0.2\text{m/s}$，$u_t = 0.01\text{m/s}$，$\rho_a = 2.9\text{kg/m}^3$，$c = 350\text{m/s}$，$\xi = 0.01\text{m}$，$l/A = 0.05$。

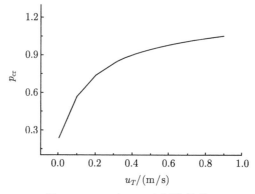

图 2.31　p_{cr} 与 u_T 之间的关系

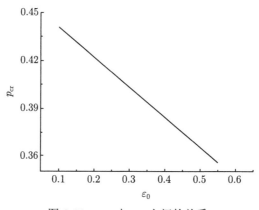

图 2.32　p_{cr} 与 ε_0 之间的关系

2.4.2.2　实验验证

　　为验证前述的层裂和喷发分析得到的临界条件，进行了近似一维水合物分解实验。水合物分解速率采用热源控制。孔压和侧摩阻力采用盖层厚度和材料决定的渗透条件和与壁面的摩擦控制。实验中采用 5cm 厚的粉砂和 5cm 厚的水合物沉积物层两种盖层。这两种材料的强度、渗透性与有机玻璃模型箱壁面的摩擦系数均不相同。粉砂盖层渗透性较好，水合物分解后孔隙流体可顺利排出，与壁面摩擦力小。水合物沉积物盖层可视为不渗透层，与壁面摩擦力大。采用粉砂盖层进行了两组实验，采用水合物沉积物盖层进行了一组实验。

　　实验在尺寸为直径 × 高度 = 10cm ×30cm 的有机玻璃箱中进行。一根长度 × 直径 = 12cm × 1cm 且功率 400W 的电加热棒垂直放置于盖层底面下方 10cm 处 [6] 控制温度计水合物分解速率。

在制备样品时，首先将密度 1600kg/m³ 的粉砂制备成土骨架，然后用质量含量 19%的四氢呋喃溶液进行饱和。饱和完成后，将其置于低温环境下制备水合物沉积物。在实验前，铺上粉砂盖层。如果采用水合物沉积物盖层，则在第一部制样时将土骨架厚度增加 5cm，然后全部高度上制备水合物沉积物。

根据实验观察，热源附近的孔隙压力在加热开始的 2min 内升高到 0.22MPa。随着水合物分解区扩展的 10~20min 内，这个值几乎保持为一个常数。当水合物分解区扩展到临界尺度，孔隙压力累积到总的阻力时，裂隙开始产生并逐渐扩展。裂缝开启后的 10min 内孔隙压力快速降低 (图 2.33)。在图 2.33 中只显示了孔隙压力从峰值开始降低的部分，这部分是为了方便地与理论分析结果进行对比 (图 2.27)。由理想气体状态方程 $p = NRT/V(R = 8.31\text{J}\cdot\text{mol}^{-1}\cdot\text{K}^{-1}$，$N$ 是摩尔数，T 是温度，V 是体积，p 是孔压。)，在实验中 NRT 是一个常数，裂隙一旦发生，很快扩展到与水合物分解区孔隙空间相当的量级，因此导致孔隙压力的快速下降。在采用粉土盖层 (可渗透) 的实验中观察到层裂现象，在采用水合物沉积物盖层 (不渗透) 的实验中观察到喷发。前一种实验由于可渗透，最大孔隙压力 (0.22MPa) 较后一种实验 (0.3MPa) 的低。通过测量得到侧摩阻力为 $\tau l L/A = 0.108\text{MPa}$，$l/A = 10$，$L = 0.03\text{m}$。水合物分解后，水合物沉积物的抗拉强度和侧向应力均为零，泊松比约为 0.15。

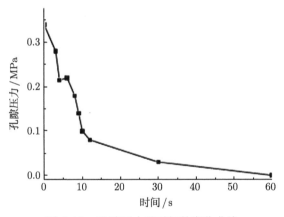

图 2.33　孔隙压力随时间的变化曲线

根据方程 (2.46) 和 (2.86)，发生层裂和喷发的理论临界值分别为 0.208MPa 和 0.29MPa，这与试验结果是比较接近的。

2.4.3　小结

层裂或喷发是在地层中孔隙压力累积超过一定临界值后的地层破坏现象。这两种现象不仅在实验室实验中观察到，而且在自然界也大量发生，但是对其发生的机理和临界条件的研究还不充足。

今后还应该针对水合物分解后地层中孔隙压力的累积过程分析、不同孔隙压力和环境条件下的破坏模式及临界条件、对工程结构的可能破坏等问题进行深入的研究。

参 考 文 献

[1] Fiegel G L, Kutter B L. Liquefaction mechanism for layered soils[J]. Journal of Geotechnical Engineering, 1994, 120(4): 737-755.

[2] Kokusho T. Water film in liquefied sand and its effect on lateral spread[J]. Journal of Geotechnical & Geoenvironmental Engineering, 1999, 125(10): 817-826.

[3] Lu X B, Wu Y R, Zheng Z M. Formation mechanism of cracks in saturated sand[J]. Chinese Journal of Mechanics: English Edition , 2006, 22(4): 377-383.

[4] Cheng C M, Ding Y S. A preliminary study of gas burst[C]. Proceedings of the International Symposium on Coal Technology & Science, Beijing, China Coal Industry Publishing House, 1987: 366-377.

[5] Ding X L, Yu S B, Ding Y S, et al. Mechanism for the continuous damage of coal under the gas seepage[J]. Science in China A, 1989, 6: 601-607.

[6] Zhang X H, Lu X B, Li Q P. Formation of layered fracture and outburst during gas hydrate dissociation[J]. Journal of Petroleum Engineering and Science, 2011, 76: 212-216.

[7] Zhang Y X. Methane escape from gas hydrate systems in marine environment, and methane-driven oceanic eruptions[J]. Geophysical Res. Letters, 2003, 30(7): 51-1~4.

[8] Xu W, Germanovich L N. Excess pore pressure resulting from methane hydrate dissociation in marine sediments: A theoretical approach[J]. Journal of Geophysical Research, 2006, 111: B011104.

[9] Zhang Y. Dynamics of CO_2-driven lake eruptions[J]. Nature, 1996, 379: 57-59.

[10] Leibman M O, Kizyakov A I, Plekhanov A V, et al. New permafrost feather-deep crater in central Yamal (West Siberia, Russia) as a response to local climate fluctuations[J]. Geography Environment Sustainability, 2014, 4(7): 68-80.

[11] Bogoyavlensky V. Gas blowouts on the Yamal and Gydan Peninsulas[J]. GEO ExPro, 2015, 12(5): 75-78.

[12] Nickel J C, Primio R, Mangelsdorf K, et al. Characterization of microbial activity in pockmark fields of the SW-Barents Sea[J]. Marine Geology, 2012, 332-334: 152-162.

[13] Solheim A, Elverhøi A. Gas-related sea floor craters in the Barents Sea[J]. Geo-Marine Letters, 1993, 13: 235-243.

[14] Andreassen K, Hart P E, Grantz A. Seismic studies of a bottom simulating reflection related to gas hydrate beneath the continental margin of the Beaufort Sea[J]. Journal of Geophysical Research, 1995, 100 (B7): 12659-12673.

[15] Andreassen K, Hubbard A, Winsborrow M, et al. Massive blow-out craters formed by hydrate-controlled methane expulsion from the Arctic seafloor[J]. Science, 2017, 356 (6341): 948-953.

[16] Zhang Y X, George W K. Dynamics of lake eruptions and possible ocean eruptions[J]. Annu. Rev. Earth Planet. Sciences, 2006, 34: 293-324.

[17] Zhang Y, Sturtevant B, Stolper E M. Dynamics of gas-driven eruptions: experimental simulations using CO_2–H_2O-polymer system[J]. Journal of Geophysical Research, 1997, 102: 3077-3096.

[18] Self S, Wilson L, Nairn I A. Vulcanian eruption mechanisms[J]. Nature,1979, 277: 440-443.

[19] Ryskin G. Methane-driven oceanic eruptions and mass extinctions[J]. Geology, 2003, 31(9): 741-744.

[20] Zhang Y, Xu Z. Kinetics of convective crystal dissolution and melting, with applications to methane hydrate dissolution and dissociation in seawater[J]. Earth Planet. Sci. Lett, 2003, 213: 133-148.

[21] Ginsburg G D, Ivanov V L, Soloviev V A. Natural gas hydrates of the World's Oceans[C] // Oil and Gas Content of the World's Oceans. PGO Sevmorgeologia, 1984: 141-158 (in Russian).

[22] Efremova A G, Gritchina N D, Kulakov L S. On finding of gas hydrates on the seafloor of South Caspian[C]. Expr. Inform. VNIIGASPROM 21, 1979: 12-13 (in Russian).

[23] Ginsburg G D, Soloview V A. Mud volcano gas hydrates in the Caspian Sea[J]. Bull. Geol. Society Denmark, 1994, 41(1): 95-100.

[24] Konyukhov A I, Ivanov M K, Kul'nitsky L M. On mud volcanoes and gas hydrates in deep water regions of the Black Sea[J]. Litol. Polezn. Iskop., 1990, 3: 12-23 (in Russian).

[25] Limonov A F, van Weering T C E, Kenyon N H, et al. Seabed morphology and gas venting in the Black Sea mudvolcano area: Observations with the MAK-1 deep-tow sidescan sonar and bottom profiler[J]. Mar. Geol, 1997, 137: 121-136.

[26] Woodside J M, Ivanov M K, Limonov A F. Shallow gas and gas hydrates in the Anaximander Mountains region Eastern Mediterranean Sea[M]// Henriet J P, Mienert J. Gas Hydrates: Relevance to World Margin Stability and Climate Change. London: Geological Society, 1998: 177-193.

[27] Thomas P, Kasten S, Zabel M. Gas hydrates in shallow deposits of the Amsterdam mud volcano, Anaximander Mountains, Northeastern Mediterranean Sea[J]. Geomarine Lett., 2010, 30(3-4): 187-206.

[28] Ginsburg G D, Kremlev A N, Grigor'ev M N, et al. Filtrogenic gas hydrates in the Black Sea (twenty-first voyage of the research vessel Evpatoria)[J]. Sov. Geol. Geophys, 1990, 31: 8-16.

[29] Limonov A F, vanWeering T C E, Kenyon N H, et al. Seabed morphology and gas venting in the Black Sea mudvolcano area: Observations with the MAK-1 deep-tow

sidescan sonar and bottom profiler[J]. Marine Geol., 1997, 137(1-2): 121-136.

[30] Milkov A V, Vogt P R, Crane K, et al. Geological, Geochemical, and microbial processes at the hydrate-bearing Haakon Mosby mud volcano: a review[J]. Chemical Geol., 2004, 205(3-4): 347-366.

[31] Ginsburg G D, Milkov A V, Soloviev V A, et al. Gas hydrate accumulation at the Haakon Mosby mud volcano[J]. Geo-Mar. Lett., 1999, 19: 57-67.

[32] Martin J B, Kastner M, Henry P, et al. Chemical and isotopic evidence for sources of fluid in a mud volcano field seaward of the Barbados accretionary wedge[J]. J. Geophys. Res., 1996, 101: 20325-20345.

[33] Heggland R, Nygaard E. Shale intrusions and associated surface expressions—examples from Nigerian and Norwegian deepwater areas[C]// Proc. Offshore Technology Conference. Houston, TX, 1998, (1): 111-124.

[34] Bouma A H, Roberts H H. Northern Gulf of Mexico continental slope[J]. Geo-Mar. Lett., 1990, 10: 177-181.

[35] Neurauter T W, Bryant W R. Gas hydrates and their association with mud diapirs/mud volcanoes on the Louisiana continental slope[C]// Proc. Offshore Technology Conference. Houston, Texas, 1989, (1): 599-607.

[36] 张旭辉, 鲁晓兵, 王淑云, 等. 天然气水合物快速加热分解导致地层破坏的实验 [J]. 海洋地质与第四纪地质, 2011, 31(1): 157-164.

[37] 张旭辉. 水合物沉积层因水合物热分解引起的软化和破坏研究 [J]. 北京. 中国科学院力学所研究所, 2010.

[38] 任静雅. 水合物热分解引起地层破坏问题研究 [J]. 北京. 中国科学院大学, 2013.

[39] Scotter R F. Solidification and consolidation of a liquefied sand column[J]. Soils and Foundations, 1986, 26(4): 23-31.

[40] Yu S B, Cheng C M, Tan Q M, et al. Damage of porous dedia containing pressurized gas by unloading and the maximum damage principle for critical outburst[J]. Acta Mech Sinica, 1997, 29(6): 641-646.

[41] Zheng Z M, Tan Q M, Peng F J. On the mechanism of the formation of horizontal cracks in a vertical column of saturated sand[J]. Acta Mech Sinica, 2001, 17(1): 1-9.

[42] Zheng Z M, Chen L, Ding Y S. Steady advance of damage front caused by gas outburst under one dimensional condition[J]. Science in China A, 1993, 23(4): 723-730.

[43] Lu X B, Zhang X H, Lu L. Formation of layered fracture and outburst in stratums[J]. Environ. Earth Sci., 2015, 73(9): 5593-5600.

[44] Zhang X H, Lu X B. Initiation and expansion of layered fracture in sediments due to thermal-induced hydrate dissociation[J]. Journal of Petroleum Science and Engineering, 2015, 133: 881-888.

[45] Zhang X H, Lu X B, Xiao M. Gas outburst with sediments because of tetrahydrofuran hydrate dissociation[J]. International Journal for Numerical and Analytical Methods in Geomechanics, 2015, 39(17): 1884-1897.

第 3 章 水合物分解对井筒及结构物的影响

相比较而言，针对常规油气井安全性的研究已经很深入，在钻井及井控作业风险评估、井筒变形稳定、防控措施、风险应急技术及策略等方面取得重要的研究进展[1-7]。水合物地区的钻采具有与常规油气井地质情况不同、开采过程不同的特点，如存在水合物相变、地层软化、覆盖层薄等，因此水合物地区的钻井安全分析方法、控制策略等也与常规油气井的不完全一样。目前在这方面的研究还主要在室内开展，现场实践较少。

3.1 水合物钻采潜在风险

水合物一般埋藏在海底疏松浅层地层，水合物在温度压力变化发生分解可使井筒或地层中或海床上结构受到严重威胁，比如井壁坍塌、不能固井、海床大变形、井筒内出砂等[8-11]。

深水井筒内的温度压力条件可能使天然气在上升过程形成水合物，进而堵塞节流管线和压井管线[12]。如果井筒内发生事故且有水合物生成而堵塞关键位置，则可引发严重的井控问题。作为井控关键设备，防喷器很容易被水合物侵入而影响其关闭，可能引发井喷等事故，如深水地平线事故就是这一类型[13]。

水下井口上有防喷器组及隔水管等多种水下设备，如果井口周围地层下沉超过容许值，这些设备的安全就不能保障[13,14]。

水合物分解可能导致井眼扩大、地层出砂，从而降低固井水泥强度，影响固井质量，还可能导致套管弯曲[14]。如果钻井过程中水合物逐渐分解产生水和天然气，并进入钻井液中，则可能引起钻井液高度气化并且密度降低即压力降低，进而促进水合物的分解，形成恶性循环，引发井下事故[15,16]。人们提出了多种评估方法(如风险矩阵分析方法[17]、确定性模型分析方法、数值模拟方法等[18])来评估水合物钻采的潜在风险(如井控失败、井壁失稳、井口周围下沉、固井质量差及钻井液性质改变等)。实际上，在地层应力和温度变化后，井筒可能受到挤压，产生不均匀变形，尤其在有初始缺陷时更容易发生破坏。固井后如果水泥环质量出现问题，可能引起严重套损，对整个井筒安全产生影响[17]。

水合物分解产生的气体可能造成以下影响：套管周围有气体流动而使完井过程延后；破坏水泥环的完整性；套管承受非均匀载荷而影响套管稳定[19]。

目前人们一方面研究钻井过程中哪些因素可能引起井周水合物分解，进而提出采取何种方法抑制；另一方面研究一旦发生水合物分解，井筒会有怎样的响应，进而提出相应的防范措施。

有人提出在钻井时提高钻井速度并调整钻井液温度来控制水合物分解以保证安全钻进的方法[20,21]。在钻井遇到含水合物地层时，虽然降低钻井液温度可抑制水合物分解，但是温度降低会降低流动性[22]。钻井过程中，钻井液的入侵可导致地层强度、渗透性、电磁特性等发生变化，且随着钻井液的性质，如密度、盐度、温度等参数的变化而变化。因此，改进钻井液也是防范钻井时井筒破坏的一种方式[23]。

分析表明，井壁是储层中稳定性最差的区域[24]。这是因为井壁处水合物最先分解，也最先达到完全分解而强度降低最快，同时周围水气向井筒的流动也强化了地层的破坏。水合物在直井降压分解时储层会发生沉降，近井处发生剪切破坏[25]。由于井筒孔压的显著变化，井壁附近地层的轴向和垂向应力变化最大，相应的沉降也较大[26]。水平井更易发生剪切破坏，破坏程度取决于降压幅度、地层力学参数和上覆层压力[27]。

由于实验模拟的困难，人们针对井口安全开展了大量的理论与数值计算分析。如 Birchwood 等[28]。在不考虑套管的情况下，开发了一种半解析法求解的井筒稳定性模型。FLAC2D、FLAC3D 和 ABAQUAS 等成为井筒安全数值模拟常用的商用软件，可用来研究水合物分解产生的气体对井筒完整性的影响、套管的稳定性和井壁的坍塌等问题[29-31]。

毕圆圆[32] 的研究表明，套管应力随着套管壁厚的增加而减小，当套管壁厚增加至 7.72mm 以上时减小得更为显著。套管的最大 Mises 应力出现在套管内壁，且分布均匀。缺陷深度和缺失开度对套管应力影响较大，随缺失开度增加套管应力增加，在缺失开度为 30° 处取得最大值然后随开度增加而减小。在缺失开度为18° ~ 60° 变化明显，套管应力最大值出现在水泥环缺失处。

水合物分解会导致地层的抗剪强度迅速降低和孔隙压力的快速增加，进而引发一系列严重的后果。其中之一就是水合物分解引起的井壁承载力降低，甚至发生井壁坍塌，同时地层发生显著变形，导致地层中或地层表面结构物发生较大变形甚至破坏。本章将对水合物分解引起的结构物 (井筒、海管、海床上的设备等) 变形和破坏问题进行分析。

3.2　水合物分解对垂直井筒/管道的影响

在钻井过程中，地层原有的应力平衡状态被打破，井筒周围应力将重新分配。如果不固井，可能发生局部或全部地层应力超过地层强度而引起井壁破坏。如果泥浆压力低于原地层压力，地层可能挤向井内，井壁坍塌；如果泥浆压力高于原有地层压力，则可能使井壁向外发生挤压张拉破坏[33]。

3.2.1 问题量纲分析

本节将通过量纲分析找出水合物分解引起结构物 (井筒/结构基础) 变形和破坏的控制参数。考虑的问题如图 3.1 所示，水合物层上方为厚度 h 的覆盖层，水合物层厚度为 H，水合物层下方假设为坚硬的岩石层而忽略其变形。坡面无限长，水合物层和覆盖层平行且坡面平直，但具有不同的物理和力学性质。水合物分解范围 D 随时间逐渐增加，导致地层强度降低，进而引起地层和结构物的变形，甚至破坏。垂直井筒一般位于水合物分解区域中部，水平井筒位于水合物层中；油气输运管线则位于覆盖层表面与坡面平行或垂直；海洋结构基础则垂直插入覆盖层中，有的可以穿透覆盖层进入水合物层。

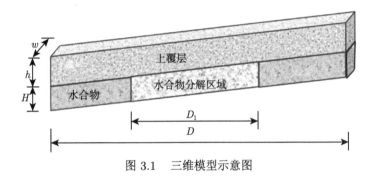

图 3.1 三维模型示意图

因此，该问题的影响因素如下：

几何参数：水合物层深度 H，覆盖层厚度 h，分解范围 D，斜坡倾角 α。

物理参数：

上覆层：密度 ρ，泊松比 ν，弹性模量 E，黏聚力 c，内摩擦角 ϕ。

水合物层：分解前：弹性模量 E_1，泊松比 ν_1，密度 ρ_1，黏聚力 C_1，内摩擦角 ϕ_1，渗透系数 κ_1，传热系数 c_1；分解后：弹性模量 E_2，泊松比 ν_2，密度 ρ_2，黏聚力 C_2，内摩擦角 ϕ_2，渗透系数 κ_2，传热系数 c_2。

井筒参数：密度 ρ_0，泊松比 ν_0，抗弯刚度 EI_0。

其他参数：重力加速度 g，分解压力 p，分解扩展速率 u (单位时间内水合物的分解范围 (m/s))，地层宽度 w，分解区范围 D_1，海水深度 H_0。

主要考察水合物分解引起的土层影响范围 A，土体的位移 S，井筒的变形 ω。于是它们可以表示为上述影响因素的函数：

$$\begin{Bmatrix} A \\ S \\ \omega \end{Bmatrix} = f\begin{pmatrix} H, h, D, W, \alpha, E, \nu, c, \phi, \rho, E_1, \nu_1, c_1, \phi_1, \rho_1, E_2, \nu_2, c_2, \\ \phi_2, \rho_2, I, v_0, \rho_0, \phi_0, \rho_{\mathrm{w}}, h_{\mathrm{w}}, k, g, p, u \end{pmatrix} \tag{3.1}$$

以覆盖层密度 ρ，覆盖层厚度 h，重力加速度 g 对上式进行无量纲化，得到如下形式：

$$\begin{Bmatrix} \dfrac{A}{h} \\ \dfrac{S}{h} \\ \dfrac{\omega}{h} \end{Bmatrix} = f\begin{pmatrix} \dfrac{H}{h}, \dfrac{D}{h}, \dfrac{W}{h}, \alpha, \dfrac{E}{\rho g h}, \nu, \dfrac{c}{\rho g h}, \phi, \rho, \dfrac{E_1}{\rho g h}, \nu_1, \dfrac{c_1}{\rho g h}, \phi_1, \dfrac{\rho_1}{\rho}, \dfrac{E_2}{\rho g h}, \nu_2, \dfrac{c_2}{\rho g h}, \\ \phi_2, \dfrac{\rho_2}{\rho}, \dfrac{E_0 I}{\rho g h^5}, v_0, \dfrac{\rho_0}{\rho}, \phi_0, \dfrac{\rho_{\mathrm{w}} g h_{\mathrm{w}}}{\rho g h}, \dfrac{h_{\mathrm{w}}}{h}, \dfrac{k}{\sqrt{g h}}, \dfrac{p}{\sqrt{g h}}, \dfrac{u}{\sqrt{g h}} \end{pmatrix} \tag{3.2}$$

如果保持材料不变，在进行模型实验或数值模拟时，上式可进一步简化为

$$\begin{Bmatrix} \dfrac{A}{h} \\ \dfrac{S}{h} \\ \dfrac{\omega}{h} \end{Bmatrix} = f\begin{pmatrix} \dfrac{H}{h}, \dfrac{D}{h}, \dfrac{W}{h}, \alpha, \dfrac{E}{\rho g h}, \dfrac{c}{\rho g h}, \dfrac{E_1}{\rho g h}, \dfrac{c_1}{\rho g h}, \dfrac{E_2}{\rho g h}, \dfrac{c_2}{\rho g h}, \\ \dfrac{E_0 I}{\rho g h^5}, \dfrac{h_{\mathrm{w}}}{h}, \dfrac{k}{\sqrt{g h}}, \dfrac{p}{\sqrt{g h}}, \dfrac{u}{\sqrt{g h}} \end{pmatrix} \tag{3.3}$$

可以看到，如果材料不变，上式中的相似条件中，只有前面 4 个参数可以做到缩尺条件下的相似，其他参数不能相似，这是由于这些参数中分母中几何尺度缩尺，而其他量又不变，故不能满足缩尺条件下该无量纲参数的不变。也即是说，在常规实验室条件，即一个重力加速度条件下，要使这些无量纲参数的模型实验与原型相似是很难做得到的。因此只有足尺实验或土工离心机实验可以保证不变材料时上式中各参数的相似。当然，如果改变材料，在理论上可以做到所有参数相似，但是实际操作时具有很大的难度。数值计算则较容易实现。

井筒材料 (设为钢管) 不会随着水合物合成分解而发生变化。在地质条件一定的情况下，上覆土层大部分和未分解的水合物层土性参数可以认为不发生变化，但是在水合物层与上覆层界面附近，水合物分解后产生的水和气体可能进入上覆层中而影响该局部区域的参数。因此，参数发生明显变化的是水合物层分解区域。一般地，水合物分解前后，水合物地层的泊松比和土体密度变化较小。

3.2.2　水合物完全分解条件下垂直井筒及周围土层变形与破坏分析

目前对水合物分解导致井筒或海床中结构物变形和破坏的数值模拟，多数是利用商用软件如 FLAC、ABQUAS 等进行的。在这些计算中考虑水合物分解是

瞬时完成，不存在部分分解区。通过计算，分析随着水合物分解区逐渐扩大对井筒及周围地层的影响。也有少数考虑水合物分解逐渐进行，地层中存在完全分解区、部分分解区和未分解区。这类分析一般是采用软件 GASHYRATE+TOUGH+FLAC 进行。

水合物的分解包含水合物分解相变、热传导、气液渗流及应力波的传播四个物理过程。将这四个物理过程的特征时间表述为热传导 t_c、相变 t_d、渗流 t_p、应力传播 t_s，这四个物理过程的特征时间之比为 $t_c : t_d : t_p : t_s = 10^9 : 10^7 : 10^6 : 1$[34]。由此可以看出，这四个物理过程的特征时间量级相差较大。因此，水合物热分解物理过程可以进行解耦分析，也就是说，在计算中假设水合物分解是瞬时完成的假设是可行的，即可以这样分析：当水合物分解与渗流预先达到一定几何尺度时，分析水合物分解后土层软化效应对地层与结构的变形、破坏的影响。

当水合物分解区在一定的范围内，地层整体处于稳定状态，但水合物的分解会使得附近地层及处于分解区范围内的结构物发生变形。

3.2.2.1　模型及参数

陈旭东[35] 在计算中采用的参数如下：垂直井筒的尺度为 $\phi \times t = 400\text{mm} \times 20\text{mm}$，弹性模量 $E = 2 \times 10^{11}\text{Pa}$，泊松比 $\nu = 0.3$，覆盖层厚度为 200m，水合物沉积物层厚度取为 25m。分析覆盖层以及垂直井筒随着水合物分解范围的扩展而发生的变形。假设完全渗流，没有超静孔压累积。

模型长宽均为 1000m，坡度 15°。模型边界为两端法向固定及侧面法向固定，模型底部沿法向固定，坡面为自由面 (图 3.2)。在建立模型过程中，在模型中心位置采用 FLAC-3D 中的桩单元对井筒进行模拟。各个地层的具体力学参数如表 3.1 所示。

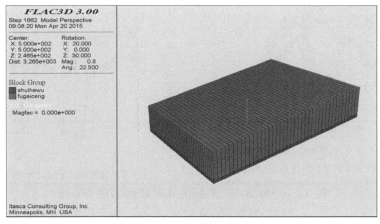

图 3.2　计算模型图

表 3.1   土层的力学参数

	弹性模量 E/MPa	密度 ρ/(g/cm³)	泊松比 ν	内摩擦角 ϕ/(°)	黏聚力 c/Pa
覆盖层	40	2	0.2	38	1000
水合物层分解前	136	1.98	0.3	25	6e5
水合物层分解后	70	1.92	0.25	5.33	1e5

3.2.2.2   地层响应规律

以水合物分解区域 200m 时的结果来说明地层中的应力分布规律。随着地层深度增加，应力增加；水合物分解后，在分解区域内竖向应力减小，这主要是由于分解后土层的密度降低；在分解区与未分解区的交界面处剪应力显著增加，该区域内的土体容易发生剪切破坏；水平向应力和剪应力均在分解区域内增大(图 3.3)，这是因为水合物分解后与底面边界和未分解区的连接性减弱，即该区域的外部提供的支撑力减弱，从而自身的应力就增加。

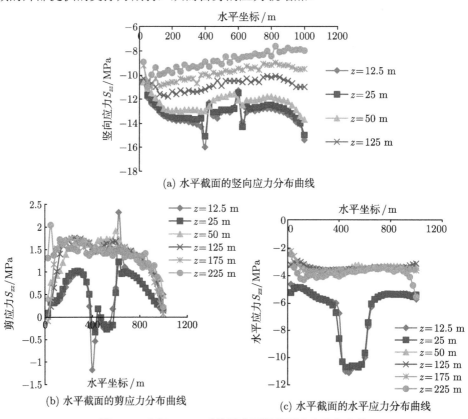

(a) 水平截面的竖向应力分布曲线

(b) 水平截面的剪应力分布曲线   (c) 水平截面的水平应力分布曲线

图 3.3   分解 200m 后地层中不同截面应力分布曲线

S_{zz} 表示竖向应力，S_{xz} 表示剪应力，S_{xx} 表示水平应力

3.2.2.3 影响参数分析

在实际海底坡体中，覆盖层以及未分解区域水合物沉积物的力学参数是一定的，土性参数能够发生变化的仅是分解区域水合物沉积物。因此，分解区域水合物沉积物的土性参数是决定整个区域发生变形大小的决定性因素。在本节中，考察几个主要因素的影响：一是只改变分解区域，考察水合物分解区为 50m、100m、150m、200m、250m、300m、400m、500m、700m 的情况下，结构的响应；二是固定分解区域不变 (D_1=200m)，改变分解区域土性参数中对变形影响较大的弹性模量和内摩擦以及水合物层厚度，研究它们对水合物地层及钢管位移的影响。模拟工况如表 3.2 所示，基础参数值，即作为对照结果的参数取值为 E=70MPa，c=0.1MPa，ϕ=5.33°，H=25m，h=1000m。

表 3.2 影响因素分析工况

工况	分解区域土层模量 E/MPa	黏聚力 c/MPa	分解区内土层内摩擦角 ϕ/(°)	水合物层厚度 H/m	海水深度/m
1	70				
2	0.5×70	0.1	5.33	25	1000
3	1.5×70				
4			0		
5	70	0.1	2.68	25	1000
6			15		
7	70	0.1	5.33	50	1000
8				75	
9		1			
10	70	0.01	5.33	25	1000
11		0			
12	70	0.1	5.33	25	500
13					1500

1. 分解范围的影响

1) 应力

随着分解范围的增加，初始竖向应力值自上而下逐渐增加，随着水合物的分解，在分解区域内的竖向应力减小，而在分解边界有所增加 (图 3.4)。这可能是由于水合物分解后，分解区上部土体发生沉降挤压两侧的土体，使得两侧土体的密度变大。初始剪切应力大致可分为覆盖土层的剪切应力和水合物层的剪切应力。在同一土层的剪切应力数值大小比较接近，覆盖层的剪切应力大于水合物层的剪切应力。在水合物分解以后，在分解上下边界处 (即近坡顶侧和近坡脚侧) 的剪切应力有大幅度的增加，这说明在分解区内的土体可能发生剪切破坏 (图 3.5)。

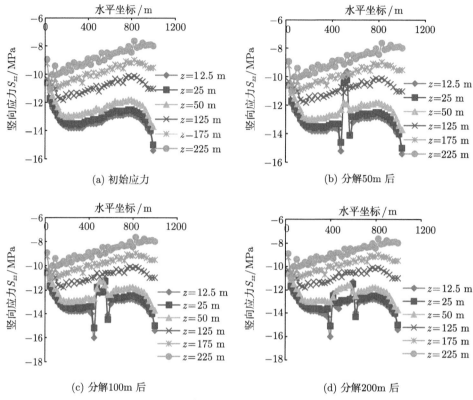

(a) 初始应力

(b) 分解50m 后

(c) 分解100m 后

(d) 分解200m 后

图 3.4 竖向应力随分解范围的变化情况

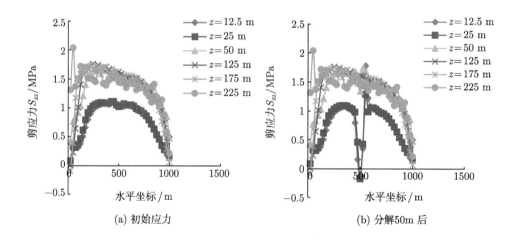

(a) 初始应力

(b) 分解50m 后

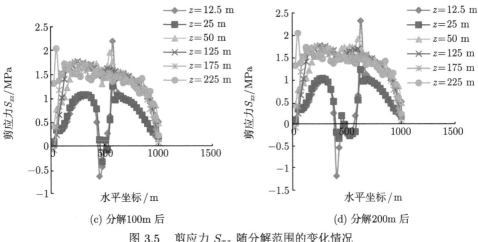

(c) 分解100m后　　　　(d) 分解200m后

图 3.5　剪应力 S_{xz} 随分解范围的变化情况

当分解区范围一定时，覆盖层竖向应力自上而下逐渐增大，且不同竖向截面处的竖向应力相差不大。但在水合物层，分解区域内的竖向应力略有减小，水合物分解区下侧边的竖向应力有所增加。对于剪应力，分解区域上边界至分解中心和下边界至分解中心两段的剪应力方向相反，这部分土层可能发生剪切破坏 (图 3.6)。

2) 沉陷

随着水合物分解区的扩大，地层表面的沉陷区逐渐扩大 (图 3.7 和图 3.8)。在

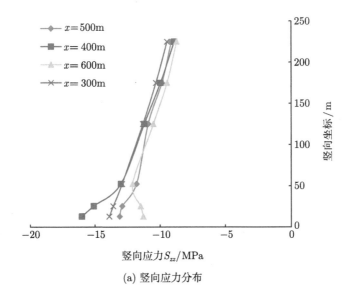

(a) 竖向应力分布

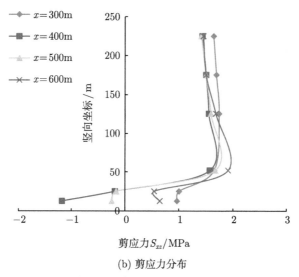

(b) 剪应力分布

图 3.6　不同竖向截面下应力分布情况 (自中心左右分解各 100m)

计算过程中, 考察水合物分解区为 50m、100m、150m、200m、250m、300m、400m、500m、700m 的情况。在三维情况下, 影响区以近似漏斗形向外扩展, 越靠近上部和中心, 沉降越大。下面以水合物分解区域 200m 情况下的位移云图和地表面沉陷变形结果来进行说明。

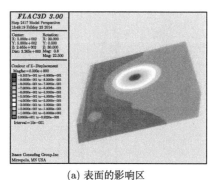

(a) 表面的影响区

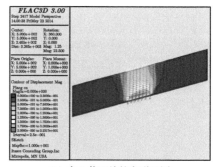

(b) 中心截面处的变形云图

图 3.7　沉降分布特征及最大沉降变化规律

图 3.8 给出了在不同分解范围下在覆盖层表面所产生的沉降影响区以及各个位置的沉降量。可以看到, 每种工况下最大沉降发生在分解区中心位置, 沉降范围和最大值均随分解范围而扩大。

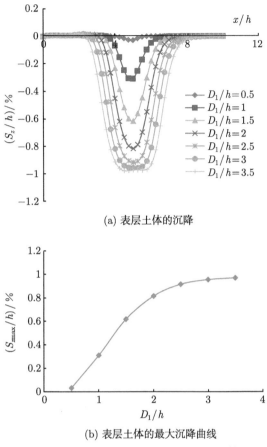

(a) 表层土体的沉降

(b) 表层土体的最大沉降曲线

图 3.8　不同分解范围覆盖层表面的沉降情况

将水合物分解后表层土体沉降量达到 10cm 及以上的区域视为影响区域，即 $\dfrac{S_z}{h}$=0.05%，则可得到在不同分解范围时，在覆盖层表面的影响范围 (图 3.9)。

由图 3.9 可以看出，影响范围与分解范围的差值随着分解范围的增加趋于一个稳定值，且基本保持不变。另外，表层的最大沉降在 $D_1/h \leqslant 1$ 的范围内随着分解范围的增加而呈线性增加，然后随着分解范围的增加，表层的最大沉降逐渐趋于稳定值。土体的变形趋势为 "单峰" 形式，即水合物分解以后表层土体沉降最大的位置发生在分解区域的中心处，往两边逐渐减小。这是因为分解区域内的土体分解后强度降低而对上覆土层的支撑作用减弱，且分解区域以外的地层此时地应力得以释放，使得土体在自重作用下发生沉降并有水平向的位移。

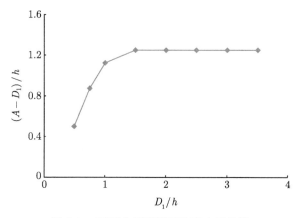

图 3.9　不同分解范围下的影响区曲线

3) 水平位移

以下为分解 200m 时的水平向位移分布情况，计算过程中，在分解范围内以及分解边界以外监测了几个竖向截面的水平位移 (图 3.10)。具体监测的截面位置为在 $x=300$m、$x=400$m、$x=450$m、$x=500$m、$x=550$m、$x=600$m、$x=700$m 截面，并根据监测截面的值作出各个截面的水平向位移。

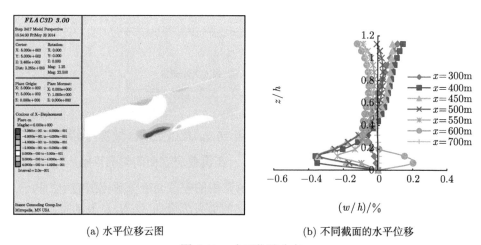

(a) 水平位移云图　　　　　　　　　(b) 不同截面的水平位移

图 3.10　水平位移分布

在分解中心垂直截面 ($x=500$m) 以上和以下的区域有着不同的水平位移变化趋势。在分解中心以下的区域土层上部有沿 x 正向 (即沿坡向向上) 的水平位移，且在上部离分解中心越远水平位移越大；而在下部则出现沿 x 负向 (即沿坡向下)的水平位移，水平位移最大的位置出现在覆盖层和水合物层的交界面处；而在分解中心截面和分解上边界之间的区域则是出现向下的水平位移。

　　出现以上位移现象的原因是，在水合物发生分解的情况下，水合物分解区域地层变软，在分解影响区范围内的土体沿分解中心处以漏斗状形式发生位移，分解中心以下的表层土体有沿坡向向上的水平位移，而在分解中心以上表层土体有沿坡向向下的水平位移。底部土层土体的水平位移情况则是由于覆盖层影响区内土体下沉，把水合物分解区土体向两侧挤压而形成。

　　4) 井筒变形分析

　　图 3.11 为不同分解范围下井筒的变形情况。由图 3.11(a) 可以看出，井筒的

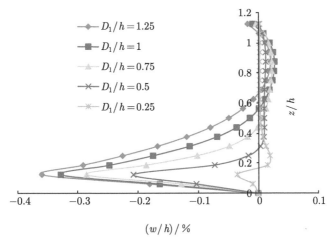

(a) 井筒的变形

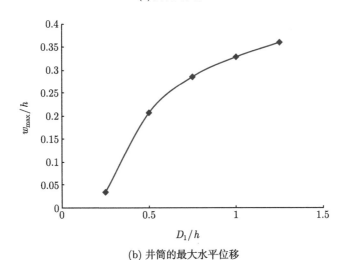

(b) 井筒的最大水平位移

图 3.11　不同分解范围下井筒的变形情况

变形趋势与土体的变形趋势一致。这说明井筒的变形是由覆盖层土体和含水合物层土体在水合物分解后土体发生变形而引起的。当分解范围为 D_1/h =0.25 时，井筒的变形较小，变形区域集中在土层的分界面上下，这是因为此时分解范围较小，上覆土层整体处于较稳定的状态，未发生较大变形。而随着分解区域的增加，井筒的下部沿坡向向下的水平位移也越来越大。图 3.11(b) 给出了不同分解范围下井筒的最大水平位移，可以看出随着分解范围的增加井筒的最大水平位移也在增加。

2. 地层力学参数与海水深度的影响

1) 模量变化的影响

当弹性模量增加为基础值的 1.5 倍时，土体沉陷位移减小为基础值的 70% 左右；当弹性模量减小为基础值的 1/2 时，土体沉降比基础值增加 80% 左右 (图 3.12)，影响范围随着分解区域内土体弹性模量的增加而减小 (图 3.13)。

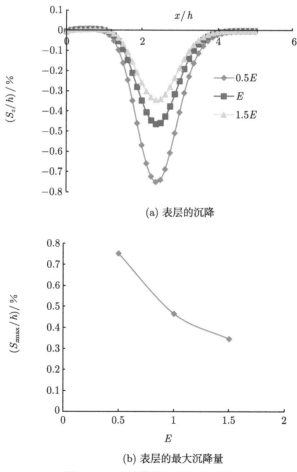

(a) 表层的沉降

(b) 表层的最大沉降量

图 3.12   不同模量下表层的沉降

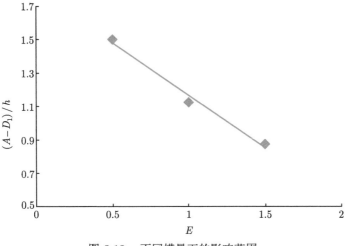

图 3.13　不同模量下的影响范围

弹性模量的减小为基础值的 1/2 时，井筒上部和下部的水平位移都相应地增加。弹性模量增加为基础值的 1.5 倍时，井筒的变形变小。最大水平位移随着弹性模量的变化呈线性变化 (图 3.14)。

2) 黏聚力的影响

黏聚力增加为基础值 ($c = 10^5 \mathrm{Pa}$)10 倍的情况下，在地层表面的影响比基础值

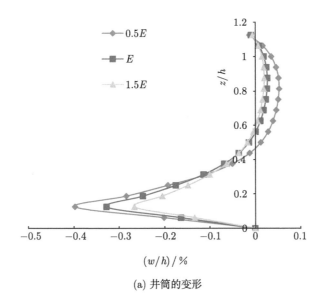

(a) 井筒的变形

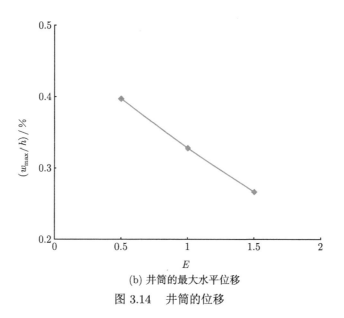

(b) 井筒的最大水平位移

图 3.14　井筒的位移

的影响要小，各个分解范围下表层的沉降量明显有所降低，同样，对井筒的影响也小于原来，分解范围越大，影响越明显 (图 3.15)。在黏聚力降低的情况下，黏聚力的变化对地层以及井筒的变形影响很小，几乎可以忽略。这是因为地层及结构物在水合物分解后的变形与土体的强度有关，而土体的强度则与黏聚力和内摩擦角有关，在给定的内摩擦角的情况下，$\sigma\tan\phi$ 的量级为 $10^6\mathrm{Pa}$，因此，在黏聚力 $< 10^6\mathrm{Pa}$ 的情况下，相对于 $\sigma\tan\phi$ 项，黏聚力项是小项，此时土体强度的影响主要是内摩擦角的影响，此时黏聚力的变化对其影响不大。而在 $c = 10^6\mathrm{Pa}$

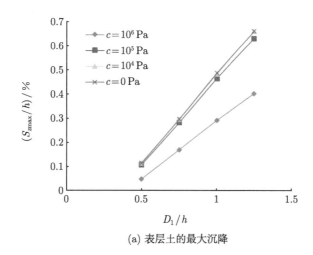

(a) 表层土的最大沉降

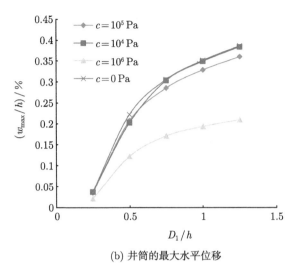

(b) 井筒的最大水平位移

图 3.15 黏聚力对地层及井筒的影响

的情况下，土体的强度则由黏聚力和内摩擦角共同决定，因此对地层和结构的影响较大。

3) 内摩擦角的影响

水合物分解区域内土体的内摩擦角不同，对地层和井筒的影响是有差异的。并且在地层表面的最大沉降和井筒的最大水平位移曲线上存在一个分界点，内摩擦角约在 4° 左右。在分界点以上内摩擦角增加较大值时，最大沉降量和最大水平位移的变化值 (减小) 相对较小；在分界点以下，内摩擦角增加较小值时，最大沉降量和最大水平位移也有较大的减小 (图 3.16)。

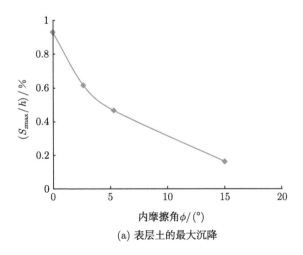

(a) 表层土的最大沉降

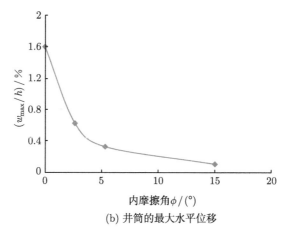

(b) 井筒的最大水平位移

图 3.16 不同内摩擦角下地层和井筒的变化情况

内摩擦角越小，影响区内的沉降越大，影响区范围也越大，且影响区范围的变化随着内摩擦角的变化呈现线性变化 (图 3.17)。

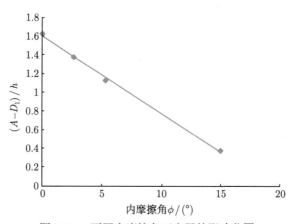

图 3.17 不同内摩擦角下表层的影响范围

4) 海水深度的影响

考察三个不同海水深度，分别为 500m、1000m、1500m。假设海床不透水，因此海水压力是作为外载作用于床面上。图 3.18 给出了不同海水深度下，水合物分解对地层的影响情况。可以看出，水深越小，在影响区域内地层的沉降越小，且在该分解范围内，沉降量随着分解范围呈线性变化。另外，海水深度越大，在相同分解范围下，在地层表面的影响范围也越大。这是由于海水越深，作用在土体表面的静水压力越大，土体发生的沉降和受影响的范围也就越大。

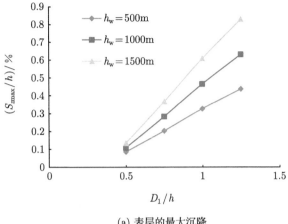

(a) 表层的最大沉降

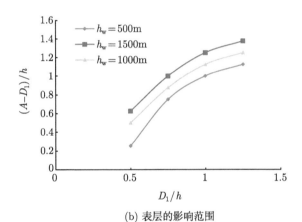

(b) 表层的影响范围

图 3.18　海水深度对地层的影响

　　在不同海水深度下，井筒随水合物分解范围变化的变形情况有一定的差异。水深 500m 时，井筒有整体向下的水平位移，且随着分解范围的增加而增加。而水深为 1000m 和 1500m 时，均有井筒上部向坡顶向的水平位移，下部为向坡角向的水平位移，且水深越深，上部的位移越大，下部的位移越小 (图 3.19)。

　　图 3.20 给出了考虑不同海水深度时，在分解区中心附近某一截面 ($x = 450$m) 的地层变形曲线。可以看出，井筒的变形与地层的变形趋势一致。井筒的变形是由土体变形后挤压导致。此外，海水深度越大，上覆层有沿竖直截面垂向的挤压位移，海水深度越大，效果越明显。另外，上覆层表面静水压力的存在对分解区土体的水平位移有着较大的约束作用。

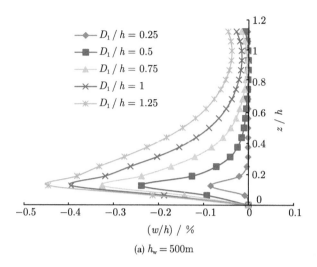

(a) $h_w = 500\text{m}$

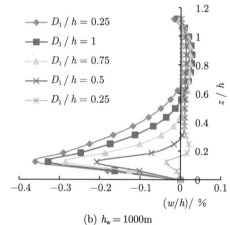

(b) $h_w = 1000\text{m}$

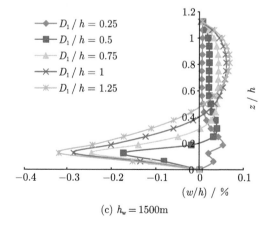

(c) $h_w = 1500\text{m}$

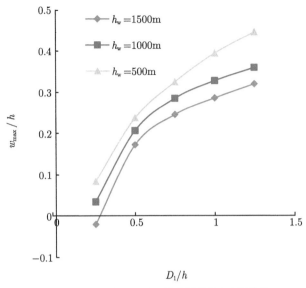

(d) $z/h = 1/8$ 处井筒的最大水平位移

图 3.19   不同水深下井筒的变形

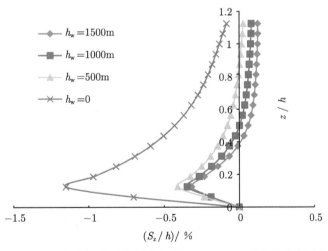

图 3.20   不同海水深度下分解区内截面 $x = 450\mathrm{m}$ 处土体的变形曲线

5) 地层厚度的影响

考虑水合物层厚度不同的情况下水合物分解对地层的变形和井筒变形的影响，根据无量纲量 H/h(水合物层厚度/覆盖层厚度)，选取三个厚度 25m、50m、75m($H/h = 1/8$、$H/h = 2/8$、$H/h = 3/8$) 进行计算。

　　由图 3.21 可以看出，随着水合物层厚度的增加，土层表面的沉降范围逐渐增大，表面土层的最大沉降量逐渐增大，且呈线性变化。当水合物层厚度增加 1 倍时，表面的沉降量约增加 1 倍，厚度增加 2 倍时，表面的沉降量约增加 2 倍。另外，在一定分解范围内，随着分解范围的增加，其在表面的影响范围也逐渐增加。随着水合物层厚度的增加，相同分解范围下其影响区域也随着增加。

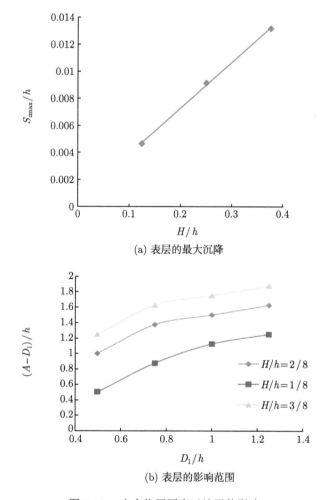

(a) 表层的最大沉降

(b) 表层的影响范围

图 3.21　水合物层厚度对地层的影响

　　井筒的水平位移并不是随着厚度的增加而增加的。在 $D_1/h < 1$(分解区域 200m 以下) 时，在同一分解区域下井筒的最大水平位移随着厚度的增加而减小；而在 $D_1/h \geqslant 1$ 时，其最大水平位移则是随着水合物层厚度的增加而增加。这是因为在 $D_1/h < 1$ 时，在同一分解区域下 D_1/H 逐渐增大，也就是说相对的分

解区域变小，使得在 $D_1/h < 1$ 时两边水合物未分解的土层对其分解区域内的土体有更好的支撑约束作用，因此井筒的最大水平位移反而较小，而当 $D_1/h \geqslant 1$ 时，在这几种工况下这种约束不再起作用，井筒的最大位移随着厚度的增加而增加 (图 3.22)。

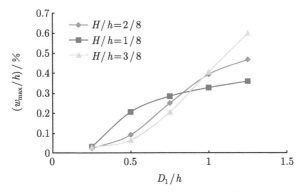

图 3.22 井筒的最大水平位移变化曲线

通过以上的计算发现，分解区域内地层的模量与强度越低，地层的变形也越大。因此在实际工程中，对于提高分解区域地层的模量和强度有利于减小地层及结构物的变形情况。

3. 井筒与土层间摩擦系数的影响

井筒与土层之间的摩擦系数与井筒材料的粗糙度和土层参数有关。这里，井筒为钢管，选取土层的内摩擦角及根据粉砂与光滑钢板直剪实验得到的内摩擦角这两种情况进行计算，比较土层与钢管之间的摩擦系数对土体以及钢管变形的影响。钢管与土层之间摩擦角为土层内摩擦角时，钢管与水合物层摩擦系数为 $\tan 34° = 0.6745$；钢管与土层摩擦角为粉砂与钢板直剪实验摩擦角时，摩擦系数取为 $\tan 20° = 0.36$[36]。

钢管与土层间有摩擦之后，位移场分布有了明显的改变。钢管附近土体受到钢管摩擦的影响，沉陷位移大幅减小，沉陷位移最大值出现在距钢管一定距离处，且左右基本对称，出现两个最大沉陷区域；这与无摩擦时钢管处沉降最大、沉降区域连续的情况不同。这是因为钢管与土体有摩擦之后，相当于分解区土体的边界发生了变化，由原来钢管处竖向自由滑动变成有摩擦，这个边界的变化将减小分解区土体的沉降及水平位移，且距离钢管越远，影响越小。因此，位移场分布图表现出沉陷位移中心向两侧移动的现象 (图 3.23)。

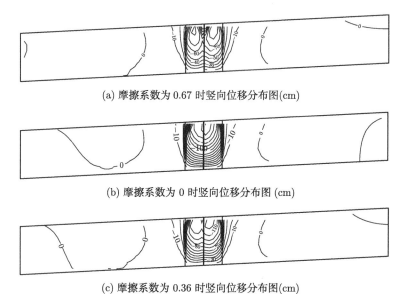

(a) 摩擦系数为 0.67 时竖向位移分布图(cm)

(b) 摩擦系数为 0 时竖向位移分布图 (cm)

(c) 摩擦系数为 0.36 时竖向位移分布图(cm)

图 3.23　不同摩擦系数下分解半径为 20m 时竖向位移分布图

　　摩擦系数对于影响范围的改变不大, 无摩擦及有摩擦时均为 60m 左右, 钢管与土体之间的摩擦对土体的影响仅限于钢管附近一定的范围, 在这个范围内, 土体的沉降随着摩擦的增加而减小, 且减小的幅度较大。如果在钢管附近存在结构物, 增加钢管管壁的粗糙度、提高钢管与土体间的摩擦系数有重要的作用。

　　图 3.24 给出了无覆盖层及覆盖层为 50m 时情况下, D/H 不同时, 三个摩擦系数下钢管水平位移沿深度方向的分布曲线。钢管水平位移随深度变化的曲线趋势并不因为摩擦而发生改变。无论覆盖层的厚度多深, 当分解半径较小时, 摩擦系数的增加使得钢管的水平位移略减小; 随着 D/H 的增大, 钢管的水平位移与摩擦系数关系不大, 三条不同摩擦情况下的曲线基本重合。

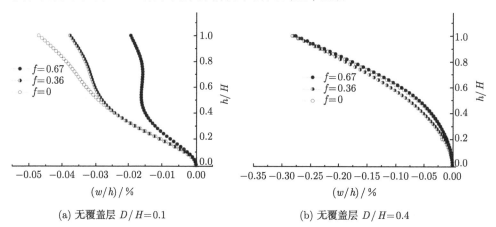

(a) 无覆盖层 $D/H=0.1$　　　　　　　　　(b) 无覆盖层 $D/H=0.4$

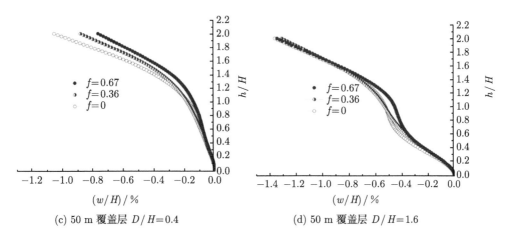

(c) 50 m 覆盖层 D/H=0.4   (d) 50 m 覆盖层 D/H=1.6

图 3.24   不同摩擦系数下钢管水平位移随深度变化曲线

表 3.3 给出了不同摩擦系数下土体的最大竖向位移与水合物层深度的比值 $(U_{y\max}/H)$ 随分解半径的变化。可以看出，摩擦系数越大，土体沉陷的最大值越小，在 D/H=0.1 时，减小约 100%，直至 D/H=1.6 时，减小幅度变为 8%，减小的幅度随着分解半径的增加而减小。也就是说，分解半径增大后，摩擦系数对土体的影响减小。

表 3.3   不同摩擦系数下 $U_{y\max}/H$ 随分解半径的变化

	D/H=0.1	D/H=0.4	D/H=0.8	D/H=1.6
f=0	0.57	3.50	4.96	5.20
f=0.36	0.31	2.52	4.13	4.93
f=0.67	0.21	1.94	3.79	4.86

4. 双井筒的影响

对双井筒情况下井筒附近水合物分解引起的地层及结构物的变形情况，由图 3.25 可以看出，当每个井筒周围各分解 50m 时，其影响范围有限，两个井筒之间互不影响。在分解 100m 后，在分解区域上部地层之间已经有相互影响；150m 时两者的影响区域基本贯通，在分解达到 200m 时，表层土体的变形由"双峰"变为"单峰"，即表层的最大沉降值发生在两者分解界限的交界面处。计算过程中井筒间距为 200m$(L/h=1)$。

两个井筒在不同分解范围，在井筒周围分解 $D_1/h=0.25$ 的情况下，在 $x=400$m 和 $x=600$m 处井筒的变形与单井筒下分解 $D_1/h=0.25$ 时的变形几乎一致，也就是说此时两个井筒周围各自的分解范围为 $D_1/h=0.25$ 时，两井筒之间相互无影响。分解 $D_1/h=0.5$ 时，$x=400$m 处井筒的变形与单井筒下分解 $D_1/h=0.25$ 时也无太大差异，在 $x=600$m 处，在土层交界面处井筒的最大水

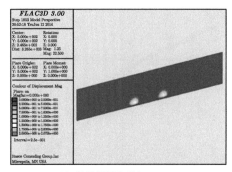
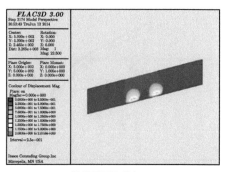

(a) 井筒周围各分解 50m　　　　　　(b) 井筒周围各分解 100m

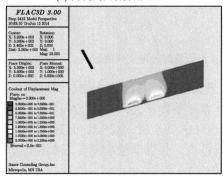
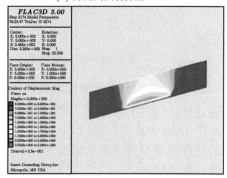

(c) 井筒周围各分解 150m　　　　　　(d) 井筒周围各分解 200m

图 3.25　水合物分解后地层变形云图

平位移小于单井筒下的最大水平位移，井筒上部位移也基本一致。当分解 D_1/h = 0.75 后，在 x = 600m 处井筒整体沿坡向下发生水平位移 (图 3.26)，因为此时分解范围以外的下部土层发生位移，支撑作用变弱，导致分解范围越大，井筒的位移就越大。

总的来说，对于穿过水合物地层的垂直井或管道，水合物分解范围越大，地层的变形越大，井筒的变形也越大。最大沉降变形随分解范围增加而逐渐趋近于一个常数，上覆层的最大水平位移随着分解范围增大，也逐渐趋近于一个常数，水平位移的影响范围为分解范围的 2 倍左右。

地层变形最大的位置是在两土层的交界面处；分解后地层的模量越低，摩擦角越小，地层及井筒的变形将会大幅度增加，而相对于内摩擦角，黏聚力的影响较小。同样，厚度的变化对地层也是有较大的影响，H/h 越大，地层表面的影响也越大；海水深度越小，地层的沉降和影响范围越小，井筒向下的水平位移越大，静水压力的存在对地层的水平位移有较大的约束作用。对于间距为 $L/h = 1$ 的两个井筒，当各自的分解范围达到 $D_1/h = 0.5$ 时，两井筒将受到影响；分解范围小于这一范围时，两井筒之间互不影响。

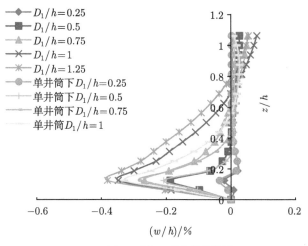

(a) $x = 400$ m 处的井筒变形

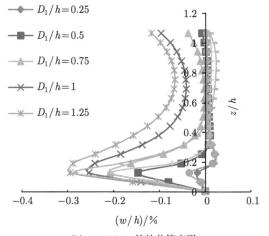

(b) $x = 600$ m 处的井筒变形

图 3.26　井筒的变形对比

3.2.3　水合物逐渐分解条件下井筒及周围土层变形分析

3.2.3.1　模型及参数

3.2.2 节假设水合物瞬时完全分解。那么在水合物逐渐分解情况下，即在水合物饱和度逐渐降低情况下，海底垂直管道/井筒变形是怎样发展的？本节就针对这个问题进行研究。数值模拟采用商业软件 ABUQUS，模拟水合物分解到不同饱和度时垂直管道/井筒及周围地层应力和变形的变化 [37,38]。

计算中采用的地层物理和力学数据是根据室内实验获得的水合物分解到不同饱和度时对应的数值。计算区域宽度取为 1000m，海底垂直管道/井筒的尺度为

$\phi \times t = 400\text{mm} \times 20\text{mm}$，覆盖层厚度为 200m，沉积层厚度取为 25m(图 3.27)。

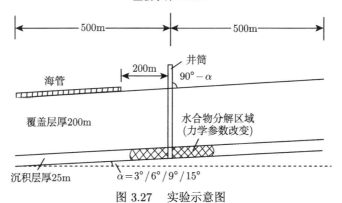

图 3.27　实验示意图

3.2.3.2　水合物分解范围和分解程度对土层变形的影响

在水合物分解范围为 50m、100m 和 200m 的情况下，以分解区域为 200m，水合物分解程度为 30%、60%、80% 的情况来说明水合物分解引起的地层变形和应力特点。计算参数见表 3.4。

表 3.4　计算参数列表

参数	井筒	覆盖层	水合物层			
			未分解	分解 30%(工况 III)	分解 60%(工况 II)	分解 80%(工况 I)
$\rho/(\text{g/cm}^3)$	7.8	2.0	1.98	1.97	1.96	1.95
E/MPa	2.09×105	40	300	210	120	60
ν	0.3	0.4	0.35	0.32	0.29	0.27
C/Pa		1000Pa	0.5MPa	0.35MPa	0.2MPa	0.1MPa
$\phi/(°)$		38	25	18.07	10.57	5.33
剪胀角 $/(°)$		34	20	14	5	2

在分解范围为 200m 时，总位移最大值发生在水合物分解区域底部，井筒附近地层的总位移较远处的略小。在水合物分解程度为 30% 的情况下，最大位移 6.5cm，海床面上发生 1cm 以上的位移范围约 300m；分解程度为 60% 时，最大位移为 29cm，海床表面出现 1cm 以上的区域为井筒附近 400m；分解程度为 80% 时，最大位移为 85cm，海床表面出现 1cm 以上的区域为井筒附近 500m。井筒附近土体最大位移为 13cm(图 3.28)[38]。

在水合物分解程度分别为 30%、60%、80% 的情况下，最大水平位移分别为 2.6cm、9cm、35cm。井筒附近土体水平位移约为零，最大竖向位移分别为 6.5cm、29cm 和 80cm，最大第一主应力分别为 0.22MPa、0.4MPa 和 0.95MPa，最大切应力分别为 0.14MPa、0.4MPa 和 0.45MPa(图 3.29)。各参数随水合物分解程度变化的数据见表 3.5 和表 3.6。

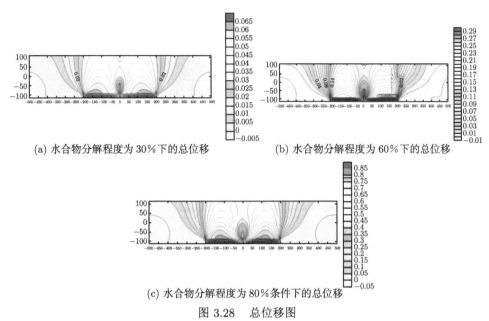

(a) 水合物分解程度为 30% 下的总位移　　　　(b) 水合物分解程度为 60% 下的总位移

(c) 水合物分解程度为 80% 条件下的总位移

图 3.28　总位移图

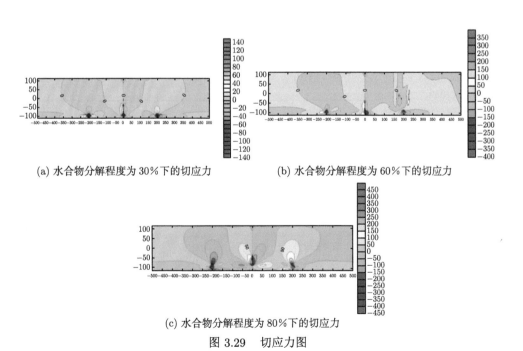

(a) 水合物分解程度为 30% 下的切应力　　　　(b) 水合物分解程度为 60% 下的切应力

(c) 水合物分解程度为 80% 下的切应力

图 3.29　切应力图

表 3.5　最大变形随分解范围与分解程度的变化数据表

分解范围/m	分解程度/%	最大沉降/cm	最大水平位移/cm
50	30	4.4	2.6
	60	14.5	7.5
	80	42	18
100	30	5.6	2.8
	60	23	8
	80	70	28
200	30	6.5	2.6
	60	29	9
	80	80	35

表 3.6　主应力随分解范围与分解程度的变化数据表

分解范围/m	最大应力值	分解程度/%	最大沉降/cm
50	沿坡面主应力	30	0.17
		60	0.5
		80	0.55
	横向主应力	30	0.26
		60	0.60
		80	1.00
	垂直坡面主应力	30	0.22
		60	0.45
		80	0.45
	剪切应力	30	0.12
		60	0.28
		80	0.40
100	沿坡面主应力	30	0.20
		60	0.40
		80	0.90
	横向主应力	30	0.26
		60	0.60
		80	1.10
	垂直坡面主应力	30	0.24
		60	0.45
		80	0.70
	剪切应力	30	0.12
		60	0.35
		80	0.40
200	沿坡面主应力	30	0.22
		60	0.40
		80	0.95
	横向主应力	30	0.30
		60	1.00
		80	1.40
	垂直坡面主应力	30	0.26
		60	0.55
		80	0.65
	剪切应力	30	0.14
		60	0.40
		80	0.45

3.2.4 水平井降压开采时地层变形数值模拟

目前绝大多数的水合物试采是采用在竖井井底降压法或者加热或者注催化剂的方法进行。从效果看,试采的效率低且产气衰减快,因此人们的目光转到页岩气等致密油气常用的水平井开采方式 (作为水合物开采的一种潜在可行的方法)。由于水平井开采方式是将井身完全布置于水合物储层,可以影响到水合物储层的面积较直井增加很多,因此对于相同的开采方法,开采效率可能会提高。

目前对于水平井开采方式的研究,多集中在采收率和能效比等方面,对井筒及周围地层的安全性仍缺乏系统的研究。本节针对水合物水平井试采过程中井筒安全,利用 FLAC 3D 商用软件进行数值模拟,分析由于水合物分解引起的井筒地层以及上覆层的变形特征与发展规律[39]。

3.2.4.1 模型参数

计算中海水深度取 1280m,上覆层厚取 210m,水合物层厚度为 60m,下伏层厚度约为 100m,水平井筒外径为 10cm,密度为 7890kg/m^3,体积模量为 10^5MPa,抗剪强度为 8.55×10^4MPa。建立三维数值模型,其中海床土层长 1200m,宽 1200m,高度约为 360m。水合物层模型边界为侧面四周和底面法向固定,顶部坡面为自由面。井筒和周围土层以完全黏结方式连接。将沉积物层分为完全分解和未分解两个区域。计算中采用基于莫尔–库仑强度准则的本构关系。

计算中假设充分渗流,无超静孔压的产生,主要计算放置水平井后的地层变形,对比不同储层倾角、水平井井长、水合物分解半径的影响规律。计算工况有如下三种:

(1) 储层倾角 3°,水合物层分解半径 3m,水平井井长分别为 300m、600m、1000m;

(2) 储层倾角 3°,水平井井长 600m,水合物层分解半径分别为 3m、10m、15m、20m、25m;

(3) 水平井井长 600m,水合物层分解半径 3m,储层倾角分别为 3°、6°、9°、12°、15°。

3.2.4.2 计算结果与分析

1. 水平井井长的影响

采用相同的分解半径 3m,储层倾角 3°,对比不同水平井井长 (300m、600m、1000m) 下土层变形特点。提取水合物储层所处高度,垂直于水平井的中央横截面云图 (图 3.30~ 图 3.35) 中的数据,以及沿水平井方向的中心纵截面云图中上覆层顶部的数据,得到不同水平井井长下井筒竖向位移、水平位移以及上覆层顶部竖向位移,如图 3.36~ 图 3.38 所示,其中横坐标高度的原点位置为水平井的中心位置，高度为正值表示在水平井的上方，高度为负值表示在水平井的下方，竖向位移为正值表示向上的位移，负值表示向下的沉降，水平位移为正值，表示向后的位移，负值表示向前的位移。

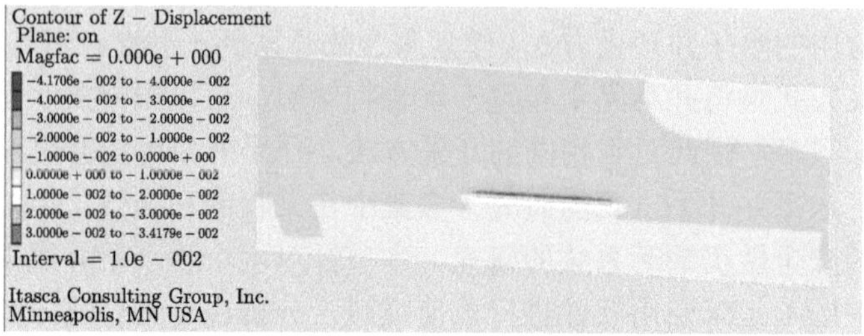

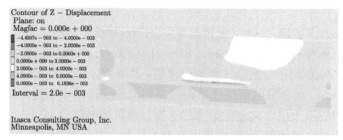

图 3.30　水平井井长 300m 时竖向位移云图

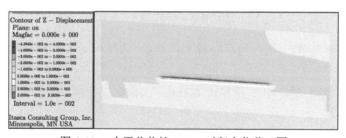

图 3.31　水平井井长 300m 时水平位移云图

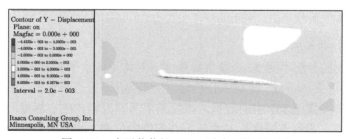

图 3.32　水平井井长 600m 时竖向位移云图

图 3.33　水平井井长 600m 时水平位移云图

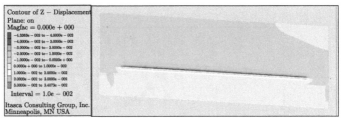

图 3.34 水平井井长 1000m 时竖向位移云图

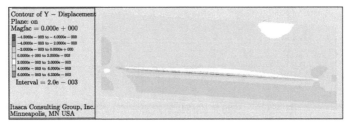

图 3.35 水平井井长 1000m 时水平位移云图

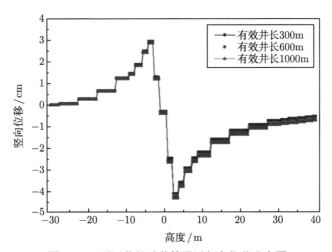

图 3.36 不同井长时井筒附近竖向位移分布图

三种工况下的结果类似。下面以水平井井长 300m 时，土层的竖向和水平位移云图为例进行说明。

从图 3.30 和图 3.31 可以看出，土层的变形主要集中在水平井附近，由于储层具有一定的倾角，因此水平井上方土层的变形为向下的沉降 (图 3.30 中蓝色部分) 和沿坡度向后的滑移 (图 3.31 中黄色部分)，竖向、水平位移的最大值分别为 4.17cm、6cm；水平井下方土层的变形为向上的位移 (图 3.30 中橘色部分) 和沿坡度向前的滑移 (图 3.31 中蓝色部分)，竖向、水平位移的最大值分别为 3.4cm、4.4cm；即水平井上方土层的变形量稍微大于下方变形量。竖向、水平位移的最大

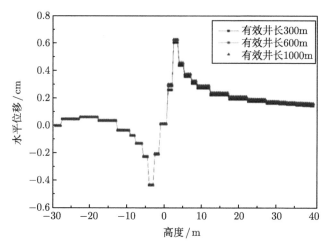

图 3.37　不同井长时井筒附近水平位移分布图

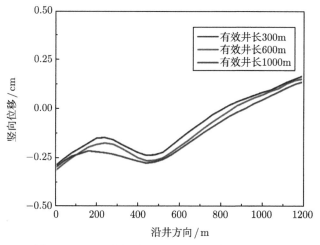

图 3.38　不同井长时上覆层顶部竖向位移分布图

值发生在分解区域与未分解区域的交界处。井周水合物分解后，地层强度和刚度降低，对于周围地层，相当于卸载，于是周围地层发生向坡角和向分解区的位移。

对比井长为 600m、1000m 的位移分布云图，可以发现，不同工况下的竖向位移、水平位移变化趋势基本一致，区别在于随着有效井长的增加，井筒上方位置竖向位移、水平位移的最大变形量稍有增大，且水平位移由于端部效应而造成的分布不稳定性减弱。

提取水合物储层所处高度，垂直于水平井的横截面云图中的数据，得到不同井长下井筒竖向位移和水平位移，如图 3.36 和图 3.37 所示。

由有效水平井井长 300m、600m、1000m 的分布图可得，不同的井长，都具有相同的位移趋势，即水平井井筒上方的土层竖向位移值为负值，表示上方土层沿坡度向下滑动，具有向下的沉降和向后的滑动，是由于水合物层分解以及储层具有一定的倾角；水平井下方的土层由于水合物分解强度降低，在上部结构以及地层的重力下，沿着坡度被向上挤压，因此具有向上、向前的竖向位移和水平位移；区别在于随着有效井长的增大，井筒上方位置竖向位移和水平位移的最大变形量稍有增大。

三种情况下竖向、水平的最大位移所处的位置都是位于分解区与未分解区的分界处，且水平井上下方的位移量基本一致，其中竖向位移最大值为 4.5cm，水平位移最大值为 0.6cm；三种不同有效井长工况下上覆层顶部的竖向位移量很小，基本可以忽略，如图 3.38 所示。在相同的较小坡度和分解半径下，不同水平井有效井长对井筒以及上覆层土层变形无明显影响。将三种工况的变形情况汇总，如表 3.7 所示。

表 3.7 不同水平井有效井长下位移情况统计表

有效井长 L_1	有效井长与上覆层厚度之比 L_1/h_1	井筒附近最大竖向位移及位置	井筒附近最大水平位移及位置	上覆层顶部最大竖向位移及位置
300m	1.42	4cm 井筒上方 2.5m 处	0.65cm 井筒上方 2.5m 处	0.025cm 对应水平井上部
600m	2.85	4.2cm 井筒上方 2.5m 处	0.60cm 井筒上方 2.5m 处	0.03cm 对应水平井上部
1000m	4.76	4.5cm 井筒上方 2.5m 处	0.58cm 井筒上方 2.5m 处	0.03cm 对应水平井上部

2. 分解半径的影响

采用相同的水平井井长 600m 和储层倾角 3°，对比不同水合物分解半径 (3m、10m、15m、20m、25m) 下土层变形特点，提取水合物储层所处高度，垂直水平井的中央横截面云图中的数据以及沿水平井方向的中央纵截面云图中上覆层顶部的数据，得到不同分解范围下井筒竖向、水平位移量以及上覆层沉降量，下面选取三种工况进行详细说明。

图 3.39 和图 3.40 为分解半径 3m 时竖向位移、水平位移云图，其变形特点仍为水平井上方土层具有向下、向后的变形趋势，下方土层具有向上、向前的位移特点，且最大变形量位于分解区与未分解区的交界处。分解半径 10m、20m 时的变形特点与此类似，但是如图 3.41～图 3.44 所示，随着分解半径的增大，变形波及的范围变大，则井筒上方的变形量增大，井筒下方的变形量稍微减小。井筒上方的最大竖向、水平位移分别为 15cm、5cm 和 20cm、2.5cm，井筒下方的最大竖向、水平位移分别为 7.5cm、5cm 和 6.5cm、3cm。由于下伏层的地层力学性

质强于上覆层,因此井筒上方因分解波及的变形范围要大于井筒下方,且变形量较大。此外,随着分解半径的增大,水平位移的端部效应更加明显,最大水平位移位于两端。

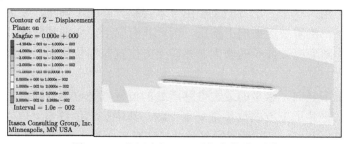

图 3.39   分解半径 3m 时竖向位移云图

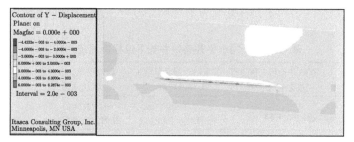

图 3.40   分解半径 3m 时水平位移云图

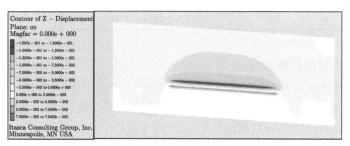

图 3.41   分解半径 10m 时竖向位移云图

图 3.42   分解半径 10m 时水平位移云图

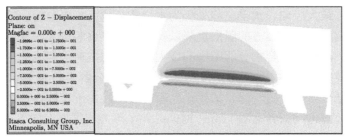

图 3.43 分解半径 20m 时竖向位移云图

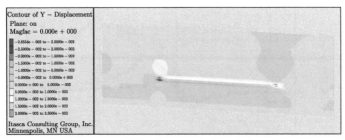

图 3.44 分解半径 20m 时水平位移云图

提取水合物储层所处高度，垂直于水平井的横截面云图中的数据，得到不同分解半径下井筒竖向和水平位移量，如图 3.45 和图 3.46 所示。

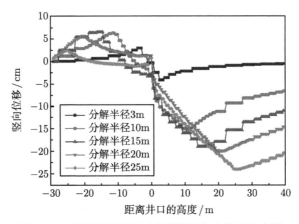

图 3.45 不同分解半径时井筒附近竖向位移分布图

由分布图 3.45~图 3.47 可以发现，五种工况的位移趋势一致，即水平井上方具有向下的竖向位移、向后的水平位移，水平井下方具有向上的竖向位移、向前

的水平位移；最大竖向、水平位移处仍为水合物分解区与未分解区的交界处；随
分解半径的增大，井筒上方的竖向沉降以及水平位移逐渐增大。这是由于在一定
的储层坡度下，随着水合物分解范围的增大，土层的抗剪强度降低，上覆土层的
向下滑动力效应增强。井筒下方的位移增量降低，如分解半径为 25m 的井筒下方
的位移量稍低于分解半径 15m、20m 的位移量，这是由于可能存在一临界分解范
围，当分解范围超过临界范围 (15m) 时，井筒上下方土层皆有向下滑塌的趋势。

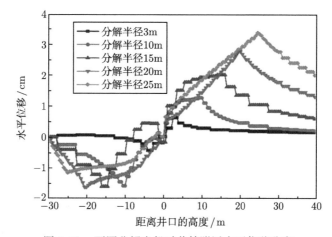

图 3.46   不同分解半径时井筒附近水平位移分布

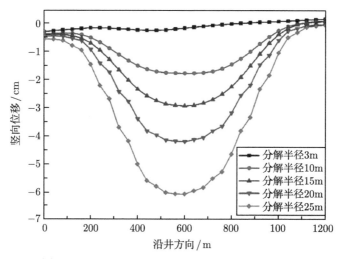

图 3.47   不同分解半径时上覆层顶部竖向位移分布

　　在相同储层倾角和水平井长度下，随着分解半径的增大，上覆层的最大沉降量增大，当分解半径为 25m 时，上覆层顶部的最大沉降在 6cm 左右，位于水平井中间位置所对应的顶部，水平井两端处对应的顶部沉降量为 3cm，即上覆层中间位置的沉降量稍大于两端位置，如图 3.48 所示。将五种工况的具体变形量汇总于图 3.48 和图 3.49。由图可以看出，井筒上方最大水平位移、上覆层顶部最大沉降量随分解半径的增大近似线性变化，且井筒上方最大竖向位移变化显著，井筒下方最大竖向位移较小，当分解半径大于临界分解半径 (15m) 时，井筒下方最大水平位移开始降低。将三种工况的变形情况汇总，如表 3.8 所示。

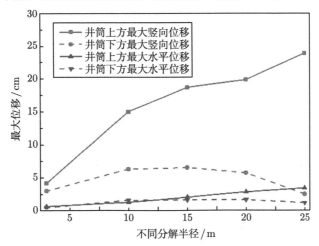

图 3.48　井筒位移随分解半径变化关系

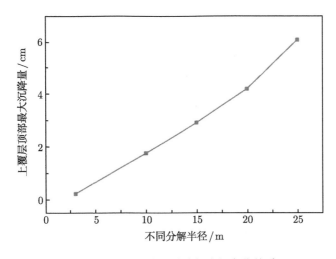

图 3.49　上覆层位移随分解半径变化关系

表 3.8   不同分解半径下位移

分解半径 R	分解半径与上覆层厚度之比 R/h_1	井筒附近最大竖向位移及位置	井筒附近最大水平位移及位置	上覆层顶部最大竖向位移及位置
3m	0.014	5cm 井筒上方 2.5m 处	0.65cm 井筒上方 2.5m 处	0.03cm
10m	0.048	15cm 井筒上方 10m 处	1.3cm 井筒上方 10m 处	1.8cm 对应井中央位置
15m	0.071	18cm 井筒上方 15m 处	2.0cm 井筒上方 15m 处	2.5cm 对应井中央位置
20m	0.095	20cm 井筒上方 20m 处	2.8cm 井筒上方 20m 处	4.5cm 对应井中央位置
25m	0.119	25cm 井筒上方 25m 处	3.5cm 井筒上方 25m 处	6cm 对应井中央位置

3. 储层倾角的影响

采用相同的水平井井长 600m 和分解半径 3m，研究不同储层倾角 (3°、6°、9°、12°、15°) 下土层的变形特点。提取水合物储层所处高度，垂直水平井的中央横截面云图中的数据以及沿水平井方向的中央纵截面云图中上覆层顶部的数据，得到不同储层倾角下井筒竖向、水平位移量以及上覆层沉降量。

对比储层倾角 3°、9° 和 15° 时井筒土层的竖向位移、水平位移云图，如图 3.50～图 3.55 所示，可以发现，随着储层倾角的增大，伴随着水合物的分解，井筒上下方土层皆出现向下向后的位移，井筒下方土层不再出现由于挤压造成的向上向前变形，此

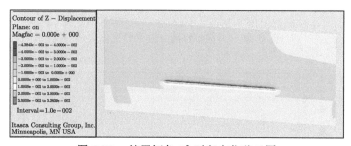

图 3.50   储层倾角 3° 时竖向位移云图

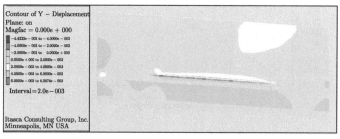

图 3.51   储层倾角 3° 时水平位移云图

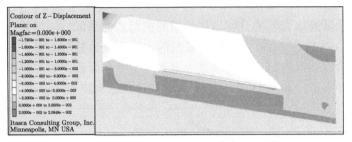

图 3.52　储层倾角 9° 时竖向位移云图

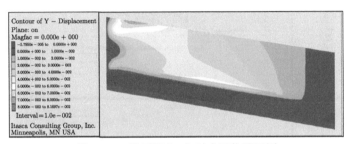

图 3.53　储层倾角 9° 时水平位移云图

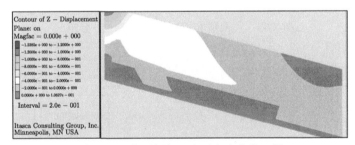

图 3.54　储层倾角 15° 时竖向位移云图

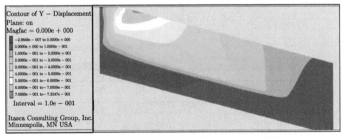

图 3.55　储层倾角 15° 时水平位移云图

外，随着倾角的增大，最大竖向、水平位移出现位置为上覆层的坡向顶部，且位移量逐渐增大。倾角为 9°、15° 时，最大竖向、水平位移分别为 17cm、6cm 和 123cm、70cm，即当倾角大于 9° 时，上覆层可能已出现滑塌现象。

这是由于随着水合物的分解储层地层的抗剪能力降低，储层倾角越大，上覆层向下滑动力效应越强，从而导致上覆层的大幅度变形甚至滑塌。

提取水合物储层所处高度、垂直于水平井的横截面云图中的数据，得到不同储层倾角下井筒竖向和水平位移量，如图 3.56 和图 3.57 所示。

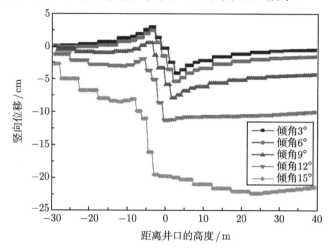

图 3.56   不同倾角时井筒附近竖向位移分布

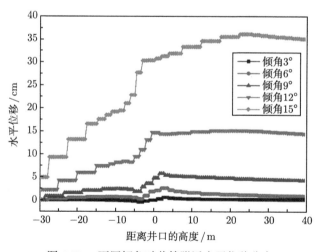

图 3.57   不同倾角时井筒附近水平位移分布

由分布图 3.56～图 3.58 可得，随着储层倾角的增大，井筒的竖向、水平位移逐渐增大，当倾角超过 9° 时，井筒上下方土层皆出现向下向后的位移，井筒下方土层不再出现由于挤压造成的向上向前变形，开始有向后下滑的趋势，且最大位移所处的位置已不是分解区与未分解区的分界处。如倾角为 15° 时，水平井的上下方土层皆为向下向后的变形，且井筒上方的变形量大于井筒下方，其中竖向位移的最大值约为 22cm，水平位移最大值为 35cm。此外，随着储层倾角的增大，上覆层的竖向沉降量显著增加，尤其在倾角为 15° 时，上覆层的竖向沉降已达到米级，已出现滑塌现象，如图 3.58 所示。当倾角大于 9° 时，地层的失稳问题就显著。将五种工况的具体变形量汇总，如图 3.59 所示，可以看出，井筒上方的位移、上覆层顶部的沉降随储层倾角的增大近似抛物线型增加，且水平位移变化比竖向位移稍显著，上覆层的变形增量比井筒土层的变化量更明显。将五种工况的具体变形情况汇总，如表 3.9 所示。

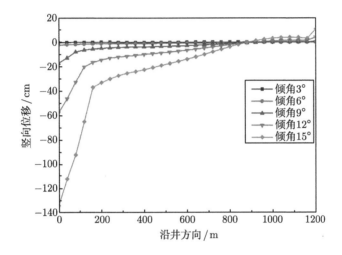

图 3.58　不同倾角时上覆层顶部竖向位移分布

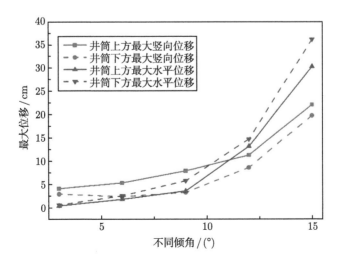

图 3.59　井筒位移随倾角变化关系

表 3.9   不同储层倾角下的位移

倾角	井筒附近最大竖向位移及位置	井筒附近最大水平位移及位置	上覆层顶部最大竖向位移及位置
3°	5cm 井筒上方 2.5m 处	0.65cm 井筒上方 2.5m 处	0.03cm 对应水平井上部
6°	6cm 井筒上方 2.5m 处	5.0cm 井筒上方 2.5m 处	0.05cm 对应水平井上部
9°	8cm 井筒上方 2.5m 处	5.0cm 井筒上方 2.5m 处	20cm 对应水平井上部
12°	12cm 井筒位置处	15cm 井筒位置处	60cm 对应水平井上部
15°	20cm 井筒下方 3.0m 处	35cm 井筒下方 3.0m 处	130cm 对应水平井上部

3.2.5   水合物分解对海床上水平管道的影响

在海洋油气开采及水合物开采工程中，海底输运管道是其中的重要组成部分。水合物分解后，地层强度的降低会引起地层的沉陷和滑移，进而引起海床上海底管道的变形，对其安全运营产生影响。

王淑云等[40]对水合物分解引起海床面上管道的变形进行了分析。采用的地层分布和物理及力学性质如下：覆盖层为 100m 厚的砂土层，水合物层厚 25m，水平铺设的钢管长度为 400m，内径 0.40m，壁厚 0.02m，水深 1000m，海床坡角 3°。假定水合物分解是整个层厚同时分解并沿坡向从初始分解区向两侧扩展 (图 3.60)。地层的物理和力学参数见表 3.10。

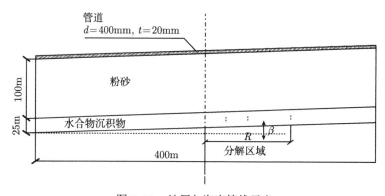

图 3.60   地层与海底管线示意

表 3.10   地层与海底管线参数

参数	钢管	砂层	水合物层			
			初始 (初始强度 100%)	工况 I (初始强度 的 70%)	工况 II (初始强度 的 60%)	工况 III (初始强度 的 20%)
内聚力 c/MPa		0.001	0.5	0.35	0.2	0.1
内摩擦角 ϕ/(°)		38	25	18.1	10.6	5.3
密度 ρ/ (g/cm³)	7.8	2.0	1.98	1.97	1.96	1.95
弹性模量 E/MPa	2.09×10^5	40	300	210	120	60
泊松比 ν	0.3	0.4	0.35	0.32	0.29	0.27
膨胀角/(°)		10	10	10	10	10

随着水合物分解范围和分解程度的增加，管道变形越来越明显。分析中假定管道的刚度较低，随地层一起变形。在分解区长度 50m 及考虑的几种地层强度情况下，管道的最大扰度均小于 0.07m(图 3.61(a))。当分解区长度 100m 且地层强度降低到初始值的 60% 和 20% 时，管道最大扰度分别为 0.07m 和 0.2m。显然，强度降低越大，管道越危险。在后一种情况下，有 130m 长的管道变形超过 0.1m，这在实际工程中是较危险的。当分解区长度 200m 且地层强度降低到初始值的 60% 和 20% 时，管道最大扰度分别为 0.1m 和 0.33m。在后一种情况下，有 210m 长的管道变形超过 0.1m(图 3.61(c))。

在海底管道的实际运营过程中，除了水合物分解，还会同时受到波、流、地震等载荷作用，因此实际工况会更复杂。

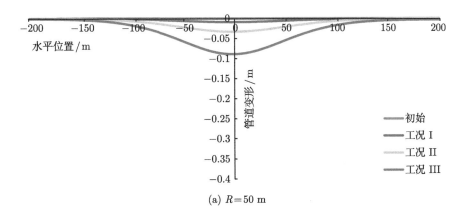

(a) $R=50$ m

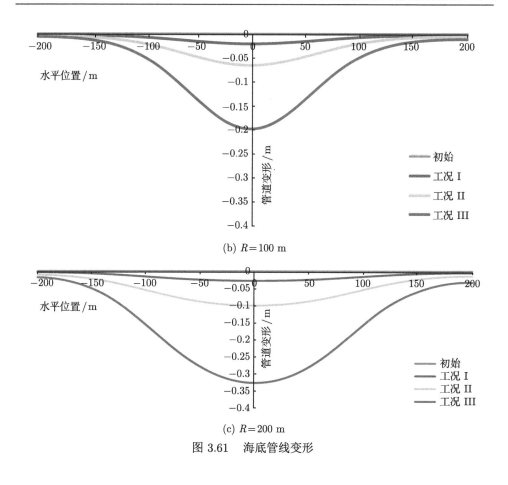

(b) $R = 100$ m

(c) $R = 200$ m

图 3.61   海底管线变形

3.3   小   结

目前关于水合物分解引起的井筒稳定研究集中在水合物分解引起的地层强度降低、钻进后地层卸载等导致井筒的变形和屈服方面，主要的分析手段是数值模拟，获得了一些有益的结论，如直井最大变形位于水合物层与上覆层界面、良好的固井可以保障井筒不曲屈、弹性模量和水合物层厚等是井筒变形的主要因素；如果采取固井措施，水平井发生曲屈破坏的可能性较小，否则容易垮塌。但是对于水合物分解后渗流与地层的耦合作用，如出砂进而导致地层和井筒破坏的过程分析很少，同时对于井筒与井壁地层间的作用强度、破坏及渗漏方面的研究较少。

对于海底工程结构安全，比如结构基础 (桩、桶形基础等) 承载力、井口设备 (防喷器) 安全问题等方面也开展了一些研究，如随水合物分解，基础承受不同载荷时的变形发展及地层应力分布等、井口设备的沉降等，但还不深入，考虑的工况较为理想。今后的研究应该充分考虑实际工程应用时基础的形式、布置的位置、实际地质地貌等特性进行。

在水合物分解引起的海床面油气输运管线安全方面，虽然通过数值模拟获得了管线沉降的一些特性，如随水合物分解管线的最大沉降位置、沉降发展趋势，但是分析的尺度还不够大，也没有考虑地层沉降与滑塌同时发生时，管线的变形及破坏。今后的研究需要考虑海底管线走向 (顺坡面、垂直坡面)、海床滑塌/泥石流发生时的破坏及防范措施等。

参 考 文 献

[1] 曾义金. 海相碳酸盐岩超深油气井安全高效钻井关键技术 [J]. 石油钻探技术, 2019, 47(3): 25-33.

[2] 冯耀荣, 韩礼红, 张福祥, 等. 油气井管柱完整性技术研究进展与展望 [J]. 天然气工业, 2014, 34(11): 73-81.

[3] 尹东阳, 徐矿辉, 张群正. 井壁稳定性分析研究进展 [J]. 内蒙古石油化工, 2014, 24: 128-131.

[4] 张智, 顾楠, 杨辉, 等. 含硫高产气井环空带压安全评价研究 [J]. 钻采工艺, 2011, 34(1): 42-44.

[5] 赵俊平. 油气钻井工程项目风险分析与管理研究 [D]. 大庆: 大庆石油学院, 2007.

[6] 周波. 深水油气井表层导管稳定机理研究 [D]. 北京: 中国石油大学, 2016.

[7] 梁利喜. 深部应力场系统评价与油气井井壁稳定性分析研究——以塔河油田为例 [D]. 成都: 成都理工大学, 2008.

[8] Lu X B, Li Q P, Wang L, et al. Instability of seabed and pipes induced by NGH dissociation[C]. Beijing: 20th Int. Offshore and Polar Engrg. Conf., ISOPE-2010, 2010.

[9] 何勇, 唐翠萍, 梁德青. 海底天然气水合物地层钻井潜在风险及控制措施 [J]. 新能源进展, 2016, 4(1): 42-47.

[10] Yan C L, Ren X, Cheng Y F, et al. Geomechanical issues in the exploitation of natural gas hydrate[J]. Gondwana Research, 2020, 81: 403-422.

[11] 王瑞和, 齐志刚, 步玉环. 深水水合物层固井存在问题和解决方法 [J]. 钻井液与完井液, 2009, 26(1): 78-80.

[12] 叶吉华, 刘正礼, 罗俊丰, 等. 南海深水钻井井控技术难点及应对措施 [J]. 石油钻采工艺, 2015, 37(1): 139-142.

[13] 秦志亮, 吴时国, 王志君, 等. 天然气水合物诱因的深水油气开发工程灾害风险——以墨西哥湾深水钻井油气泄漏事故为例 [J]. 地球物理学进展, 2011, 26(4): 1279-1287.

[14] 许玉强, 管志川, 许传斌, 等. 深水钻井井筒中天然气水合物生成风险评价方法 [J]. 石油学报, 2015, 36(5): 633-640.

[15] 王瑞和, 齐志刚, 步玉环. 深水水合物层固井存在问题和解决方法 [J]. 钻井液与完井液, 2009, 26(1): 78-80.

[16] 胡友林, 刘恒. 天然气水合物对深水钻井液的影响及防治 [J]. 天然气工业, 2008, 28(11): 68-70.

[17] 张若昕. 深水天然气水合物钻采地层失稳风险及井筒完整性研究 [D]. 青岛: 中国石油大学（华东）, 2017.

[18] Chen X, Zhang X, Lu X, et al. Numerical study on the deformation of soil stratum and vertical wells with gas hydrate dissociation[J]. Acta Mechanica Sinica, English Series, 2016, 32(5): 905-914.

[19] Salehabadi M , Jin M , Yang J H. et al. Finite element modelling of casing in gas hydrate bearing sediments[J]. SPE, 2008, 113819: 1-13.

[20] 宫智武, 张亮, 程海清, 等. 海底天然气水合物分解对海洋钻井安全的影响 [J]. 油钻探技术, 2015, 43(4): 19-24.

[21] 李令东, 程远方, 周建良, 等. 深水钻井天然气水合物地层井壁稳定流固耦合数值模拟 [J]. 中国海上油气, 2012, 24(5): 40-45.

[22] 张凌. 天然气水合物赋存地层钻井液试验研究 [D]. 北京: 中国地质大学, 2006.

[23] 刘力. 钻井液侵入含天然气水合物地层特性研究 [D]. 武汉: 中国地质大学, 2013.

[24] 沈海超, 程远方, 胡晓庆. 天然气水合物藏降压开采近井储层稳定性数值模拟 [J]. 石油钻探技术, 2012, 40(2): 76-81.

[25] 万义钊, 吴能友, 胡高伟, 等. 南海神狐海域天然气水合物降压开采过程中储层的稳定性 [J]. 开发工程, 2018, 38(4): 117-128.

[26] 程家望, 苏正, 吴能友. 天然气水合物降压开采储层稳定性模型分析 [J]. 新能源进展, 2016, 4(1): 33-41.

[27] Rutqvist J, Moridis G J. Development of a numerical simulator for analyzing the geomechanical performance of hydrate-bearing sediments[C]. San Francisco: The 42nd US Rock Mechanics Symposium and 2nd US-Canada Rock Mechanics Symposium, 2008.

[28] Birchwood R, Noeth S, Hooyman P. Wellbore stability model for marine sediments containing gas hydrates[C]. Houston: AADE National Technical Conf. and Exhibition, 2005.

[29] Klar A, Soga K. Coupled deformation-flow analysis for methane hydrate production by depressurized wells[C]. Oklahoma City: 3rd International Biot Conference on Poromechanics, 2005.

[30] Freij-Ayoub R, Tan C, Clennell B, et al. A wellbore stability model for hydrate bearing sediments[J]. Journal of Petroleum Science & Engineering, 2007, 57(1-2): 209-220.

[31] 鲁晓兵, 王丽, 李清平, 等. 天然气水合物分解对地层和管道稳定性影响的数值模拟 [J]. 中国海上油气, 2008, 20(2): 127-131.

[32] 毕圆圆. 含天然气水合物地层井筒完整性研究与评价 [D]. 成都: 西南石油大学, 2017.

[33] 宁伏龙, 天然气水合物地层井壁稳定性研究 [D]. 武汉: 中国地质大学, 2005.

[34] 张旭辉. 水合物沉积层因水合物热分解引起的软化和破坏研究 [D]. 北京: 中国科学院力学所研究所, 2010.

[35] 陈旭东. 天然气水合物分解对地层及地层中结构安全性影响研究 [D]. 北京: 中国科学院大学, 2015.

[36] 王丽. 南海两种特殊地质沉积物中结构物的稳定性研究 [D]. 北京: 中国科学院研究生院, 2008.

[37] 王淑云, 王丽, 鲁晓兵. 天然气水合物分解对分层土中海底管道稳定性的影响 [C]. 中国岩石力学与工程实例学术会议文集, 2007: 207-211.

[38] 王晶. 水合物分解引起井口周围土层变形与破坏的研究 [D]. 北京: 中国科学院大学, 2018.

[39] 孙芳芳. 含水合物沉积物的动静力学特性及水平井开采的井口稳定性研究 [D]. 北京: 中国科学院力学研究所, 2019.

[40] Wang S Y, Zheng W, Lu X B, et al. The effects of gas hydrate dissociation on the stability of pipeline in seabed[C]. Osaka: 19th International Offshore and Polar Engrg. Conf., 2009.

第 4 章　水合物分解引起的海床滑塌

　　天然气水合物 (以下简称水合物) 可胶结沉积物颗粒, 从而显著增强地层的强度, 但是水合物一旦分解, 则胶结作用消失, 同时产生超静孔压, 地层强度大为降低, 进而引起各种灾害。由于 1 体积的水合物在标准状况下可产生 0.8 体积的水和 164 体积的甲烷气体, 因此释放的水和气体的体积比水合物本身所占据的空间大得多, 如果有一个较厚的水合物的圈闭层存在于分解带之上, 或者上覆渗透性低的盖层, 孔隙压力就得不到释放而升高。有些情况下, 水合物的形成减缓地层的固结和沉积速率, 使地层为欠固结土, 强度增加缓慢, 也为各种灾害的发生提供了条件 [1-3]。

　　水合物分解可引起多种灾害, 如滑坡、层裂、喷发、井口毁坏、海床面结构破坏等。而且这些灾害一般不是单独发生, 常常是以灾害链的形式发生, 如滑坡–泥石流/泥流–浊流–结构 (海管、平台基础等) 破坏；层裂–滑坡–结构破坏；喷发–井口毁坏–平台基础或水下生产系统破坏等 [4,5]。因此, 针对水合物引起的灾害研究, 不仅要分析单个灾害的发生机制, 还应该注重灾害链发生的可能性及防范措施。

4.1　引起海底水合物分解的因素

　　海底滑坡是大陆坡一种最常见的沉积作用过程。这种沉积作用包括滑动、滑塌和碎屑流等重力流作用过程。海底滑坡具有比较大的危害, 它不仅严重危害深水油气开发平台、海底管线和电缆等设施, 而且会引发其他海洋地质灾害。

　　一般来说, 单一滑体可以沿着十分平缓的斜坡 (1° ~ 5°) 将沉积物运移至数百千米外的更深处, 可以持续数小时到数天不等 [6]。

　　海底沉积物中的气体 (通常是甲烷) 在适当的压力、低温和气体浓度条件下, 可形成固态水合物。一旦海底温度或压力变化, 就可能导致水合物分解, 伴随海浪及海流共同作用使孔隙水压升高, 甚至会达到土体有效应力趋近零的液化状态, 剪切强度极大降低, 由此可能导致大规模的滑坡和坍塌 [7,8]。

　　除了地震和火山喷发, 水合物分解是激发海底滑坡的主要因素。海底小角度滑坡, 比如坡角大约小于 5° 的滑坡, 通常与斜坡中的水合物分解相关 [9,10]。

　　激发海底水合物分解的主要因素有五种：地质活动 (如地震、火山喷发)、全球气候变化、海平面下降、沉积导致的水合物层深埋、工程建设 [6]。地质活动除了可直接激发海底滑坡, 地震和火山喷发等灾害, 还可以使由其导致的断层作为深部自由气向上运移的通道,降低水合物层压力,导致水合物分解。全球气候变暖可使海水温度及海底地层温度升高,进而引起水合物偏离平衡而发生大尺度分解。海平面下降将导致静水压力降低,进而导致水合物分解,使水合物层厚度变薄。研究表明,海平面一旦降低 100m,水合物稳定区厚度也将减少 100m。沉积导致水合物层埋深增加 [8]。当埋深超过一定值时,地热和地层压力的增加使水合物分解。油气开采、海底采矿等工程建设活动可能因为钻井、打桩、压裂等而破坏水合物的平衡,引起水合物分解。

在这些因素中,前 4 种自然因素发生的频率相比于第 5 种要低。由于人类在向深海进军,向深海要油气、向深海要矿产的过程中,将不可避免地扰动水合物层,引起地层中水合物分解的可能性将大为增加。因此,人们在海洋开发过程中,必须事先探测水合物分布、预测扰动对水合物层的影响及发生相关地质和环境灾害的可能性,及时做好防范措施。

4.2 水合物分解引起的海底滑坡及灾害链

水合物分解引起的海底滑坡通常可以发生在坡度小于 5° 的海底斜坡上,滑坡体积大,且在滑坡体下方的沉积物层中几乎没有水合物 [11]。这是因为坡度小,单位长度重力沿坡面的分量即下滑力或滑坡驱动力较小,要使下滑力大于滑动阻力,即滑坡面底面和侧面的摩擦阻力,需要较长的滑坡体长度。

4.2.1 水合物分解相关的海底滑坡案例

海底滑坡由于发生频率低、观测困难,到目前为止,还没有实时观测到的海底滑坡案例,而是通过测量和勘察古滑坡来进行推测反演,探索发生机制、影响范围等数据。世界上已发现多处与水合物分解有关的海底滑坡,只有对发生在挪威的 Storegga 滑坡等少数几处有较详细的勘察和分析。下面对这几处滑坡做简要介绍 [12]。

(1) Storegga 滑坡。

Storegga 滑坡是到目前为止发现的最大的海底滑坡,该滑坡体位于挪威 Vøring 高原南部的被动大陆边缘,从挪威大陆坡一直延伸到挪威海盆,影响面积达 $9.5 \times 10^4 \text{km}^2$,分三次滑坡,将 5580km^3 的巨量物质运移,过程中触发了海啸并冲击了苏格兰和部分不列颠海岸 [13]。

第一次滑动发生在 30000 ∼ 50000 年前,滑坡体后缘陡壁长达 290km,堆积厚度最大达到 450m,平均坡度 10° ∼ 20°,总的滑动距离大约 800km,总的滑动体原始底面积约 $3.4 \times 10^4 \text{km}^{2[14]}$。第二次发生在 6000∼8000 年前,将大量第三纪和第四纪的沉积物输运到了离后缘陡壁 800km 远的西北方向的挪威海盆。第三次滑动主要分布在第一次滑动面的中间和上部,规模远小于第二次滑动 [15]。

目前有两种观点：一种观点认为该滑坡与水合物分解无关 [16]，是由于强地震、坡角侵蚀、底劈、不利的沉积过程等多种作用下产生的渐进滑动；另一种认为该滑坡发生时正处于冰退期，海平面下降，水温上升，导致大面积水合物分解，进而引起滑坡 [17-20]。两种观点均承认地震和不利的沉积过程是该滑坡的因素。

(2) 开普菲尔滑坡。

开普菲尔滑坡 (The Cape Fear Slid) 位于美国大西洋大陆边缘，滑动发生在北卡罗来纳州的开普菲尔地区的大陆坡，并向东南方向发展。滑坡后缘陡壁 (120m 厚，50km 长的圆弧形) 中心位于坡下部 2600m 水深处。Paull 等 [21] 对该滑坡体进行放射性碳同位素研究，发现大部分的岩心缺少 14000～25000 年前的沉积序列。学者认为该滑坡发生可能是由于挤压型盐底劈造成的断裂和挤压导致坡度变大和水合物的分解引起的地层强度降低。该滑坡后缘由一系列不规则滑移面构成，这些面正好与不连续的水合物分布区重合。Cashman 和 Popenoe [22] 认为水合物层下的自由气是导致该滑坡形成的原因。因为水合物层底界与其中一个大滑坡滑移面重合，在更新世由于海平面下降导致水合物分解速度增加，地层强度降低，从而导致该滑坡的形成。另外，于 1886 年发生在该滑坡附近的大地震也被认为是主要原因之一。

(3) Hamboldt 滑坡。

该滑坡区位于美国加州尤里卡附近的大陆边缘，其坡度为 4°，水深 250～500m[23]。这个滑坡区由以倒退的方式破坏的多个后旋的块体组成，地层由后更新世沉积物构成。让人们感兴趣的是该地区紧邻处发生了多次地震，但是该处却没有发生滑坡，这就显示还有别的原因导致该地区的滑坡。根据探测资料，在这个地区分布有数百个直径达 25m 的麻坑。对浅层样品 (离表面 2m 以内) 的测量显示甲烷气的体积浓度大于 10000mL/L。这些结果表明该地区地层中存在自由气和水合物，且在床面以下 1m 内采集到了水合物样品。因此正是大量浅层气和水合物的存在，导致该地区的滑坡产生。这也可以从另一方面得到验证，即在同一个大陆架上，不存在或仅有少量气体或水合物的地区，在同样的地震条件下并没有滑坡发生。在该地区，水合物分布区正好位于该滑坡体下方的坡体中，水合物分解生成的气体可以沿着坡体地层向上运移到滑坡体下方及坡体内，使地层中孔压升高，强度降低而滑坡。另一方面，Field 和 Barber[24] 认为强地震、地质构造上抬和变形、大量沉积物从河流输运到滑坡体边缘、孔隙气体增加 (生物气、热成因气、水合物分解气等) 也可能是该滑坡区形成的潜在原因。

(4) 波弗特海边缘滑坡。

波弗特海边缘 (Beaufort Sea Margin) 滑坡体从离岸边水深 200～400m 的地方一直延伸到水深 2000m 以上的地方，搬运沉积体的厚度为 100～400m[25]，从大陆架向海洋深处延伸 40～50km。滑坡体和水合物区高度重合 [26]。水合物层位于海床下 400~2000m 的深度。大陆坡上部 500m 深度范围内由黏土、粉土和砂土组成。由于该地区地层的渗透性很低，波弗特海陆坡的滑动是由海平面下降时水合物分解产生的超静孔压的缓慢消散引起的。

(5) 布莱克海台崩塌。

布莱克海台位于美国大西洋海岸，这里是美国东部大陆坡边缘水合物分布量最大的地区。该区内存在一个不规则的面积 38km×18km 的区域。该区域内广泛分布正断层、逆断层和褶皱，褶皱通常侵入断层中，导致该区域内的地层非常破碎而复杂，使地层变得不连续。这些断层终止于海床下 40~500m 处，即水合物稳定区的基线以下。可以观测到沿底劈喷发出来并沉积到海床的沉积物。研究表明，该区域的崩塌是由于海平面下降时水合物层分解及下方含气泥中气体析出产生的超静孔压引起的，但是由于坡度太小的缘故，这里只有垮塌而没有滑动[27]。在边缘的冠部形成气阱，由于被水合物层封盖住而产生了超静孔压。其中气体可能正来源于水合物分解气运移过来，气体聚集后将黏土挤压进入水合物层下的富含气体的活动性沉积层。超静孔压的形成，以及水合物分解导致的地层强度降低触发泥底劈、富含流体的活动地层的挤入等地质活动。这些地质活动进一步触发了滑坡[27]。

(6) 墨西哥湾区滑坡。

墨西哥湾的水合物位于湾区大陆坡西北至离路易斯安那和得克萨斯海岸线西南 180km，水深 400m 至水深大于 2400m 的区域。该地区的水合物既有生物成因的，也有热成因的，存在于 440~2400m 水深的区域[28]。Milkov[29] 认为水合物分解是该区域内钻井、海底安装操作和海底管线的主要威胁。由于温暖的洋流翻腾和季节性温度变化，水深 320~720m 处的水温不断变化，使得水合物反复地合成与分解，水合物层的厚度和顶界不断变化，导致大面积的地层强度降低而成为潜在的地质灾害发生地。目前该地区至少存在一个面积约 $1.4×10^5km^2$ 的区域被认为是与含气沉积物的存在相关的潜在水合物分解引起的地质灾害区。

这些案例表明，水合物分解可以导致海底滑坡。分布有水合物的海底坡体的安全因子会随着海平面下降、水温上升、水合物含量增加、地层塑性指数下降和孔隙率增加而下降[30]。在不同的区域，由于海底的地质和地貌、水深、水温、水合物层埋深和厚度、水合物饱和度、洋流情况、覆盖层和水合物层的力学性质等有差别，导致不同区域水合物引起的海底滑坡的规模、类型、运移距离等有显著的差异。

4.2.2 水合物分解相关的海底泥石流

诱发海底泥石流/泥流的因素很多，如地震、波浪、潮汐、沉积、气体等。水合物分解也是导致海底泥石流的一个重要因素[31-33]。含水合物地层及上覆层土颗粒较细，一般为粉土和黏土等，水合物分解后导致的海底滑坡与海水作用，由于"掺混"效应和"滑水"效应[34-36]，极易转化为泥石流/泥流。在适宜的条件下，如水合物层和上覆层初始就比较松软，水合物分解后也可以直接转化为泥石流。泥石流可以在更小的坡度下，运动到比滑坡更远的距离。运动的泥石流带来的冲击力可能给海底设施造成破坏，甚至引起地层进一步的滑塌。Sultan 等[33]的研究表明，第二次滑坡是由水合物分解引起的，在滑动过程中整个块体转化为泥石流运动。

4.2.3　环境影响

海底滑坡除了可能引起沿程结构的破坏，甚至海啸，还可能导致甲烷大量释放，破坏环境和生态。根据预测，如果全球水合物中的甲烷全部释放出来，可使地球温度升高 4~8℃。一旦升温，将造成严重的后果，包括：一是减缓全球变冷的趋势，二是可能加剧全球变暖的趋势。这是因为储存在水合物中的甲烷总量大致是大气中甲烷数量的 3000 倍，并且甲烷的温室效应是二氧化碳的 10~20 倍。

大规模的水合物分解可导致大量海底单细胞生物灭亡，对海底生物多样性造成巨大灾难。Dickens 等[37-40]认为从水合物中突然释放出的大量甲烷是古新世与始新世分界面上（5500 万年前）1/2~2/3 底栖海洋动物灭绝的直接原因，同时，也是很多深海的浮游有孔虫和其他生物灭绝的原因。水合物分解产生的大量甲烷气，首先溶解在海水中，当溶解的甲烷饱和时，甲烷就会从海水逸出到大气中，进而可能引起温室效应。这次突然增温事件中大气中甲烷浓度的突然升高与气候变化的一致性在地质记录中找到了相应的证据，即深海沉积物中 $\delta^{13}C$ 的含量出现了负偏移，同时地震地层学的研究表明，在晚古新世的沉积物中有大量甲烷气释放的痕迹。通过对大西洋等海域沉积物样品的分析表明，在第四纪末期也发生了增温事件，浮游和底栖有孔虫的 $\delta^{13}C$ 也出现了明显的负向偏移，研究表明这次的事件也是海底水合物分解引起的[41]。

甲烷气体进入海水中会对海洋生态平衡产生破坏。游离甲烷气可与海水中的溶解氧发生化学反应，即 CH_4 和海水中的 O_2 反应生成 CO_2，而 CO_2 又会与礁石中的 $CaCO_3$ 反应生成 $Ca(HCO_3)_2$。于是导致海水中的氧气含量降低，引起喜氧生物群的萎缩，甚至物种灭绝，同时生成 $Ca(HCO_3)_2$ 的反应也会造成生物礁退化，破坏海洋生态平衡[42-44]。在二叠纪/三叠纪界线、三叠纪/侏罗纪界线附近以及晚侏罗纪发生的古环境和古生物灾变事件也与水合物的分解密切相关[45-47]。

在陆域冻土带的水合物区，地表与大气直接连通，与水合物地层也通过孔隙裂隙相通。一旦水合物分解，甲烷则会通过覆盖层直接进入大气。由于没有海底甲烷泄漏时在海水中的溶解和氧化过程，从冻土中水合物进入大气圈的甲烷的量几乎和水合物分解释放的甲烷量相等，所以陆域冻土区水合物大面积分解时，对气候的影响也不可小觑。另一方面，在冻土区，地表一般被高寒草甸、草场等覆盖, 这些植被对环境条件的变化极为敏感。在对水合物进行开发时, 当地原有的多年冻土状况不可避免地要被直接改变, 使多年冻土区面积和厚度逐渐退化, 环境遭到破坏, 比如沙漠化、植物种类减少、群落盖度下降, 以及小型啮齿类动物的潜入进一步加速草场的退化等 [48]。

从地史方面看, 目前对全球气候变化与水合物释放甲烷相关联的较为一致的认识是: 海平面升降、地震和海啸可能引起水合物分解; 而水合物分解产生的塌陷、滑坡和浊流则可能进一步引发新的地震和海啸; 同时, 水合物分解引发的海底滑坡、塌陷, 甚至海啸等自然灾害, 对海底电缆、通信光缆、钻井平台、采油设备等工程设施可能造成威胁或破坏, 甚至波及沿岸的建筑物, 危害航行安全和人民的生命财产 [49,50]。这些连锁反应式的灾害链会给自然界和人类社会带来更大的灾难。

为了探索水合物分解引起的海底滑坡的机理, 人们从理论分析、模型实验和数值模拟几方面开展了广泛的研究。

4.3 理论研究

滑坡稳定性分析方法一般分为理论方法 (如极限平衡法) 和数值分析法。极限平衡法以莫尔–库仑强度准为基础, 直接给出滑坡体的整体安全系数。该方法具有模型简单、计算公式简洁; 同时该方法实践应用时间长, 人们积累了丰富的经验, 能考虑多种加载形式的优点, 得到了广泛的应用。但是该方法在分析具有复杂地形和条件时, 显得力不从心, 也不能给出局部应力和变形状态等参数 [51]。

与一般滑坡不同的是, 水合物分解引起的滑坡涉及相变。因此理论模型中除了通常滑坡所需要考虑的力与力矩平衡, 还必须考虑能量守恒和水合物相变。针对天然气水合物分解引起的滑坡, 人们基于不同的简化和假设, 提出了多种理论模型, 多数是基于极限平衡分析方法。

4.3.1 考虑水合物分解后地层强度降低的极限平衡方法

Sultan 等 [33] 在考虑水合物分解潜热、温度、压力、孔隙水化学及颗粒平均粒径分布对水合物平衡影响的基础上, 提出了海洋沉积物中气体水合物的热力学化学平衡理论模型, 给出了与水合物分解相关地质灾害的评估方法。研究表明, 地层中自由气体的存在对水合物稳定区厚度、水合物分解后超静孔压的形成有非常大的影响。通过对 Storegga 滑坡的分析, 认识到水合物的分解正是该滑坡形成的主因, 而且滑坡面正好在水合物稳定带顶部而不是底部。Nixon 等和 Grozic 等 [52,53] 提出了一个水合物分解后孔隙压力变化的理论模型。该模型假设地层是低渗透或者是不可渗透, 不考虑其他载荷的影响, 地层中有效应力的变化近似等于孔隙压力相反的变化。因此该模型对于渗透性较好的地层不能采用。

刘锋等[54]采用极限平衡模型对南海北部神狐海域水合物区的稳定性进行了研究。考察了水合物分解量、海底斜坡水深、沉积物层厚度、斜坡坡角四个因素对海底斜坡不稳定的影响。结果表明：随着斜坡坡角增加，引起海底斜坡失稳所需要的沉积物层中水合物分解程度逐渐降低。但是计算中没有考虑水合物分解过程中地层的强度及弹性模量的变化及影响，对海底地形及地质情况也做了很大的简化处理。秦志亮[55]对南海白云凹陷区天然气水合物的分解机理和白云块体搬运沉积体系开展了研究，建立了海底地质模型，采用极限平衡法对海底稳定性进行了判定，给出了水合物在几种分解模型情况下的斜坡稳定性的安全系数，讨论了海水水深、陆坡坡角、水合物带厚度等三种因素对海底稳定性的敏感性问题。杨晓云[56]在考虑水合物赋存地层的特性和水合物分解特点的基础上，建立了水合物分解的孔隙压力变化模型，根据极限平衡原理，利用孔隙压力变化模型修正了无限边坡方程，并以 Storegga 滑坡、波弗特海滑坡等典型滑坡为例进行了模拟分析。

4.3.2　基于土层分层的土层滑塌模型

张旭辉等[57]基于离心机实验模拟的现象和数据，提出了水合物分解引起地层分层 (即上下土层间出现的强度很低的软弱层)，从而导致土层破坏与滑塌的分析模型 (图 4.1)。该模型考虑水合物分解扩展、地层沉降和分层发生，基于极限平衡方法，提出了滑塌产生的临界条件和临界滑动长度。

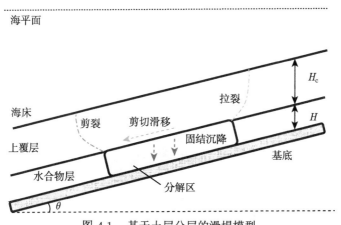

图 4.1　基于土层分层的滑塌模型

水合物分解时，水合物相变以阵面形式向前扩展，因为只有热量供应足够，水合物才能分解，因此设热传导影响区域即分解区域，该区域大小由热传导快慢决定：

$$X_{e1} = (\xi_{e1}\kappa_1 t)^{1/2} \tag{4.1}$$

其中，X_{e1}、κ_1、ξ_{e1}、t 分别表示分解长度、热扩散系数、相似参数和时间。

水合物分解生成气体和水，并从水合物分解区域渗流到分层发生的区域 (一般为上覆土层与水合物土层的分界面，也可能是其他渗透性变化大的区域)。考虑到传热、渗流、变形的特征时间之比一般相差几个数量级，可以认为传热锋面到达或者地层当地热量充足，渗流与变形是瞬时完成的。在孔隙气体压力增加和地层强度综合作用下，根据一维固结理论，可得到自重引起的沉降 S，由下式计算：

$$S_1 = \int_0^H \frac{\sigma(x)}{E_{s1}} \mathrm{d}x = \frac{(\rho_{s1} - \rho_w) g H^2}{2 E_{s1}} \tag{4.2}$$

上覆土层重量引起的沉降：

$$S_2 = \frac{pH}{E_{s1}} = \frac{\rho_{s2} g h_2}{E_{s1}} H \tag{4.3}$$

那么，总沉降为

$$S = S_1 + S_2 \tag{4.4}$$

其中，$\sigma(x)$ 为水合物层位置的有效应力，ρ_{s1} 水合物分解后的地层密度，p 为上覆土层压力，H 为水合物土层某处高度，ρ_{s2} 和 h_2 为上覆土层的密度和高度，E_{s1} 为水合物地层分解后的压缩模量，g 为重力加速度。

水合物分解前，土层是稳定的。当水合物分解后，土层中出现超静孔压，孔隙流体向分层处，如上覆土层与水合物层之间，导致该处地层的抗剪强度大大降低。水合物分解区域上方的局部土层重量绝大部分由孔隙流体压力承载，当水合物分解范围达到临界值 l_{cr} 后，地层发生剪切破坏，于是滑塌发生了。

假定土层剪切破坏服从莫尔–库仑强度准则：

$$\tau = \sigma \tan\phi + c \tag{4.5}$$

由主应力形式表示如下：

$$\sigma_1 = \sigma_3 \tan^2(45° + \phi/2) + 2c\tan(45° + \phi/2) \tag{4.6}$$

根据沿斜坡方向的朗肯土压力公式与静力学平衡，可得到关系式：

$$\rho_{s2} g l_{cr} \sin\alpha = \rho_{s2} g h_2 \tan^2(45° + \phi/2) + 2c\tan(45° + \phi/2) \tag{4.7}$$

从而推导得到临界长度：

$$l_{\mathrm{cr}} = \frac{\rho_{\mathrm{s2}}gh_2\tan^2\left(45^\circ + \phi/2\right) + 2c\tan\left(45^\circ + \phi/2\right)}{\rho_{\mathrm{s2}}g\sin\theta} \tag{4.8}$$

上式可以由离心机实验数据得到验证。计离心机实验中上覆土层的总滑动量为土层表面的总裂缝宽度。总滑动量 Δd 等于滑动体部分在重力沿坡面方向分量作用下的变形，即

$$\Delta d = \int_0^{l_{\mathrm{cr}}} \frac{\sigma\left(x\right)}{E_{\mathrm{s2}}}\mathrm{d}x = \frac{\rho_{\mathrm{s2}}g\sin\theta}{2E_{\mathrm{s2}}}l_{\mathrm{cr}}^2 \tag{4.9}$$

其中，ρ_{s2} 为上覆土层密度，上覆土层压缩模量 E_{s2} 为 16MPa；c 和 ϕ 分别表示黏聚力和内摩擦角。

经过计算，裂缝的总长度与预测长度、沿着斜坡方向的滑动值分别为 6cm、5.5cm 和 6cm，基本一致，证实该模型是有效的。

陈旭东[58] 针对水合物分解导致海床滑塌，采用圆弧滑极限平衡方法进行了分析，主要计算不同分解区长度下坡体的安全系数，以安全系数小于 1 作为坡体不稳定的判据，对应的水合物分解区即为临界长度，见图 4.2。

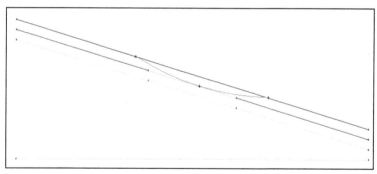

图 4.2   模型示意图

首先是考虑厚度比 (覆盖层厚度与水合物层厚度之比) 为 1 的情况下的临界分解长度。计算了水合物与覆盖层厚度均为 100m、分解区长度分别为 1000m、1100m 和 1200m 三个工况的相对应的坡体安全系数，见表 4.1。

表 4.1   不同分解长度下的安全系数

分解长度/覆盖层厚度	初始滑面的安全系数	临界滑面的安全系数
10	1.498	1.046
11	1.498	1.044
12	1.498	0.931

可以看出，在厚度比为 1 的工况下，当分解的长度达到 $D_1/h = 12$ 时，坡体的安全系数为 0.931 < 1，坡体不稳定，发生滑动，故此时分解的临界长度为

$D_1/h = 12$。在该工况下的数值计算结果为 $D_1/h = 13$，误差为 7.8%。当然这里的计算结果与覆盖层和水合物层的其他参数，如强度值、坡角等因素也有关系。对于其他的坡体，临界长度应该有不同的值。

当坡体在水合物分解，同时伴随地震载荷的情况下更易发生滑塌破坏。在厚度比 $h/H = 1$，分解长度比 (分解区长度与覆盖层厚度之比) $D_1/h = 10$ 的情况下，地震载荷为 7 级和 8 级时的安全系数和无地震时的结果对比见表 4.2，滑移面形状见图 4.3、图 4.4。可以看出，在厚度比为 1、分解范围达到 $D_1/h = 10$，当存在地震载荷时，坡体的安全系数变小，也就是说，当坡体受到地震载荷作用下时，坡体变得比无地震载荷作用时更易被破坏。

表 4.2　不同地震等级下的安全系数

地震等级	初始滑面的安全系数	临界滑面的安全系数
无地震	1.498	1.046
7	1.283	1.002
8	1.142	0.896

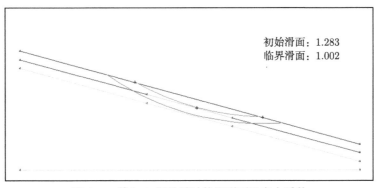

初始滑面：1.283
临界滑面：1.002

图 4.3　输入 7 级地震时的滑裂面及安全系数

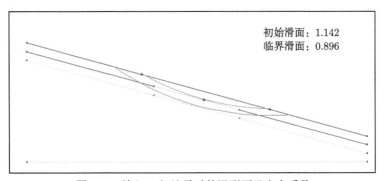

初始滑面：1.142
临界滑面：0.896

图 4.4　输入 8 级地震时的滑裂面及安全系数

坡角对安全系数有显著的影响，尤其在坡角小于 10° 的情况下。安全系数还与滑动前海床的精确形状密切相关。基于无限长坡体的分析结果与基于常规圆弧滑方法分析得到的安全系数区别较大 [59]。一般地，采用无限长坡体分析方法得到的结果可能偏离实际较大，因为该方法忽略了滑动体的重量及惯性，以及侧壁的强度和阻力。这一点需要在实际工程应用时注意。

4.4   实 验 研 究

由于水合物必须在一定的低温和高压条件下才能稳定地存在，加上还需要考虑水深条件，对水合物分解引起的海底滑坡的模型实验研究比陆地上滑坡的实验研究要困难得多。目前人们在这方面的研究主要以小尺度 $1g$ (1 个重力加速度) 条件下的机理性实验为主，同时开展了部分土工离心机实验。对于模型实验，首先需要确定模型律，然后在此基础上进行实验设计和结果分析。

4.4.1   问题及量纲分析

关于水合物分解引起地层及其中结构物 (井口/管道等) 变形和破坏的问题如图 4.5 所示，可以描述如下：水合物层上方为厚度 h 的覆盖层，水合物层厚度为 H，水合物层下方假设为坚硬的岩石层而忽略其变形。坡面无限长，水合物层和覆盖层平行且坡面平直，但具有不同的物理和力学性质。水合物分解范围 D 随时间逐渐增加，导致地层强度降低，进而引起地层和结构物的变形，甚至破坏。垂直井筒一般位于水合物分解区域中部，水平井筒位于水合物层中；油气输运管线则位于覆盖层表面与坡面平行或垂直；海洋结构基础则垂直插入覆盖层中，有的可以穿透覆盖层进入到水合物层中。

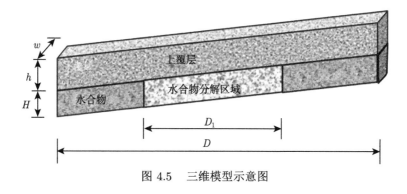

图 4.5   三维模型示意图

因此，该问题的影响因素如下：

几何参数：水合物层深度 H，覆盖层厚度 h，海水深度 H_0，海床坡角 θ。

物理参数：这里仅以较简单实用的莫尔–库仑模型为例来说明，故只考虑四个本构参数。

上覆层：密度 ρ、弹性模量 E、泊松比 ν、黏聚力 c、内摩擦角 ϕ。

水合物层：分解前：孔隙度 n，初始水合物饱和度 S_{h0}，初始含气水饱和度 S_{w0}，初始地应力 σ_0，初始地层温度 T_0，初始孔隙压力 p_0，密度 ρ_1，弹性模量 E_1，泊松比 ν_1，黏聚力 c_1，内摩擦角 ϕ_1，水渗透系数 k_{w1}，气体渗透系数 k_{g1}；分解后：密度 ρ_2，弹性模量 E_2，泊松比 ν_2，黏聚力 c_2，内摩擦角 ϕ_2，水渗透系数 k_{w2}，气体渗透系数 k_{g2}。

孔隙水：密度 ρ_w，黏性系数 μ_w。

孔隙气体：密度 ρ_g，黏性系数 μ_g。

与水合物形成/分解相关的参数：分解常数 k_d，指数 κ，潜热 H_L。

传热相关的参数：水合物层热传导系数 K 和比热容 C。

结构 (海管/井口) 参数：密度 ρ_0，泊松比 ν_0，强度 σ_c，抗弯刚度 EI_0。这里将抗弯刚度作为一个参数，是因为考虑的结构响应主要与这个参数有关而不是单独的几何参数或弹性模量，另一方面，在实验模拟时，海管/井口因为很薄，缩尺很困难，因此以抗弯刚度作为一个参数，更容易做到模型相似。

其他参数：重力加速度 g;

主要考察水合物分解引起的土层影响范围 A、土体的位移 S 和钢管的变形 ω 的变化。于是它们可以表示为上述影响因素的函数：

$$\left\{\begin{array}{c} A \\ S \\ \omega \end{array}\right\} = f\left(\begin{array}{c} H,h,H_0,\theta,\rho,E,\nu,c,\phi,n,S_{h0},S_{w0},\sigma_0,T_0,p_0,\rho_1,E_1,\nu_1,c_1,\phi_1, \\ k_{w1},k_{g1},\rho_2,E_2,\nu_2,c_2,\phi_2,k_{w2},k_{g2},\rho_w,\mu_w,\rho_g,\mu_g,k_d,\kappa,H_L,K,C, \\ \rho_0,\nu_0,EI_0,\sigma_0,g \end{array}\right) \tag{4.10}$$

以覆盖层密度 ρ，覆盖层厚度 h，重力加速度 g，T_0 对上式进行无量纲化，得到如下形式

$$\left\{\begin{array}{c} \dfrac{A}{h} \\ \dfrac{S}{h} \\ \dfrac{\omega}{h} \end{array}\right\} = f\left(\begin{array}{c} \dfrac{H}{h}, \dfrac{H_0}{h}, \theta, \dfrac{E}{\rho g h}, \nu, \dfrac{c}{\rho g h}, \phi, n, S_{h0}, S_{w0}, \dfrac{\sigma_0}{\rho g h}, \dfrac{p_0}{\rho g h}, \dfrac{\rho_1}{\rho}, \dfrac{E_1}{\rho g h}, \nu_1, \dfrac{c_1}{\rho g h}, \\ \phi_1, \dfrac{k_{w1}}{h^2}, \dfrac{k_{g1}}{h^2}, \dfrac{\rho_2}{\rho}, \dfrac{E_2}{\rho g h}, \nu_2, \dfrac{c_2}{\rho g h}, \phi_2, \dfrac{k_{w2}}{h^2}, \dfrac{k_{g2}}{h^2}, \dfrac{\rho_w}{\rho}, \dfrac{\mu_w}{\rho\sqrt{gh^3}}, \dfrac{\rho_g}{\rho}, \\ \dfrac{\mu_g}{\rho\sqrt{gh^3}}, \dfrac{\rho/(k_d p_0)}{\sqrt{H/g}}, \kappa, \dfrac{H_L}{CT_0}, \dfrac{\rho H^2 C/K}{\sqrt{H/g}}, \dfrac{\rho_0}{\rho}, \nu_0, \dfrac{E_0 I}{\rho g h^5}, \dfrac{\sigma_c}{\rho g h} \end{array}\right) \tag{4.11}$$

可以看到，该问题主要受到这 38 个无量纲参数的控制。在实验中，要做到模型与原型相似，必须使这些无量纲参数的原型值和模型值相等。在实际应用中，除

了原型实验，要使所有这些参数都满足相似律是非常困难的。因此，常常要做一些简化，比如地层和井筒/海管的泊松比一般变化不大，实验中忽略这几个参数的变化对结果的影响不大，井筒/海管的强度一般情况下比地层的要大几个数量级，故在实验中可以不要求这些参数严格满足相似律。由于气体的黏性相比孔隙水的黏性要小很多，在有些情况下也可忽略其变化的影响。这样，不考虑泊松比和井筒/海管的强度的相似，则有

$$
\left\{\begin{array}{c} \dfrac{A}{h} \\ \dfrac{S}{h} \\ \dfrac{\omega}{h} \end{array}\right\} = f\left(\begin{array}{c} \dfrac{H}{h}, \dfrac{H_0}{h}, \theta, \dfrac{E}{\rho g h}, \dfrac{c}{\rho g h}, \phi, n, S_{h0}, S_{w0}, \dfrac{\sigma_0}{\rho g h}, \dfrac{p_0}{\rho g h}, \dfrac{\rho_1}{\rho}, \dfrac{E_1}{\rho g h}, \dfrac{c_1}{\rho g h}, \\[3mm] \phi_1, \dfrac{k_{w1}}{h^2}, \dfrac{k_{g1}}{h^2}, \dfrac{\rho_2}{\rho}, \dfrac{E_2}{\rho g h}, \dfrac{c_2}{\rho g h}, \phi_2, \dfrac{k_{w2}}{h^2}, \dfrac{k_{g2}}{h^2}, \dfrac{\rho_w}{\rho}, \dfrac{\mu_w}{\rho\sqrt{gh^3}}, \dfrac{\rho_g}{\rho}, \\[3mm] \dfrac{\mu_g}{\rho\sqrt{gh^3}}, \dfrac{\rho/(k_d p_0)}{\sqrt{H/g}}, \kappa, \dfrac{H_L}{CT_0}, \dfrac{\rho H^2 C/K}{\sqrt{H/g}}, \dfrac{\rho_0}{\rho}, \dfrac{E_0 I}{\rho g h^5} \end{array}\right)
$$
(4.12)

在地层中，孔隙水和流体的黏性系数一般是和渗透系数构成相间作用系数，而由于黏性系数相关的流体阻力小，一般不考虑。这样，进一步地，可将上式化简为

$$
\left\{\begin{array}{c} \dfrac{A}{h} \\ \dfrac{S}{h} \\ \dfrac{\omega}{h} \end{array}\right\} = f\left(\begin{array}{c} \dfrac{H}{h}, \dfrac{H_0}{h}, \theta, \dfrac{E}{\rho g h}, \dfrac{c}{\rho g h}, \phi, n, S_{h0}, S_{w0}, \dfrac{\sigma_0}{\rho g h}, \dfrac{p_0}{\rho g h}, \dfrac{\rho_1}{\rho}, \dfrac{E_1}{\rho g h}, \dfrac{c_1}{\rho g h}, \\[3mm] \phi_1, \dfrac{\rho k_{w1}\sqrt{g/h}}{\mu_w}, \dfrac{\rho k_{g1}\sqrt{g/h}}{\mu_g}, \dfrac{\rho_2}{\rho}, \dfrac{E_2}{\rho g h}, \dfrac{c_2}{\rho g h}, \phi_2, \dfrac{\rho k_{w2}\sqrt{g/h}}{\mu_w}, \\[3mm] \dfrac{\rho k_{g2}\sqrt{g/h}}{\mu_g}, \dfrac{\rho_w}{\rho}, \dfrac{\rho_g}{\rho}, \dfrac{\rho/(k_d p_0)}{\sqrt{H/g}}, \kappa, \dfrac{H_L}{CT_0}, \dfrac{\rho H^2 C/K}{\sqrt{H/g}}, \dfrac{\rho_0}{\rho}, \dfrac{E_0 I}{\rho g h^5} \end{array}\right)
$$
(4.13)

经过这样的简化后，仍然有 31 个无量纲参数。

如果保持材料不变，即原型材料的物理和力学参数与模型的一样，则上式可重写为

$$
\left\{\begin{array}{c} \dfrac{A}{h} \\ \dfrac{S}{h} \\ \dfrac{\omega}{h} \end{array}\right\} = f\left(\begin{array}{c} \dfrac{H}{h}, \dfrac{H_0}{h}, \dfrac{E}{\rho g h}, \dfrac{c}{\rho g h}, \dfrac{\sigma_0}{\rho g h}, \dfrac{p_0}{\rho g h}, \dfrac{E_1}{\rho g h}, \dfrac{c_1}{\rho g h}, \\[3mm] \dfrac{\rho k_{w1}\sqrt{g/h}}{\mu_w}, \dfrac{\rho k_{g1}\sqrt{g/h}}{\mu_g}, \dfrac{E_2}{\rho g h}, \dfrac{c_2}{\rho g h}, \dfrac{\rho k_{w2}\sqrt{g/h}}{\mu_w}, \dfrac{\rho k_{g2}\sqrt{g/h}}{\mu_g}, \\[3mm] \dfrac{\rho/(k_d p_0)}{\sqrt{H/g}}, \kappa, \dfrac{H_L}{CT_0}, \dfrac{\rho H^2 C/K}{\sqrt{H/g}}, \dfrac{E_0 I}{\rho g h^5} \end{array}\right)
$$
(4.14)

如果材料不变，当几何比尺原型尺度与模型尺度之比为 $L_p : L_m = N$ 时，上式中前两个几何参数 $\dfrac{H}{h}$、$\dfrac{H_0}{h}$ 相似比为 N，其他的参数：

由 $\left(\dfrac{E}{\rho gh}\right)_{\mathrm{p}} = \left(\dfrac{E}{\rho gh}\right)_{\mathrm{m}}$ 可以推导出 $\dfrac{\rho_{\mathrm{m}}E_{\mathrm{p}}}{\rho_{\mathrm{p}}E_{\mathrm{m}}} = \dfrac{g_{\mathrm{p}}h_{\mathrm{p}}}{g_{\mathrm{m}}h_{\mathrm{m}}}$, 又因为 $\dfrac{h_{\mathrm{p}}}{h_{\mathrm{m}}} = N$, 所以

要求 $\dfrac{\rho_{\mathrm{m}}E_{\mathrm{p}}}{\rho_{\mathrm{p}}E_{\mathrm{m}}} = N\dfrac{g_{\mathrm{p}}}{g_{\mathrm{m}}}$。可以看到, 如果在 $1g$ (1 个重力加速度) 条件下进行实验, 即

$g_{\mathrm{p}} = g_{\mathrm{m}}$, 那么就要求 $\dfrac{\rho_{\mathrm{m}}E_{\mathrm{p}}}{\rho_{\mathrm{p}}E_{\mathrm{m}}} = N$, 但是在材料不变的条件下, 原型和模型的弹性

模量及密度也应该是相等的, 这显然是矛盾的。也就是说, 在常规实验室条件, 即 $1g$ 条件下, 这个无量纲参数是无法满足相似条件的。同理, 其他分母为 ρgh 的无量纲参数如 $\dfrac{E_1}{\rho gh}$、$\dfrac{E_2}{\rho gh}$、$\dfrac{c}{\rho gh}$、$\dfrac{c_1}{\rho gh}$、$\dfrac{c_2}{\rho gh}$ 等也无法满足相似条件。对于参数 $\dfrac{E_0 I}{\rho gh^5}$,

要求 $\left(\dfrac{E_0 I}{\rho gh^5}\right)_{\mathrm{p}} = \left(\dfrac{E_0 I}{\rho gh^5}\right)_{\mathrm{m}}$, 在 $1g$ 条件下, 要求 $\dfrac{\left(\dfrac{E_0 I}{\rho g}\right)_{\mathrm{p}}}{\left(\dfrac{E_0 I}{\rho g}\right)_{\mathrm{m}}} = \dfrac{(h^5)_{\mathrm{p}}}{(h^5)_{\mathrm{m}}} = N^5$, 即在

材料不变的条件下要求 $\dfrac{(I)_{\mathrm{p}}}{(I)_{\mathrm{m}}} = N^5$, 这显然是难以满足的。对于参数 $\dfrac{k_{\mathrm{w}1}}{\mu_{\mathrm{w}}\rho\sqrt{g/h}}$,

要求 $\dfrac{(k_{\mathrm{w}1}/\mu_{\mathrm{w}})_{\mathrm{p}}}{(k_{\mathrm{w}1}/\mu_{\mathrm{w}})_{\mathrm{m}}} = \dfrac{(\rho\sqrt{g/h})_{\mathrm{p}}}{(\rho\sqrt{g/h})_{\mathrm{m}}} = \sqrt{\dfrac{1}{N}}\dfrac{(g)_{\mathrm{p}}}{(g)_{\mathrm{m}}}$。显然只有足尺实验或土工离心机实验可以保证不变材料时上式中各参数的相似。当然, 如果改变材料, 在理论上是可以做到所有参数相似, 但是实际操作时具有很大的难度。数值模拟则较容易实现。

离心机实验的基本原理: 对于悬臂式离心机, 是通过离心机长臂的旋转使得土体产生 N 倍重力加速度 g 的离心加速度 Ng; 对于鼓式离心机, 则通过鼓形箱的旋转产生离心加速度。那么, 若土体在 $1g$ 条件下的实际重力为 G, 则在离心机中所受的向心力为 NG。因此, 若土体的原型尺度为 L, 在离心机中模拟时只需要采用 L/N 的尺度。

那么采用离心机实验, 是否可以满足所有的相似? 显然还不能。从上述参数中, 我们可以看到, 离心机实验中常见参数的相似比见表 4.3。

表 4.3 离心机实验相似比

参数	相似比
长度	$1/N$
应力	1
应变	1
力	$1/N^2$
加速度	N
频率	N
动载时间	$1/N$
渗流时间	$1/N^2$

4.4.2　模型制备

1. 四氢呋喃水合物沉积物制备

由于四氢呋喃 (THF) 可以与水任意混溶，且在 1 atm、4℃ 以内就可以形成水合物，制备 THF 水合物沉积物较甲烷水合物沉积物容易得多，二者的模量和强度等很接近。为此，人们常用 THF 水合物沉积物代替甲烷水合物沉积物进行实验。制备 THF 水合物沉积物模型时，先将配制好的 THF 溶液 (质量分数一般为 19%) 从土体底部缓慢注入。在模型箱底部一般铺设 1cm 厚度的透水布或粗砂层以保证溶液均匀地渗透到土层孔隙中。直到在溶液土层顶部出露 1mm 左右时停止注入。

在土层被 THF 溶液饱和后，开启制冷机，使模型箱内温度维持在 4℃ 以内，冷冻 2 天后，含水合物土层制备完毕。

2. 生物原位合成甲烷水合物沉积物制备

天然未扰动水合物沉积物试样的获得困难比较大，尤其对于较大体积的模型实验所需要的试样。这主要原因是水合物沉积物在取样过程中随着温度和压力的变化，水合物发生分解，引起土体内的气体发生膨胀，土体会造成不可逆转的破坏；另一方面，深海取样成本高也是限制条件之一。因此目前的实验，绝大部分水合物沉积物实验样品是在实验室里人工制备的。

目前制备含水合物土体试样的方法主要是把需要制备的试样，置于压力罐中，持续向压力罐中通甲烷气体达到一定的高压力。甲烷气体在压力差作用下渗入试样的孔隙和孔隙水中。然后将压力罐的温度控制在一定的范围内。在一定的温度、压力和时间下含水合物土体的试样可以形成。

由于土工离心实验所需试样的量比较多，采用上述方法需要大量的甲烷气体，这要求实验室具有比较高的防爆装备才能进行。如果所需要的试样的水合物饱和度不高，可以采用模拟海洋沉积物产气原理，即采用有机物厌氧发酵法，培养土体里含甲烷气体，然后把试样置于压力罐中，将压力罐内的温度和压力控制在一定范围内，制备出所需要的水合物沉积物试样。

刘涛等 [60] 的研究表明，从有机质的分解到生物甲烷的生成是不同微生物种群协同作用的结果。甲烷菌依赖于其他微生物将复杂的沉积有机质转变为简单化合物，因而作用于厌氧微生物分解有机质的最后环节。生成甲烷的途径主要有两种：一种为二氧化碳还原作用；另一种为发酵作用。大多数甲烷菌能还原二氧化碳生成甲烷，且二氧化碳还原作用是形成大规模聚集生物气藏的主要途径。少数甲烷菌通过发酵一些营养物质的羧酸基团而产生甲烷，其中最常见的为醋酸。在发酵过程中，羧基先被转化为二氧化碳，然后又被转化为甲烷，而羧酸上的甲基则会被直接转化为甲烷。

对现代海相沉积物的观察认为，活跃的甲烷生成作用并不都发生在富含有机质的沉积物中，总有机碳含量为 0.5%～1% 的沉积物足以支持显著的甲烷生成活动。由于甲烷菌是已知适应温度很宽的微生物，在接近冰点的南极湖泊中和温度高达 110 ℃ 的深海热液喷发口均有分布。因此微生物甲烷分布十分广泛，只有在埋藏较深并有相应的圈闭和封盖条件下，或有形成天然气水合物的条件下，生物成因甲烷才能得以保存。但对于现代浅层海相和陆相沉积而言，由于缺乏相应的圈闭和封盖条件，微生物成因甲烷大多都逸散或被氧化。

相对来讲，生物甲烷气更易于形成水合物。首先生物甲烷气的形成是一个持续的动态过程。这样能够维持形成水合物体系的相态稳定，不至于因气体释放而导致气体储集层破坏。其次，生成生物气的地层埋藏浅，岩性比较疏松，砂岩和粉砂岩具有高孔渗漏特征，孔隙度一般为 20%～35%，渗透率为 (150～1750) ×10⁻³μm²。因此，生物气在富集成藏以及形成水合物的过程中具有良好的储集空间。由于海域产甲烷菌活动的范围涵盖水合物的稳定带，与形成生物气藏不同的是，疏松地层中微生物成因的甲烷可以先形成水合物而无须良好的封盖条件。由于产甲烷菌活动的范围十分宽泛，因此，生物气能够持续地向水合物稳定带内供应，而形成天然气水合物矿藏。

制备含甲烷气土体时，厌氧发酵微生物要求有适宜的生活条件，对温度、酸碱度、氧化还原势及其他各种因素都有一定的要求。在制备过程中只有满足微生物的这些生活条件，才能达到发酵周期短、产气量适宜的目的。制备试样时，除了土体，还需要接种物和营养物质葡萄糖、牛肉膏和蛋白胨[61]。

接种物可以从自然界中方便地获得，如阴沟污泥、粪坑底脚污泥等都可以作为接种物。牛肉膏可用新鲜牛肉经过剔除脂肪、消化、过滤、浓缩而得到的棕黄色至棕褐色的膏状物，为厌氧菌微生物提供营养物质。蛋白胨用新鲜牛骨及牛肉混合提取，是细菌生长需要的维生素和其他生长因子，主要作用是提供氮源。葡萄糖是生物体内新陈代谢不可缺少的营养物质，主要作用是提供碳源。厌氧微生物在发酵过程中需要一部分碳素和氮素合成细胞物质，在合成这些细胞物质时还需要消耗碳素作为能量来源，同时不断将碳素转化为甲烷和二氧化碳放出。试样制备过程中添加的葡萄糖、牛肉膏和蛋白胨的比例为 30:1:16。

厌氧发酵微生物在一定的温度范围进行代谢活动，可以在 8～65℃ 产生甲烷和二氧化碳气体。温度不同，产气速度也不同。在 8～40℃ 范围内，温度越高，产气速率越大，但不是线性关系。40～50℃ 是厌氧发酵微生物高温菌和中温菌活动的过渡区间，它们在这个温度范围内都不太适应，因而此时产气速率会下降。当温度增高到 50～55℃ 时，由于高温菌活跃，产生气体的速度最快。为了避免产气速度快，影响均匀性或破坏土样，一般在试样制备时将温度控制在 30～40℃ 范围内。

　　把准备好的黏土质粉砂晒干，碾碎，用 2mm 铁筛子把草根等杂质去除，然后加水用搅拌器把土样和水搅拌成均匀的泥浆。在搅拌过程中添加适量的接种物和营养物质葡萄糖、牛肉膏和蛋白胨。

　　把搅拌均匀的泥浆移进模型箱内。在泥浆装入模型箱之前，根据设计方案把土压力传感器和孔压力传感器固定在相应位置，土体表面可以布置位移计、照相设备等。

　　把模型箱密封，四周用电热毯覆盖，温度控制在 30~40℃。24 h 后，原来黏稠的泥浆分成两部分，下部是沉积物，上部是比较清的水体，含悬浮物少。2 天后，可观察到小气泡在水体下部往上升腾。4 天后，可观察到小气泡冒出的范围比较均匀。撤去模型箱四周覆盖的电热毯，使模型箱的温度降为 7~8℃，微生物厌氧发酵作用停止。用导管把水体排出，在土体表层能观察到分布较均匀，直径为 2~5mm 的排气孔 (图 4.6)。可以采用顶空气相色谱法测定土体里甲烷浓度。

图 4.6　厌氧培养后土体表层出现的排气孔

　　把培养好的含气土体放进高压罐里，加上 4MPa 的气压，然后把高压罐移入温度在 −14℃ 的冰柜里。为了判断水合物是否完全形成，采用孔压监测的方法，即当孔压降为零时，表明水合物已经形成。一般经过 30~48 h，水合物就完全合成了。

3. 注气甲烷水合物沉积物制备

　　除了上文中介绍的生物原位生成甲烷水合物沉积物外，还可以采用其他的方式制备，与三轴实验样品制备方法一样，可以采用注气到含水土体沉积物或者直接用水合物粉末与土体混合压实。但是由于尺度要大很多，难度也增加很多；同时因为制样和实验都要在较大气体压力下进行，安全性要求更高，因此目前还没有采用甲烷水合物沉积物进行水合物分解滑塌的实验数据。已有的较大尺度实验，都是关于水合物成藏或开采模拟。

4.4.3 水合物分解后土层滑塌离心机模拟实验

4.4.3.1 土工离心模拟实验意义

土工离心模拟实验已广泛应用于岩土工程领域，包括：①模拟工程原型，为设计提供依据；②为验证和发展岩土的本构模型及计算软件提供实验数据；③针对岩土工程的基础研究和新现象的实验研究；④岩土工程物性参数研究，为工程设计和理论模型建立提供数据；等等[62]。

由于岩土工程结构材料性质复杂，即使严密的理论，也不一定能获得准确的结果。这也是岩土工程实际建设中的计算仍然采用一些简便的计算方法加上安全系数，并从施工开始到正式运行期间进行现场监测以验证和修正之前的计算的原因。在工程设计及施工之前，常进行小比尺模型实验进行研究，但这类实验结果都只能作为定性的。要获得定量的数据，就要进行较大比尺，甚至达到 1:1 比尺的模型来进行实验。但这类模型常常制备困难、实验条件和测量也困难，同时费用高昂、周期长、费时费力。因为岩土结构和岩土地基的应力、变形等性状与土体自重密切相关，因此岩土结构的重力相似必须满足相似，才能获得符合实际情况的结果。在实验模拟中既要满足重力相似，又要不改变土的基本性状，是岩土工程实验模拟的关键问题。于是，离心实验就成为土工物理模拟的强有力手段。土工离心机模拟的实质就是通过增加加速度的梯度，提供与实际重力场相同数值的应力场，这样就保证了模型与原型的应力相等。因为不改变材料，因此模型与原型的物理和力学性质也相等。同时，相比于原型实验，土工离心机模拟实验还具有较好的经济性、可控性、可操作性、重复性以及可靠性。基于这些原因，土工离心机模拟实验技术已经在岩土工程领域得到广泛应用[63]。

对于水合物分解土层不稳定性的离心机模拟，需要考虑多个物理效应和物理过程，包括水合物分解相变、热传导、气液渗流和土层变形甚至破坏。但最关心的还是水合物分解相变、热传导、气液渗流几个过程后，土层如何发生变形？土层破坏是如何演化的？不同尺度的水合物分解范围会发生怎样的破坏形式？

4.4.3.2 土工离心机模拟实验过程及结果

下面介绍张旭辉等[64]的水合物分解引起的地层变形离心机实验过程及结果。

(1) 模型制备。

实验模型箱尺寸为长 × 宽 × 高 =60cm×35cm×40cm。实验用土的基本参数为：含水合物土层干密度为 1100kg/m³，孔隙度为 60%，水合物土层的湿密度为 1700kg/m³；上覆土层干密度为 1300kg/m³，孔隙度为 52%，上覆土层的湿密度为 1800kg/m³。

(2) 模型力学参数。

实验中设定离心机加速度 $50g$，施加过程见表 4.4。

表 4.4　离心加速度值施加过程

离心加速度/g	对应时间/s
开机时间	0
10	480
20	695
30	905
40	1065
50	1190
开始停机时间	5152

　　样品制备完成后，通过测量获得上覆土层的弹性模量为 4MPa，内摩擦角为 0.5°，黏聚力为 35kPa，应力应变关系如图 4.7 所示。含水合物地层在水合物分解后，弹性模量为 0.6MPa，内摩擦角为 0.6°，黏聚力为 7kPa。应力应变关系和莫尔圆如图 4.8 所示。

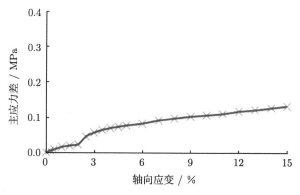

图 4.7　上覆土层的应力应变曲线

(3) 测量系统及标定。

实验中采用的传感器探头包括：激光位移传感器、孔隙压力传感器、温度传感器、细绳若干条和摄像头等。可以实时地监测水合物分解过程中位移的变化、孔隙压力变化、土层的水平滑动和温度的变化等参数。因为地层内部难以布置位移传感器，于是由坡体顶部至坡脚，沿垂向布置多根细线以测量地层内部沿坡面的变形。这样既能测量内部变形，又不会对地层性质产生明显干扰。传感器技术参数为：孔隙水压力传感器量程为 0~0.7MPa，精度为 0.01MPa、激光位移传感器量程为 50mm、120mm、270mm 三种、温度传感器量程为 $-50 \sim 100$℃，精度为 0.1℃。

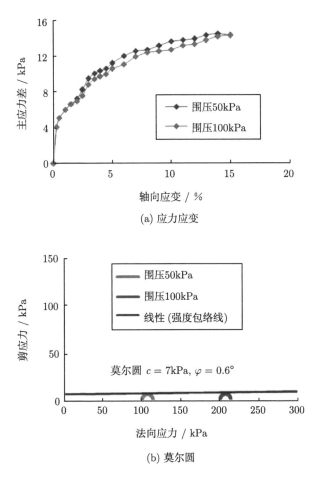

(a) 应力应变

(b) 莫尔圆

图 4.8　水合物分解后土层的应力应变曲线和莫尔圆

图 4.9 给出了孔隙压力、温度变化和不同位置的总应力数据。从图 4.9(a) 孔隙压力变化数据来看，孔隙压力的主要趋势是先缓慢上升，后基本平稳。PPT1 位置的最大孔隙压力为 0.22MPa，PPT2 位置的最大孔隙压力为 0.05MPa，PPT3 位置的最大孔隙压力约为 0.10MPa，PPT4 位置最大孔隙压力为 0.05MPa。温度平稳上升。从图 4.9(b) 看出，上覆土层与水合物土层交界面处的总应力为 0.06MPa，水合物土层底部的总应力为 0.06∼0.19MPa。根据有效应力原理，上覆层与水合物土层交界面处，在分解范围内出现了有效应力小于 0 的情况，这一部分将会出现明显的土层变形与破坏。

图 4.10 给出了激光位移传感器测量得到的上覆土层表面的竖向位移即沉降数据。LDT1 处沉降随时间增加，最大值为 26mm；LDT3 先隆起后沉降，最大沉降 12mm；LDT4 处土层表面先沉降后隆起，最高隆起 11mm；LDT2 处井筒

倾斜先向坡底后向坡顶方向增加, 井筒顶部最大水平位移 17mm。

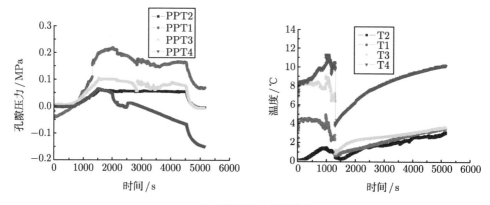

(a) 孔隙压力和温度演化

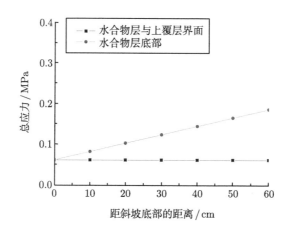

(b) 不同位置总应力数据

图 4.9　孔隙压力和温度的演化规律及不同位置的总应力

　　实验后, 通过量测实验前后上覆土层表面的高程, 确定不同位置的沉降。如图 4.11 所示。可以看到, 上覆土层发生明显的滑塌, 原坡度为 14°, 实验后平均坡度 4°。坡顶上覆土体整体下滑, 露出水合物土层长度为 4.5cm, 井筒严重倾斜, 倾斜角达到 20° (图 4.12)。

　　在实验结束后, 小心地剖开地层, 露出其中的细线并测量当时的位置, 与实验前记录的位置比较, 计算得到土层沿坡面的变形。结果显示, 上覆层与水合物层分界面处的滑移量最大。S1 的最大向下滑移量为 4.0cm; S2 的最大向下滑移量为 4.5cm; S3 的最大向下滑移量为 4.5cm; S4 的最大向下滑移量为 4.5cm;

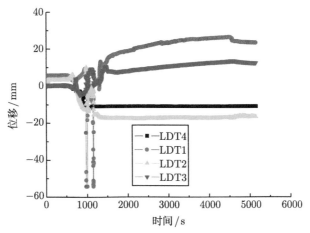

图 4.10 上覆土层表面的沉降位移演化规律

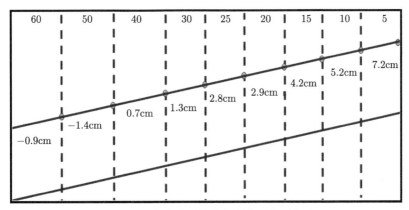

图 4.11 实验后测量的上覆土层表面位移

图 4.12 实验后的基本现象

S5 的最大向下滑移量为 5.0cm；S6 的最大向下滑移量为 4.0cm；S7 的最大向下滑移量为 3.5cm。沿坡体地层中部的向下滑移量最大，两端滑移量小。沿深度则在上下层交界面上滑移量最大 (图 4.13)。

图 4.13   细绳的滑动

4.4.4   生物生成甲烷制备水合物沉积物的离心机实验结果

实验是在中国水利电力科学研究院的 LXJ-4-450 大型土工离心模型实验机进行。实验设备的主要指标如下：最大加速度 $300g$，有效负重 1.5t，有效负荷 $450g \times$t，最大半径 5.03m，吊篮尺寸 1.5m×1.0m×1.2m(长 × 宽 × 高)，驱动电机功率 700kW (图 4.14)，加速到 $300g$ 所需时长 15～20min，设计连续工作时长 48h，电源/信号通道数量 14/64[65]。

图 4.14   LXJ-4-450 大型土工离心模型实验机

为了测量坡体表面在实验过程中的沉降量,在模型箱上安装无接触式激光位移传感器,采用德国威格勒 (Wenglor) 产品,量程为 40～100mm、精度为 5～20μm。孔压探头为美国通用电气 (GE) 传感与检测技术 (Sensing & Inspection Technologies) 公司的 PDCR-81 微型孔隙压力传感器。传感器呈圆筒状,长 12mm,直径仅为 6.5mm。正是由于这种传感器体积小,对模型干扰小,这种微型孔压传感器在离心模型实验中得到广泛的应用。为了记录斜坡变形破坏的全过程,在实验中安装了 2 套数字摄像头。通过摄像头获取实验图像,能准确识别试样上的图像特征,从而获得试样变形信息,具有非接触、全视场测量、高精度和自动化程度高的特点。

实验采用的土样为细颗粒黏土质粉砂,比重 2.71,颗粒级配曲线见图 4.15。

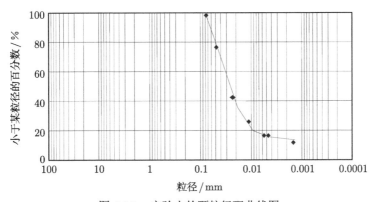

图 4.15　实验土的颗粒级配曲线图

实验工况如下:

工况 1:在模型表面斜坡上部平行于斜坡放置一根两头密封内装水的细钢管,其外径为 10mm,内径为 9mm,长为 300mm。在室温和常压下,0～2850s 时间内逐渐将离心加速度增大到 150g,保持 150g 运行 900s,然后逐渐停机。

工况 2:在制备好的模型表面覆盖一层厚度为 10mm 的黏土层。在模型表面斜坡下部垂直于斜坡放置一根如工况 1 的细钢管。在室温和常压下,0～2670s 时间内逐渐将离心加速度增大到 150g,保持 150g 运行 840s,然后逐渐停机。

工况 3:模型布置如工况 2。在斜坡下部平行于斜坡放置一根两头密封内装水的细钢管。该管外径为 6mm,内径为 4mm,长为 300mm。在孔压计 PPT1 附近安装一个加热棒,0～1790s 时间内将离心机加速度增大到 150g,这时打开加热棒的电源开关,并保持 150g 运行 1800s,然后逐渐停机。

工况 4:模型布置如工况 2。细钢管垂直于斜坡放于下部。在孔压计 PPT4 附近放置一根充满水且不与坡体连通的铁管底部,水深 25cm。0～600s 时间内将

离心机加速到 $150g$，保持 $150g$ 运行 3600s 后，逐渐停机。在离心机开始加速时，加热棒电源打开。

上述四种工况下的孔压计深度布置见表 4.5，模型初始参数见表 4.6。

实验中各个传感器位置以及实验前、实验后模型表面形态剖面见图 4.16。

表 4.5　孔压计深度

No.	1	2	3	4	5	6
工况 1	10.5	9	12	9.5	18.3	17.3
工况 2	28.1	9.8	14	9	10.4	2
工况 3	17	9.5	13	8	13.8	10.5
工况 4	15.5	7.3	13.5	24.9	10.9	10.9

注：第 1 行 1~6 指 PPT1~PPT6。

表 4.6　模型初始参数

参数	工况 1	工况 2	工况 3	工况 4
含水量/%	33.0	33.9	32.3	34.1
密度/(kg/m³)	1840	1830	1890	1810
CH_4 含量/(m·mol/kg)	1.2	1.1	1.4	1.3
坡度/(°)	7.1	8.5	9.2	10

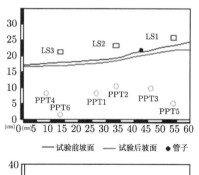

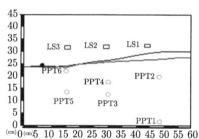

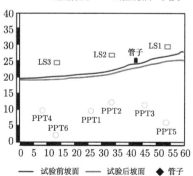

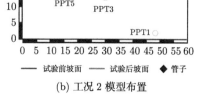

(a) 工况 1 模型布置　　　　　　　　　(b) 工况 2 模型布置

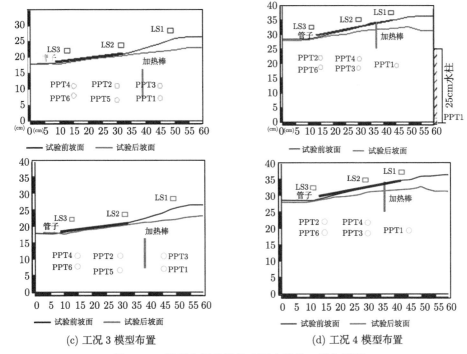

(c) 工况 3 模型布置　　　　　　　　　(d) 工况 4 模型布置

图 4.16　模型布置及坡体表面实验前、后位置图

4.4.4.1　坡体表面沉降发展

随重力加速度的增加，破坏从坡下部开始，坡底部呈弧形明显地向斜坡下方移动，坡顶面裂隙纹加大，斜坡坍塌。工况 1 中斜坡在坡度为 6.7° 时重新稳定。实验结束后，放在模型表面的钢管约下沉了 2~3mm (模型尺寸)(图 4.17)。

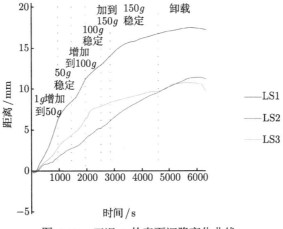

图 4.17　工况 1 的表面沉降变化曲线

工况 2 中斜坡坡度为 5.1°(图 4.18)。在实验过程中 LS1 和 LS2 处最大沉降值分别为 29.6mm 和 13.0mm (正值表示模型表面降低，负值表示抬升)。实验结束后，观察到细钢管大部分被斜坡上部滑移下来的沉积物覆盖。

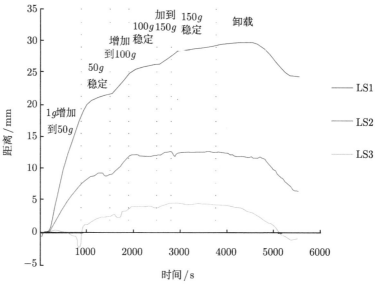

图 4.18　工况 2 的表面沉降变化曲线

工况 3 中实验进行到 2000s 左右坡底面出现积水，影响了 LS3 的测量数据。在坡度为 5.3° 时坡体重新稳定 (图 4.19)。实验结束后，细钢管已经被沉积物覆盖。

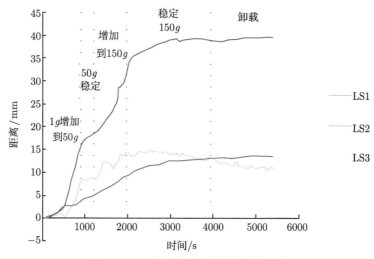

图 4.19　工况 3 的表面沉降变化曲线

工况 4 中斜坡上部土体滑动引起的沉降速度较快，而上部滑塌下来的沉积物在斜坡下部堆积减缓了沉降。在坡度为 4.2° 时重新稳定 (图 4.20)。实验结束后，细钢管约下沉了 3~4mm (模型尺寸)。

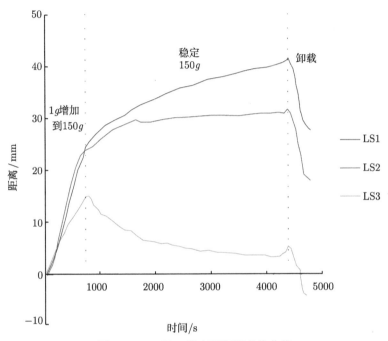

图 4.20   工况 4 的表面沉降变化曲线

4.4.4.2   孔隙水压发展

工况 1 中 PPT1、PPT3~PPT6 等 5 个传感器检测的数据变化情况见图 4.16。总体来看，在 $1g$ 加速到 $150g$ 的过程中，5 个传感器的测量值在逐渐增加，随 g 增加，记录到数据的传感器先后顺序为：PPT6、PPT5、PPT4、PPT3 和 PPT1。因此离边界越近处，孔隙水压力上升越早，即边界处水合物分解越快 (图 4.21)。工况 2 中在 $1g$ 增加到 $150g$ 值时，PPT1、PPT3、PPT5、PPT4 和 PPT6 的值分别为 68.5kPa、123.7kPa、152.8kPa、176.2kPa 和 373.4kPa。在 $50g$、$100g$ 和 $150g$ 稳定期内，5 个孔压传感器监测值多有小幅下降 (图 4.22)。这表明在 g 值稳定期内孔隙水压力消散。工况 3 中 PPT1、PPT4、PPT5 和 PPT6 在 $1g$ 值增加到 $150g$ 时，这几个位置的孔压值分别是 248.9kPa、157.3kPa、205.7kPa 和 179.3kPa。在 $150g$ 稳定期间，PPT1 传感器由于离热源很近，随着水合物热分解，孔压值出现一个较大的变化值，从 248.9kPa 增加至 457.5kPa，然后随着渗流而降低至 203.4kPa；PPT4、PPT5 和 PPT6 等 3 个传感器的测量值也有一些小的

波动 (图 4.23)。工况 4 中，PPT4 安装在清水中，记录的孔压值与加速度呈好的线性关系。PPT1、PPT2 和 PPT3 测量值在 $150g$ 值时，测量值分别为 249.6kPa、150.7kPa 和 225.3kPa。在 $150g$ 值稳定期，3 个传感器记录的值出现波动，表明孔隙气在累积和消散 (图 4.24)。

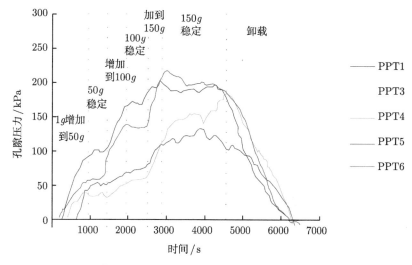

图 4.21　工况 1 实验过程中孔隙水压变化

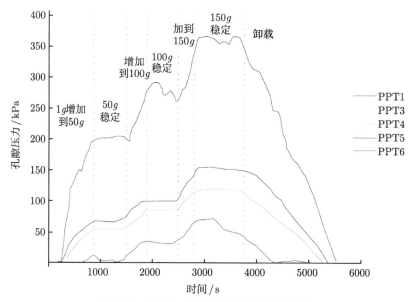

图 4.22　工况 2 实验过程中孔隙水压变化

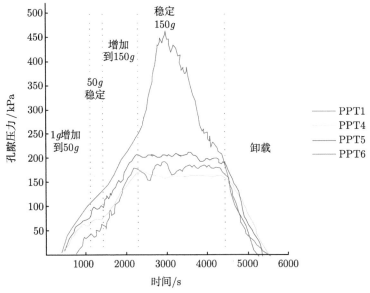

图 4.23 工况 3 实验过程中孔隙水压变化

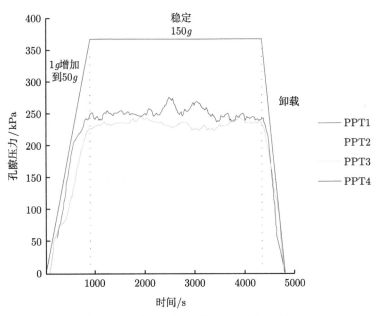

图 4.24 工况 4 实验过程中孔隙水压变化

4.4.4.3 土压力和孔隙水压力的关系

选择在离心实验过程中具有代表性的一个孔隙压力传感器监测数据，工况 1 中的 PPT5、工况 2 中的 PPT1、工况 3 中的 PPT1 和工况 4 中的 PPT1 测量值和该传感器埋设深度处的土压力进行比较，如表 4.7 所示。

表 4.7   实验测量的参数表

	工况 1 中 PPT5	工况 2 中 PPT1	工况 3 中 PPT1	工况 4 中 PPT1
p/kPa	64.1	119.6	333	155
土压力/kPa	250	660	360	340
液化指数	0.26	0.18	0.93	0.46
高度/cm	28.1	24	12.7	12.5
坡度/(°)	7.1	8.5	9.2	10
时间/s	3750	4510	3590	4200

注：p 指最大超静孔压。

实验结束后，观察放在模型表面上部的钢管子发现，在第一种工况下，钢管约下沉了四分之一，即下沉有 2~3mm；第二种工况下钢管大部分被斜坡上部滑移下来的沉积物覆盖，且其他部分也沉降；第三种工况下钢管全被覆盖；第四种工况下钢管约下沉了二分之一，即下沉有 3~4mm，如图 4.25 所示。

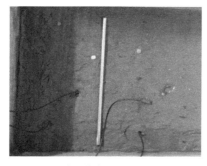 

(a) 实验前表面钢管位置   (b) 模型 2 实验后钢管位置及覆盖情况

图 4.25   实验前、后放置在表面钢管的照片

4.4.5   水合物分解引起地层变形的小比尺模型实验

虽然土工离心机实验模拟水合物沉积地层的滑塌更接近于实际情况，且具有相对于现场原型实验节省费用和时间等的优点，但是与小比尺模型实验相比较，却有费用高、测试难度大等缺点。对于需要了解实际工程需要的参数和现象，用离心机实验无疑具有很大的优越性，但是对于水合物地层变形和稳定的机理研究，包括为理论模型和数值计算提供验证数据，小比尺模型实验具有快速、节省成本、易操作的优点。

本节将介绍几个小比尺的水合物分解引起地层滑塌和井筒变形的模型实验[66,67]，主要探讨了地层坡度和水合物分解范围等因素在局部加热分解条件下井筒的沉降，整体升温分解条件下地层滑塌问题。实验分为两种加热方式：局部加热和整体室温分解。局部加热分解主要考察水合物分解范围对井筒周围土层承载力和井筒沉降的影响；整体室温分解主要考察水合物分解后土层的滑塌。

4.4.5.1 实验装置与样品制备

采用两套不同尺度的模型：

(1) 实验装置由控温箱体、制冷机、温度压力测试系统和视频数据采集系统组成 (图 4.26)。箱体尺寸长 1.4m、高 40cm、宽 40cm，在控温箱体底部铺设透水布和木板，一方面增加底部土与箱体的摩擦，另一方面保证制样时四氢呋喃溶液从底部均匀向上饱和。加热棒布置在木板上方，功率 400W，与温控器连接，可在 0～200℃ 温度范围内控制加热。温度传感器沿着水平方向等间距 4cm 布置，共布设 10 个。整个实验过程由摄像设备实时采集。

图 4.26　水合物分解引起土层滑塌实验装置图

(2) 土层滑塌实验装置由模型箱、温度压力测试模块、模拟井筒、制冷模块和数据采集模块组成 (图 4.27)。

(a) 模型箱，内部尺寸为长 × 宽 × 高 =2m×1m×1.5m。内壁为不锈钢板，外壁由不锈钢板和保温层两部分组成，内外壁之间留有 400L 空间，用于填满制冷液体。模型箱边壁上预制螺纹孔，用于压力、温度传感器在保证密封性的条件下穿过进入模型箱的土层中。一个加热片与温控器组合作为恒温源布置在土层底部中央位置，作为局部加热分解水合物的热源。一个空心井筒布置在加热片正上方，距离加热片 8cm，井筒直径 10cm，壁厚 1cm，井筒上部放置质量为 20kg 的砝码。

(b) 温度压力测试模块，由压力传感器 (最大量程 1MPa，精度 0.01MPa) 和温度传感器 (测温范围 −30 ～ 300℃，精度 0.5℃) 组合而成。压力和温度的量测均是通过直径为 6mm 的不锈钢管道穿过模型箱的边壁进入到地层相应位置实现，其中温度传感器探头直接接触土层，通过直径 1mm 的线路从不锈钢管道引出到采集系统；压力传感器探头在管道外端，土层中压力通过管道内液体传递到

探头位置。3 组温度和压力传感器沿着长度方向与加热片位于同一水平高度等间
距 15cm 布置，1 组在加热片正上方，与井筒底部在同一水平高度，用于测试局
部加热引起土层中温度和压力的响应。

图 4.27　实验模型箱

(c) 制冷模块，由制冷机来降低制冷机内液体的温度，通过循环系统实现模型
箱壁内的液体与制冷机内液体的对流交换，制冷速度快。模型箱体内的最低控制
温度可达 −20℃。

(d) 数据采集模块，包括温度和压力显示仪、两个摄像头。一个摄像头实时监
测局部加热温度变化、温度压力传感器示数变化；另一个摄像头用于监测模型箱
体内土层和井筒的沉降、滑动等。

实验步骤如下：

(1) 地层制备：土层骨架采用粉细砂 (比重为 2.69)。根据实验的设计，按照
干密度为 1600kg/m³、孔隙度 40％制备土层样品。样品总尺寸为长 × 宽 × 高
=2m×1m×0.2m，用土的总体积为 0.4m³，总质量为 640kg。为保证样品的均匀
性，分 4 层 (5cm/层) 16 次砸实，每次用土 40kg。

(2) THF (四氢呋喃) 溶液注入：溶液地层制备完成后，从底部注入四氢呋喃
水溶液 (四氢呋喃质量分数为 19％，体积分数为 21％)，为保证溶液均匀地渗透到
土层孔隙中，底部铺设 1cm 厚度的透水布。注入四氢呋喃溶液的总体积为 162L，
在土层顶部出露 1mm 左右时停止注液，此时认为土层孔隙已饱和 (计算孔隙为
160L)。饱和四氢呋喃溶液的土层如图 4.28 所示。

(3) 水合物合成：土层制备完成后，开启制冷机，设置制冷机的控制温度为

−15℃。循环注入防冻液至模型箱边壁的夹层空间中,注入防冻液体的体积为400L。将土层上部铺盖泡沫材料进行隔热,冷冻 2 天后,含水合物土层制备完毕。制成的含水合物土层样品如图 4.29 所示。

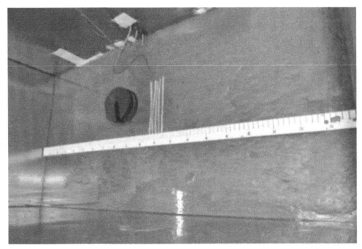

图 4.28　饱和四氢呋喃溶液的土层

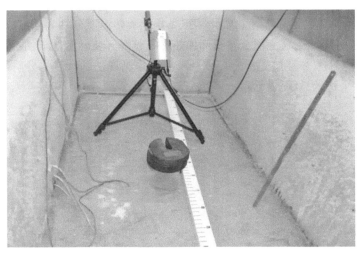

图 4.29　冷冻后含四氢呋喃水合物土层

(4) 加热分解实验:水合物局部分解实验,当水合物沉积物样品制备完成,将加热片接通电源,控制加热温度,使加热片周围地层中的水合物分解。观察地层和井筒的变形,采集加热分解过程中传感器的数据。如果开展室温全尺度分解,则这一步不做。

(5) 将制备完成的水合物沉积物坡体置于室温环境下，直至完全分解。其间采集传感器数据，实验后观察坡体表面形态变化，进行补充人工测量，如坡角、裂缝数量、方位、张开度、井筒倾角等。如果是进行局部加热分解实验，则这一步不做。测量传感器布置如图 4.30 所示。

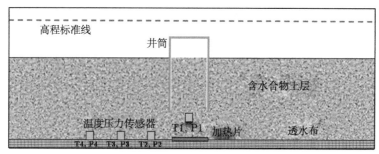

图 4.30   实验测试布置

4.4.5.2   实验结果

1. 采用第一个模型箱进行的实验结果

实验组数为 6 组，3 组局部加热分解实验，3 组完全分解滑塌实验。水合物土层的厚度为 25cm，长度为 1.4m，宽度为 40cm。坡度分别为 3°、9° 和 15°。

图 4.31(a)~(c) 是局部加热实验模拟结果，加热温度分别为 100℃、120℃ 和 150℃。可以看出，从水合物土层底部加热时，分解区域向土层表面扩展，加热分解产生的气体和液体穿过上部土层并从上表面逐渐逸出。水合物分解区域上方的重物发生几个毫米量级的沉降。

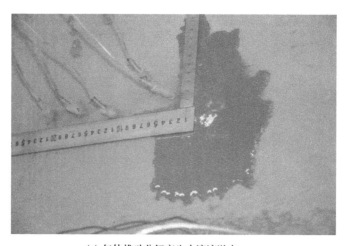

(a) 气体推动分解产生水溶液溢出

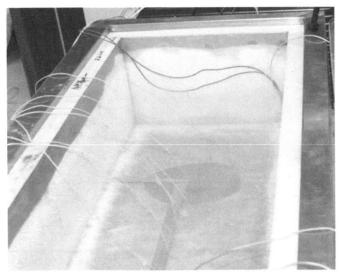

(b) 气体从上表面逸出

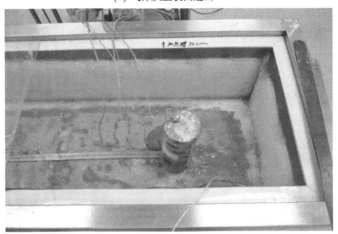

(c) 分解区域上方的重物发生沉降

图 4.31 局部加热实验模拟图

控制加热片温度 150℃, 经过 6~7h, 土层上表面水合物分解范围为 20cm。井筒沉降随着分解范围扩展而逐渐增加。当分解范围半径达到井筒半径的 2 倍时, 达到井筒沉降的最大值, 约 2mm。

因为温度传感器是直接与地层接触, 因此测量到的温度变化可反映整个局部分解过程的响应, 如图 4.32 所示。从开始加热经过 3~4h 左右, 水合物分解范围达到井筒底部位置, 经过 5h 左右, 水合物分解范围达到 15cm 的量值。在该过程中, 水合物加热分解产生的气体沿着井筒边壁向外逃逸。

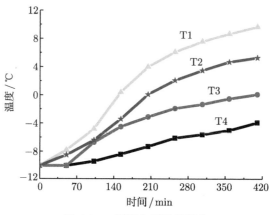

图 4.32 不同位置温度演化

图 4.33(a)~(c) 是整体水合物完全分解后地层滑塌的实验模拟，坡度分别为 3°、9° 和 15°。随着坡度的增加，坡体顶部的下滑位移分别为 0.2cm、1cm 和 2cm。在发生滑塌后，坡体表面的中上部出现很多拉裂的小裂缝，也有很多水合物加热分解产生的气体逸出后留下的孔洞。无水合物分解情况下，这个小坡度的坡体不容易发生滑坡。但是当水合物分解后，一方面土层承载力下降较大，另一方面水合物分解产生的气体形成超静孔隙压力，容易在内部分解区域形成一定的分层，尤其是水合物层与上覆层交界处，于是导致小坡度坡体的滑塌。

(a) 完全分解滑塌后

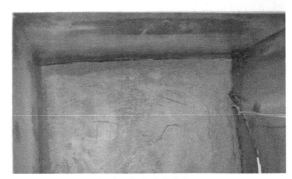

(b) 坡顶与边壁的分离

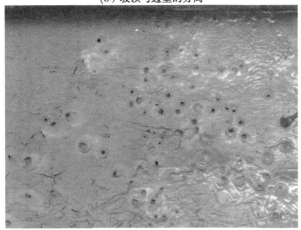

(c) 气体逸出孔洞

(d) 滑塌后产生的小裂缝

图 4.33   水合物完全分解后的滑塌实验图

2. 采用第二个模型箱进行的实验结果

采用的实验模型箱的箱体长度 2m，高度 1m，宽度 1m。采用水浴制冷，温度范围 −20 ~ 20℃。在箱体边壁布置温度和压力传感器，可实时测试水合物分解过程中内部孔隙压力和温度的变化。实验介质采用粉细砂，干密度控制 1600kg/m³。实验采用两种工况：一种是完全饱和水在冰冻后再融化；另一种是制备四氢呋喃水合物沉积物，水合物饱和度为 40%，在水合物完全形成后，再在室温下完全整体分解。

在水合物地层上方布置有井筒、竖直沉降的测量标线，用于观测井筒基础沉降与倾斜以及地层沉降情况，如图 4.34 所示。

图 4.34   实验布置

整体室温分解：

首先制备水合物沉积物地层，然后将其在室温下放置 2~3 天，待地层中水合物完全分解。水合物完全分解后，用铲车将模型箱一端抬升，达到实验所需的土层坡度，如图 4.35 所示。共进行 3 组实验，每组实验中地层的坡度分别为 3°、9° 和 15°。

在模型箱体抬升之前，即土层坡度为 0° 时，随着水合物分解，含水合物地层发生整体沉降，最大值约为 2mm。当地层坡度为 3° 时，水合物完全分解后井筒基本不发生倾斜，坡顶沉降 5mm，坡中位置沉降 5mm，坡底未见抬升，坡顶处地层与模型箱体紧密接触。坡顶和坡中的沉降主要是由于在重力作用下，地层中的水向坡底渗流 (溢出表面)，即坡顶和坡中发生了一定程度的固结，因此，体积发生变形，如图 4.36 所示。

图 4.35 模型箱体倾斜度调整

图 4.36 坡度为 3° 时井筒周围地层情况

当地层坡度为 9° 时，水合物完全分解后井筒倾斜约 1.0°，坡顶沉降 13mm，坡中位置沉降 5mm，坡底抬升 10mm，坡顶处土层与模型箱体分离 7mm。这种情况下，地层除了沉降，还出现滑动。由于水合物分解后，土与模型箱壁的黏结与摩擦力大大降低，土层下滑，导致坡顶土层与模型箱壁脱离即开裂。布置在模型中间位置的井筒发生倾斜，周围土层出现裂缝，裂缝的张开度约 2mm(图 4.37)。

当土层坡度为 15° 时，水合物完全分解后井筒倾斜约 4.3°，坡顶沉降 25mm，坡中位置沉降 10mm，坡底抬升 15mm，坡顶处土层与模型箱体分离 10mm。坡顶和坡中的沉降更加明显，井筒周围土层中裂缝张开度更大。井筒与周围土层在一侧分离尺寸约 9mm，在另一侧可以观察到土层被挤压产生 9mm 的水平位移

(图 4.38)。图 4.38 中的白色纸条初始间距 1cm，用于辅助观测地层表面的水平位移。

图 4.37 坡度为 9° 时井筒周围地层情况

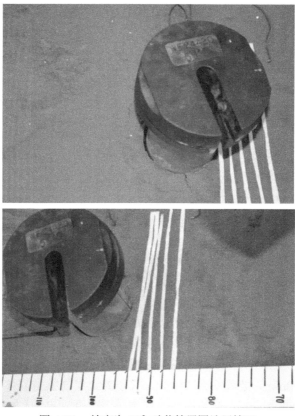

图 4.38 坡度为 15° 时井筒周围地层情况

在实验中，还观察到其他现象和特征，比如，沿着坡体长度方向有较长的裂缝，距离边壁 50mm 左右；在井筒附近分布一些沿着宽度方向的短裂缝，主要是由于井筒倾斜的影响；在坡底出现很多小孔，且有积水 (图 4.39、图 4.40)。小孔是由于水合物分解后有气体逸出形成，积水主要是由于沿着坡底方向的渗流固结导致。

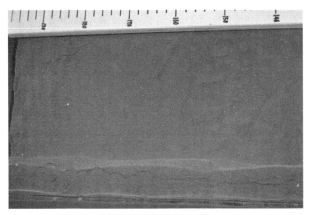

图 4.39 土层中裂隙

图 4.40 土层坡底积水与气体逸出

表 4.8 为实验测试的总的基本数据表，给出了不同坡度条件下，水合物分解后土层的沉降、滑塌以及井筒的倾斜情况。

先将饱和水的地层冻结，然后整体融化，当模型坡度为 14° 时的沉降情况见表 4.9。土层最大深度 $h = 8.2$cm，沿坡向的长度 $d = 30$cm，槽长 1m。由此可计算得出渗出水体的量为 123×10^4cm^3。

表 4.8 基本实验数据表

坡度/(°)	坡顶沉降/mm	坡中沉降/mm	坡底隆起/mm	井筒倾斜/(°)	坡顶裂缝宽度/mm
不同坡度下，水合物分解后土层与井筒的沉降、滑塌情况					
0	2	2	−2	0	0
3	5	5	0	0	0
9	13	5	10	1.0	7
15	25	10	15	4.3	10
不同坡度下，饱和水土层与井筒的沉降、滑塌情况					
3	0	0	0	0	0
9	2	0	0	0	0
15	5	5	5	0	0

表 4.9 实验冷冻后和融化后的数据测量

高度 h	点号							
	1	2	3	4	5	6	7	8
实验前/cm	82.4	82	82.1	82.1	82.5	82.7	82.4	82.1
实验后/cm	84	84	83.4	83.5	83.4	83.5	83.5	83.5
沉降量/cm	1.6	2	1.3	1.4	0.9	0.8	1.1	1.4
计算值/cm	0.615	0.615	0.615	0.615	0.615	0.615	0.615	0.615
实验装置两侧各点间距/cm								
间距	点号							
	1-2	2-3	3-4	4-5	6-7	7-8		
实验前/cm	39.5	40	40.5	39.5	40.5	40.2		
实验后/cm	39.7	40.4	40	未测量				

对于含四氢呋喃溶液水合物沉积物的地层滑塌实验，控制温度 2℃，以保证四氢呋喃水合物的合成，但是防止水在这个过程中结冰。水合物饱和度控制为 40%，土层坡度为 14°。实验结果见表 4.10。

表 4.10 水合物分解前后数据测量

高度 h	点号							
	1	2	3	4	5	6	7	8
实验前/cm	82.2	81.6	82.5	82.5	82.7	83	83.5	84
实验后/cm	82.7	82.2	83.3	83.1	83.2	83.3	83.7	84.5
沉降量/cm	0.5	0.6	0.8	0.6	0.5	0.3	0.2	0.5
计算值/cm	0.433	0.433	0.433	0.433	0.433	0.433	0.433	0.433

总体来讲，饱和水的地层在先冻结然后融化时没有出现滑塌现象，坡顶有很小的沉降，也主要是由于其中的水渗透到坡底后发生固结。但是水合物分解后，含水合物地层在同样的坡角下坡顶沉降、坡底隆起、井筒倾斜度随着坡度的增加而增大；同时出现坡脚积水、坡顶开裂、井筒倾斜等现象 (图 4.41)，说明水合物分解引起的地层强度和刚度降低更多。

(a) 坡脚积水   (b) 坡顶开裂

(c) 井筒倾斜

图 4.41 实验现象

4.5 水合物分解引起的海底泥石流

水合物分解后可能引起海底滑坡，滑坡在运动过程中可能转化为泥石流。在适宜的条件下，水合物分解也可以直接引发海底泥石流，但是对这类泥石流的形成及运动的研究还非常少。

由于客观条件的限制，海底环境复杂，并且现有的技术条件我们还不能对海底滑坡及滑坡转化为泥石流运动过程进行直接观测。目前针对海底泥石流运动的研究主要是室内小尺度模型实验和数值模拟。

室内模型实验一般是水槽实验，即在一个预先充满水的水槽中，将混合高岭土、石英砂和水的泥浆从水槽上端注入使其在重力作用下向下运动，以模拟水下的泥石流运动，但是缺乏从水合物分解开采时的滑坡/泥石流起动和运动过程的模拟。1982 年，Schwarz[68] 通过水槽实验，研究了海底泥石流的沉积过程和最终的沉积状态，在实验中忽略了孔隙压力，模拟的坡面坡度倾角为 $10° \sim 30°$。1999 年，Mohrig 等 [69] 设计了一个长 10m、高 3m、宽 0.2m 的两段式斜坡水槽，并进行一系列实验来研究海底泥石流运动。发现在黏土含量较高时，泥石流运动的前部更容易形成滑水层。由于滑水层的存在，泥石流能够运动得更远，同时泥石流运动的前端可能会和主体脱离。而黏土含量较少时，泥石流运动的前端易被水冲散，形成浊流。泥流在运动过程中会逐渐沉积下来，在坡面上形成沉积层。沉积层的下部较密实,上部与水接触处较疏松。Ilstad 等 [70,71] 设计了一个长 9m、宽 0.2m 的水槽,研究了水下泥石流在流动过程中的孔隙压力变化。结果表明,泥流运动时,前部会形成滑水层,并且孔压和总压基本保持不变。滑水效应使泥石流前部的阻力降低,速度增大。泥石流的最终堆积形态与实际情况一致,并从理论上分析了泥流头部与床面脱离现象的力学机理。Marr 等 [72] 在水槽实验中发现了黏土含量与泥石流运动特征的关系。一般来说,当黏土含量较低时,泥流运动的前端容易被水流冲散破坏,而黏土含量很高时,流动呈现特性良好的层状流,不容易被水流破坏,与 Moring 的研究结果相同。Zakeri[73] 利用水槽实验研究了海底泥石流运动对两种海底管线的作用力,一种是悬跨管线,另一种是铺设在海床的管线,并提出了作用力的经验计算公式。

随着计算机技术的高速发展,数值模拟技术被越来越多地用来模拟海底泥石流/泥流的运动 (图 4.42)。研究表明,应用多相流理论的海底泥石流数值模拟效果显著,能模拟多种海底泥石流运动特性,比如 "滑水" 效应、速度分布、孔压分布等。Gauer 等 [74] 采用多相流理论模拟了海底泥石流运动,与实验结果对比良好。Imran 等 [75,76] 将泥石流看作宾厄姆 (Bingham) 流体或双线性流变体,提出了泥石流运动的一维计算模型,但模型中未考虑泥石流运动过程中海水的阻力作用,与实际实验存在差别。Locat 等 [77] 使用 Imran 提出的模型计算了海底泥石流分别假设为牛顿流体与 Bingham 流体时流动过程的剪应力与剪切应变率的变化情况,进而分析泥石流运动对于引发崩塌和地震的影响。Zakeri 等 [78] 采用流体计算软件 CFX 模拟了泥石流运动对管线的作用力,并据此给出了阻力系数与雷诺数的经验关系式,与实验结果基本吻合。

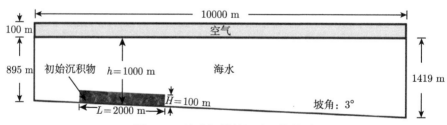

图 4.42   海底滑坡转泥流计算模型

虽然前人对海底泥石流/泥流运动开展了研究,但是还存在如下问题:一是研究尺度较小,室内模型实验只能针对最大十几米的小尺度运动进行研究。而我国南海水合物区的泥石流/泥流长度一般都在几千米以上,厚度也在百米量级。在数值模拟方面,针对大尺度的泥石流/泥流运动研究也很少见。二是对泥石流/泥流运动过程、对海水运动的影响及对海洋中结构物的破坏研究很少。根据地质调查,历史上发生的多次海啸都与水合物分解导致的海底滑坡泥石流运动有关。张岩等 [79]

基于双流体模型和颗粒动理学的方法, 分析了考虑土颗粒密度 2750kg/m³、平均粒径 0.02mm、坡度 1° ~ 5° 的工况下的水合物分解引起大尺度滑坡转泥流的规律, 研究发现弗洛德数控制水滑现象, 泥流高速运动会前端脱离, 而坡度对泥流运动影响最大 (图 4.43)。

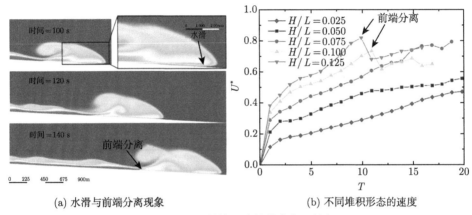

(a) 水滑与前端分离现象   (b) 不同堆积形态的速度

图 4.43 滑坡转泥流的基本物理特征

4.6 水合物分解引起地层滑塌的数值模拟

前面章节介绍了水合物分解引起海床滑塌的实验研究。从实验中我们观察到一些直观的现象, 也测量到从水合物分解到海床滑坡起动及发展的过程中的应力应变、孔压等数据。这些工作为我们提供了直观的认识和基础的数据, 但是实验还是受到样品制备、测试条件等因素的限制, 提供的信息还是有限。相比较而言, 数值分析方法计算更为灵活, 可以适应不同工况和复杂的地形, 同时可以给出应力应变场、渗流场、温度场等具体信息, 以及滑坡从起始到结束的全过程, 其中应用较多的是有限元法和离散元法。此外, 数值流形法、有限差分等方法也被用于滑坡研究中 [6]。

Kwon 等 [80] 考虑到全球变暖导致水合物沉积层水温升高使得水合物发生分解而导致海底斜坡的不稳定性, 提出了一个针对该问题的一维的热–液–力学耦合的有限差分分析方法, 用以获取地层水温升高而引发的潜在物理过程, 即热传导、热分解、超孔隙压力的产生、压力扩散等。通过参数研究表明: 热传导系数和水合物饱和度的增加, 压力系数和水深的减小均会使得斜坡的不稳定性增加。于桂林 [81] 利用 ABAQUS 有限元软件, 采用安全系数折减法分析了南海海底含水合物斜坡的滑动稳定性问题。对能够引起坡体失稳的临界分解长度进行数值模拟。首先通过模拟获得坡体失稳时的水合物分解临界长度, 然后对其影响临界分解长度的因素进行分析。

4.6.1 商用软件计算的可靠性

采用商业软件如 FLAC3D、ABAQUAS 等进行计算的准确性还是可以保证的。陈旭东 [58] 将数值模拟结果与离心机实验数据进行对比, 表明数值模拟的精度是可以满足工程要求的。他采用的离心机实验土层的基本参数如表 4.11 所示。模型箱尺寸: 长×宽×高 =60cm×35cm×40cm。实验土层的几何参数为: 上覆土层厚度 7cm, 水合物层最大厚度 15cm, 斜坡坡度 14°。实验在 $100g$ 离心加速度条件下进行。

表 4.11　实验土层的力学参数

参数名称	密度 /(kg/m³)	体积模量 G/MPa	剪切模量 K/MPa	黏聚力 c/kPa	内摩擦角 ϕ/(°)
分解前水合物	2000	5.8	2.7	8	0.8
分解后水合物	1780	0.55	0.23	7	0.5
上覆土层	1860	3.3	1.54	35	0.6

根据离心机实验中模型的大小建立相应大小的计算模型, 长度方向 60cm, 左侧土层高度为 7cm, 右侧土层高度 22cm, 形成坡度为 14° 的斜坡数值模型, 在宽度方向取单位长度。两端、侧面及底面法向固定, 坡面为自由面。

4.6.2 稳定性 (滑坡起动) 判别条件

在计算中坡体失稳 (滑坡起动) 的判别条件设为以下两点:

(1) 地层中的塑性区已经贯通。当塑性区贯通时, 认为坡体已开始滑动。

(2) 上覆土层的位移发展不能够趋于稳定, 即计算中不能收敛时, 认为坡已开始滑动。

以下选取厚度比 ($H/h = 2$) 的工况, 不同分解范围下对上述两点判别条件进行说明。

图 4.44 是坡体剪应变速率变化图。可以看出剪应变已贯通形成滑移带, 坡体两端剪应变增量较大, 这是由于两端受边界影响应力集中导致的。滑体基本沿着上覆土层和水合物层交界面处发生滑动, 这与离心机实验结束后观察到的现象基本一致。

将数值模拟中坡体表面沿坡面的沉降变形与前述离心机模型实验中的结果对比 (图 4.45), 可以看到两者间还是比较接近的, 除了边界效应引起的两端部有一定的误差 (最大误差 20%)。

4.6.3 控制参量

在 4.3.3 节中通过量纲分析得到了地层及结构物变形的控制参数。因变量及控制参量如下:

$$\left(\frac{A}{h}, \frac{S}{h}, \frac{\omega}{h} \right) = f \left(\frac{H}{h}, \frac{D_1}{h}, \frac{E_2}{\rho g h}, \frac{\tau_2}{\rho g h \sin \alpha}, \frac{\rho_{\mathrm{w}} g h_{\mathrm{w}}}{\rho g h} \right) \tag{4.15}$$

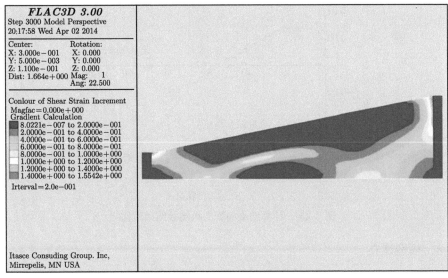

图 4.44 坡体剪应变速率变化图

本节计算的目的是通过对不同分解范围工况进行试算找出斜坡在水合物分解后发生滑动的临界分解条件，故该处将分解范围 D_1 作为因变量，可表示为

$$\frac{D_1}{h} = f\left(\frac{H}{h}, \frac{E_2}{\rho g h}, \frac{\tau_2}{\rho g h \sin\alpha}, \frac{\rho_{\mathrm{w}} g h_{\mathrm{w}}}{\rho g h}\right) \tag{4.16}$$

由此，后面将分析控制因素 $\dfrac{H}{h}$、$\dfrac{E_2}{\rho g h}$、$\dfrac{\tau_2}{\rho g h \sin\alpha}$、$\dfrac{\rho_{\mathrm{w}} g h_{\mathrm{w}}}{\rho g h}$ 对地层滑动的影响。

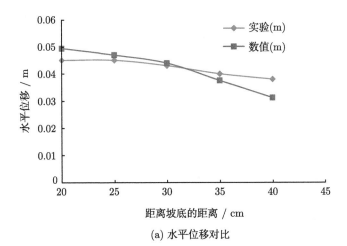

(a) 水平位移对比

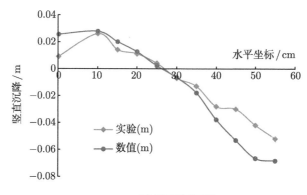

(b) 竖直位移对比

图 4.45　计算结果与离心机实验结果对比

4.6.4　模型建立

建立 3D 模型,考察三维情况下水合物分解较大范围时斜坡发生破坏的临界分解范围。模型长:宽＝1:1,坡度 15°。两端、侧面及底面法向固定,坡面为自由面。在计算过程中假设水合物分解是瞬时完成的,完全渗流,即没有超静孔压累积。覆盖层厚度 200m,水合物层厚 25m,计算区域长宽均为 2000m。

4.6.5　模拟结果与分析

由 4.6.3 节确定了随水合物分解后坡体稳定性的控制参数。下面对这几个控制参数进行模拟分析,找出各个影响因素下引起坡体失稳的临界分解范围。模拟计算工况见表 4.12。

表 4.12　模拟计算工况表

工况	厚度比	内摩擦角/(°)	黏聚力 /Pa	海水深度 /m
1	2			
3	1	5.33	10^5	0
4	0.67			
5	0.5			
6				20
7	1	5.33	10^5	40
8				60
9				100
10		0		
11	1	2.68	10^5	0
12		5		
13		10		
14			0	
15			10^4	
16	1	5.33	5×10^4	0
17			10^5	
18			10^6	

4.6.5.1　分解前后土体应力变化情况

对于斜坡中水合物层在一定范围内的水合物发生分解时，分解区域附近的应力必然发生改变，从而使分解区域附近的土层发生变形甚至破坏。以下采用厚度比 $H/h=1$ 的工况，对水合物分解后分解区域附近的应力变化情况，应力集中的位置进行说明，以下采用水合物分解区域中心截面的数据来进行分析。

由图 4.46 所示的分解前、后的应力 (竖向应力、剪应力以及最大主应力) 分布可以看出，在分解前的初始应力状态、竖向应力、剪应力以及最大主应力均是自上而下由小变大，水平向分布均匀。分解后竖向应力在分解区域边界处出现分

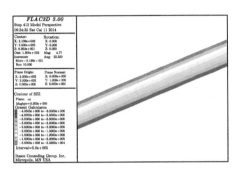
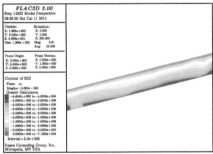

(a) 竖向应力

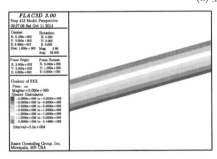
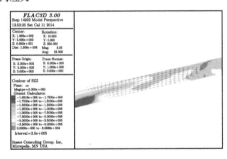

(b) 剪应力

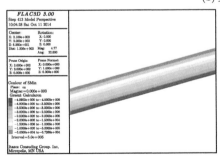
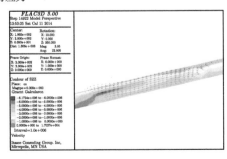

(c) 最大主应力

图 4.46　水合物分解前、后应力对比

界点，由于分解后含水合物层的密度减小，故在分解区域内的相同位置较分解前应力偏小。

由分解后的剪应力及主应力分布云图 (图 4.46) 可以看出，在上下土层的滑面附近出现应力集中，且剪应力最大的位置出现在滑块下部。最大主应力主要是压应力，滑块上部滑面附近小范围出现拉应力但值较小。因此，坡体的破坏形式为压–剪破坏。

另外，为了更为直观地显示分解后坡体的应力分布情况，以厚度比为 1 的工况为例说明分解后坡体内的应力分布情况，分别取不同高度的水平截面以及不同水平位置的竖向截面的应力分布进行说明。

由不同高度水平截面的应力分布可以看出，截面自上而下竖向应力逐渐增大，分解区域内的竖向应力较未分解区域的有所减小；而在分解区域附近的水平应力则较未分解区域的大，沿深度方向上，分解区与上覆土层的交界面处应力相对集中，而在水平方向上则是在分解区域下边界附近应力较为集中。同样，剪应力与水平应力有相似的变化趋势，坡体整体以压剪破坏为主 (图 4.47)。

图 4.48 是分别取在分解区与未分解区交接的下边界 ($x = 1300\text{m}$) 和上边界 ($x = 2700\text{m}$) 以及分解区中心 ($x = 2000\text{m}$) 三个截面的应力。可以看出，总体来说，坡体下方的应力较上部的应力大。在上下土层交界面以及分解下边界处应力较为集中。

在厚度比为 2 : 1、在分解范围为 800m 时，坡体局部出现塑性区，上下两土层之间无塑性区贯通 (图 4.49)；而在分解范围为 900m 时，上下两土层之间的塑性区已贯通，意味着此时坡体已开始滑动。分解区域内上覆土层的位移变化见图 4.50。

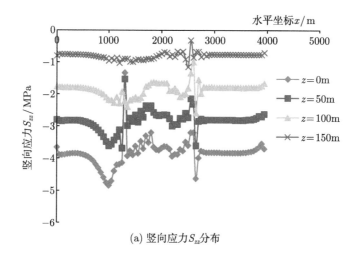

(a) 竖向应力 S_{zz} 分布

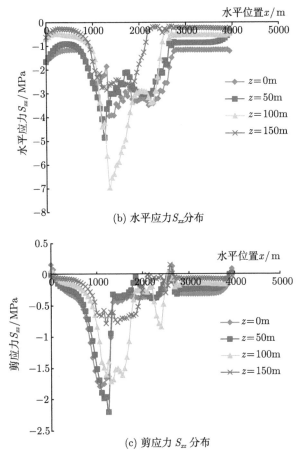

(b) 水平应力 S_{xx} 分布

(c) 剪应力 S_{xz} 分布

图 4.47 分解后不同高度水平向截面的应力分布

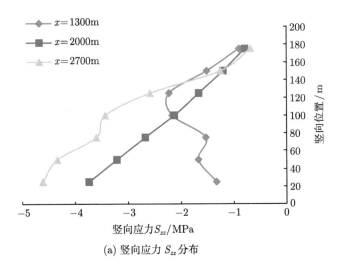

(a) 竖向应力 S_{zz} 分布

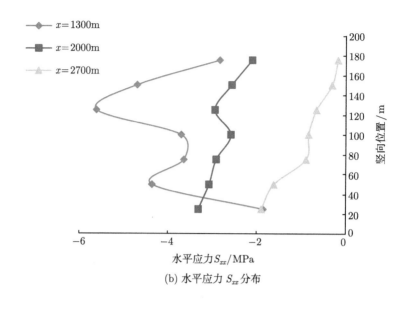

(b) 水平应力 S_{xx} 分布

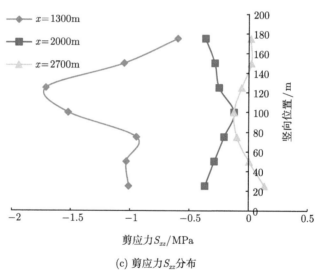

(c) 剪应力 S_{xz} 分布

图 4.48   竖直向截面沿深度方向的应力分布

当水合物分解 900m 时，土体位移随着时间一直增加而不趋于稳定，可以认为此时土层发生滑动，坡体不稳定。图 4.51 给出的是这两种分解范围下分解区域中土层的剪切应变增量及速度矢量图。在分解范围 900m 时，可以看到明显的塑性贯通区域，即潜在的滑动面。再综合前面位移和塑性区的情况判断，分解 900m 时坡体已发生破坏，即认为该工况下引起坡体不稳定的临界水合物分解长度为 900m。

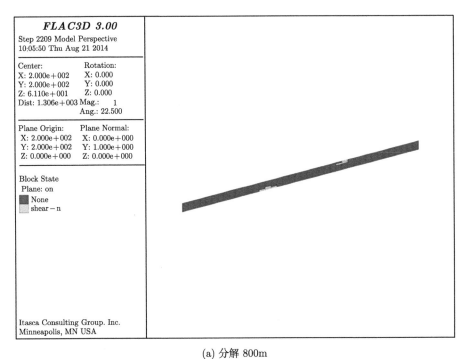

(a) 分解 800m

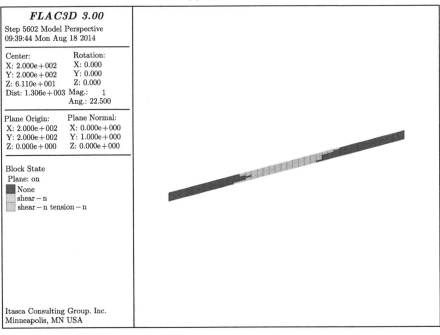

(b) 分解 900m

图 4.49　塑性区分布

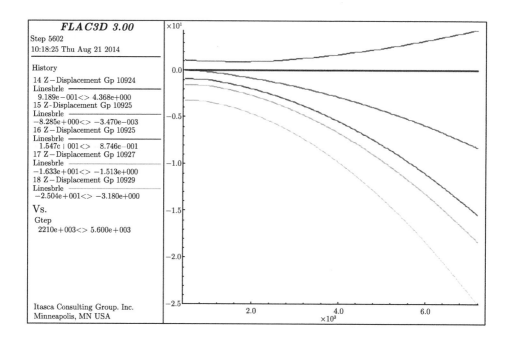

图 4.50　分解 900m 上覆土层的位移变化

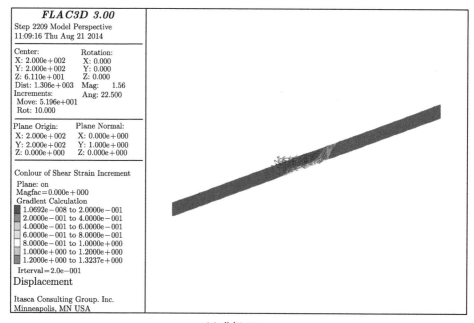

(a) 分解 800m

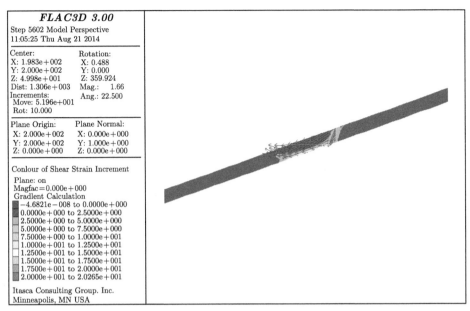

(b) 分解 900m

图 4.51　剪切应变增量及速度矢量图

　　对于厚度比 $H/h = 1$ 的情况，分解长度 1200m (坡体失稳前一个分解状态，此时上边界离原点水平距离 $x = 2600$m，离原点水平距离下边界为 1400m) 时的位移变化情况 (图 4.52 及图 4.53) 以及不同分解范围下分解区域中心处竖向沉降的发展情况曲线 (图 4.54)。由图 4.52 可以看出在分解长度较大的情况下，分解

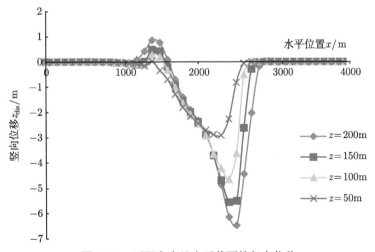

图 4.52　不同高度处水平截面的竖向位移

区域上部的竖向沉降自上而下逐渐减小，水合物分解与未分解的下边界处土体隆起，此时的位移变化还能够达到稳定值，表明该工况下分解区域的坡体还处于稳定阶段。从水平向不同竖直截面的水平位移 (图 4.53) 可以看出，在分解区域中心 ($x = 2000$m) 截面的水平位移最大，该截面的水平位移差别不大，往两边水平位移减小。在下边界是自上而下水平位移逐渐减小，上边界也是自上而下水平位移逐渐减小，但主要是发生在覆盖层的区域。

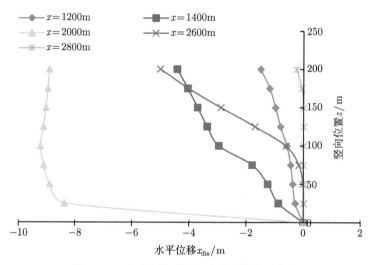

图 4.53   水平向的不同竖直截面的水平位移

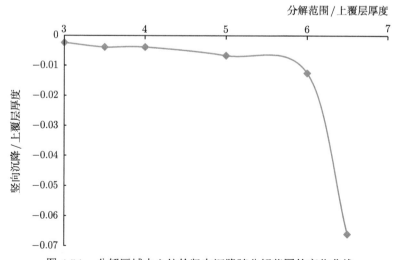

图 4.54   分解区域中心处的竖向沉降随分解范围的变化曲线

　　图 4.54 显示了坡体失稳的发展过程。可以看出,在分解范围逐渐增大的过程中,分解区域中心处的竖向位移逐渐增大;在达到临界破坏长度以前,其沉降值随着分解范围的增加而增加,但是能够收敛而趋于稳定值;当位移一直增加,不收敛时,可认为坡体已经失稳,把此时的水合物分解长度叫作临界分解长度。

4.6.5.2　坡体稳定性影响因素分析

1) 厚度的影响

　　为考察水合物层与覆盖层厚度之比 H/h 的影响,选取水合物层厚度 100m,覆盖层厚度 50m、100m、150m、200m,即 $H/h = 2$、1、0.67、0.5。计算过程中使分解范围逐渐扩大,直至坡体不稳定,即发生破坏。

　　$H/h = 2$,水合物分解区长度逐渐达到 900m 时,斜坡发生滑动破坏。由图 4.55 ~ 图 4.57 可以看出,此时塑性区已经贯通 (图 4.55)、位移急剧增加 (图 4.56)、速度显示出坡体旋转向坡外运动 (图 4.57)。这些结果均显示坡体已经失稳。

　　由图 4.58 ~ 图 4.60 可知,$H/h = 1$,分解长度逐渐达到 1300m 时,塑性区在上下两土层之间已贯通,分解区内各点的位移一直增大,故可以判断在 $H/h = 1$ 的情况下,导致坡体发生滑动的临界水合物分解长度为 1300m。

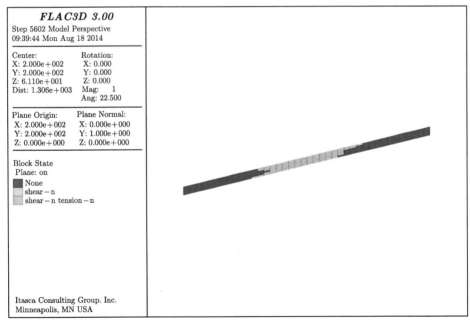

图 4.55　塑性区分布

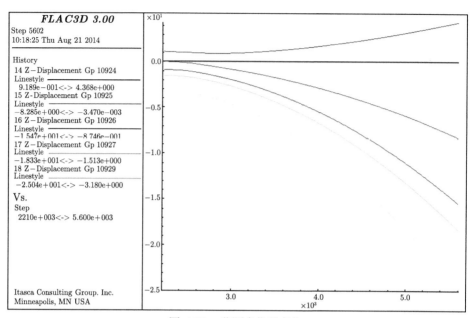

图 4.56   监测点位移变化

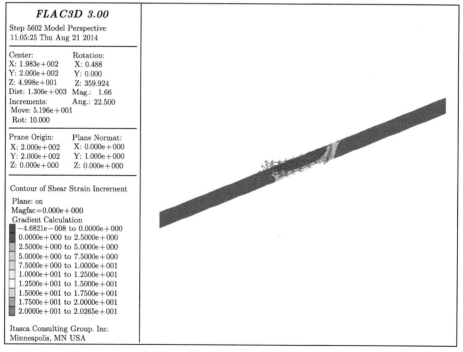

图 4.57   剪切应变增量及速度矢量图

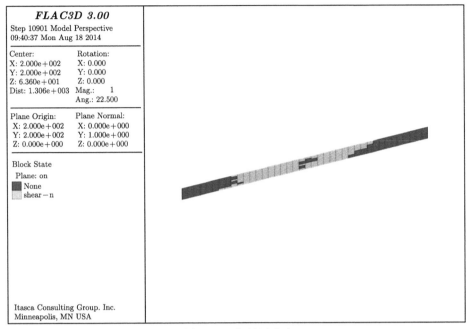

图 4.58 塑性区分布

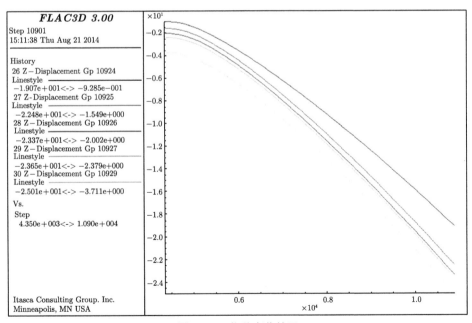

图 4.59 位移变化情况

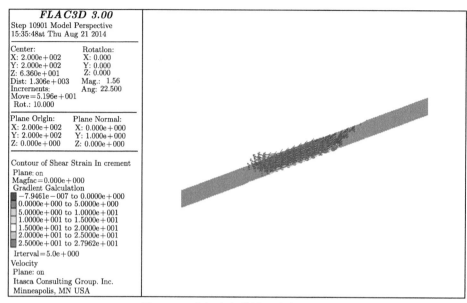

图 4.60   剪切应变增量及速度矢量图

在 $H/h = 0.67$ 的情况下，当水合物分解区长度达到 2100m 后，上下两土层中的塑性区已经完全贯通，各点位移呈现急剧增长的趋势，也即在 $H/h = 0.67$ 时，使得坡体发生滑塌的临界水合物分解长度为 2100m(图 4.61~图 4.63)。

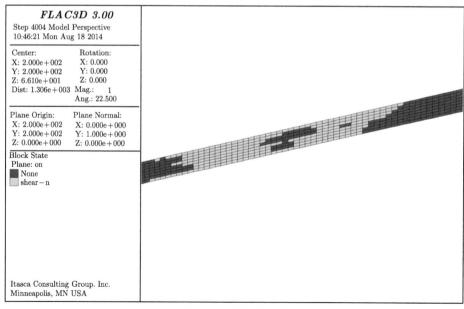

图 4.61   塑性区分布

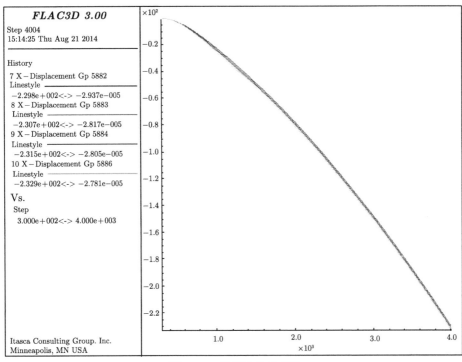

图 4.62　监测点位移变化

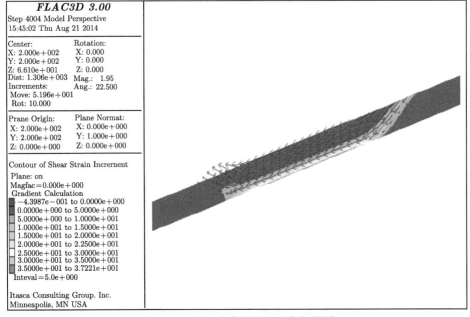

图 4.63　剪切应变增量及速度矢量图

在 $H/h = 0.5$ 时，随着水合物分解区长度逐渐达到 2600m，上下两土层中的塑性区贯通，位移急剧增长。因此，该工况下使得斜坡发生破坏的临界水合物分解长度为 2600m(图 4.64 ~ 图 4.66)。

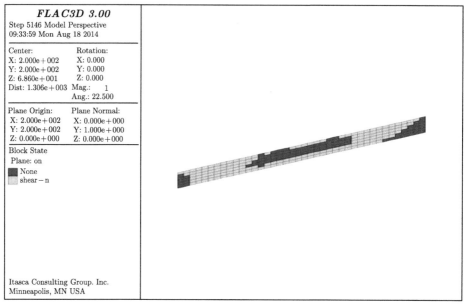

图 4.64   塑性区分布

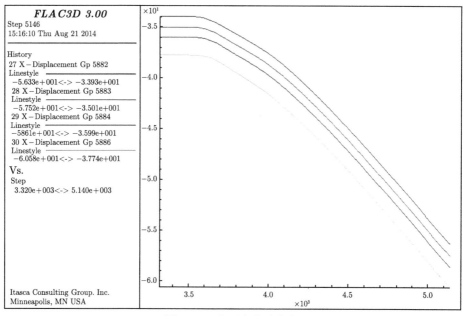

图 4.65   监测点位移变化

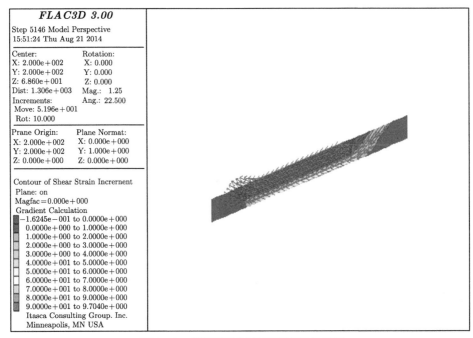

图 4.66 剪切应变增量及速度矢量云图

　　将上述的临界分解长度无量纲化后进行分析。得到无量纲临界分解长度随着厚度比的变化曲线如图 4.67。可以看出，随着覆盖层厚度的增加，临界分解长度逐渐增大，即覆盖层厚度越厚，坡体要发生破坏，水合物需要发生分解的范围也要越大。这说明，覆盖层厚度的增加有利于坡体的稳定性。

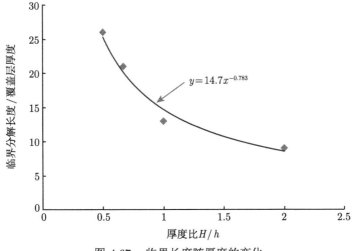

图 4.67 临界长度随厚度的变化

2) 上部压力的影响

选取水深 $h_{\rm w} = 20{\rm m}$、$40{\rm m}$、$60{\rm m}$、$100{\rm m}$、$200{\rm m}$，即对应的无量纲值为 $h_{\rm w}/h = 0.2$、0.4、0.6、1、2，分析厚度比为 $H/h = 1$ 的情况下，不同水深下坡体发生破坏时水合物的临界分解范围。将无量纲临界分解长度与水深关系整理如图 4.68 所示，可以看到，在一定水深范围内，导致海底斜坡失稳的临界分解长度随海水深度的增加而增加，且呈线性变化。并且在有海水静水压力的存在时，分解的临界长度比无静水压力存在时的临界长度要大，这说明静水压力的存在有利于维持海底斜坡的稳定性，且随着海底斜坡水深的增加，斜坡将趋于更加稳定的状态。当海水深度达到 200m，即水深/水合物层厚度＝ 2 时，水合物的分解已经很难使得斜坡发生破坏。

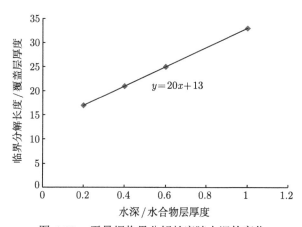

图 4.68　无量纲临界分解长度随水深的变化

3) 内摩擦角的影响

选取内摩擦角为 $0°$、$2.68°$、$5.33°$ 和 $10°$，分析水合物分解情况下，内摩擦角对海底斜坡的稳定性影响。计算得出各个内摩擦角情况下斜坡破坏的临界分解范围，无量纲临界分解长度随内摩擦角的变化如图 4.69 所示。可以看出，水合物分解后分解区土体内摩擦角越小，导致斜坡发生滑塌所需要的分解范围就越小。也就是分解后分解区土体的强度越小，斜坡越容易发生滑塌。

4) 黏聚力的影响

为分析黏聚力的影响，取黏聚力等于 0Pa、$1 \times 10^4 {\rm Pa}$、$5 \times 10^4 {\rm Pa}$、$1 \times 10^5 {\rm Pa}$，计算得到无量纲临界分解长度与黏聚力的关系如图 4.70 所示。在其他条件不发生变化的情况下，黏聚力越小，临界分解长度有一定的减小，但是在黏聚力较小的情况下，如黏聚力小于等于 1×10^4 的情况下，黏聚力继续减小对使斜坡发生破坏所需的分解长度没什么影响。而在 $5 \times 10^4 \sim 1 \times 10^5$ 这个范围内，则有一定的

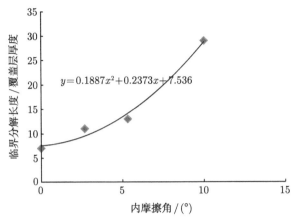

图 4.69 无量纲临界分解长度随内摩擦角的变化

影响，但影响也不大。这是因为，在黏聚力小于 1×10^5、内摩擦角不减小的情况下，土体的强度主要是受内摩擦角的影响，而黏聚力的量级相对于内摩擦角项较小，影响也较小。

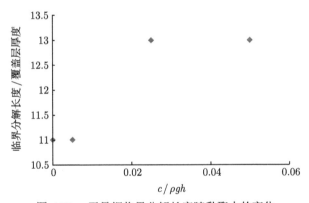

图 4.70 无量纲临界分解长度随黏聚力的变化

5) 弹性模量的影响

针对分解区地层选取几个不同的弹性模量对其进行计算，观察弹性模量的变化对地层发生破坏。以水合物层与覆盖层厚度比为 1 的工况为对比工况，选取模量 5MPa、20MPa、50MPa、70MPa、100MPa。通过计算得出不同分解区土体模量下斜坡发生破坏的临界分解长度如表 4.13 所示。

可以看出，分解区土层不同的弹性模量对最终导致斜坡发生破坏的临界分解长度没有影响，这说明弹性模量对地层的塑性破坏机制不起作用，仅对地层的弹性变形有影响。

表 4.13   分解区不同模量下的临界分解长度

模量 E/MPa	$E/\rho gh$	临界分解长度/覆盖层厚度
5	5/2	13
20	20/2	13
50	50/2	13
70	70/2	13
100	100/2	13

4.6.5.3   不同分解方式的影响

在水合物开采过程中，采用的开采方法不一样，导致水合物发生分解的方式也不一样。考虑以下几类就水合物开采过程中水合物的分解方式：自水合物层顶部向下逐渐分解 (自上而下)、自水合物层底部向上逐渐分解 (自下而上)、由水合物层中心到上下底面的垂直分解以及由水合物层中心逐渐向两边扩展的顺层分解 (水平分解)，其分解形式的示意图如图 4.71 所示。

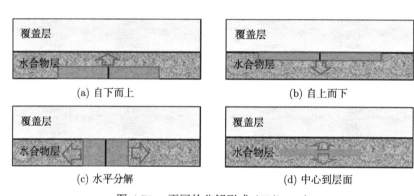

图 4.71   不同的分解形式 $(H/h = 1)$

针对不同的分解形式，采用厚度比为 1 的工况进行计算对比分析。对于非水平分解形式的分解方式，假设其分解的厚度 d 与覆盖层厚度 h 的比值为 0.25(即 $d/h = 1/4$) 的工况下得出不同的分解情况下致使坡面发生的破坏的临界长度。

对于水平分解的情况，计算得到的水平分解区域达 1300m(即 $D_1/h = 13$) 时，坡体的塑性区分布以及分解区上部覆盖层土体的位移变化情况如图 4.72 和图 4.73 所示。可以得出水平分解形式下坡体发生临界破坏的水合物分解长度为 $D_1/h = 13$。

对于自上而下的工况则有当 $d/h = 0.25$ 时，分解长度 $D_1/h = 19$，由图 4.74~ 图 4.76 可以看出，当 $d/h = 0.25$，分解长度 $D_1/h = 19$ 时，覆盖层与分解区域的水合物形成塑性贯通区，监测点位移不稳定，无限增大，沿着分解底面与分解上下边界处形成滑移面，由此判断此时其临界分解长度为 $D_1/h = 19$。

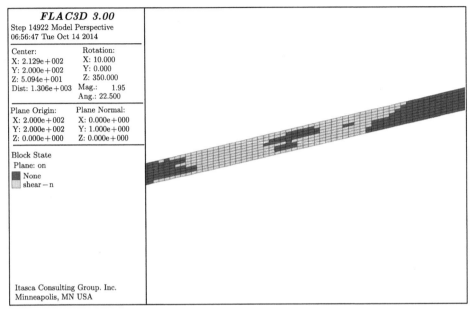

图 4.72 坡体的塑性区分布 ($D_1/h = 13$)

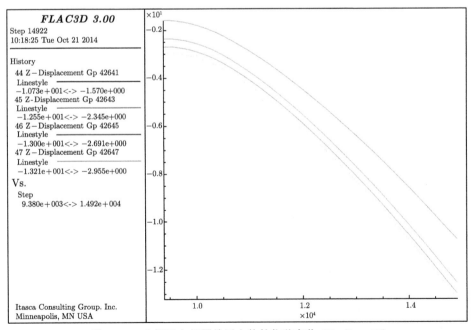

图 4.73 分解区上部覆盖层土体的位移变化 ($D_1/h = 13$)

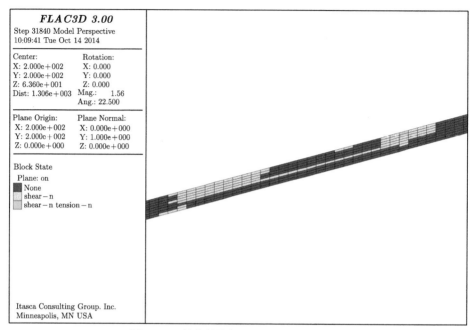

图 4.74　坡体的塑性区分布 ($D_1/h = 19$)

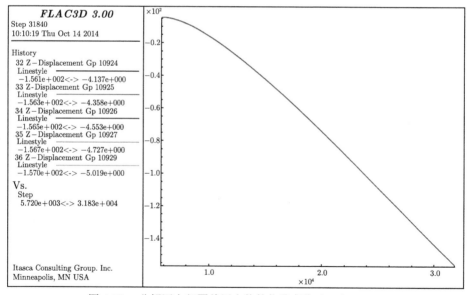

图 4.75　分解区上部覆盖层土体的位移变化 ($D_1/h = 19$)

　　对于中心处向上下层面处扩展分解的情况, 当 $d/h = 0.25$ 时, 临界分解长度与覆盖层厚度的比值为 $D_1/h = 23$。此时的塑性区分布与监测点位移变化如

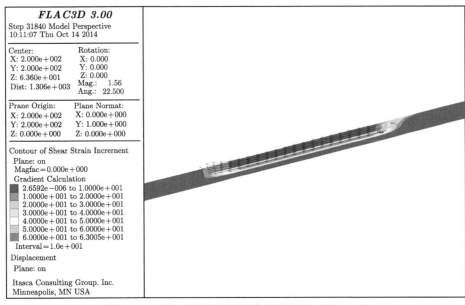

图 4.76 剪切应变增量及速度矢量图 $(D_1/h = 19)$

图 4.77~图 4.79 所示。而对于自下而上分解的情况,当自下而上分解厚度为 $d/h = 0.25$ 时,使坡体发生不稳定的临界分解长度为 $D_1/h = 27$。此时的塑性区分布及

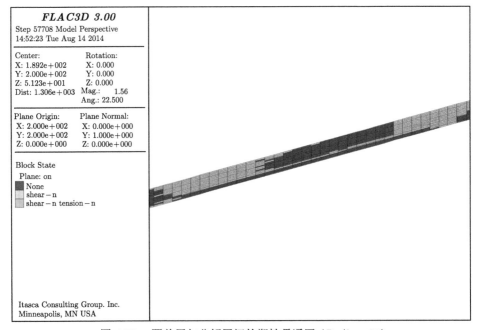

图 4.77 覆盖层与分解层间的塑性贯通区 $(D_1/h = 23)$

位移变化如图 4.80～图 4.82 所示。由其可以看出坡体的滑移面是沿着分解区这样一个软弱层面。

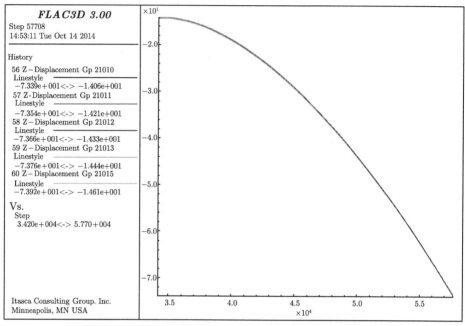

图 4.78　分解区上部覆盖层土体的位移变化 ($D_1/h = 23$)

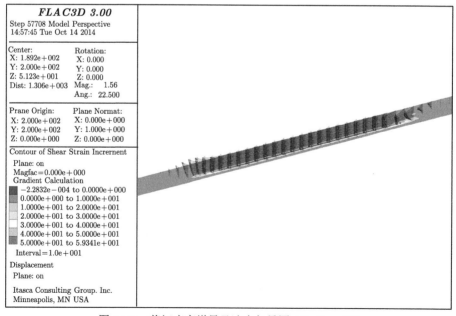

图 4.79　剪切应变增量及速度矢量图 ($D_1/h = 23$)

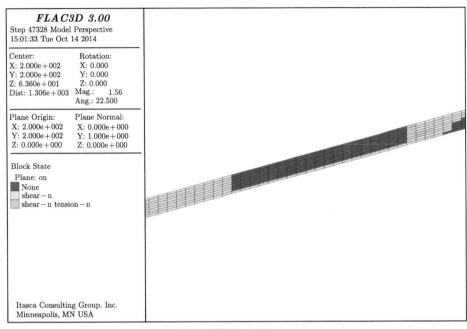

图 4.80　坡体的塑性区分布 ($D_1/h = 27$)

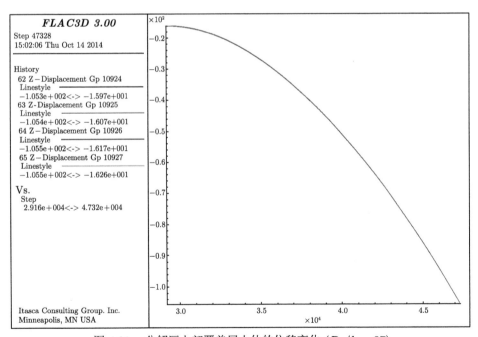

图 4.81　分解区上部覆盖层土体的位移变化 ($D_1/h = 27$)

同样，通过改变分解厚度得出分解厚度与覆盖层厚度比值为 0.5 时 (即 $d/h = 0.5$)，得出各种分解方式下的临界分解长度：自下而上 $D_1/h = 20$；中心至两边 $D_1/h = 19$；自上而下，$D_1/h = 17$。判断其发生破坏时的塑性区变化情况，位移变化情况，剪切应变增量和位移矢量的规律与分解厚度比为 0.25 时的规律基本一致。

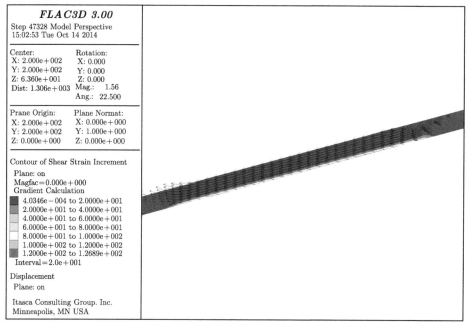

图 4.82   剪切应变增量及速度矢量图

归纳以上 2 个分解厚度下几种分解方式的临界分解长度，如表 4.14 所示。可以看出，贯通整个水合物层的水平分解最易使斜坡发生破坏，从水合物层底面向上分解的方式最难使斜坡发生破坏。并且由上述的塑性区分布以及剪应变增量可以看出，斜坡破坏时的滑移面是沿着分解区这样的软弱面。因此，在实际工程开采水合物过程中，为了保证坡体不易发生破坏，宜采用使水合物分解自下而上的

表 4.14   不同分解方式下的临界长度

分解方式	临界长度/覆盖层厚度	
	分解厚度/覆盖层厚度 ($d/h = 0.25$)	分解厚度/覆盖层厚度 ($d/h = 0.5$)
自下而上	27	20
中心至两边	23	19
自上而下	19	17
水平分解 (整个厚度分解)	13	13

开采方式。同时，水合物分解厚度的大小对坡体的稳定性影响也不同，分解的厚度越大，坡体越容易发生滑动；随着分解厚度的增加，不同分解方式下的临界破坏长度越来越接近，直到贯穿水合物层。

与此对应的不同分解方式下的无量纲临界分解长度随相对分解厚度的变化曲线如图 4.83 所示。

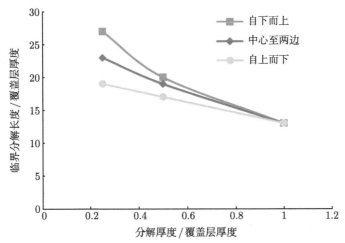

图 4.83   不同分解方式下无量纲临界分解长度随相对分解厚度的变化

从图 4.84 中我们可以确定水合物分解造成的影响范围大小。以相对土体表面水平位移 (U/H, 土体表面水平位移/水合物层深度) 大于 0.02% 为影响范围判别标准。在没有覆盖层时，随着分解半径的增加，沿坡面影响范围呈线性增加。也就是说，影响范围与分解半径的差值，在不同的分解半径下基本相同。影响范围与分解半径的差值随着分解半径的增加趋于一个稳定值，且基本保持不变。

无覆盖层，水合物层厚为 50m 时，影响范围与分解半径差值 ($A-D$) 约为 20m，且与分解半径无关；覆盖层 25m 时，差值增加至约 40m，覆盖层 50m 时增至约 65m。也就是说，随着覆盖层的增加，对于同一个分解半径，沉陷影响范围也逐渐增加；对应于水合物地层与覆盖层交界面也是如此 (图 4.85)。

4.6.5.4   因素敏感性分析

张振飞[82] 利用 ABAQUS 有限元软件，基于强度折减法对海底滑坡影响因素进行了敏感性分析。水合物分解程度影响最大，水合物埋深次之，之后依次是水合物层厚度和海水深度。鲁力等[83] 的计算结果表明，水合物分解引起的地层破坏是一个突变过程。在主要的无量纲参数 θ (坡角)、E_2/E (水合物分解后地层模量与覆盖层模量之比)、c_2/c (水合物分解后地层黏聚力与覆盖层黏聚力之比)、

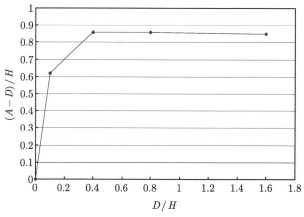

图 4.84　影响范围分解半径变化曲线

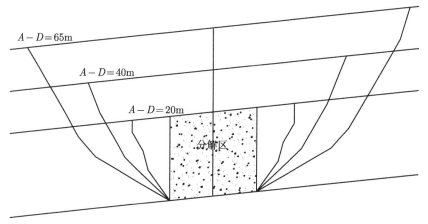

图 4.85　不同覆盖层影响范围示意图

ϕ_2 (水合物分解后地层内摩擦角)、L/h (分解区长度与覆盖层厚度之比) 中，坡角的影响最大，分解区长度与覆盖层厚度之比的影响次之，比如，当增加到初始值的 160% 时，坡角增加引起的位移增量为 116%，而分解区长度与覆盖层厚度之比的增加引起的位移增量为 46.8%，模量的增加引起的位移变化小于 30%(图 4.86)。

　　水合物分解引起水合物层与覆盖层间的摩擦阻力大为降低，滑坡驱动力即重力沿坡面的下滑力随坡角增加而增加。因此，坡角和分解区长度与覆盖层厚度之比是影响最大的两个因素。模量的变化主要影响坡体变形而不是强度破坏，所以影响小。

　　王晶[84] 采用 ABQUAS 软件对水合物分解引起海床面上管道的变形进行了分析。采用莫尔–库仑本构模型，地层分布和物理及力学性质如下：覆盖层为 100m 厚的砂土层，水合物层厚 25m；水平铺设的钢管长度为 400m，内径 0.40m，壁厚 0.02m，水深 1000m，海床坡角 3°。假定水合物是整个层厚同时分解并沿坡向从

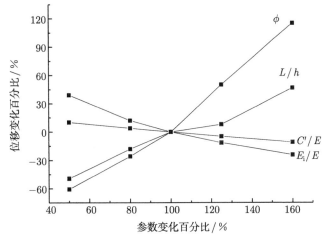

图 4.86 参数变化对位移变化影响的敏感性

初始分解区向两侧扩展。由于海底管道较长，呈现柔性特性，故设管线的挠度与海床面相同。计算工况及地层和管道的物理和力学参数见表 4.15。

表 4.15 计算参数列表

参数	钢管	细砂层	水合物层			
			未分解	分解 30% (工况 III)	分解 60% (工况 II)	分解 80% (工况 I)
c		1000 Pa	0.5 MPa	0.35 MPa	0.2 MPa	0.1 MPa
φ		38	25	18.07	10.57	5.33
$\rho/(\text{g/cm}^3)$	7.8	2.0	1.98	1.97	1.96	1.95
E/MPa	2.09×10^5	40	300	210	120	60
ν	0.3	0.4	0.35	0.32	0.29	0.27
剪胀角		10	10	10	10	10

4.6.5.5 分解半径对地层沉降的影响

如图 4.87 ~ 图 4.91 所示，在水合物沉积层分解半径 $R = 25\text{m}$ 时，工况 III 条件下海床面和管道的最大沉降量为 28cm，只有大约 100m 范围的地表沉降超过 5cm。绝大部分区域水平滑动小于 2cm。在工况 I 和工况 II 条件下地层和管道的变形较工况 III 的更小。

如图 4.92 ~ 图 4.96 所示，在水合物沉积层分解半径 $R = 50\text{m}$ 时，在工况 III 条件下，地层/管道最大沉降量为 34cm，有大约 200m 范围的海床表面沉降量超过 5cm，从水平位移上看，在分解范围边界线附近，大约 50m 海床表面位移超过 5cm。工况 II 条件下地层最大沉降量为 11cm，只有不到 100m 范围的海床表面沉降量超过 5cm，沉降量超过 3cm 的区域范围为 120m，海床表面基本无水平位移。在工况 I 条件下地层稳定性要高于工况 II 中的情况。

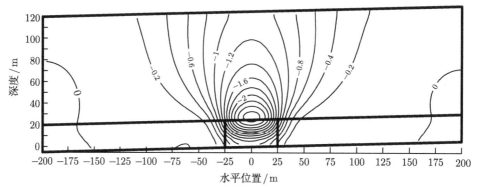

图 4.87　水合物分解半径 $R = 25$m，水合物分解 80%时 (工况 I)，地层沉降等值线图
(单位：cm)

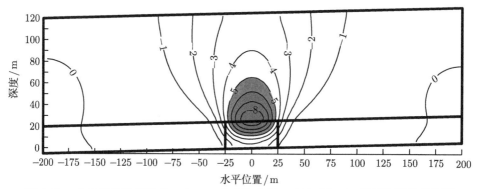

图 4.88　水合物分解半径 $R = 25$m，水合物分解 60%(工况 II)，地层沉降等值线图
(单位：cm)

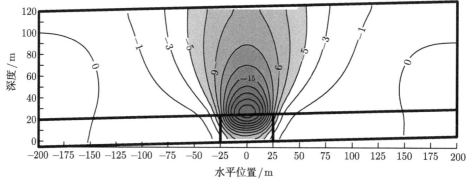

图 4.89　水合物分解半径 $R = 25$m，水合物分解 30%(工况 III)，地层沉降等值线图
(单位：cm)

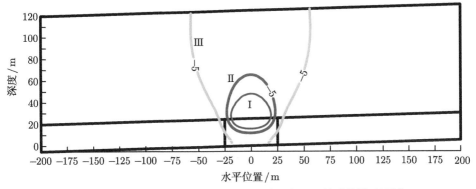

图 4.90　水合物分解半径 $R = 25\text{m}$ 时，各工况的明显影响区域

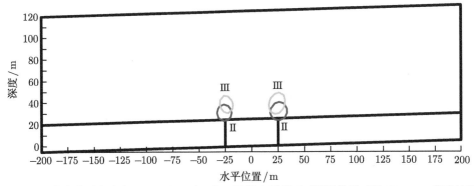

图 4.91　水合物分解半径 $R = 25\text{m}$ 时，各工况的水平滑动 (图示的是工况 Ⅲ：4cm 滑动的范围；工况 Ⅱ：2cm 滑动范围；工况 Ⅰ 滑动小于 1cm，故未画出；三种工况均不出现超过 5cm 滑动范围)

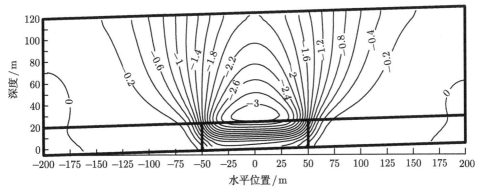

图 4.92　水合物分解半径 $R = 50\text{m}$，水合物分解 80％(工况 Ⅲ)，地层沉降等值线图
(单位：cm)

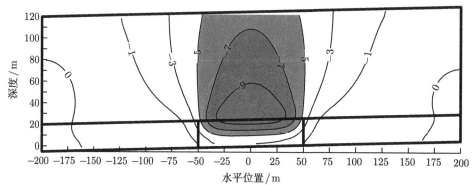

图 4.93　水合物分解半径 $R = 50\text{m}$，水合物分解 60％(工况 Ⅱ)，地层沉降等值线图
(单位：cm)

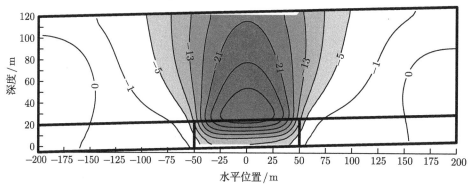

图 4.94　水合物分解半径 $R = 50\text{m}$，水合物分解 30％(工况 Ⅰ)，地层沉降等值线图
(单位：cm)

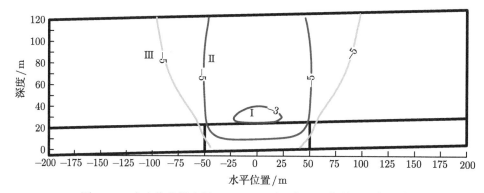

图 4.95　水合物分解半径 $R = 50\text{m}$ 时，各工况的明显影响区域

如图 4.97 ~ 图 4.101 所示，在水合物沉积层分解半径 $R = 100\text{m}$ 的情况下，在工况 Ⅲ 时，地层和管道大变形量为 37cm，有大约 240m 范围的海床表面沉降

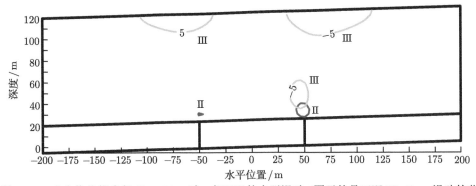

图 4.96 水合物分解半径 $R = 50$m 时，各工况的水平滑动 (图示的是工况 III: 5cm 滑动的范围; 工况 II: 2cm 滑动范围; 工况 I 滑动小于 1cm，故未画出)

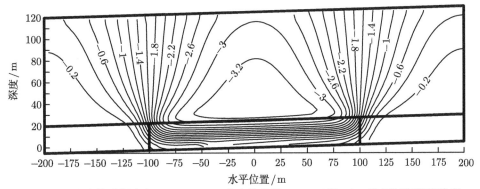

图 4.97 水合物分解半径 $R = 100$m，水合物分解 80%(工况 III)，地层沉降等值线图
(单位: cm)

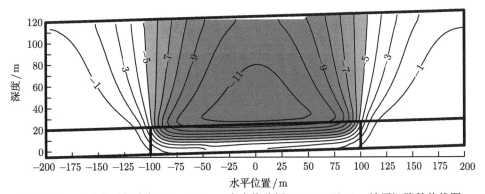

图 4.98 水合物分解半径 $R = 100$m，水合物分解 60%(工况 II)，地层沉降等值线图
(单位: cm)

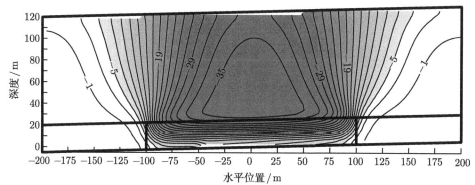

图 4.99   水合物分解半径 $R = 100\text{m}$，水合物分解 30％(工况 I)，地层沉降等值线图
(单位：cm)

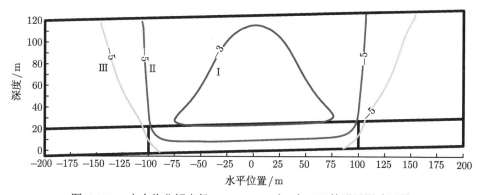

图 4.100   水合物分解半径 $R = 100\text{m}$ 时，各工况的明显影响区域

量超过 10cm，有超过两百米范围的海床表面水平滑动超过 5cm。在工况 II 时，地
层最大沉降量为 11cm，有大约 80m 范围的海床表面沉降量超过 10cm，沉降量
超过 5cm 的区域范围超过 200m，海床表面开始出现水平滑动超过 5cm 的危险
区域。在工况 I 时最大沉降量是大约 3cm，地层内部几乎无水平滑动，因此地层
和管道是稳定的。

如图 4.102~ 图 4.104 所示，在水合物沉积层全部发生分解情况中：砂质覆
盖层内部沉降量大致相等，表明其内部并无应力变化。由于下方的水合物沉积层
强度突然降低，相当于重新开始固结。在沉积层强度降低较少的情况下 (工况 I)，
地层沉降量不大，尚能保持稳定；在沉积层强度降低很多时 (工况 II 和 III)，地层
的沉降量很大，工况 II 中有一半以上的沉积层沉降量都达到 5cm 以上，工况 III
中几乎全部地层沉降量都达到 10cm 以上，上覆砂层的沉降更是达到 34cm。

低的渗透性也可能导致水力压裂现象，当孔隙压力超过最小地应力时可导致
地层裂开，导致所谓的 "二次渗透率" (secondary permeability) [85,86]。分析表明，

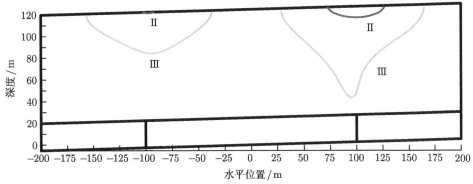

图 4.101 水合物分解半径 $R = 100\mathrm{m}$ 时，各工况的水平滑动 (图示的是工况 Ⅲ：5cm 滑动的范围；工况 Ⅱ：5cm 滑动范围；工况 Ⅰ 滑动小于 1cm，故未画出)

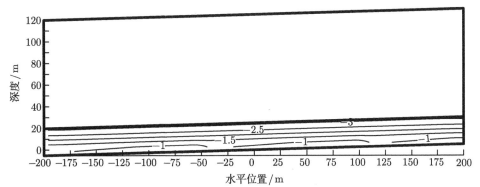

图 4.102 水合物分解半径 $R = 200\mathrm{m}$，水合物分解 80%(工况 Ⅲ)，地层沉降等值线图 (单位：cm)

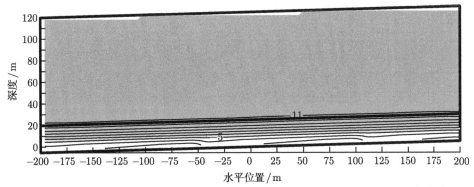

图 4.103 水合物分解半径 $R = 200\mathrm{m}$，水合物分解 60%(工况 Ⅱ)，地层沉降等值线图 (单位：cm)

地层渗透率为 10^{-18} m^2 时，地层中超静孔隙压力可以达到 10 MPa 量级，这就可能导致水力压裂，甚至液化 [87]。

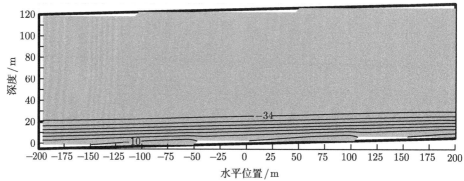

图 4.104   水合物分解半径 $R = 200$m，水合物分解 30%(工况 I)，地层沉降等值线图
(单位：cm)

4.7 小   结

目前关于水合物分解引起滑坡的研究，除了对历史上滑坡的地质调查，一般还是针对理想的，如地层分布均匀、坡度均匀的坡体进行研究。通过研究，获得了这些条件下的滑坡临界条件、地层变形特点等。但是实际上，地形地貌复杂多样，地层地质分布不均匀，水合物饱和度的空间分布也很不均匀，如何使研究更接近实际情况，将是以后需要重点开展的工作。目前的滑坡判断准则一般是将滑坡体作为无限长，不考虑坡体在覆盖层内上下两端面上摩擦力和抗拉强度的影响。

目前关于水合物分解引起的滑塌研究，多数是针对分解这一单因素进行的，而且多数研究是针对简化的地质地貌条件如均匀地层、平直的坡面等。今后的研究还需要考虑：水合物分解与外部环境载荷 (如地震、内波) 的共同作用；实际地形地貌因素对灾害发生条件、规模等影响；可能发生的灾害链 (如滑坡–泥石流–浊流、层裂–滑塌–泥石流–结构破坏等演化规律) 及防范措施。只有弄清楚了这些问题，才能为实际工程设计提供更可靠的依据。

参 考 文 献

[1] 石要红, 张旭辉, 鲁晓兵, 等. 南海水合物粘土沉积物力学特性试验模拟研究 [J]. 力学学报, 2015, 47(3): 521-528.

[2] 胡光海, 刘忠臣, 孙永福, 等. 海底斜坡土体失稳的研究进展 [J]. 海岸工程, 2004, 23(1): 63-71.

[3] Goldfinger C, Kulm L. D, Yeats R S, et al., Oblique strike-slip faulting of the central Cascadia submarine forearc[J]. J. Geophys. Res., 1997, 102(B4): 8217-8243.

[4] Carpenter G B, Coincident sediment slump/clathrate complexes on the U. S. Atlantic slope[J]. Geo-Marine Lett., 1981, 1: 29-32.

[5] 鲁晓兵, 张旭辉, 王淑云. 天然气水合物开采相关的安全性研究进展 [J]. 中国科学 · 物理学力学 · 天文学, 2019, 49(3): 034602.

[6] 刘锋. 南海北部陆坡天然气水合物分解引起的海底滑坡与环境风险评价 [D]. 北京: 中国科学院研究生院, 2010.

[7] Sultan N, Cochonat P, Foucher J P, et al. Effect of gas hydrates melting on seafloor slope instability[J]. Marine Geology, 2004, 213(1-4): 379-401.

[8] Sultan N, Comment on "Excess pore pressure resulting from methane hydrate dissociation in marine sediments: A theoretical approach" by Wenyue Xu and Leonid N. Germanovich[J]. J Geophys Res, 2007, 112: B02103.

[9] Lu X B, Chen X D, Lu L, et al. Numerical simulation on the marine landslide due to gas hydrate dissociation[J]. Environmental Earth Sciences, 2017, 76(172):1-9.

[10] 甘华阳, 王家生, 胡高韦. 海洋沉积物中的天然气水合物与海底滑坡 [J]. 防灾减灾工程学报, 2004, 24(2): 177-181.

[11] McIver R D. Role of naturally occuring gas hydrates in sediment transport[J]. Amer Assoc Petrol Geol Bull, 1982, 66: 789-792.

[12] Nixon M F. Influence of gas hydrate on submarine slope stability[D]. Calgary: University of Calgary, 2005.

[13] Harbitz C B. Model simulations of tsunamis generated by the Storegga Slides[J]. Marine Geology, 1992, 105(1-4): 1-21.

[14] Haflidason H, Sejrup H P, Nygård A, et al. The Storegga Slide: architecture, geometry and slide development[J]. Mar Geol, 2004, 213(1-4): 201-234.

[15] Bünz S, Mienert J, Bryn P, et al. Fluid flow impact on slope failure from 3D seismic data: a case study in the Storegga Slide[J]. Basin Research, 2005, 17(1): 109-122.

[16] Kvalstad T J, Gauer P, Kaynia A M, et al. Slope stability at Ormen Lange[C]. Proceedings of an International Conference, 2002: 233-250.

[17] Sultan N, Cochonat P, Foucher J P, et al. Effect of Gas Hydrates Dissociation on Seafloor Slope Stability[M]// Submarine Mass Movements and Their Consequences. Adv Nat Technol Haz, 2003: 103-111.

[18] Elverhøi A, Norem H, Andersen E S, et al. On the origin and flow behavior of submarine slides on deep-sea fans along the Norwegian-Barents Sea continental margin[J]. Geo-Mar Lett, 1997, 17(2): 119-125.

[19] Bugge T, Befring S, Belderson R H, et al. A giant three-stage submarine slide off Norway[J]. Geo-Mar Lett, 1987, 7(4): 191-198.

[20] Bouriak S, Vanneste M, Saoutkine A. Inferred gas hydrates and clay diapirs near the Storegga Slide on the southern edge of the Vøring Plateau, offshore Norway[J]. Mar Geol, 2000, 163(1-4): 125-148.

[21] Paull C K , Normark W R , Iii W U , et al. Association among active seafloor deformation, mound formation, and gas hydrate growth and accumulation within the seafloor

of the Santa Monica Basin, offshore California[J]. Marine Geology, 2008, 250(3-4): 258-275.

[22] Cashman K V, Popenoe P. Slumping and shallow faulting related to the presence of salt on the Continental Slope and Rise off North Carolina[J]. Mar Petrol Geol, 1985, 2(3): 260-271.

[23] Field M E. Submarine landslides associated with shallow seafloor gas and gas hydrates off Northern California[J]. AAPG Bulletin, 1990: 74(6): 971-972.

[24] Field M E, Barber J H J. A submarine landslide associated with shallow seafloor gas and gas hydrates off Northern California[C]// Schwab W C, Lee H J, Twichell D C. Submarine landslides: selected studies in the U.S. Exclusive Economic Zone. US Geol Surv Bull, 2002: 151-157.

[25] Grantz A , Dinter D A. Constraints of geologic processes on western Beaufort Sea oil developments[J]. Oil & Gas Journal, 1980, 78(18): 304-319.

[26] Kayen R E, Lee H J. Slope stability in regions of seafloor gas hydrate: Beaufort Sea continental slope[C]. Submarine Landslides: Selected Studies in the U. S. Exclusive Economic Zone, 2001: 97-103.

[27] Dillon W P, Danforth W W, Hutchinson D R, et al. Evidence for faulting related to dissociation of gas hydrate and release of methane off the southeastern U. S[M]// Henriet J P, Minert J. Gas Hydrate: Relevance to World Margin Stability and Climate Change. London: Geological Society, Special Publications, 1998, 137: 293-302.

[28] Behrmann J H, Meissl S. Submarine landslides, gulf of Mexico continental slope: insights into transport processes from fabrics and geotechnical data[C]. Symposium on Submarine Mass Movements and Their Consequences, 2012: 463-472.

[29] Milkov A V. Worldwide distribution of submarine mud volcanoes and associated gas hydrates[J]. Mar Geol, 2000, 167(1): 29-42.

[30] Talling P J, Clare M, Urlaub M, et al. Large submarine landslides on continental slopes: geohazards, methane release, and climate change[J]. Oceanography, 2014, 27(2): 32-45.

[31] 陈泓君, 黄磊, 彭学超, 等. 南海西北陆坡天然气水合物调查区滑坡带特征及成因探讨 [J]. 海洋地质学, 2012, 31(5): 18-25.

[32] 房臣, 张卫东. 天然气水合物的分解导致海底沉积滑坡的力学机理及相关分析 [J]. 海洋科学集刊, 2010, 50: 149-156.

[33] Sultan N, Cochonat P, Canals M. et al. Triggering mechanisms of slope instability process and sediment failure on continental margins: A geotechnical approach[J]. Marine Geology, 2004, 201: 291-321.

[34] Hance J J. Submarine slope stability[D]. Austin Texas: The University of Texas, 2003.

[35] Vanneste M, Sultan N, Garziglia S, et al. Seafloor instabilities and sediment deformation processes: The need for integrated, multi-disciplinary investigations[C]. Marine Geology, 2014, 352: 183-214.

[36] Mosher D C, Moscardelli L, Shipp R C, et al. Submarine Mass Movements and their Consequences[M]. Berlin: Springer, 2010: 1-8.

[37] Dickens G R, Castillo M M, Walker J C G. A blast of gas in the latest Paleocene: Simulating first-order effects of massive dissociation of oceanic methane hydrate[J]. Geology, 1997, 25: 259-262.

[38] Dickens G R, O' Neil J R, Rea D K, et al. Dissociation of oceanic methane hydrate as a cause of the carbon isotope excursion at the end of the Paleocene[J]. Paleoceanography, 1995, 10: 965-971.

[39] Hesselbo S P, Gröke D R, Jenkyns H C, et al. Massive dissociation of gas hydrate during a Jurassic oceanic anoxic event[J]. Nature, 2000, 406: 392-395.

[40] 彭晓彤, 周怀阳, 陈光谦, 等. 论天然气水合物与海底地质灾害、气象灾害和生物灾害的关系 [J]. 自然灾害学报, 2002, 11: 18-22.

[41] Raynaud D, Chappellaz J. The Record of Atmospheric Methane. Atmospheric Methane: Sources, Sinks, and Role in Global Change[M]. Berlin, Heidelberg: Springer, 1993: 9-24.

[42] 王淑红, 宋海斌, 颜文. 天然气水合物的环境效应 [J]. 矿物岩石地球化学通报, 2004, 23(2): 160-165.

[43] 徐文世, 于兴河, 刘妮娜, 等. 天然气水合物开发前景和环境问题 [J]. 天然气地球科学, 2005, 16(5): 680-683.

[44] 魏合龙, 孙治雷, 王利波, 等. 天然气水合物系统的环境效应 [J]. 海洋地质与第四纪地质, 2016, 36(1): 1-13.

[45] Yin Y G. Pattern of marine mass extinction near the Permian-Triassic boundary in south China[J]. Science, 1998, 289: 432-436.

[46] Pálfy J, Demény A, Haas J, et al. Carbon isotope anomaly and other geochemical changes at the Triassic-Jurassic boundary from a marine section in Hungary[J]. Geology, 2001, 29(29): 1047-1050.

[47] Padden M, Weissert H, de Rafelis M. Evidence for Late Jurassic release of methane from gas hydrate[J]. Geology, 2001, 29(3): 223.

[48] 常华进, 曹广超, 陈克龙. 海洋和陆域天然气水合物开发的环境影响比较 [J]. 青海师范大学学报 (自然科学版), 2012, 28(1): 6-11.

[49] 甘华阳, 王家生. 天然气水合物潜在的灾害和环境效应 [J]. 地质灾害与环境保护, 2004, 15(4): 5-8.

[50] 何涛, 卢海龙, 林进清, 等. 海域天然气水合物开发的地球物理监测 [J]. 地学前缘, 2017, 24(5): 368-382.

[51] 陈祖煜. 土质边坡稳定分析原理·方法·程序 [M]. 北京: 中国水力水电出版社, 2003.

[52] Nixon M F, Grozic J L H. Submarine slope failure due to gas hydrate dissociation: A prelimi-nary quantification[J]. Can Geotech J, 2007, 44: 314-325.

[53] Grozic J L H, Kvalstad T J. Effect of gas on deep water marine sediments[C]. Proceedings of XVth International Conference on Soil Mechanic and Geotechnical Engineering, 2001: 27-31.

[54] 刘锋, 吴时国, 孙运宝. 南海北部陆坡水合物分解引起海底不稳定性的定量分析 [J]. 地球物理学报, 2010, 53(4): 946-953.

[55] 秦志亮. 南海北部陆坡块体搬运沉积体系的沉积过程、分布及成因研究 [D]. 青岛：中国科学院研究生院, 2012.

[56] 杨晓云. 天然气水合物与海底滑坡研究 [D]. 青岛: 中国石油大学, 2010.

[57] Zhang X H, Lu X B, Chen X D, et al. Mechanism of soil stratum instability induced by hydrate dissociation[J]. Ocean Engineering, 2016, 122: 74-83.

[58] 陈旭东. 天然气水合物分解对地层及地层中结构安全性影响研究 [D]. 北京: 中国科学院大学, 2015.

[59] Scholz N A. Submarine landslides offshore Vancouver Island, British Columbia and the possible role of gas hydrates in slope stability[D]. Victoria: University of Victoria, 2014.

[60] 刘涛, 郑国东, 潘永信, 等. 地质微生物对海洋天然气水合物的影响 [J]. 天然气地球科学, 2009, 20(6): 992-999.

[61] 胡光海. 东海陆坡海底滑坡识别及致滑因素影响研究 [D]. 青岛: 中国海洋大学, 2010.

[62] 李广信. 高等土力学 [M]. 北京: 清华大学出版社, 2004.

[63] 王元勋. 土质边坡稳定性分析的离心模型试验研究 [D]. 成都: 西南交通大学, 2003.

[64] Zhang X H, Lu X B, Shi Y H, et al. Centrifuge experimental study on instability of seabed stratum caused by gas hydrate dissociation[J]. Ocean Engineering, 2015, 105(1): 1-9.

[65] 张旭辉, 胡光海, 鲁晓兵. 天然气水合物分解对地层稳定性影响的离心机实验模拟 [J]. 实验力学, 2012, 27(3): 301-310.

[66] 张旭辉, 鲁晓兵, 王淑云, 等. 天然气水合物快速加热分解导致地层破坏的实验 [J]. 海洋地质与第四纪地质, 2011, 31(1): 157-164.

[67] 鲁晓兵, 张旭辉. 南海天然气水合物试采储层稳定性评价研究 [R]. 中国科学院力学研究所科技报告, 2022.

[68] Schwarz H U. Subaqueous Slope Failures: Experiments and Modern Occurrences[M]. Stuttgart: Schweizerbart'sche Verlagsbuchhandlung, 1982.

[69] Mohrig D, Elverhoi A, Parker G. Experiments on the relative mobility of muddy subaqueous and subaerial debris flows, and their capacity to remobilize antecedent deposits[J]. Marine Geology, 1999, 154: 117-129.

[70] Ilstad T, Marr F J, Elverhoi A, et al. Laboratory studies of subaqueous debris flows by measurements of pore-fluid pressure and total stress[J]. Marine Geology, 2004, 213: 403-414.

[71] Ilstad T, de Blasio F V, Elverhoi A, et al. On the frontal dynamics and morphology of submarine debris flows[J]. Marine Geology, 2004, 213: 481-497.

[72] Marr J G, Harff P A, Shanmugam G, et al. Experiments on subaqueous sandy flows: The role of clay and water content in flow dynamics and depositional structures[J]. Geological Society of America Bulletin, 2001, 113(11): 1377-1386.

[73] Zakeri A. Submarine debris flow impact on suspended (free-span) pipeline: Normal and longitudinal drag forces[J]. Ocean Engineering, 2009, 36: 489-499.

[74] Gauer P, Elverhoi A, Issler D, er al. On numerical simulations of subaqueous slides: Back-calculations of laboratory experiments[J]. Norwegian Journal of Geology, 2006,

86: 295-300.

[75] Imran J, Harff P, Parker G. A numerical model of submarine debris flow with graphical user interface[J]. Conputers and Geosciences, 2001, 27(6): 721-733.

[76] Imran J, Harff P, Parker G. A numerical model of submarine debris flow with graphical user interface[J]. Conputers and Geosciences, 2001, 27(6): 721-733.

[77] Locat J, Homa J. Numerical analysis of the mobility of the Palos Verdes debris avalanche, California, and its implication for the generation of tsunamis[J]. Marine Geology, 2004, 203: 269-280.

[78] Zakeri A, Hoeg K, Nadim F. Submarine debris flow impact on pipeline-Part II: Numerical analysis[J]. Coastal Engineering, 2009, 56: 1-10.

[79] Zhang Y, Lu X B, Zhang X H, et al. Numerical simulation on flow characteristics of large-scale submarine mudflow[J]. Applied Ocean Research, 2021, 108: 102524.

[80] Kwon T, Cho G, Santamarina J C. Gas hydrate dissociation in sediments: Pressure-temperature evolution[J]. Geochemistry, Geophysics, Geosystems, 2008, 9(3): 1-14.

[81] 于桂林. 考虑孔压影响的海底能源土斜坡稳定性分析 [D]. 青岛: 青岛理工大学, 2015.

[82] 张振飞. 海底能源土斜坡稳定性影响因素的敏感性分析 [D]. 青岛: 青岛理工大学, 2016.

[83] Lu L, Zhang X H, Lu X B. Numerical study on the stratum's responses due to natural gas hydrate dissociation[J]. Ships and offshore structures, 2017, 12(5-6): 775-780.

[84] 王晶. 水合物分解引起井口周围土层变形与破坏的研究 [D]. 北京: 中国科学院大学，2018.

[85] Crutchley G J, Geiger S, Pecher I A, et al. The potential influence of shallow gas and gas hydrates on sea floor erosion of Rock Garden, an uplifted ridge offshore of New Zealand[J]. Geo-Mar. Lett., 2010, 30: 283-303.

[86] Daigle H, Dugan B. Effects of multiphase methane supply on hydrate accumulation an fracture generation[J]. Geophysical Res. Lett., 2010, 37: L20301.

[87] Xu W, Germanovich L N. Excess pore pressure resulting from methane hydrate dissociation in marine sediments: a theoretical approach[J]. J. Geophys. Res., 2006, 111: B01104.

第 5 章　水合物开采过程中的现场监测及数据处理

水合物储存于深海、深湖以及冻土环境之中，环境条件比较复杂。水合物分解情况直接决定产气性能。分解的快慢决定于供热、压力变化、地层变形、孔隙水中盐分变化等条件。如何调控这些因素以保证设定的产气速率，需要对产气情况及相关因素进行监测。水合物分解后可引起海床滑塌、井口破坏、甲烷泄漏，甚至发生泥火山等，进而导致工程结构毁坏，威胁水合物的正常开采。那么在水合物勘探及开采过程中进行安全预警和监测就显得很重要，一方面要求对水合物分解产气过程进行监控以保证生产效率；另一方面，需要对水合物分解可能引起的地质灾害情况进行监控。

本章首先介绍目前已开展的水合物试采监测情况，分析监测效果；然后介绍各种水合物地层的物理和力学参数及其与常见的监测参数之间的关系，为监测数据的反演提供依据；最后提出一个监测数据处理系统。

5.1　试采监测项目简介

目前在已经开展的陆上冻土带和海洋陆坡区水合物试采过程中，对水合物层及上覆层的温度、变形等参数进行了短期的监测，采用的方法一般是在生产井和观测井中布设温度、电阻率、声波等探测仪器，通过获得的多种信号，分析出水合物分解前沿、水合物分解引起的温度变化、产气量随时间的变化等。由于这些系统主要是针对试采设计，监测的范围是局部的，测量周期是短的。如果要在正式商业开采中进行监测，还必须考虑监测范围和时间长度。

在加拿大 Mallik 水合物试生产过程中进行了系统的监测。Mallik 试采项目是由日本、加拿大、美国等多国 50 多个研究机构的 200 多位科学家参加的大型国际合作项目。该项目在日本石油资源勘探公司施工的 Mallik5L-38 水合物生产研究井进行试开采 [1]。水合物分布于地表下 892~1107m 范围内，自上而下大概可以分为 A、B、C 三层。A 层位于 892~930m 区间，以 23m 厚的水合物层为主，水合物多以孔隙填充的形式产出，饱和度相对较高，为 50%~85%；B 层位于 942~993m 区间，由互层状的水合物层 (5~10m) 和非水合物层 (0.5~1m) 相间组成，水合物饱和度变化较大，在 40%~80% 范围内；C 层位于 1070~1107m 区间，主要包括两层较厚的水合物层，底部地层水合物饱和度较高，在 80%~90% 范围内。"Mallik 2002" 项目是在 A 层位进行注热法试开采。整个过程采集气体总量为 468m³，液体循环结束后仍采集到 48m³ 的气体。"Mallik 2007" 项目是 2008 年冬季实施，采用降压法与注热法联合试采。开采时间为 6d，天然气产量达到 2000~4000m³/d，累计产量约为 13000m³[2]。

在这两次水合物试采过程中已得到应用的监测设备有中子密度仪、核磁共振仪、温度传感器、压力传感器、超声波仪、电阻仪、色谱仪、APS (Accelerator Porosity Sonde)、RST (Schlumberger's Reservoir Saturation Tool)、ECS(Elemental Capture Spectroscopy Sonde)、FMI (Fullbore Formation MicroImager)、CMR (Combinable Magnetic Resonance Tool) 等 [3]。通过这些监测数据可以直接或者间接地分析得到水合物地层的温度、压力、含气量、产气量、天然气成分、水合物分解范围、弹性模量、孔隙度、渗透率等物理和力学参数。下面对试采中的监测技术和监测数据进行简要介绍。

1. 温度监测

"Mallik 2002" 项目水合物试采过程中采用的是 Schlumberger 公司的 MDT 测井仪。用于温度监测的分布式温度传感器 (DTS 系统) 从井口到井深 938.6m 范围内布置，直接捆绑于生产井套管之外，对不同深度与轴向距离的温度进行持续不断地测量，测量时间长达 17d，包括水合物注热法试生产的整个过程。DTS 系统测量温度的误差主要受到数据平均所取时间段影响，数据平均所取时间段为 2.5min 时，则温度测量误差为 ±0.30℃，经过后期处理，该误差可减少到 ±0.05℃。测量的温度峰值取决于循环液体注入口液体温度、地层结构和热学性能、循环液体在地层中扩散速率等 [4]。

DTS 系统测量温度数据的变化主要受以下几个因素的影响：循环液体的循环速率和温度、由井口到水合物地层热传导情况、水合物地层的热力学性质、潜热效应等。总体上，DTS 系统测试到的温度分布与水合物地层水合物饱和度没有必然的联系。井口处温度较低，这可能是由该区域地层导热系数较大以及流动性较高导致。生产井周围水合物分解后，水合物和气体饱和度的变化会引起生产井周围地层导热系数的变化。

2. 气体采样监测

Mallik 5L-38 生产井进行水合物注热法试采的同时，研究人员利用质谱仪、气体色谱仪和氦氧分析仪，对产出气体进行了在线测量与分析 [5]。产气的主要成分是甲烷，另外还含有氮气、二氧化碳、氦和碳氧化合物。由于所有的气液分离器在试采开始前都用氮气进行了测试，这是含有氮气的原因。因为二氧化碳的溶解度对温度十分敏感，故产出气中二氧化碳的含量与循环液体的温度有着密切的联系。产出气中的氦和碳氧化合物的含量主要受水合物地层中气体的垂向不均匀性影响。气体样品采集位置如下：① 高压气液分离器出口处 26 个高压气体样品；② 高压气液分离器出口处 94 个常压气体样品，用于常规分析；③ 循环液体的 99

个样品，用于分析钾和氯化物浓度；④ 循环液体的 36 个样品，用于化学示踪剂研究；⑤ 试生产结束后，取自高压气液分离器的 2 个沙砾/泥样品。

3. 循环液体分析和水合物地层颗粒分析

在 Mallik 水合物试采过程中，钾离子浓度总体上有减小的趋势，大约被稀释了 1.7%，如试采过程中只有 48.5m³ 的循环液体进入地层，则大约有 0.8m³ 的水合物地层水混入到了循环液体中；氯离子浓度总体上有增大的趋势，大约增加了 2.7%，说明试采过程中有富含氯离子的水混入到了循坏液体中，如图 5.1 所示。

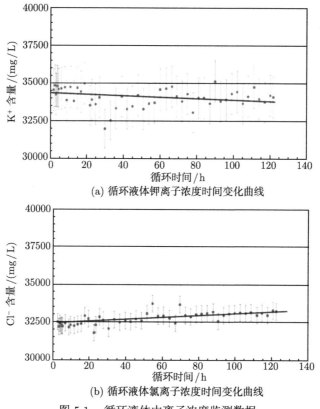

(a) 循环液体钾离子浓度时间变化曲线

(b) 循环液体氯离子浓度时间变化曲线

图 5.1　循环液体中离子浓度监测数据

试采过程中，科研人员还采用 FBA (fluorinated benzoic acid) 对循环液体进行了示踪研究，FBA 的可探测浓度达到 50ppt①，测量误差 ±2.75%。试采初期循环液体中 FBA 浓度为 4500ppb②。FBA 浓度测量结果可用于参考和验证离子浓度的研究结果。结合离子浓度和 FBA 浓度看出，部分水合物地层水进入循环

---

① ppt，全称为"parts per trillion"，指万亿分之一。

② ppb，全称为"parts per billion"，指十亿分之一。

液体, 部分循环液体残留在水合物地层 (循环液体总体积在试生产前后保持不变), 进入生产井的水合物地层水的确切数量还无法确定。

4. 超声、电阻、中子和核磁监测

图 5.2 给出了利用超声、电阻、中子和核磁等设备监测获取的在试采前后相关参数的变化曲线。其中超声波仪用于确定地层水合物饱和度和弹性模量等物理力学参数; 电阻仪用于确定含水量变化和水合物分解范围等参数; RST、APS 用于测试岩石孔隙度和黏土含量; ECS 用于测试岩性、黏土含量、基岩密度、绝对渗透率等; MR 测量可以获取流体 (主要是水) 含量及变化信息等 [6]。

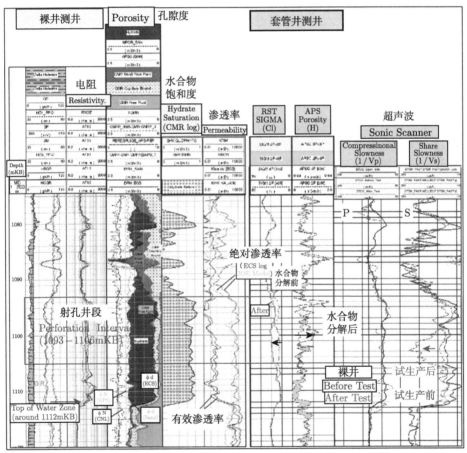

图 5.2 利用超声、电阻、中子和核磁等获取的监测数据 [6]

在 "Mallik 2007/2008" 试采项目中, 分析试采井的采气段 1093 ~ 1105m 之间的数据, RST、APS 以及超声波横波数据在水合物试采前后有明显的差别, 这对于水合物试采过程的分析提供了很好的依据。

总的来讲，水合物现场试采及监测项目测试了以下数据：① 地面压强、温度和循环速率；② 采气总量和采气速率；③ 井底压强和温度；④ 气体、液体组分和含量；⑤ 电阻、超声、核磁、中子密度等参数，并根据这些监测数据计算和评价水合物地层的温度和压力分布、含气量、水合物储量、天然气成分、水合物分解范围、岩石物性等。

同时，以上试采过程中的监测也提供了很多需要深入研究的方向：① 水合物试生产井打孔的优化设计，如何实现最大产气效率和最小化流沙问题；② 还需研制监测水合物地层的土力学响应参数的相应设备，用于水合物开采后的地层与结构物基础的安全性和水合物开采受地层变形影响的评估；③ 研究生产井底气水分离系统和水沙分离系统，减少输送过程中大量的能量损耗，以及避免随分解产生的水气渗流运移出来的沙子堵塞管道；④ 结冰和分解气与水再次形成水合物的问题，如何采取有效措施弥补水合物分解和气体快速渗流导致的热损耗，从而保证水合物持续稳定分解、地层中水气渗透路径和输送管道的通畅；⑤ 更加有效的隔热防腐措施，保证监测设备的精确与使用寿命等。

理论与实践表明，为了实现水合物开采过程中的高效监测，一方面需要开发高精度多参数监测系统；另一方面需要发展高效高精度的数据反演分析方法。也就是说，一方面需要开发高效精确、能适应高压低温及海水环境的测量仪器设备；另一方面需要弄清含水合物地层物性 (密度、孔隙度、水合物饱和度、黏土和矿物含量等) 与地层的物理和力学参数 (弹性模量、泊松比、热传导系数、渗透系数、电导率等) 的关系。

下面将首先介绍含水合物地层的物理、力学参数与监测参数间的关系，以及含水合物地层的参数测量及分析方法；最后提出一套监测系统设计。

5.2　声波传播特性

在不同的水合物饱和度及赋存状态下，地层中声波传播过程中的波速和衰减速度差别显著。人们常利用这个特性，在水合物沉积物室内实验及现场监测勘探中监测及分析地层中水合物的饱和度、弹性模量等物理和力学参数。

为了确定地层中水合物存在与否和定量估算水合物饱和度，将声波数据 (地球物理波速测量数据、超声测量数据) 进行反演，获得弹性力学参数，然后根据岩石物理模型中的弹性力学参数与密度、孔隙度、有效压力、水合物、水和气体物性参数的关系式进行反演就可以获得水合物饱和度。因此，地层物理参数与力学参数间、力学参数与声波参数间的定量关系是这种方法有效的关键。

1. 岩石物理模型

岩石物理模型即地层物理参数与力学参数间的关系模型。文献 [7] 应用修改的 Hashin-Shtrikman-Hertz-Mindlin 理论提出了沉积层不含水合物时的波速与孔隙度、饱和度、矿物及有效压力之间的关系式,用于计算临界孔隙度处 ($\varphi_c \approx 40\%$) 的体积模量和剪切模量。根据临界孔隙度把弹性模量计算分成两部分, 低于临界孔隙度时, 矿物颗粒为承载体;高于临界孔隙度时, 沉积物呈悬浮状态而流体相为承载体。临界孔隙度处的有效弹性模量为 [7,8]

$$K_{\mathrm{HM}} = \left[\frac{n^2 \left(1 - \varphi_{\mathrm{c}}\right)^2 G^2}{18\pi^2 \left(1 - \sigma\right)^2} p \right]^{\frac{1}{3}} \tag{5.1}$$

$$G_{\mathrm{HM}} = \frac{5 - 4\sigma}{5\left(2 - \sigma\right)} \left[\frac{n^2 \left(1 - \varphi_{\mathrm{c}}\right)^2 G^2}{2\pi^2 \left(1 - \sigma\right)^2} p \right]^{\frac{1}{3}} \tag{5.2}$$

其中 K_{HM} 和 G_{HM} 为岩石骨架的体积模量和剪切模量, σ 为泊松比, p 为有效压力, n 为颗粒平均接触数, 一般取 $n = 8.5$。有效压力为

$$p = (1 - \varphi) \left(\rho_{\mathrm{s}} - \rho_{\mathrm{f}}\right) gh \tag{5.3}$$

ρ_{s} 和 ρ_{f} 分别为固相和流体相密度, h 为饱和水地面以下深度, g 为重力加速度。沉积层岩石是由多种矿物组成, 那么岩石的体积模量和剪切模量可以应用 Hill 平均方程来计算, 即

$$K = \frac{1}{2} \left[\sum_{i=1}^{m} f_i K_i + \left(\sum_{i=1}^{m} \frac{f_i}{K_i} \right)^{-1} \right] \tag{5.4}$$

$$G = \frac{1}{2} \left[\sum_{i=1}^{m} f_i G_i + \left(\sum_{i=1}^{m} \frac{f_i}{K G_i} \right)^{-1} \right] \tag{5.5}$$

其中 m 为不同矿物组分数目, f_i 为第 i 组分的体积百分比, K_i 和 G_i 分别为第 i 组分的体积模量和剪切模量。

临界孔隙度上下固体相干燥骨架弹性模量可以应用修改的 Hashin-Shtrikman 模型来计算 [9,10]。

当孔隙度 φ 小于临界孔隙度 φ_{c} 时:

$$K_{\mathrm{dry}} = \left(\frac{\varphi/\varphi_{\mathrm{c}}}{K_{\mathrm{HM}} + \frac{4}{3} G_{\mathrm{HM}}} + \frac{1 - \varphi/\varphi_{\mathrm{c}}}{K + \frac{4}{3} G_{\mathrm{HM}}} \right)^{-1} - \frac{4}{3} G_{\mathrm{HM}} \tag{5.6}$$

$$G_{\mathrm{dry}} = \left(\frac{\varphi/\varphi_{\mathrm{c}}}{G_{\mathrm{HM}} + Z} + \frac{1 - \varphi/\varphi_{\mathrm{c}}}{G + Z} \right)^{-1} - Z \tag{5.7}$$

$$Z = \frac{G_{\mathrm{HM}}}{6} \left(\frac{9K_{\mathrm{HM}} + 8G_{\mathrm{HM}}}{K_{\mathrm{HM}} + 2G_{\mathrm{HM}}} \right) \tag{5.8}$$

当孔隙度 φ 大于临界孔隙度 φ_c 时：

$$K_{\mathrm{dry}} = \left(\frac{(1-\varphi)/(1-\varphi_c)}{K_{\mathrm{HM}} + \dfrac{4}{3}G_{\mathrm{HM}}} + \frac{(\varphi-\varphi_c)/(1-\varphi_c)}{\dfrac{4}{3}G_{\mathrm{HM}}} \right)^{-1} - \frac{4}{3}G_{\mathrm{HM}} \tag{5.9}$$

$$G_{\mathrm{dry}} = \left(\frac{(1-\varphi)/(1-\varphi_c)}{G_{\mathrm{HM}} + Z} + \frac{(\varphi-\varphi_c)/(1-\varphi_c)}{Z} \right)^{-1} - Z \tag{5.10}$$

$$Z = \frac{G_{\mathrm{HM}}}{6} \left(\frac{9K_{\mathrm{HM}} + 8G_{\mathrm{HM}}}{K_{\mathrm{HM}} + 2G_{\mathrm{HM}}} \right) \tag{5.11}$$

饱和岩石弹性模量可以应用 Gassmann 方程来计算：

$$K_{\mathrm{sat}} = K \frac{\varphi K_{\mathrm{dry}} - \dfrac{(1+\varphi)K_{\mathrm{f}}K_{\mathrm{dry}}}{K} + K_{\mathrm{f}}}{(1-\varphi)K_{\mathrm{f}} + \varphi K - \dfrac{K_{\mathrm{f}}K_{\mathrm{dry}}}{K}} \tag{5.12}$$

$$G_{\mathrm{sat}} = G_{\mathrm{dry}} \tag{5.13}$$

其中 K 是饱和流体的体积模量。在水饱和时，K_{f} 等于水的体积模量；当含水和气体且游离气呈均匀分布时，体积模量为

$$K_{\mathrm{f}} = \frac{S_{\mathrm{w}}}{K_{\mathrm{w}}} + \frac{1 - S_{\mathrm{w}}}{K_{\mathrm{g}}} \tag{5.14}$$

游离气呈团状分布时，体积模量为

$$K_{\mathrm{f}} = \frac{4}{3}\mu \left\{ \left[\frac{S_{\mathrm{w}}}{1 + \dfrac{3K_{\mathrm{w}}}{4\mu}} + \frac{S_{\mathrm{g}}}{1 + \dfrac{3K_{\mathrm{g}}}{4\mu}} \right]^{-1} - 1 \right\} \tag{5.15}$$

其中 K_{w} 和 K_{g} 分别为水和游离气的体积模量，S_{w} 为水饱和度。

沉积层纵横波密度和速度分别为

$$\rho = (1 - \varphi)\rho_{\mathrm{s}} + \varphi\rho_{\mathrm{f}} \tag{5.16}$$

$$V_{\mathrm{p}} = \sqrt{\frac{K_{\mathrm{sat}} + \dfrac{4}{3}G_{\mathrm{dry}}}{\rho}} \tag{5.17}$$

$$V_{\mathrm{s}} = \sqrt{\frac{G_{\mathrm{sat}}}{\rho}} \tag{5.18}$$

ρ_{s} 和 ρ_{f} 分别为固体相和孔隙流体的密度，可以通过各组分的密度与百分比乘积得到。

要注意 Gassmann 方程的假设是：岩土骨架各向同性，所有孔隙都连通、充满流体且不排液体，岩土骨架与孔隙流体间的相对运动可忽略，孔隙流体不对岩土骨架产生硬化或软化作用。因此应该在地层满足上述假设的条件下使用上述公式。

2. Biot 声波速度模型

采用 Biot 理论也可以计算饱和岩石的声波速度，以及声波速度与频率的关系，但是不能用于高黏的饱含流体的岩土及含裂缝的岩土介质。

Geertsma 等 [10] 基于 Biot[11] 的关于流体饱和多孔隙岩土的方程，给出了纵波速度：

V_{p}

$$= \left\{ \left[\left(\frac{1}{C_{\mathrm{m}}} + \frac{4}{3}G \right) + \frac{\frac{\varphi_{\mathrm{eff}}}{k}\frac{\rho_{\mathrm{m}}}{\rho_{\mathrm{f}}} + \left(1 - \beta - 2\frac{\varphi_{\mathrm{eff}}}{k} \right)(1 - \beta)}{(1 - \beta - \varphi_{\mathrm{eff}})C_{\mathrm{b}} + \varphi_{\mathrm{eff}}C_{\mathrm{f}}} \right] \frac{1}{\rho_{\mathrm{m}}\left(1 - \frac{\varphi_{\mathrm{eff}}}{k}\frac{\rho_{\mathrm{f}}}{\rho_{\mathrm{m}}} \right)} \right\}^{\frac{1}{2}} \tag{5.19}$$

Geertsma 等 [10] 没有给出横波速度。Biot[12] 给出了饱和岩土介质中的横波速度为

$$V_{\mathrm{s}} = \left[\frac{G}{\rho_{\mathrm{m}}\left(1 - \frac{\varphi_{\mathrm{eff}}}{k}\frac{\rho_{\mathrm{f}}}{\rho_{\mathrm{m}}} \right)} \right]^{\frac{1}{2}} \tag{5.20}$$

其中 φ 为地层总孔隙度，φ_{eff} 为地层有效孔隙度，$c_{\mathrm{h}} = \varphi_{\mathrm{h}}/(\varphi_{\mathrm{h}} + \varphi_{\mathrm{w}})$ 为水合物饱和度，φ_{h} 和 φ_{w} 分别为水合物和水的饱和度，$\rho_{\mathrm{m}} = (1 - \varphi_{\mathrm{eff}})\rho_{\mathrm{b}} + \varphi_{\mathrm{eff}}\rho_{\mathrm{f}}$ 为骨架密度，$\rho_{\mathrm{f}} = S_{\mathrm{w}}\rho_{\mathrm{w}} + S_{\mathrm{g}}\rho_{\mathrm{g}}$ 为流体相密度，$\rho_{\mathrm{h}} = S_{\mathrm{s}}\rho_{\mathrm{s}} + S_{\mathrm{h}}\rho_{\mathrm{h}}$ 为固体相密度，ρ_{b}、ρ_{g}、ρ_{w}、ρ_{h} 分别为岩土骨架、自由气、水和水合物的密度，S_{b}、S_{g}、S_{w}、S_{h} 分别为岩土骨架、自由气、水和水合物的饱和度，$C_{\mathrm{m}} = (1 - \varphi_{\mathrm{eff}})C_{\mathrm{b}} + \varphi_{\mathrm{eff}}C_{\mathrm{p}}$ 为骨架的可压缩率，$C_{\mathrm{b}} = \frac{1}{2}(S_{\mathrm{s}}C_{\mathrm{s}} + S_{\mathrm{h}}C_{\mathrm{h}}) + \frac{1}{2}\left(\frac{S_{\mathrm{s}}}{C_{\mathrm{s}}} + \frac{S_{\mathrm{h}}}{C_{\mathrm{h}}} \right)^{-1}$ 为固体相的平均可压缩率，$C_{\mathrm{f}} = \frac{1}{2}(S_{\mathrm{w}}C_{\mathrm{w}} + S_{\mathrm{g}}C_{\mathrm{g}}) + \frac{1}{2}\left(\frac{S_{\mathrm{w}}}{C_{\mathrm{w}}} + \frac{S_{\mathrm{g}}}{C_{\mathrm{g}}} \right)^{-1}$ 为流体的可压缩率，C_{s}、C_{h}、C_{w}、

C_g 分别为岩土骨架、水合物、孔隙水和自由气的可压缩率，$\beta = \dfrac{C_s}{C_m}$，G 为岩土骨架的剪切模量，k 为耦合因子。

随着研究的深入，人们针对不同条件提出了多种模型 [13,14]。下面给出几种主要的类型。

常用的岩石物理模型有：Pearson 等 [15] 提出的加权平均模型：

$$\frac{1}{V_p} = \frac{\varphi(1-S)}{V_w} + \frac{\varphi S}{V_h} \frac{1 - (1-S)}{V_m} \tag{5.21}$$

其中 V_p 是水合物地层的压缩波速，V_w 是孔隙流体的压缩波速，V_h 是纯水合物的压缩波速，V_m 是骨架的压缩波速，φ 是孔隙度，S 是水合物占孔隙的百分含量。这个模型适合非固结的地层。

Lee 等 [16] 提出了与波速相关的弹性模量计算模型，也被称为 BGTL(Biot-Gassmann theory modified by Lee)：

$$V_p = \sqrt{\frac{k + 4\mu/3}{\rho}}, \quad V_s = \sqrt{\frac{\mu}{\rho}} \tag{5.22}$$

$$\rho = (1-\varphi)\rho_s + \varphi\rho_w \tag{5.23}$$

其中 ρ_s、ρ_w 分别为地层骨架和孔隙流体的密度，k、μ 分别为地层的体积模量和剪切模量，且

$$k = k_{ma}(1-\beta) + \beta^2 M, \quad \frac{1}{M} = \frac{\beta - \varphi}{k_{ma}} + \frac{\varphi}{k_{fl}} \tag{5.24}$$

式中 k_{ma} 为岩土骨架的体积模量；β 是 Biot 系数，表征孔隙流体和岩土骨架体积变化的比值；M 为体积模量，表征在沉积物体积不变时，将一定体积的水压入沉积物所需要的压力增量；k_{fl} 为孔隙流体的体积模量。

为了研究声波在水合物沉积物中的传播特性 (频率、幅值、速度等的变化)，人们开展了大量的室内实验。室内实验主要是采用超声波装置进行。

超声波装置的测量原理是在具有一定长度 L 的待测样品两端各放置一个超声探头，其中一个用于发射超声信号，另一个用来接收信号。包括波速测量、幅值测量和频率测量 [17]。

波速测量：测试时以纵横波从一端发射与第一个波到达另一端的时间差即为首波声时，或称为波传播时间 T。声波的波速由下式确定：$V = L/T$。一般介质中纵波比横波传播快，故测试时首先接收到的声波为纵波，之后波幅突然增大的是横波 (图 5.3)。

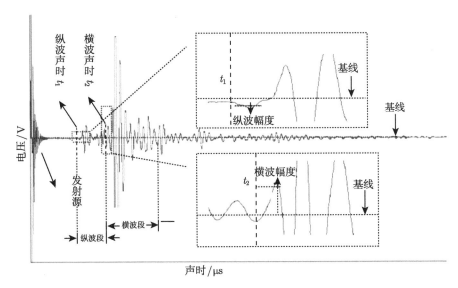

图 5.3 超声测量原理

幅值测量：超声波在传播过程中会发生幅值衰减。声波吸收是将声能转化为热能，从而导致声波幅值衰减，可以分为吸收、散射和扩散衰减。声波的吸收是由介质的热传导性、黏滞性及微观结构引起的弛豫效应等因素决定的。声波传播时，引起介质膨胀和收缩，进而引起温度梯度及不可逆的热传导，同时由于分子内外自由度能量的重分配及重平衡的弛豫过程，都产生能量消耗，吸收衰减与频率成正比。超声波的散射衰减是由于声波传播时介质颗粒的障碍而发生散射引起的，与散射粒子的形状、尺寸和数量等因素有关，与频率的四次方成正比。扩散衰减是由于传播过程中波阵面扩大引起的衰减。当扩散角很小时，超声波扩散衰减与声源的半径、波长有关，呈指数衰减。

衰减系数 α 可以表示为经验公式：

$$\alpha = k_1 f^2 + k_2 f^4 + 0.61\frac{\lambda}{a^2} \tag{5.25}$$

其中 k_1、k_2 为系数，f 为频率，λ 为波长，a 为声源半径。

频率测量：发射的超声波是一个包含很多频率成分的狭窄脉冲。在水合物沉积物传播过程中，超声波的高频成分首先因被吸收、散射等作用而衰减。随着水合物含量和赋存方式变化，声波衰减也会变化，这样接收到的声波频率就不同。超声频率测量就是利用这个原理来分析沉积物中水合物的饱和度、赋存方式等特性。

超声成像：利用水合物合成或分解过程中测量获得的水合物沉积物声速剖面图像，通过反演，可以得到水合物含量、赋存方式、分布等特征参数随时间、空

间的变化 [18]。

业渝光课题组系统研究了含水合物地层中室内超声测量装置和测量技术，并得到了系统的研究结果 [19-22]。该课题组在实验过程中，在通过超声测量装置测量水合物沉积物超声传播波速的同时，采用 TDR (时域反射) 测量水合物饱和度，并建立了声波速度和水合物饱和度之间的关系。通过对人工岩心中水合物饱和度与声波速度 (包括纵波速度和横波速度) 的测试，并将其与时间平均方程、伍德及其修正方程、李权重方程和理论等常用的水合物饱和度估算模型进行对比后，发现对于相同饱和度的水合物沉积物，在水合物分解过程中的纵波速度和横波速度明显较水合物生成过程中的大。当水合物饱和度低于 40% 时，利用李权重方程预测的波速与实测纵波速度一致，且声波速度变化不明显。当水合物饱和度在 10%~40% 时，波速增长最快；当水合物饱和度在 40%~65.5% 时，BGTL 理论更适用。

研究发现，随着水合物的形成，频率成分可降低一半。而通过冰冻的样品时频率成分与通过液态样品时的一样 (图 5.4)。

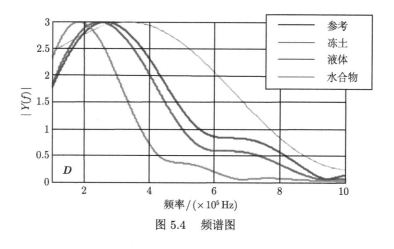

图 5.4　频谱图

5.3　渗　透　性

含水合物地层的渗透性对水合物的分解与形成有重要影响。水合物的赋存与地层的渗透系数关系密切，如果建立水合物赋存特性 (饱和度、分布、与岩土颗粒间胶结等) 与地层渗透系数间的关系，在获得了地层中渗透参数的变化数据后，就可以分析地层中水合物的饱和度和分布等特性，在水合物开采期间，就可以判断水合物分解前沿；反过来，如果知道了水合物在地层中的饱和度和分布，就可以计算地层的渗透系数。

一般地，孔隙中水合物的形成会降低渗透率，甚至造成渗流通道的堵塞。在地层孔喉系统中水合物聚集和堵塞较裂隙系统中发展更快，因而渗透性降低也更

快 [23-26]。孔隙填充型水合物通过改变孔隙大小和形状，比包裹型水合物的影响更大。目前关于孔隙填充型水合物地层的渗透性估算方法最有效 [27-29]。

随水合物在孔隙空间中的位置不同，同样的水合物饱和度对渗透率和相对渗透率的影响变化显著。如果地层中的孔隙尺寸分布广，水合物的形成可以导致一部分很小的孔隙成为非动用区，即不产生渗流的区域。这是因为水合物堵塞使这部分孔隙成为死孔隙，这将引起地层中渗透率的分布不均匀。一般地，当水合物饱和度小于 40% 时，地层的绝对渗透率随水合物的变化不显著，一旦超过该值，渗透率则迅速降低，在孔隙被水合物完全充满前，渗透率就几乎降到 0 [30]。可能是因为低于临界饱和度值时，水合物以颗粒包裹生长为主，随着饱和度的增加，则以孔隙填充的形式生长，因而渗透率衰减加快。

水合物形成或分解后孔隙降低或增加导致孔隙介质中渗透性发生变化 [31-33]。一般地，水合物生成会降低地层渗透率，但是 Kneafsey 等 [34] 发现水合物生成后渗透率可能比原来湿砂时更高，这是因为水合物生成的不均匀性，在一些情形中，水的流动会因为增加的毛管吮吸被强化。水合物在孔隙中的生长方式对水合物沉积物的渗透性有很大影响 [35]。因此明确水合物生长方式对气和水的相对渗透率对于准确评估地层相对渗透率及工业生产非常重要 [34,36]。

水合物地层的渗透性随着水合物的形成和分解而变化。为简便起见，地层的渗透率通常假设为孔隙度和比表面积的函数。地层的渗透率实际上还受到孔隙、喉道、层理、纹理等因素的影响。因此微观测量技术经常被用于测量及分析水合物地层的渗透性，如用核磁共振 (nuclear magnetic resonance，NMR) 测量、岩土 CT (computed tomography) 进行非接触式测量地层的微结构和密度等参数，然后分析渗透性。

通常情况下，流体通过水合物地层的流动是通过由孔隙和微裂隙构成的非均匀的网络流动的，因此从微观尺度看，地层的渗透性受到地层的孔隙和裂隙连通性、孔隙和裂隙的尺度分布等因素控制。研究这些因素影响的常规方法是用地层的地质和地球物理数据，建立详细的地质模型进行流动数值模拟。如果裂隙连通性差、岩土基质又是不渗透的，流动就不会发生。相反，如果岩土基质可渗透，同时裂隙排列规则且连通性好，则裂隙和岩土基质可视为两个独立的连续系统。为了分析渗透性参数，就需要采用相关的概率构建地质模型进行流动模拟。这种方法既花费时间且计算量消耗大。因此，需要建立更简化的但又基于物理规律的模型进行快速分析。

逾渗理论，尤其是双重逾渗理论、孔隙网络模拟模型等是分析地层连通性和渗透性的有效方法。双重逾渗模型是由裂隙网络和基质孔隙网络构成的双重网络。每条裂隙的中点映射为基质孔隙网络的一个座，每两个孔隙之间的连接映射为"键"。裂隙网络用于模拟裂隙中的流动，基质网络用于模拟孔隙中的流动。可以用连通程度来表征孔隙裂隙介质的渗透特性。

为了简便实用，人们最常用的还是根据实验数据或数值模拟结果进行拟合得到的经验公式。现有的经验公式基本都是渗透系数与水合物饱和度之间的关系式，极少考虑其他因素，比如 Masuda 模型 [33,37]。在进行水合物地层渗透性实验时应该注意到，由于在一定的温压条件下的实验过程中可能有水合物形成或分解，从而改变孔隙率及孔隙分布，进而影响渗透率，故用甲烷水合物来进行渗透率测试不太合适 [38-40]，用这类实验数据拟合的关系式参数也不准确。合理的办法是采用其他气体如氮气水合物进行测试，以避免实验过程中的水合物形成或分解，比如在水合物可能分解的情况下添加抑制剂。

5.3.1　渗透率模型

基于实验数据及理论分析，人们提出了多种含水合物地层的渗透率模型，包括平行毛细管模型、Kozeny 模型、油藏模拟器模型 (reservoir simulator model)、混合模型等。

1) 平行毛细管模型

平行毛细管模型将相对渗透率与孔隙率建立联系。在水合物均匀包裹颗粒表面时，相对渗透率为 [32]

$$k_{r\delta} = (1 - S_h)^2 \tag{5.26}$$

其中 S_h 是水合物饱和度。

如果水合物只在孔隙中间而不包裹颗粒表面，则相对渗透率为

$$k_{r\delta} = 1 - S_h^2 + \frac{2(1 - S_h)^2}{\log(S_h)} \tag{5.27}$$

2) Kozeny 模型

Kozeny 模型将相对渗透率与孔隙率和颗粒尺寸联系起来。Kozeny 孔隙填充模型假设水合物值存在孔隙中间 [41]，相对渗透率公式为

$$k_{r\delta} = (1 - S_h)^{n+1} \tag{5.28}$$

其中 n 是 Archie 饱和度指数，与水合物在孔隙中所占份额及孔隙介质的润湿性有关，n 的值一般建议取 $1.5 \sim 2.5$。Spangenberg [42] 建议，当 $0 < S_h < 0.8$ 时，取 1.5；当 $S_h > 0.8$ 时，n 的增加对渗透性降低影响很小 [32]。

如果水合物包裹在颗粒表面，则相对渗透率为 [32]

$$k_{r\delta} = \frac{(1 - S_h)^{n+2}}{(1 + \sqrt{S_h})^2} \tag{5.29}$$

其中 $n = 0.75S_\mathrm{h} + 0.3$。

3) 数值油藏模拟器模型

数值油藏模拟器模型可以预测温度、压力和化学扰动对水合物沉积物渗透率等力学参数的影响[43]。东京大学模型是将平行毛细管模型推广得到的渗透率模型[44]，具体形式如下：

$$k_{\mathrm{r}\delta} = (1 - S_\mathrm{h})^N \tag{5.30}$$

其中 N 是渗透率降低指数，其值在 $2.6 \sim 14$。

4) 混合模型

这类模型认为水合物沉积物既包含裹覆型，又包含充填型的水合物，故用权重系数表示二者的比例，提出了一个二者混合的模型：

$$k_{\mathrm{r}\delta} = \alpha\left(S_\mathrm{h}\right) k_{\mathrm{r}\delta}^{\mathrm{pf}} + \beta\left(S_\mathrm{h}\right) k_{\mathrm{r}\delta}^{\mathrm{gc}} \tag{5.31}$$

其中 $k_{\mathrm{r}\delta}^{\mathrm{pf}}$ 和 $k_{\mathrm{r}\delta}^{\mathrm{gc}}$ 分别是裹覆型和充填型水合物沉积物的相对渗透率，α 和 β 分别是裹覆型和充填型所占的权重系数。对于 $\alpha = 0$，混合物模型称为纯裹覆型水合物沉积物渗透率模型；对于 $\beta = 0$，则混合物模型称为纯充填型水合物沉积物渗透率模型。α 和 β 与水合物饱和度相关，表示式如下：

$$\alpha = S_\mathrm{h}^N \tag{5.32}$$

$$\beta = (1 - S_\mathrm{h})^M \tag{5.33}$$

其中 N、M 为系数。

5.3.2 渗流规律

5.3.1 节介绍了渗透系数与水合物饱和度和赋存方式之间的关系式，即可根据水合物饱和度及与岩土颗粒间的关系来反算渗透系数。在实际监测过程中，我们还可以采用另外一种方法来计算地层的渗透系数，即根据地层的流动参数 (渗流速度、流量) 来反算渗透系数。

为了简便，下面的分析采用达西定律来分析水合物地层的渗流。实际上，随着孔隙率的降低，地层的渗流不一定满足达西定律，但是对于这种情况的分析过程还是相同的。

5.3.2.1 水合物不分解的情况

首先考虑没有骨架变形和水合物分解的情况，即只有渗流，假设渗流满足达西定律，则控制方程为

$$U_\mathrm{g} = -\frac{k_{\mathrm{rg}}K}{\mu_\mathrm{g}}\frac{\partial p_\mathrm{g}}{\partial x} \tag{5.34}$$

$$U_{\mathrm{w}} = -\frac{k_{\mathrm{rw}} K}{\mu_{\mathrm{w}}} \frac{\partial p_{\mathrm{w}}}{\partial x} \tag{5.35}$$

其中 K 是水合物沉积物的绝对渗透率，k_{rw} 和 k_{rg} 分别为孔隙水和甲烷气体的相对渗透率，μ_{g} 和 μ_{w} 分别为气体和水的黏性系数，孔隙气体压力 p_{g} 和孔隙水压力 p_{w} 满足：

$$p_{\mathrm{g}} - p_{\mathrm{w}} = p_{\mathrm{c}} \tag{5.36}$$

其中毛管压力 p_{c} 表示为 [45,46]

$$p_{\mathrm{c}} = p_{\mathrm{c}}^{\mathrm{e}} \left(\frac{\dfrac{S_{\mathrm{w}}}{S_{\mathrm{g}} + S_{\mathrm{w}}} - S_{\mathrm{wr}}}{1 - S_{\mathrm{wr}}} \right)^{-n_{\mathrm{c}}} \tag{5.37}$$

采用 Masuda 等 [44] 提出的绝对渗透率模型：

$$K = K_0 \left(1 - S_{\mathrm{h}}\right)^N \tag{5.38}$$

其中 N 是渗透系数变化指数。

孔隙甲烷气体和水的相对渗透率分别满足 [46]：

$$k_{\mathrm{rg}} = \left(\frac{\dfrac{S_{\mathrm{g}}}{S_{\mathrm{g}} + S_{\mathrm{w}}} - S_{\mathrm{gr}}}{1 - S_{\mathrm{wr}} - S_{\mathrm{gr}}} \right)^{n_{\mathrm{g}}} \tag{5.39}$$

$$k_{\mathrm{rw}} = \left(\frac{\dfrac{S_{\mathrm{w}}}{S_{\mathrm{g}} + S_{\mathrm{w}}} - S_{\mathrm{wr}}}{1 - S_{\mathrm{wr}} - S_{\mathrm{gr}}} \right)^{n_{\mathrm{w}}} \tag{5.40}$$

其中 S_{gr} 是气体饱和度，n_{g} 和 n_{w} 是经验系数。

这种情况下的渗流分析与不含水合物的地层渗流分析相同，只不过渗透系数考虑了水合物饱和度的影响。根据上述公式，如果我们知道了含水合物饱和度、含水饱和度、含气饱和度，就可以计算出相对渗透系数，进而计算出渗流速度及流量；反过来，如果测量到渗流速度或流量，也可以反算出渗透系数。

5.3.2.2 考虑水合物分解，岩土骨架不变形时的渗流分析

如果考虑水合物分解引起的地层组分变化及孔隙变化，则分析较无水合物分解情况复杂得多。早期人们提出了简化的分析模型，如 Yousif 等 [47] 提出的一维

半无限长水合物沉积物中甲烷水合物降压分解模型，假设水合物沉积物的温度在降压分解过程中保持恒定，未分解区的水合物沉积物孔隙中有甲烷水合物和甲烷气体，完全分解区的水合物沉积物孔隙中只有甲烷气体和孔隙水，且甲烷气体渗流满足达西定律，孔隙水不发生渗流，分解相变阵面处水合物沉积物孔隙压力始终保持甲烷水合物相平衡压力。完全分解区和未分解区水合物沉积物孔隙压力分别满足式 (5.41) 和式 (5.42)，压力耗散系数计算如式 (5.43) 所示，水合物分解相变阵面衔接条件如式 (5.44) 和式 (5.45) 所示，边界条件如式 (5.46) 和式 (5.47) 所示，初始条件如式 (5.48) 和式 (5.49) 所示。获得了水合物沉积物孔隙压力和水合物分解相变阵面传播距离的自相似解，分别如式 (5.50) ~ 式 (5.52) 所示。其中，水合物分解相变阵面传播满足式 (5.53)。能够看出，水合物沉积物中水合物分解相变阵面的传播距离 $X(t)$ 与时间 t 的平方根成正比。

应该注意到这个模型中不考虑孔隙水渗流，分解界面是间断面且水合物区温压保持恒定，这与实际情况是有差别的。这个结果在含水合物粗砂层中可以达到一定的精度，对于其他情况只能作为定性的分析结果。

$$\frac{\partial p_1^2}{\partial t} = \alpha_1 \frac{\partial^2 p_1^2}{\partial x^2}, \quad 0 < x < X(t), \ t > 0 \tag{5.41}$$

$$\frac{\partial p_2^2}{\partial t} = \alpha_2 \frac{\partial^2 p_2^2}{\partial x^2}, \quad X(t) < x, \ t > 0 \tag{5.42}$$

$$\alpha_i = \frac{K_i}{\phi S_{gi} C_{gi} \mu_{gi}} \tag{5.43}$$

$$p_1 = p_2 = p_D, \quad x = X(t), \ t > 0 \tag{5.44}$$

$$K_1 \frac{\partial p_1^2}{\partial x} - K_2 \frac{\partial p_2^2}{\partial x} = \beta \frac{\partial x}{\partial t}, \quad x = X(t), \ t > 0 \tag{5.45}$$

$$p_1 = p_0, \quad x = 0, \ t > 0 \tag{5.46}$$

$$p_2 = p_i, \quad x = \infty, \ t > 0 \tag{5.47}$$

$$p = p_i, \quad 0 < x < \infty, \ t = 0 \tag{5.48}$$

$$X(t) = 0, \quad t = 0 \tag{5.49}$$

$$\frac{p_1^2 - p_0^2}{p_D^2 - p_0^2} = \frac{\text{erf}(a\eta)}{\text{erf}(a\xi)} \tag{5.50}$$

$$\frac{p_2^2 - p_i^2}{p_D^2 - p_i^2} = \frac{\text{erfc}(\eta)}{\text{erfc}(\xi)} \tag{5.51}$$

$$X(t) = \xi \sqrt{4\alpha_2 t} \tag{5.52}$$

$$\alpha \left[\frac{\chi_1 (p_\mathrm{D}^2 - p_0^2)}{\chi_2 (p_\mathrm{i}^2 - p_\mathrm{D}^2)} \right] \frac{\exp\left(-\alpha^2 \xi^2\right)}{\mathrm{erf}\left(\alpha \xi\right)} - \frac{\exp\left(-\xi^2\right)}{\mathrm{erfc}\left(\xi\right)} = \frac{\sqrt{\pi}\alpha_2 \beta}{\chi_2 (p_\mathrm{i}^2 - p_\mathrm{D}^2)} \xi \tag{5.53}$$

其中 p_1、p_2、p_D、p_0、p_i 分别为储层分解区域内压力、未分解区域压力、相平衡压力、降压端压力和原始压力，α_i 为压力耗散系数。

根据测量的压力数据及上述公式，可以反演获得渗透系数等参数。显然，只有对于符合上述条件的情况，这样得到的参数是合适的。实际情况下，还需要考虑水合物的分解速度、热量供应等，但是简化分析方法还是值得借鉴的。

5.4　含水合物地层的热力学参数及考虑水合物相变的传热规律

热力学参数和传热规律对水合物勘探开发研究和方案设计非常重要，对水合物开采过程中地层的传热过程的监测是主要的内容。地层的热力学参数不能直接测量，而是通过地层中温度的变化监测来反演热力学参数及传热范围、传热速度等。含水合物地层的热力学参数如热传导系数、热扩散系数、比热等随着水合物饱和度及与岩土颗粒间的接触关系的变化而变化，即水合物分解或合成均会改变含水合物地层的热力学参数。这样通过监测获得地层的温度随时间空间的变化，就可以通过传热规律来反演获得地层的热力学参数，然后根据热力学参数与地层中各相 (孔隙水、孔隙气、水合物、岩土骨架) 的关系，进一步反演获得地层的各组分含量、密度等物理参数。

鉴于此，下面先介绍含水合物地层的热力学参数及其与地层组分间的关系，然后介绍几种特殊情况下的传热规律。

5.4.1　热力学参数

水合物沉积物的热力学参数指其对周围热学环境变化起控制作用的参数，主要包括热传导系数、热扩散系数、比热等。热传导系数是指单位厚度 (1m)、单位温差 (1K) 条件下通过单位面积 (1m^2) 的热量。水合物的热传导系数与温度、压力、饱和度、水合物与固体颗粒间的结合方式、含水量等因素有关。热扩散系数是物体中某一点的温度扰动传递到另一点的速率的量度。热扩散系数越高，物体达到与周围温度一致的时间越短。比热是指没有相变化和化学变化时，一定量均相物质温度升高 1K 所需的热量。比热越大，物体升高相同温度需要的热量越多 [48]。

在局部长度尺度上，水合物的热扩散系数和比热很重要，在水合物开采模拟时要充分考虑这两个参数 [48-50]。在局部和区域尺度上，水合物热传导系数可用于热流的表征[51]。在全球尺度上,水合物热力学参数可用于评估水合物分解释放甲烷与气候变化的关系[52]。

热传导系数:热传导系数是水合物沉积物的一个关键物理参数,与局部温度梯度结合可用于热流评估,与水合物分布的预测模型结合,可用于分析水合物开采中局部热输入时的水合物分解前锋的动态发展过程[53]。虽然四氢呋喃 (THF) 溶液与四氢呋喃水合物的热传导系数基本相等,但是水合物沉积物的热传导系数随水合物的形成而增加。这与几个机制有关:水合物晶体增长过程中的低温抽吸、随后周围地层中孔隙减小、侧限条件下平均有效应力增加、颗粒–流体界面转变为颗粒–水合物界面时热阻抗的降低等[54]。颗粒和流体的热传导系数相差可以达到几个数量级:水 (~ 0.58 W·m^{-1}·K^{-1}),空气 (~ 0.024 W·m^{-1}·K^{-1})、石英 ($\sim 7.7 \sim 8.4$ W·m^{-1}K^{-1}),见表 5.1。这样大的差别将导致热优先通过颗粒间输运,即输运的顺序为:颗粒–颗粒间通过接触输运、颗粒–流体–颗粒间通过颗粒接触附近的流体输运及孔隙空间的流体输运。水合物的热传导系数随着温度的增加和甲烷孔隙压力的降低而增加。虽然石英比水合物有更高的热传导系数,但是含有 33% 水合物的石英砂沉积物的热传导系数最高,而不是不含水合物的石英砂。这说明水合物生成后增加了颗粒间的接触面积,故强化了颗粒–颗粒间的热输运[55]。颗粒间的热传输与颗粒直径成正比,与接触距离成反比。密度和配位数越大,沉积物的热传导系数越高。水可起到颗粒间相对较高的热传导桥梁作用。因此,非饱和沉积物的热传导系数随着含水饱和度的增加而增加。有效应力增加也会引起热传导系数的增加,因为这种情况下,颗粒间接触更紧密[56]。

在水合物沉积物温度条件下,甲烷水合物和水的热传导系数差别小于 10%[57,58],因此作为一阶近似,可以将孔隙中的水合物影响忽略,以孔隙骨架与孔隙水来分析沉积物的热传导系数[59]。水合物沉积物各相的热力学参数见表示 5.1[60]。

比热:比热是表征一个物体存储能量的参数,是温度升高或降低 1℃ 所需要吸收或释放的热量。水合物分解是一个吸热过程,如果分解前锋没有足够的热量供应,这个过程就会减慢甚至停止。水合物的比热比水的还小,因此含水合物地层的比热比同样地层但只是饱和水情况的比热要小得多[58]。

与热传导系数不同,比热值依赖于地层中的物质质量,即岩土骨架、水合物、水的质量分数,而不是孔隙尺度分布和界面效应。人们常用各相比热按照质量分数进行加权平均作为水合物沉积物的体积比热[58]。

热扩散:热扩散是描述热前锋怎样通过一个物体的一个重要参数。例如,当高温油气从地层中抽取到海床的过程中,井筒周围地层的温度将增加,增加到给定值需要的时间与 $1/k_{\text{eff}}$ 成正比,其中 k_{eff} 是有效热扩散系数[47]。甲烷水合物的热扩散系数比水的大 2 倍以上,因此含水合物的沉积物温度变化比不含水合物的更快[58]。在孔隙度 35% 的地层中,水合物饱和度 $S_{\text{h}} = 35\%$ 时导致温度变化,速率比不含水合物时增加 10%。不考虑水合物与岩土骨架的混合效应时，水合物地层的热扩散系数由如下公式计算：$k = \lambda/(\rho \cdot C_p)$，其中 λ 是热传导系数，ρ 是密度，C_p 是比热。

表 5.1　水合物沉积物各相的热力学参数 [60]

材料	$\lambda/(\mathrm{W \cdot m^{-1} \cdot K^{-1}})$	$\kappa/(\mathrm{m^2 \cdot s^{-1}})$	$C_p/(\mathrm{J \cdot kg^{-1} \cdot K^{-1}})$	$\rho/(\mathrm{kg \cdot m^{-3}})$
气体	0.024 (273K)	183×10^{-7}	1010 (273K)	1.298 (272K)
水	0.56 (273K)	1.33×10^{-7}	4218 (273K)	999.9 (273K)
水	0.58 (283K)	1.38×10^{-7}	4192 (283K)	999.7 (283K)
冰	2.21 (270K)	11.7×10^{-7}	2052 (270K)	917 (273K)
甲烷气体	0.0297 (260K, 1MPa)	18.0×10^{-7}	2170 (260K)	7.61 (260K, 1MPa)
甲烷气体	0.099 (260K, 40MPa)	1.6×10^{-7}	2170 (260K)	286 (260K, 40MPa)
甲烷水和物，$\mathrm{CH_4 \cdot 6H_2O}$	0.57 (263K)	3.35×10^{-7}	2031 (263K)	929 (263K)
四氢呋喃水合物，$\mathrm{THF \cdot 17\,H_2O}$	0.47 (283K)	3.12×10^{-7}	4080 (282K)	982 (283K)
四氢呋喃水合物，$\mathrm{THF \cdot 17\,H_2O}$	0.5 (261K)	2.55×10^{-7}	2020 (261K)	971 (273K)
四氢呋喃水合物，$\mathrm{THF \cdot 17\,H_2O}$	0.5 (261K)	2.60×10^{-7}	1980 (260K)	971 (273K)
石英	$7.7 \sim 8.4$	41×10^{-7}	730 (273K)	2650

潜热：有组织结构的水合物的内能比无序组合的可自由移动甲烷分子和水分子的内能小，因此水合物形成时会放热，分解时会吸热 [61]，这种能量变化就称为潜热 (ΔH)。Sloan [62] 认为作为一次近似，潜热与如下因素有关：构成笼子的氢键、空穴的占用、客体分子的尺寸。大约 80% 的分解潜热与水分子间形成的氢键有关。一般地，水合物分解有两种类型：水合物分解成冰和气；水合物分解成水和气。这两种分解的潜热差别等于冰融化的潜热。通过热量测定方法可以用于测量潜热 ΔH，但是这方面的工作还很有限。潜热也可以通过相平衡和热动力学数据，结合考虑温度、压力、潜热和可压缩性的 Clausius-Clapeyron 方程来计算，即

$$\frac{\mathrm{d}\ln P}{\mathrm{d}(1/T)} = \frac{-\Delta H}{ZR} \tag{5.54}$$

其中 R 是理想气体常量。这个方法的有效性取决于可压缩性的变化可以忽略。潜热 ΔH 虽然与客体分子有关，但是主要还是由水分子间形成的氢键数量决定。典型地，I 型水合物中每个客体分子对应 6 个水分子，II 型水合物则每个客体分子对应 17 个水分子 [62,63]。由此导致这两类水合物的潜热差别较大。

确定热力学参数 (热扩散系数、热传导系数等) 需要定量测定水合反应中样品逐渐从液态转变为固态时的热的传递，因此是很复杂的 [64]。目前不论是水合物沉积物还是纯水合物的热力学参数的数据都还较缺乏。一些学者定性地分析了甲烷

气 + 水和甲烷气 + 水 + 沉积物形成水合物的热力学参数, 但是并不确切地知道每相在这些样品中的分布和体积百分比, 这些结果较难用到其他类型的水合物沉积物。为避免这些限制, 人们采用了一些特殊的制样和测量方法, 比如以冰为种子的制样方法 (ice-seeding method)、探针探测方法等[55,64]。人们通过对纯水合物和水合物沉积物的热物理性质开展了一些研究工作, 获得了部分相关参数, 如甲烷水合物的热扩散率 ($3.1\times10^{-7} \sim 3.3\times10^{-7}$)、甲烷水合物和沉积层砂土混合物的热扩散率和温度的关系[65,66]。目前已经测量得到的一些材料 (空气、水、冰、甲烷气、甲烷水合物、四氢呋喃水合物等) 的热力学参数见表 5.2。

表 5.2　一些材料的热力学参数[67]

材料类型	$\lambda/(\mathrm{W\cdot m^{-1}\cdot K^{-1}})$	$\kappa/(\mathrm{m^2 s^{-1}})$	$C_\mathrm{p}/(\mathrm{J\cdot kg^{-1}\cdot K^{-1}})$	$\rho/(\mathrm{kg\cdot m^{-3}})$
空气	0.024	183×10^{-7}	1010(273K)	1.298(272K)
水	0.58(283K)	1.38×10^{-7}	4192(283K)	999.7(283K)
冰	2.21(270K)	11.7×10^{-7}	2052(270K)	917(273K)
甲烷气	0.0297 (260K, 1MPa)	18.0×10^{-7}	2170(260K)	7.61 (260K, 1MPa)
甲烷水合物	0.57(263K)	3.35×10^{-7}	2031(263K)	929(263K)
THF 水溶液 THF·17H$_2$O	0.47(283K)	3.12×10^{-7}	4080(282K)	982(283K)
THF 水合物 THF·17H$_2$O	0.5(261K)	2.55×10^{-7}	2020(261K)	971(273K)
石英	7.7$\sim$8.4	41×10^{-7}	730(273K)	2650

5.4.2　含水合物地层中的热传导

水合物分解需要吸热, 因此在水合物开采过程中, 地层中必然伴随热传导过程。采用注热开采时, 热量从注入井口附近向地层远处传导; 在降压开采过程中, 水合物分解区外的热量向内传导; 在深水油气开采过程中, 当高温油气经过井口向上传输过程中, 在经过水合物沉积层时, 由于油气的温度高于水合物沉积层温度, 从而不断地向沉积层传热, 提供水合物相变所需的热量, 促使水合物相变分解。因此, 明确地层中热传导特性, 对水合物开采, 以及防范高温油气导致水合物分解引起井口破坏都很重要。

张旭辉等[68] 研究了含水合物地层中考虑水合物分解的热传导演化过程。针对柱对称和一维传热进行了实验和理论分析。

5.4.2.1　含水合物分解的柱对称传热过程

1. 实验

柱对称情况下的实验是在一个直径和高度分别为 28cm 和 30cm 的柱形模型箱中开展的 (图 5.5)。制备四氢呋喃水合物沉积物样品进行实验。通过带温控器的圆柱形加热棒提供热源, 采用沿直径方向排列的热电偶测量含水合物地层中各处的温度变化。采用红外测温仪测量水合物分解过程中地层表面的温度场和分解范围的扩展过程。

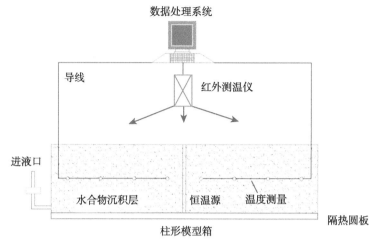

图 5.5　柱形分解实验装置

在实验中观测到，在热源温度为 120℃ 时，水合物沉积物表面的温度场中有明显的相变阵面 (1atm 下，四氢呋喃水合物的相平衡温度为 4.4℃，故该温度等值线即为相变阵面)，见图 5.6。由此可认为水合物分解是以相变阵面的形式向外扩展，并将沉积物分成完全相变区域和未相变区域。

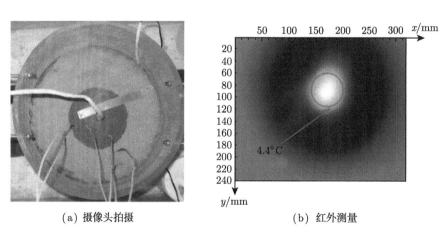

(a) 摄像头拍摄　　　　　　　　(b) 红外测量

图 5.6　水合物分解温度分布图

从实验可知，井口向周围传热并引起水合物分解的过程为，水合物沉积物中的初始温度为 T_0，热从半径为 r_0 的井口不断向周围地层传导 (即热源为恒温 T_h，且满足 $T_h > T_e > T_0$，T_e 为水合物相平衡温度，T_0 为沉积物初始温度)。沉积物中接近热源的区域的温度首先达到 T_e，直至水合物吸收足够热量而相变，形成分解区域与未分解区域的界面。而后分解阵面逐渐向外推移，即 (t_1, r_1) 对应于不同

时刻温度为 T_e 的位置，在 t_1 时刻，大于 r_1 的位置是未分解区域，小于 r_1 的区域是分解区域，也就是说，r_1 为相变阵面的位置。实际工程问题中，井口深度 (热源) h 较水合物分解半径 r_1 相比是一个大量，即满足 $h/r_1 \gg 1$，那么含水合物相变的柱对称热分解问题可以简化为轴对称问题，如图 5.7 所示。

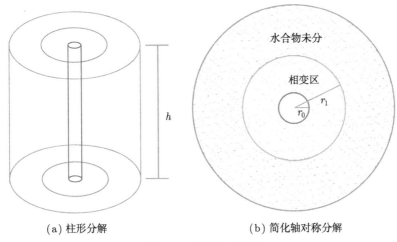

(a) 柱形分解   (b) 简化轴对称分解

图 5.7　柱分解示意图

随热源温度的不同，在沉积物内部最终形成不同的几个区域。按离热源距离将各区域编号，各区域的组成成分如下：① 水蒸气、四氢呋喃气体、土骨架；② 四氢呋喃气体、液态水、土骨架；③ 四氢呋喃液体、液态水、土骨架；④ 四氢呋喃水合物、土骨架。前三个部分统称为分解区域，第四部分称为未分解区。将相变阵面标号如下：(1) 水气化区域与四氢呋喃气化区域的界面；(2) 四氢呋喃气化区域与四氢呋喃水合物分解区域界面；(3) 四氢呋喃水合物分解区域与未分解区域的界面。具体示意如图 5.8 所示。

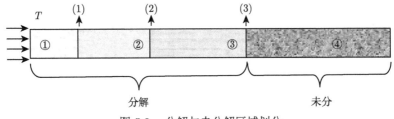

图 5.8　分解与未分解区域划分

当热源温度高于水气化温度时，沉积物中存在四个分解区域和三个相变阵面；热源温度高于四氢呋喃气化温度但低于水气化温度时，沉积物中存在三个分解区域和两个相变阵面；热源温度高于四氢呋喃水合物相变温度但低于四氢呋喃气化温度时，沉积物中存在两个分解区域和一个相变阵面。特殊地，当热源温度等于水气化温度或者四氢呋喃气化温度时，热源处对应的相变阵面和分解区域是没有意义而不存在的；当热源温度等于或低于四氢呋喃水合物的相变温度时，水合物不发生分解，因此属于纯粹的热传导范畴。

2. 理论分析

根据上述分析，含水合物地层的传热及水合物分解包含三个物理过程：热源与含水合物地层在接触边界处的热交换；上述各个区域内从高温到低温的热传导；相变面上的水合物分解吸热。假定各个区域内热物理参数均匀分布，且热焓 (一般地，热焓为温度的函数) 为常数，应用混合物理论可给出各个区域内的热传导及水合物分解的轴对称坐标下的数学表述。

四个区域内的控制方程和初始条件均相同，分别如下。

控制方程：

$$\rho C \frac{\partial T}{\partial t} = K \left(\frac{\partial^2 T}{\partial r^2} + \frac{1}{r} \frac{\partial T}{\partial r} \right) \tag{5.55}$$

初始条件：

$$t = 0, \quad T = T_0 \tag{5.56}$$

边界条件：

$$r = r_0, \quad T = T_h \tag{5.57}$$

$$r = l, \quad T = T_0 \tag{5.58}$$

相变阵面处温度衔接条件：

$$T(s_i(t)) = T_{Di} \tag{5.59}$$

相变阵面能量守恒衔接条件：

$$K(s^+) \frac{\partial T}{\partial r} \bigg|_{s_i^+} - K(s^-) \frac{\partial T}{\partial r} \bigg|_{s_i^-} = \rho_i \Delta H_i \varepsilon_i \frac{\mathrm{d} s_i}{\mathrm{d} t} \tag{5.60}$$

各相含量间关系：

1 区：

$$\varepsilon_{\mathrm{m}} + \varepsilon_{\mathrm{wg}} + \varepsilon_{\mathrm{fg}} = 1 \tag{5.61}$$

2 区：

$$\varepsilon_{\mathrm{m}} + \varepsilon_{\mathrm{w}} + \varepsilon_{\mathrm{fg}} = 1, \quad 且 \ \varepsilon_{\mathrm{w}} = \frac{\rho_{\mathrm{h}} \varepsilon_{\mathrm{h}} M_{\mathrm{w}}}{\rho_{\mathrm{w}} M_{\mathrm{h}}} \tag{5.62}$$

3 区:

$$\varepsilon_{\mathrm{m}} + \varepsilon_{\mathrm{w}} + \varepsilon_{\mathrm{f}} = 1, \quad \text{且 } \varepsilon_{\mathrm{w}} = \frac{\rho_{\mathrm{h}}\varepsilon_{\mathrm{h}}M_{\mathrm{w}}}{\rho_{\mathrm{w}}M_{\mathrm{h}}}, \quad \varepsilon_{\mathrm{f}} = \frac{\rho_{\mathrm{h}}\varepsilon_{\mathrm{h}}M_{\mathrm{f}}}{\rho_{\mathrm{f}}M_{\mathrm{h}}} \tag{5.63}$$

4 区:

$$\varepsilon_{\mathrm{h}} + \varepsilon_{\mathrm{m}} = 1 \tag{5.64}$$

其中, $\rho C = \varepsilon_{\mathrm{fg}}\rho_{\mathrm{fg}}C_{\mathrm{fg}} + \varepsilon_{\mathrm{wg}}\rho_{\mathrm{wg}}C_{\mathrm{wg}} + \varepsilon_{\mathrm{m}}\rho_{\mathrm{m}}C_{\mathrm{m}}$, $K = \varepsilon_{\mathrm{fg}}K_{\mathrm{fg}} + \varepsilon_{\mathrm{wg}}K_{\mathrm{wg}} + \varepsilon_{\mathrm{m}}K_{\mathrm{m}}$, 下标 i 分别为水气化、四氢呋喃气化以及水合物分解的相变阵面, f、w、h、m、wg、fg 分别代表四氢呋喃液体、液态水、四氢呋喃水合物、土骨架、水蒸气、四氢呋喃气体, ρ 代表各组分的密度, C 代表各组分的比热, K 代表各组分的热传导系数, ε 代表各组分的体积分数, ΔH_{h} 代表四氢呋喃水合物相变为液态水及液态四氢呋喃时的潜热, ΔH_{fg} 代表四氢呋喃液体相变为四氢呋喃气体的潜热, ΔH_{wg} 代表液态水相变为水蒸气的潜热。

为简便起见, 令 $\theta = T - T_0$, $\kappa = \dfrac{K}{\rho C}$, 那么可以得到

控制方程:

$$\frac{\partial \theta}{\partial t} = \kappa \left(\frac{\partial^2 \theta}{\partial r^2} + \frac{1}{r}\frac{\partial \theta}{\partial r} \right) \tag{5.65}$$

边界条件:

$$r = r_0, \quad T = T_{\mathrm{h}} - T_0 \tag{5.66}$$

$$x = l, \quad T = 0 \tag{5.67}$$

初始条件:

$$t = 0, \quad T = 0 \tag{5.68}$$

相变阵面处衔接条件:

$$T(s_i(t)) = T_{Di} - T_0, \quad K\frac{\partial T}{\partial r}\bigg|_{s_i^+} - K\frac{\partial T}{\partial r}\bigg|_{s_i^-} = \rho_i \Delta H_i \varepsilon_i \frac{\mathrm{d}s_i}{\mathrm{d}t} \tag{5.69}$$

用 l, θ_{h}, $\kappa_{\mathrm{m}} = \dfrac{K_{\mathrm{m}}}{\rho_{\mathrm{m}}C_{\mathrm{m}}}$, $t = \dfrac{l^2}{\kappa_{\mathrm{m}}}\bar{t}$ 对上述数学方程进行无量纲化, 得到如下方程 (为方便起见, 下面方程中变量的横杠略去不写):

控制方程:

$$\frac{\partial \theta}{\partial t} = \frac{\kappa}{\kappa_{\mathrm{m}}} \left(\frac{\partial^2 \theta}{\partial r^2} + \frac{1}{r}\frac{\partial \theta}{\partial r} \right) \tag{5.70}$$

边界条件:

$$r = \frac{r_0}{l}, \quad \theta = 1 \tag{5.71}$$

$$r = 1, \quad \theta = 0 \tag{5.72}$$

初始条件:

$$t = 0, \quad \theta = 0 \tag{5.73}$$

相变阵面处的衔接条件:

$$\theta(s_i(t)) = \frac{\theta_{Di}}{\theta_h}, \quad \frac{K(s^+)}{K_m}\frac{\partial \theta}{\partial r}\bigg|_{s_i^+} - \frac{K(s^-)}{K_m}\frac{\partial \theta}{\partial r}\bigg|_{s_i^-} = \frac{\kappa_m \rho_i \Delta H \varepsilon_i}{K_m \theta_h}\frac{\mathrm{d}s_i}{\mathrm{d}t} \tag{5.74}$$

3. 模型的验证

本节采用隐式差分方法对上文中的无量纲方程以及初边值条件进行计算,与实验数据对比,验证理论模型的可靠性。

第一种情况: 热源温度为 55℃ 时, 即满足 $T_f < T_h < T_{fg}$, 只存在水合物相变阵面, 且将沉积层分成水合物分解和未分解两个区域。图 5.9 给出了实验观测与数值模拟的水合物相变阵面的推移结果比较, 两者吻合较好。实验测量结果的中间段略低, 主要是由于热源温度低, 水合物相变阵面推移缓慢, 实验过程中的散热带来误差。

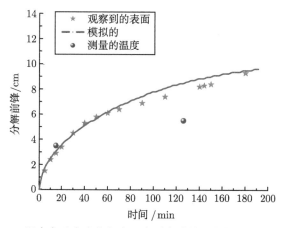

图 5.9　温度高于水合物相变温度时实验结果与数值结果的对比

第二种情况: 热源温度为 80℃ 时, 即满足 $T_{fg} < T_h \leqslant T_{wg}$, 理论上讲, 沉积层内应存在水合物相变和四氢呋喃气化相变两个阵面, 且将沉积层分成三个区域。由于四氢呋喃气体从分解区域渗透出来后, 相应区域还有液态水存在, 由于实验

测量技术不完善，实验中观测不到明显的四氢呋喃气化相变阵面，其数据也未作比较。图 5.10 给出了实验观测与数值模拟的水合物相变阵面的扩展比较结果，两者吻合也较好。

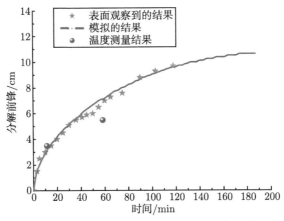

图 5.10　温度高于四氢呋喃气化温度时实验结果与数值结果的对比

第三种情况：热源温度分别为 120℃、150℃、200℃ 时，即满足 $T_h > T_{wg}$，沉积层中存在水合物相变阵面、四氢呋喃气化阵面和水气化阵面三个界面，将沉积层分成四个区域。图 5.11 给出了三种热源温度条件下的实验观测和数值模拟的水合物相变阵面的结果比较，三种情况均吻合得较好，且温度传感器测量与表面观测结果接近。一般地，在热源温度较高时，水蒸气和四氢呋喃气体在沉积物中的渗流传热会不同程度地影响水合物相变阵面的推移，在本章的理论模型中目前还没有考虑。

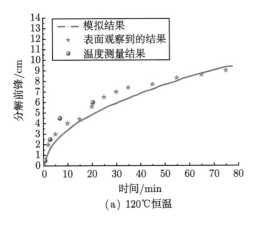

(a) 120℃恒温

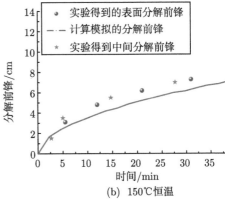

(b) 150℃恒温

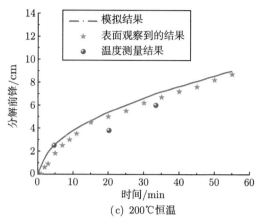

(c) 200℃恒温

图 5.11　温度高于水气化温度时实验结果与数值结果的比对

5.4.2.2　沉积物中热源周围水合物一维分解问题

5.4.2.1 节给出了柱对称情况下含水合物分解的地层中传热分析。在有些情况下，比如，当水合物分解范围与管道半径的比值满足 $R/r_0 \gg 1$ 时，可以作为一维问题来简化处理。

1. 数学描述和求解

1) 数学描述

首先考虑到水合物沉积层中含相变的热传导问题包含三个物理过程，外界热源在热源与沉积层接触边界处热交换，各个区域内从高温到低温的热传导，水合物沿相变面的吸热。由 5.4.2.1 节中对物理过程的描述，假定各个区域热物理参数平均，且潜热 (一般地，潜热为温度的函数) 为常数，应用混合物理论可写出水合物加热分解的一维能量方程为

$$C\rho\frac{\partial T}{\partial t} = K\frac{\partial^2 T}{\partial x^2} + \rho_{\mathrm{h}}\Delta H\frac{\partial \varepsilon_{\mathrm{h}}}{\partial t} \tag{5.75}$$

边界条件：

$$\text{在边界 } x = 0 \text{ 处，恒温条件 } T = T_{\mathrm{h}} \tag{5.76}$$

$$\text{在边界 } x \to \infty \text{ 处，恒温条件 } T = T_0 \tag{5.77}$$

初始条件：

$$t = 0 \text{ 时，各处等温，即 } T = T_0 \tag{5.78}$$

其中，混相的区域的平均密度、平均比热、平均热传导系数见 5.4.2.1 节。

由于 $\dfrac{\partial \varepsilon_{\mathrm{h,w,f}}}{\partial t}$ 用相变动力学来描述比较复杂，使分析困难且对问题的本质理解的贡献不是很明显。而水合物这种固态晶体相变的物理过程有三个比较明显的

特点：一是相变区域的温度保持不变，即等于晶体相变温度；二是向该区域提供的热量恰好等于晶体相变所需总的热量，那么晶体才完全相变；三是水合物相变的潜热数量级很大，即 $\dfrac{\Delta H}{C \Delta T} \gg 1$，相变以阵面的形式发生，即水合物分解区域与未分解区域以一个相变界面来分开，而不是一个较大尺度的过渡区域。基于此，采用如下假定：若某处达到相应的相变温度且能量供给等于所需总热量，认为相变即发生，即 $\varepsilon_{\mathrm{h}} = H(x - s_{\mathrm{h}}(t))$；在相变处温度连续，且相变阵面处温度等于相平衡温度 T_{e}：$T(s(t)) = T_{\mathrm{e}}$，其中 $s(t)$ 为假定的相变阵面在 t 时刻所处的位置。

将假设 $\varepsilon_{\mathrm{h}} = H(x - s_{\mathrm{h}}(t))$ 代入公式 (5.75)：

$$C\rho \frac{\partial T}{\partial t} = K \frac{\partial^2 T}{\partial x^2} - \rho_{\mathrm{h}} \Delta H \varepsilon_0 \delta(x - s(t)) \frac{\mathrm{d}s}{\mathrm{d}t} \qquad (5.79)$$

在相变阵面两侧对上面方程积分

$$\int_{s^-}^{s^+} C\rho \frac{\partial T}{\partial t} \mathrm{d}x = \int_{s^-}^{s^+} \left(K \frac{\partial^2 T}{\partial x^2} - \rho_{\mathrm{h}} \Delta H \varepsilon_0 \delta(x - s(t)) \right) \frac{\mathrm{d}s}{\mathrm{d}t}$$

由于 $\Delta s = s^+ - s^- \to 0$，从而得到相变阵面处的温度梯度条件：

$$K \frac{\partial T}{\partial x} \bigg|_{s_i^+} - K \frac{\partial T}{\partial x}_{s_i^-} = \rho_{\mathrm{h}} \Delta H \varepsilon_0 \frac{\mathrm{d}s}{\mathrm{d}t} \qquad (5.80)$$

综合式 (5.75) $\sim$ 式 (5.80)，该问题的数学描述可完整地写为

$$1 \, 区： \begin{cases} \mathrm{eq}: \dfrac{\partial T_1}{\partial t} = \kappa_1 \dfrac{\partial^2 T_1}{\partial x^2} \\ \mathrm{i.c.}: t = 0: T_1 = T_0 \\ \mathrm{b.c.}: x = 0: T_1 = T_{\mathrm{h}} \\ \quad x = s(t): T_1 = T_{\mathrm{e}}, \quad \rho_{\mathrm{h}} \Delta H \varepsilon_0 \dfrac{\mathrm{d}s}{\mathrm{d}t} = K_2 \dfrac{\partial T_2}{\partial x} - K_1 \dfrac{\partial T_1}{\partial x} \end{cases} \qquad (5.81)$$

$$2 \, 区： \begin{cases} \mathrm{eq}: \dfrac{\partial T_2}{\partial t} = \kappa_2 \dfrac{\partial^2 T_2}{\partial x^2} \\ \mathrm{i.c.}: t = 0: T_2 = T_0 \\ \mathrm{b.c.}: x \to \infty: T_2 = T_0 \\ \quad x = s(t): T_2 = T_{\mathrm{e}}, \quad \rho_{\mathrm{h}} \Delta H \varepsilon_0 \dfrac{\mathrm{d}s}{\mathrm{d}t} = K_2 \dfrac{\partial T_2}{\partial x} - K_1 \dfrac{\partial T_1}{\partial x} \end{cases} \qquad (5.82)$$

2) 基于自相似分析的简化求解

为方便将无量纲自变量 $\xi = \dfrac{x^2}{\kappa_1 t}$ 以及控制参数代入式 (5.81) 和式 (5.82) 中，偏微分方程简化为常微分方程，推导如下。

热传导方程 $\dfrac{\partial T}{\partial t} = \kappa \dfrac{\partial^2 T}{\partial x^2}$ 先写成形式：$\dfrac{\partial \vartheta}{\partial t} = \kappa \dfrac{\partial^2 \vartheta}{\partial x^2}$，在此说明一下 κ 可以代

表两个区域的任一热扩散系数。同时令 $\vartheta = \vartheta(\xi) = \vartheta\left(\dfrac{x^2}{\kappa_1 t}\right)$，则 $\dfrac{\partial \vartheta}{\partial t} = -\dfrac{\mathrm{d}\vartheta}{\mathrm{d}\xi} \dfrac{x^2}{\kappa_1 t^2}$

和 $\dfrac{\partial \vartheta}{\partial x} = \dfrac{\mathrm{d}\vartheta}{\mathrm{d}\xi} \dfrac{2x}{\kappa_1 t}$，$\dfrac{\partial^2 \vartheta}{\partial x^2} = \dfrac{\mathrm{d}^2 \vartheta}{\mathrm{d}\xi^2}\left(\dfrac{2x}{\kappa_1 t}\right)^2 + \dfrac{\mathrm{d}\vartheta}{\mathrm{d}\xi}\dfrac{2}{\kappa_1 t}$，因此，热传导方程可以简化为

常微分方程：

$$4\frac{\mathrm{d}^2 \vartheta}{\mathrm{d}\xi^2} + \left(\frac{\kappa_1}{\kappa} + \frac{2}{\xi}\right)\frac{\mathrm{d}\vartheta}{\mathrm{d}\xi} = 0 \tag{5.83}$$

边界条件：

$$x = 0 : T_1 = T_\mathrm{h} \quad \Rightarrow \quad \xi = 0 : \vartheta = 1 \tag{5.84}$$

$$x \to \infty : T_2 = T_0 \quad \Rightarrow \quad \xi \to \infty : \vartheta = 0 \tag{5.85}$$

阵面衔接条件：

$$x = s(t) : T_1 = T_2 = T_\mathrm{e} \quad \Rightarrow \quad \xi = \xi_\mathrm{e} : \vartheta = \vartheta_\mathrm{e} \tag{5.86}$$

$$x = s(t) : \rho_\mathrm{h} \Delta H \varepsilon_0 \frac{\mathrm{d}s}{\mathrm{d}t} = K_2 \frac{\partial T_2}{\partial x} - K_1 \frac{\partial T_1}{\partial x} \quad \Rightarrow$$

$$\xi = \xi_\mathrm{e} : \frac{4\theta_\mathrm{h} K_2}{\rho_\mathrm{h} \Delta H \varepsilon_0 \kappa_1} \frac{\partial \vartheta_2}{\partial \xi} - \frac{4\theta_\mathrm{h} K_1}{\rho_\mathrm{h} \Delta H \varepsilon_0 \kappa_1} \frac{\partial \vartheta_1}{\partial \xi} = 1 \tag{5.87}$$

初始条件：

$$t = 0 : T_1 = T_2 = T_0 \quad \Rightarrow \quad \xi \to \infty : \vartheta = 0 \tag{5.88}$$

因此，方程组转化为如下形式：

1 区方程：

$$4\frac{\mathrm{d}^2 \vartheta_1}{\mathrm{d}\xi^2} + \left(1 + \frac{2}{\xi}\right)\frac{\mathrm{d}\vartheta_1}{\mathrm{d}\xi} = 0 \tag{5.89}$$

定解条件：

$$\begin{aligned} \xi = 0 : \vartheta = 1 \\ \xi = \xi_\mathrm{e} : \vartheta = \vartheta_\mathrm{e} \end{aligned} \tag{5.90}$$

2 区方程：

$$4\frac{\mathrm{d}^2 \vartheta_2}{\mathrm{d}\xi^2} + \left(\frac{\kappa_1}{\kappa_2} + \frac{2}{\xi}\right)\frac{\mathrm{d}\vartheta_2}{\mathrm{d}\xi} = 0 \tag{5.91}$$

定解条件:

$$\xi \to \infty : \vartheta = 0$$
$$\xi = \xi_e : \vartheta = \vartheta_e \tag{5.92}$$

1、2 区域衔接条件

$$\xi = \xi_e : \frac{4\theta_h K_2}{\rho_h \Delta H \varepsilon_0 \kappa_1} \frac{\partial \vartheta_2}{\partial \xi} - \frac{4\theta_h K_1}{\rho_h \Delta H \varepsilon_0 \kappa_1} \frac{\partial \vartheta_1}{\partial \xi} = 1 \tag{5.93}$$

求解常微分方程, 并令 $\xi' = 4\xi$, 可以得到:

1 区域的解:

$$\vartheta_1 = \frac{\vartheta_e - 1}{\mathrm{erf}(\sqrt{\xi'_e})} \cdot \mathrm{erf}(\sqrt{\xi'}) + 1 \tag{5.94}$$

2 区域的解:

$$\vartheta_2 = \frac{\vartheta_e}{\mathrm{erf}\left(\sqrt{\frac{\kappa_1}{\kappa_2}\xi'_e}\right) - 1} \cdot \mathrm{erf}\left(\sqrt{\frac{\kappa_1}{\kappa_2}\xi'}\right) - \frac{\vartheta_e}{\mathrm{erf}\left(\sqrt{\frac{\kappa_1}{\kappa_2}\xi'_e}\right) - 1} \tag{5.95}$$

ξ_e 满足等式:

$$\frac{4\theta_h K_2}{\rho_h \Delta H \varepsilon_0 \kappa_1} \frac{\kappa_1}{\kappa_2} \frac{\vartheta_e \cdot \exp\left(-\frac{\kappa_1}{\kappa_2}\xi'_e\right)}{\sqrt{\pi \xi'_e} \cdot \left(\mathrm{erf}\left(\sqrt{\frac{\kappa_1}{\kappa_2}\xi'_e}\right) - 1\right)}$$
$$- \frac{4\theta_h K_1}{\rho_h \Delta H \varepsilon_0 \kappa_1} \frac{(\vartheta_e - 1) \cdot \exp(-\xi'_e)}{\sqrt{\pi \xi'_e} \cdot \mathrm{erf}(\sqrt{\xi'_e})} = 1 \tag{5.96}$$

式 (5.96) 说明在相变阵面处温度梯度间断, 若给定的控制参数

$$\frac{\kappa_1}{\kappa_2}, \quad \frac{\theta_e}{\theta_h}, \quad \frac{\theta_h K_1}{\kappa_1 \rho_h \Delta H \varepsilon_0}, \quad \frac{\theta_h K_2}{\kappa_1 \rho_h \Delta H \varepsilon_0}$$

可以通过它来牛顿迭代求得参数 ξ'_e, 从而可以通过 $\xi_e = \dfrac{x^2}{\kappa_1 t}$ 确定相变阵面在不同时刻的位置, 以及通过式 (5.94) 和式 (5.95) 确定温度场的分布。

进一步推广到含有三个相变阵面的问题:

$$x = 0 : T_1 = T_h \quad \Rightarrow \quad \xi = 0 : \vartheta = 1 \tag{5.97}$$

$$x \to \infty : T_4 = T_0 \quad \Rightarrow \quad \xi \to \infty : \vartheta = 0 \tag{5.98}$$

1 区和 2 区之间的衔接条件:

$$x = s_1(t) : T_1 = T_2 = T_{e1} \quad \Rightarrow \quad \xi = \xi_{e1} : \vartheta = \vartheta_{e1} \tag{5.99}$$

$$x = s_1(t) : \rho_w \Delta H_{wg} \varepsilon_w \frac{\mathrm{d}s_1}{\mathrm{d}t} = K_2 \frac{\partial T_2}{\partial x} - K_1 \frac{\partial T_1}{\partial x}$$
$$\Rightarrow \quad \xi = \xi_{e1} : \frac{4\theta_h K_2}{\rho_w \Delta H_{wg} \varepsilon_w \kappa_1} \frac{\partial \vartheta_2}{\partial \xi} - \frac{4\theta_h K_1}{\rho_w \Delta H_{wg} \varepsilon_w \kappa_1} \frac{\partial \vartheta_1}{\partial \xi} = 1 \tag{5.100}$$

2 区和 3 区之间的衔接条件:

$$x = s_2(t) : T_2 = T_3 = T_{e2} \quad \Rightarrow \quad \xi = \xi_{e2} : \vartheta = \vartheta_{e2} \tag{5.101}$$

$$x = s_2(t) : \rho_f \Delta H_{fg} \varepsilon_f \frac{\mathrm{d}s_2}{\mathrm{d}t} = K_3 \frac{\partial T_3}{\partial x} - K_2 \frac{\partial T_2}{\partial x}$$
$$\Rightarrow \quad \xi = \xi_{e2} : \frac{4\theta_h K_3}{\rho_f \Delta H_{fg} \varepsilon_f \kappa_1} \frac{\partial \vartheta_3}{\partial \xi} - \frac{4\theta_h K_2}{\rho_f \Delta H_{fg} \varepsilon_f \kappa_1} \frac{\partial \vartheta_2}{\partial \xi} = 1 \tag{5.102}$$

3 区和 4 区之间的衔接条件:

$$x = s_3(t) : T_3 = T_4 = T_{e3} \quad \Rightarrow \quad \xi = \xi_{e3} : \vartheta = \vartheta_{e3} \tag{5.103}$$

$$x = s_3(t) : \rho_h \Delta H_h \varepsilon_h \frac{\mathrm{d}s_3}{\mathrm{d}t} = K_4 \frac{\partial T_4}{\partial x} - K_3 \frac{\partial T_3}{\partial x}$$
$$\Rightarrow \quad \xi = \xi_{e3} : \frac{4\theta_h K_4}{\rho_h \Delta H_h \varepsilon_h \kappa_1} \frac{\partial \vartheta_4}{\partial \xi} - \frac{4\theta_h K_3}{\rho_h \Delta H_h \varepsilon_h \kappa_1} \frac{\partial \vartheta_3}{\partial \xi} = 1 \tag{5.104}$$

初始条件:

$$t = 0 : T_1 = T_2 = T_3 = T_4 = T_0 \quad \Rightarrow \quad \xi \to \infty : \vartheta = 0 \tag{5.105}$$

对于四氢呋喃水合物沉积物含相变的热传导问题:
1 区方程:

$$4\frac{\mathrm{d}^2\vartheta_1}{\mathrm{d}\xi^2} + \left(1 + \frac{2}{\xi}\right)\frac{\mathrm{d}\vartheta_1}{\mathrm{d}\xi} = 0 \tag{5.106}$$

定解条件:

$$\xi = 0 : \vartheta = 1$$
$$\xi = \xi_{e1} : \vartheta = \vartheta_{e1} \tag{5.107}$$

2 区方程:

$$4\frac{\mathrm{d}^2\vartheta_2}{\mathrm{d}\xi^2} + \left(\frac{\kappa_1}{\kappa_2} + \frac{2}{\xi}\right)\frac{\mathrm{d}\vartheta_2}{\mathrm{d}\xi} = 0 \tag{5.108}$$

定解条件:

$$\begin{aligned} \xi = \xi_{e1} &: \vartheta = \vartheta_{e1} \\ \xi = \xi_{e2} &: \vartheta = \vartheta_{e2} \end{aligned} \tag{5.109}$$

3 区方程:

$$4\frac{\mathrm{d}^2\vartheta_3}{\mathrm{d}\xi^2} + \left(\frac{\kappa_1}{\kappa_3} + \frac{2}{\xi}\right)\frac{\mathrm{d}\vartheta_3}{\mathrm{d}\xi} = 0 \tag{5.110}$$

定解条件:

$$\begin{aligned} \xi = \xi_{e2} &: \vartheta = \vartheta_{e2} \\ \xi = \xi_{e3} &: \vartheta = \vartheta_{e3} \end{aligned} \tag{5.111}$$

4 区方程:

$$4\frac{\mathrm{d}^2\vartheta_4}{\mathrm{d}\xi^2} + \left(\frac{\kappa_1}{\kappa_4} + \frac{2}{\xi}\right)\frac{\mathrm{d}\vartheta_4}{\mathrm{d}\xi} = 0 \tag{5.112}$$

定解条件:

$$\begin{aligned} \xi = \xi_{e3} &: \vartheta = \vartheta_{e3} \\ \xi \to \infty &: \vartheta \to 0 \end{aligned} \tag{5.113}$$

三个相变阵面处的衔接条件:

$$\xi = \xi_{e1} : \frac{4\theta_{\mathrm{h}}K_2}{\rho_{\mathrm{h}}\Delta H\varepsilon_0\kappa_1}\frac{\partial\vartheta_2}{\partial\xi} - \frac{4\theta_{\mathrm{h}}K_1}{\rho_{\mathrm{h}}\Delta H\varepsilon_0\kappa_1}\frac{\partial\vartheta_1}{\partial\xi} = 1 \tag{5.114}$$

$$\xi = \xi_{e2} : \frac{4\theta_{\mathrm{h}}K_3}{\rho_{\mathrm{f}}\Delta H_{\mathrm{fg}}\varepsilon_{\mathrm{f}}\kappa_1}\frac{\partial\vartheta_3}{\partial\xi} - \frac{4\theta_{\mathrm{h}}K_2}{\rho_{\mathrm{f}}\Delta H_{\mathrm{fg}}\varepsilon_{\mathrm{f}}\kappa_1}\frac{\partial\vartheta_2}{\partial\xi} = 1 \tag{5.115}$$

$$\xi = \xi_{e3} : \frac{4\theta_{\mathrm{h}}K_4}{\rho_{\mathrm{h}}\Delta H_{\mathrm{h}}\varepsilon_{\mathrm{h}}\kappa_1}\frac{\partial\vartheta_4}{\partial\xi} - \frac{4\theta_{\mathrm{h}}K_3}{\rho_{\mathrm{h}}\Delta H_{\mathrm{h}}\varepsilon_{\mathrm{h}}\kappa_1}\frac{\partial\vartheta_3}{\partial\xi} = 1 \tag{5.116}$$

最终可以获得各个区域的解析解:

1 区域的解:

$$\vartheta_1 = \frac{\vartheta_{e1} - 1}{\mathrm{erf}(\sqrt{\xi'_{e1}})} \cdot \mathrm{erf}(\sqrt{\xi'}) + 1 \tag{5.117}$$

2 区域的解:

$$\vartheta_2 = \frac{\vartheta_{e2} - \vartheta_{e1}}{\mathrm{erf}\left(\sqrt{\dfrac{\kappa_1}{\kappa_2}\xi'_{e2}}\right) - \mathrm{erf}\left(\sqrt{\dfrac{\kappa_1}{\kappa_2}\xi'_{e1}}\right)} \cdot \mathrm{erf}\left(\sqrt{\frac{\kappa_1}{\kappa_2}\xi'}\right)$$

$$+ \left(\vartheta_{e1} - \frac{\vartheta_{e2} - \vartheta_{e1}}{\mathrm{erf}\left(\sqrt{\frac{\kappa_1}{\kappa_2}}\xi'_{e2}\right) - \mathrm{erf}\left(\sqrt{\frac{\kappa_1}{\kappa_2}}\xi'_{e1}\right)} \cdot \mathrm{erf}\left(\sqrt{\frac{\kappa_1}{\kappa_2}}\xi'_{e1}\right) \right) \tag{5.118}$$

3 区域的解：

$$\vartheta_2 = \frac{\vartheta_{e3} - \vartheta_{e2}}{\mathrm{erf}\left(\sqrt{\frac{\kappa_1}{\kappa_3}}\xi'_{e3}\right) - \mathrm{erf}\left(\sqrt{\frac{\kappa_1}{\kappa_3}}\xi'_{e2}\right)} \cdot \mathrm{erf}\left(\sqrt{\frac{\kappa_1}{\kappa_3}}\xi'\right)$$

$$+ \left(\vartheta_{e2} - \frac{\vartheta_{e3} - \vartheta_{e2}}{\mathrm{erf}\left(\sqrt{\frac{\kappa_1}{\kappa_3}}\xi'_{e3}\right) - \mathrm{erf}\left(\sqrt{\frac{\kappa_1}{\kappa_3}}\xi'_{e2}\right)} \cdot \mathrm{erf}\left(\sqrt{\frac{\kappa_1}{\kappa_3}}\xi'_{e2}\right) \right) \tag{5.119}$$

4 区域的解：

$$\vartheta_2 = \frac{\vartheta_{e3}}{\mathrm{erf}\left(\sqrt{\frac{\kappa_1}{\kappa_4}}\xi'_{e3}\right) - 1} \cdot \mathrm{erf}\left(\sqrt{\frac{\kappa_1}{\kappa_4}}\xi'\right) - \frac{\vartheta_{e3}}{\mathrm{erf}\left(\sqrt{\frac{\kappa_1}{\kappa_4}}\xi'_{e3}\right) - 1} \tag{5.120}$$

牛顿迭代求得 ξ'_{e1}、ξ'_{e2}、ξ'_{e3}，再求得 ξ_{e1}、ξ_{e2}、ξ_{e3}，即可获得相变阵面推移演化规律。

2. 实验、理论和数值结果的比较

1) 与低温恒温热源的模型筒一维分解实验结果的对比

当热源温度为 50℃ 时，只存在水合物相变阵面，且将沉积物分成水合物分解和未分解两个区域。图 5.12 给出了实验测量、理论分析与数值模拟的水合物相变阵面的推移结果比较，三者吻合较好。

热源温度为 80℃ 时，假定沉积物内存在水合物相变和四氢呋喃气化相变两个阵面，且将沉积物分成三个区域。图 5.13 给出了实验测量、理论分析与数值模拟的水合物相变阵面的扩展比较结果，三者吻合也较好。

热源温度为 110℃ 时，假定沉积物中存在水合物相变阵面、四氢呋喃气化阵面和水气化阵面三个界面，将沉积物分成四个区域。图 5.14 给出了实验测量、理论分析和数值模拟的水合物相变阵面的结果比较，三者均吻合较好。特别地，由于热源温度较高，热传导较快，散热的影响减小，温度传感器测量的数据点也增多，且与理论分析的偏差更小，但水蒸气和四氢呋喃气体在沉积物中的渗流传热会不同程度地影响水合物相变阵面的推移，在一维的理论模型中也没有考虑。

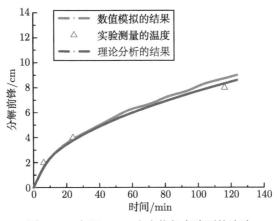

图 5.12　恒温 50℃ 水合物相变阵面的追踪

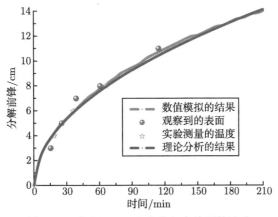

图 5.13　恒温 80℃ 水合物相变阵面的追踪

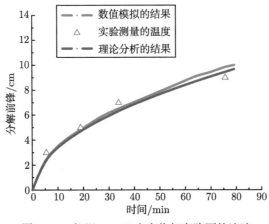

图 5.14　恒温 110℃ 水合物相变阵面的追踪

　　为获取较强热源下更多的实验数据,并保证实验的安全性和可控性,针对水合物热分解后沉积物中存在三个相变阵面和四个分解区域的情况分别做了热源温度为 150℃、200℃、300℃ 时,水合物相变阵面的推移模型箱一维实验。图 5.15(a)~(c)给出了实验测量、理论分析和数值模拟的水合物相变阵面的结果比较,三种情况下三者均吻合较好。

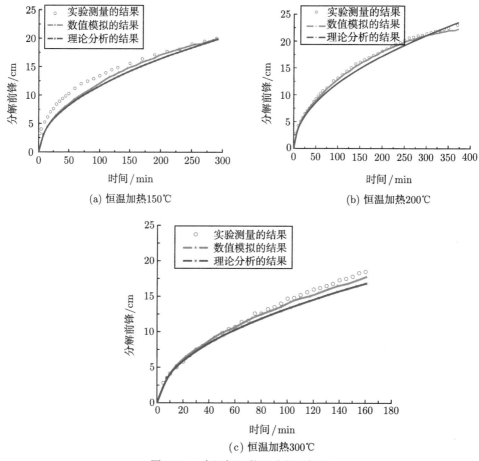

图 5.15　高温恒温热源分解区扩展

　　2) 针对高温恒温热源的模型箱一维分解实验

　　如果仅考虑相变及传热,根据上文的实验及理论分析进行反演。比如,针对一维情况,有测量的温度数据,结合式 (5.117) ~ 式 (5.120),可以得到各区内的各相饱和度、传热系数等参数。对于轴对称问题,则可根据式 (5.70) ~ 式 (5.74) 进行反演。

5.4.2.3 同时考虑水合物分解、渗流和传热的分析

5.4.2.1 节和 5.4.2.2 节介绍了单独考虑渗流、热传、相变时的规律，虽然在一些特殊情况下也可以采用，但是实际情况下，渗流、热传、相变、地层变形这几个过程是同时发生的，且是相关联的。只有同时考虑这几个过程，得到的结果才能更符合实际，但是由于方程组的非线性，直接对基于这几个过程耦合的方程进行反演是很困难的。本小节将基于该问题的多时间尺度特征提出一种渐进展开的分析方法，获得问题的近似解，以此为基础进行反演，难度就会大为降低。含水合物地层由甲烷气、甲烷水合物、水、土/岩四种组分。分析时假设地层是均匀各向同性的，土/岩质量不发生变化，孔隙流体渗流满足达西定律。虽然孔隙水和气体渗透率随孔隙和组分变化，这里为理论分析方便，假定变化很小，可以忽略。

温度和压力的变化可导致水合物分解，分解和边界温度压力的变化会引起地层内部的渗流、压力、变形和温度的变化。由于地层的应力应变变化是这四个响应中最快的，因此可认为应力是在孔压发生变化导致有效应力变化的瞬时发生的，故在后面分析中将地层骨架的应力和变形通过孔压变化计算，也就是说，不对骨架单独列出控制方程[69]。

四种组分的体积分数，即 ε_g、ε_h、ε_w 和 ε_m 满足：

$$\varepsilon_g + \varepsilon_w + \varepsilon_h + \varepsilon_m = 1 \tag{5.121}$$

甲烷气体是理想气体，故状态方程为

$$p_g V = NRT \tag{5.122}$$

其中 p_g 是孔隙甲烷气体压力，V 是体积，N 是气体摩尔数，R 是理想气体常数，T 是温度。

质量守恒方程为

$$\frac{\partial \varepsilon_g \rho_g}{\partial t} + \nabla \cdot \varepsilon_g \rho_g \bar{u}_g = -\chi \rho_h \frac{\partial \varepsilon_h}{\partial t}$$
$$\frac{\partial \varepsilon_w \rho_w}{\partial t} + \nabla \cdot \varepsilon_w \rho_w \bar{u}_w = -(1-\chi)\rho_h \frac{\partial \varepsilon_h}{\partial t} \tag{5.123}$$

其中 ρ_g 和 u_g 分别为甲烷气体的密度和速度，ρ_w 和 u_w 分别为水的密度和速度，$\chi = M_g/M_h$，M_h 和 M_g 分别为甲烷水合物和甲烷气体的摩尔数。

孔隙水和甲烷气的达西定律表达式为

$$\bar{u}_g = -\frac{K_g}{\varepsilon_g \mu_g}\nabla p$$
$$\bar{u}_w = -\frac{K_w}{\varepsilon_w \mu_w}\nabla p \tag{5.124}$$

其中 K_g 和 K_w 分别为甲烷气和水的相对渗透率, μ_g 和 μ_w 分别为甲烷气体和水的黏性系数。

能量守恒方程为

$$
\begin{aligned}
&\varepsilon_g \rho_g \frac{\partial C_g T}{\partial t} + (\varepsilon_w \rho_w C_w + \varepsilon_h \rho_h C_h + \varepsilon_m \rho_m C_m)\frac{\partial T}{\partial t} \\
&+ \varepsilon_g \rho_g \bar{u}_g \cdot \nabla C_g T + \varepsilon_w \rho_w C_w \bar{u}_w \cdot \nabla T \\
&= [\Delta H + \chi C_g T + (1-\chi)C_w T]\rho_h \frac{\partial \varepsilon_h}{\partial t} + K \nabla^2 T
\end{aligned}
\tag{5.125}
$$

其中 C_g、C_w、C_h 和 C_m 分别为甲烷气体、水、水合物和土/岩骨架的热容,ΔH 是水合物分解潜热,K 是热传导系数。

水合物的分解速率满足下式

$$
\frac{\partial \varepsilon_h}{\partial t} = -k_d M_g A_s (f_e - f)
\tag{5.126}
$$

其中 A_s 是水合物分解表面积,k_d 是系数,f_e 和 f 分别是三相平衡逸度和甲烷气体逸度,在后续分析中分别用水合物相平衡压力和地层中的孔隙压力代替。

用特征比热 C、特征温度 T_0、初始最大孔隙压力 p_0 和水合物密度 ρ_h 将上述方程无量纲化,得到

$$
\begin{aligned}
&\frac{\partial \varepsilon_g \bar{\rho}_g}{\partial \tau} + \nabla (\bar{\rho}_g \cdot \nabla \bar{p}) = -\chi \bar{\rho}_h \frac{\partial \varepsilon_h}{\partial \tau} \\
&\frac{\partial \varepsilon_w}{\partial \tau} + \nabla^2 \bar{p} = -(1-\chi)\bar{\rho}_h \frac{\partial \varepsilon_h}{\partial \tau} \\
&\frac{\partial \varepsilon_h}{\partial \tau} = \bar{k}_d M_g \bar{A}_s (\bar{f}_e - \bar{f})
\end{aligned}
\tag{5.127}
$$

$$
\begin{aligned}
&\varepsilon_g \bar{\rho}_g \frac{\partial \bar{C}_p \bar{T}}{\partial \tau} + (\varepsilon_w \bar{\rho}_w \bar{C}_w + \varepsilon_h \bar{\rho}_h \bar{C}_h + \varepsilon_m \bar{\rho}_m \bar{C}_m)\frac{\partial \bar{T}}{\partial \tau} \\
&- \frac{p_0 k_g}{\mu_g} \bar{\rho}_g \nabla \bar{p} \cdot \nabla \bar{C}_p \bar{T} - \frac{p_0 k_w}{\mu_w} \bar{\rho}_w \bar{C}_w \nabla \bar{p} \cdot \nabla \bar{T} \\
&= \left[\frac{\Delta H}{C T_0} + \chi \bar{C}_p \bar{T} + (1-\chi)\bar{C}_w \bar{T} \right] \frac{\partial \varepsilon_h}{\partial \tau} + \frac{K}{C \rho_h} \nabla^2 \bar{T}
\end{aligned}
\tag{5.128}
$$

为了简化表达,后面将方程中的符号上方 "–" 省略。记 $\tau = p_0 k_g t/(\mu_g r_0^2)$, $\zeta = x/r_0$。对于含水合物地层,$\eta_1 = C \rho_h \mu_g/(K p_0 k_g)$ 和 $\eta_2 = K \alpha A_s \mu_g/(p_0 k_g)$ 是两个小参数。利用这两个小参数,可以对上述方程进行多尺度展开,得到

$$\begin{cases} f = f^{(0)}(x_i, \tau_0, \tau_1, \tau_2) + \sum_{n=1}^{\infty} \eta_2^n f^{(n)}(x_i, \tau_0, \tau_1, \tau_2) \\[3mm] f^{(0)} = f^{(0)(0)}(x_i, \tau_0, \tau_1, \tau_2) + \sum_{n=1}^{\infty} \eta_1^n f^{(0)(n)}(x_i, \tau_0, \tau_1, \tau_2) \end{cases} \tag{5.129}$$

其中 $\tau_0 = \tau$，$\tau_1 = \eta_1 \tau$，$\tau_2 = \eta_2 \tau$，将其代入式 (5.129)，可将其解耦。将用渐进级数表达的方程展开并整理后得到零阶方程为

$$\begin{cases} \dfrac{\partial \varepsilon_{\mathrm{g}}^{(0)(0)} \rho_{\mathrm{g}}^{(0)(0)}}{\partial \tau_0} - \nabla(\rho_{\mathrm{g}}^{(0)(0)} \nabla p^{(0)(0)}) = 0 \\[4mm] \dfrac{\partial \varepsilon_{\mathrm{w}}^{(0)(0)}}{\partial \tau_0} - \nabla^2 p^{(0)(0)} = 0 \\[4mm] \dfrac{\partial \varepsilon_{\mathrm{h}}^{(0)(0)}}{\partial \tau_0} = 0 \\[4mm] \varepsilon_{\mathrm{g}}^{(0)(0)} \rho_{\mathrm{g}}^{(0)(0)} \dfrac{\partial C_{\mathrm{g}} T^{(0)(0)}}{\partial \tau_0} + \varepsilon \rho C \dfrac{\partial T^{(0)(0)}}{\partial \tau_0} \\[4mm] + \left[\dfrac{k_{\mathrm{w}} \mu_{\mathrm{g}}}{k_{\mathrm{g}} \mu_{\mathrm{w}}} \rho_{\mathrm{w}} C_{\mathrm{w}} + \rho_{\mathrm{g}}^{(0)(0)} C_{\mathrm{g}} \right] \nabla p^{(0)(0)} \nabla T^{(0)(0)} = 0 \end{cases} \tag{5.130}$$

将式 (5.130) 的后三个方程相加并忽略小项，则可以得到 $p^{(0)(0)}$ 的控制方程：

$$\varepsilon_{\mathrm{g0}} \frac{\partial p^{(0)(0)}}{\partial \tau_0} - 2 p^{(0)(0)} \nabla^2 p^{(0)(0)} = 0 \tag{5.131}$$

在压力变化较小时，可以将上式简化为

$$\varepsilon_{\mathrm{g0}} \frac{\partial p^{(0)(0)}}{\partial \tau_0} - 2 p_0 \nabla^2 p^{(0)(0)} = 0 \tag{5.132}$$

于是可以求得小压力变化时的零阶解为

$$\begin{cases} T^{(0)(0)} = T_0 \\[3mm] p^{(0)(0)} = p_1 + \dfrac{p_0 - p_1}{l} x + \sum_{n=0}^{\infty} \dfrac{2(p_0 - p_1)}{n\pi} e^{-\frac{n^2 \pi^2 a^2}{l^2} \tau_0} \sin \dfrac{n\pi}{l} \\[4mm] \varepsilon_{\mathrm{h}}^{(0)(0)} = \varepsilon_{\mathrm{h0}} \\[3mm] \varepsilon_{\mathrm{w}}^{(0)(0)} = \sum_{n=1}^{\infty} \dfrac{2(p_0 - p_1)}{n\pi} \dfrac{1}{a^2} e^{-\frac{n^2 \pi^2 a^2}{l^2} \tau_0} \sin \dfrac{n\pi}{l} x + \varepsilon_{\mathrm{w0}} - \dfrac{p_0 - p_1}{a^2 l}(l - x) \end{cases} \tag{5.133}$$

其中 p_0 是初始孔隙压力，孔隙压力在一端 $(x = l)$ 保持为初始值 p_0，在另一端 $(x = 0)$ 变化为 p_1，$a^2 = 2 p_0 / \varepsilon_{\mathrm{g0}}$，初始含水率为 $\varepsilon_{\mathrm{w}} = \varepsilon_{\mathrm{w0}}$。

同样经过展开整理后，得到 1 阶解控制方程为

$$
\left\{
\begin{aligned}
& \left(\varepsilon_{\mathrm{g}}^{(0)(0)} \rho_{\mathrm{g}}^{(0)(0)} \frac{\partial C_{\mathrm{g}} T^{(0)(1)}}{\partial \tau_0} + \varepsilon \rho C \frac{\partial T^{(0)(1)}}{\partial \tau_0} \right) \\
& \quad + \left[\frac{k_{\mathrm{w}} \mu_{\mathrm{g}}}{k_{\mathrm{g}} \mu_{\mathrm{w}}} \rho_{\mathrm{w}} C_{\mathrm{w}} + \rho_{\mathrm{g}}^{(0)(0)} C_{\mathrm{g}} \right] \nabla p^{(0)(0)} \nabla T^{(0)(1)} \\
& = \left[\frac{\Delta H}{C T_0} + \chi C_{\mathrm{g}} + (1-\chi) C_{\mathrm{w}} T^{(0)(0)} \right] A \left(p^{(0)(0)} - p_{\mathrm{e}} \right) \\
& \frac{\partial \left(\varepsilon_{\mathrm{g}}^{(0)(1)} \rho_{\mathrm{g}}^{(0)(0)} + \varepsilon_{\mathrm{g}}^{(0)(0)} \rho_{\mathrm{g}}^{(0)(1)} \right)}{\partial \tau_0} - \nabla (\rho_{\mathrm{g}}^{(0)(1)} \nabla p^{(0)(0)} + \rho_{\mathrm{g}}^{(0)(0)} \nabla p^{(0)(1)}) \\
& = -\chi A \left(p^{(0)(0)} - p_{\mathrm{e}} \right) \\
& \frac{\partial \varepsilon_w^{(0)(1)}}{\partial \tau_0} - \nabla^2 p^{(0)(1)} = - (1-\chi) A_1 \left(p^{(0)(0)} - p_{\mathrm{e}} \right) \\
& \frac{\partial \varepsilon_{\mathrm{h}}^{(0)(1)}}{\partial \tau_0} = A_2 \left(p^{(0)(0)} - p_{\mathrm{e}} \right)
\end{aligned}
\right.
$$

$$(5.134)$$

其中 $A = k_{\mathrm{d}} M_{\mathrm{g}} A_{\mathrm{s}} \rho_{\mathrm{h}}$，$A_1 = k_{\mathrm{d}} M_{\mathrm{g}} A_{\mathrm{s}} \rho_{\mathrm{h}} / \rho_{\mathrm{w}}$，$A_2 = k_{\mathrm{d}} M_{\mathrm{g}} A_{\mathrm{s}}$。忽略对流效应对温度的影响，则孔隙压力的变化将主要由水合物分解引起，温度 $T^{(0)(1)}$ 的变化由对流和水合物分解引起。可以求得 1 阶解为

$$
\left\{
\begin{aligned}
& T^{(0)(1)} = \left[\frac{\Delta H}{C T_0} + \chi C_{\mathrm{g}} + (1-\chi) C_{\mathrm{w}} T_0 \right] \frac{A}{\varepsilon \rho C + \varepsilon_{\mathrm{g}}^{(0)(0)} \rho_{\mathrm{g}}^{(0)(0)}} \\
& \left(T_1 \tau_0 + \frac{T_0 - T_1}{l} x \tau_0 - \sum_{n=0}^{\infty} \frac{2 (T_0 - T_1)}{n \pi} \frac{l^2}{n^2 \pi^2 a^2} e^{-\frac{n^2 \pi^2 a^2}{l^2} \tau_0} \sin \frac{n \pi}{l} x - T_{\mathrm{e}} \tau_0 \right) \\
& p^{(0)(1)} = [A_2 - \chi A - (1-\chi) A_1] \\
& \qquad \cdot \left(p_1 x^2 + \frac{p_0 - p_1}{3l} x^3 - \sum_{n=0}^{\infty} \frac{2 (p_0 - p_1) l^2}{n^3 \pi^3} e^{-\frac{n^2 \pi^2 a^2}{l^2} \tau_0} \sin \frac{n \pi}{l} - p_{\mathrm{e}} x^2 \right) \\
& \frac{\partial \varepsilon_{\mathrm{w}}^{(0)(1)}}{\partial \tau_0} = - (1-\chi) A_1 \left(p^{(0)(0)} - p_{\mathrm{e}} \right) + \nabla^2 p^{(0)(1)} \\
& \varepsilon_{\mathrm{h}}^{(0)(1)} \\
& = A_2 \left(p_1 \tau_0 + \frac{p_0 - p_1}{l} x \tau_0 - \sum_{n=0}^{\infty} \frac{2 (p_0 - p_1)}{n \pi} \frac{l^2}{n^2 \pi^2 a^2} e^{-\frac{n^2 \pi^2 a^2}{l^2} \tau_0} \sin \frac{n \pi}{l} - p_{\mathrm{e}} \tau_0 \right)
\end{aligned}
\right.
$$

$$(5.135)$$

$T^{(1)}$ 和 $p^{(1)}$ 是小量, 忽略这两个小量的乘积项并考虑到 $\varepsilon_{\mathrm{g}}^{(1)} \rho_{\mathrm{g}}^{(0)} \gg \varepsilon_{\mathrm{g}}^{(0)} \rho_{\mathrm{g}}^{(1)}$, $\rho_{\mathrm{g}}^{(1)} \nabla p^{(0)} \gg \rho_{\mathrm{g}}^{(0)} \nabla p^{(1)}$, 2 阶解基本方程可以简化为

$$\begin{cases} \left(\varepsilon_{\mathrm{g}}^{(0)} \rho_{\mathrm{g}}^{(0)} + \varepsilon \rho C\right) \dfrac{\partial T^{(1)}}{\partial \tau_1} = \nabla^2 T^{(1)} \\[2mm] \dfrac{\partial \varepsilon_{\mathrm{g}}^{(1)} \rho_{\mathrm{g}}^{(0)}}{\partial \tau_0} - \nabla \rho_{\mathrm{g}}^{(0)} \nabla p^{(1)} = -\chi A p^{(1)} \\[2mm] \dfrac{\partial \varepsilon_{\mathrm{w}}^{(1)}}{\partial \tau_0} - \nabla^2 p^{(1)} = -\left(1 - \chi\right) A_1 p^{(1)} \\[2mm] \qquad \dfrac{\partial \varepsilon_{\mathrm{h}}^{(1)}}{\partial \tau_0} = -\left(1 - \chi\right) A_2 p^{(1)} \end{cases} \tag{5.136}$$

可以求得 $T^{(1)}$ 的解为

$$T^{(1)} = T_1 + \frac{T_0 - T_1}{l} x + \sum_{n=1}^{\infty} \frac{2\left(T_0 - T_1\right)}{n\pi} \mathrm{e}^{-\frac{n^2 \pi^2 b^2}{l^2}} \sin \frac{n\pi}{l} x \tag{5.137}$$

T_0 是初始温度, T_1 是在端点 $x = 0$ 处的温度, 在端点 $x = l$ 处的温度保持为初始值, $b^2 = 1/\left(\varepsilon_{\mathrm{g}}^{(0)} \rho_{\mathrm{g}}^{(0)} C_{\mathrm{g}} + \varepsilon \rho C\right)$。将其代入其他各式, 可以求得 $p^{(1)}$、$\varepsilon_{\mathrm{w}}^{(1)}$ 和 $\varepsilon_{\mathrm{s}}^{(1)}$。

　　将上述三阶解各个量的解分别相加, 就得到问题的近似解。当然, 也可以继续展开第 4 阶、第 5 阶等, 精度可以进一步提高。同时可以看到, 上述前三阶方程分别代表三个物理控制过程: 零阶解主要由渗流控制, 意味着最快的过程; 1 阶解主要由水合物分解控制并伴随渗流, 意味着水合物分解是第二快的过程; 2 阶解主要由传热控制, 并伴随渗流和水合物分解, 意味着传热是第三快的过程。也就是说, 地层中的水合物分解可以解耦为按快慢排列的三个过程: 渗流、相变和热传导。从上述求解过程可以看到, 因为热传导最慢且水合物分解需要吸热, 无论采用何种分解方法, 传热慢都是问题的关键。没有足够的热量供给, 水合物分解将停止, 甚至发生水合物二次生成。当然, 上述分析时采用了一些假设, 如渗透系数不变, 孔隙梯度较小等。如果要考虑这些变化, 控制方程将成为强非线性的, 只能用数值计算方法来进行分析。如果需要同时考虑地层的变形, 则在控制方程中还需要考虑岩土骨架的动量守恒方程, 在质量守恒方程中需要考虑岩土骨架的影响。由于岩土骨架变形特征时间较其他三个过程快几个数量级, 这时会出现另一个时间尺度。在进行渐进展开时需要增加一个无量纲时间, 具体展开方法不变。

　　通过上述渐进展开的解来进行反演, 比直接采用原控制方程进行反演要容易得多。从分析结果看到, 问题涉及的传热、相变、渗流、变形等过程之间的时间尺度相差很大, 反演也可以解耦进行。比如, 根据测量得到的孔隙压力值, 在还没

有水合物分解时 (这种情况一般在降压开采的初期), 由式 (5.133) 可以反演计算出各点的初始孔隙率、初始含水率、初始含气率, 当前的零阶含水率等参数。如果只有传热, 没有相变, 采用式 (5.137) 可以反演得到热容等参数, 如果需要同时考虑传热和相变 (这种情况一般发生在注热开采的初期), 则将式 (5.135) 和式 (5.137) 中温度 T 的解相加, 然后进行反演, 除了可以得到热容, 还可以得到相变参数和热传导率。如果三个过程都已发生, 则需要将上述解联合起来进行反演。

5.4.3　水合物的电阻特性

水合物地层的电阻与地层孔隙大小、水合物含量、孔隙水含量等因素密切相关, 因此电阻监测也是水合物勘探开采过程中的重要监测内容。要利用电阻进行水合物地层的反演, 就需要建立地层电阻与各相组分间的关系。下面就介绍水合物地层电阻的特性及与各因素间的关系式。

电阻法探测技术: 电阻和导体的导电率互为倒数。电阻与接触面积成反比, 与体系的长度成正比。

由于测量体系中设计的电极尺寸是固定的, 因此在水合物形成过程中体系的长度和电容的极间距离是不会改变的。随着水合物的不断形成, 体系中的液态水不断减少, 这就造成了体系中水体的相互接触面不断减少, 从而造成了电阻的改变。同样由于体系中水体的接触面积和介电常数的改变, 也造成了体系的电容的改变。

电阻的变化是导电率以及液态水间接触面积的函数, 电容的变化是介电常数和液态水间接触面积的函数。而导电率和介电常数又与温度和含水量有关, 当温度降低, 电导率也降低。水合物形成过程中液态水间的接触面积减少, 故电阻的阻抗是一个增大的变化过程。

当温度降低时, 水合物形成使含水量降低, 介电常数随之降低。因此在水合物形成过程中, 介电常数和接触面积同时在减少, 测量体系的容抗值也是一个增大的变化过程。通过测量的电阻率可以分析水合物层的弹性模量、密度等。

海底沉积物的电阻率主要由各组分成分决定[70]。在水合物稳定区, 地层中沉积物骨架孔隙和裂缝被固体水合物占据, 导电性好的孔隙水被绝缘的水合物替代, 孔隙内部连通性变差, 造成地层致密、渗透性差, 因此, 电阻率会发生明显的变化。

人们开展了系列的实验, 研究地层电阻率随水合物含量的变化特性。Yousif 等[71] 进行测量电阻率确定 Berea 砂岩中水合物的含量的实验, 证明这种方法是有效的。后来人们在多孔介质中甲烷水合物的模拟合成实验中, 根据电阻的变化来计算甲烷的浓度, 从而推算甲烷水合物的饱和度[72,73]。在实验中通过测量多孔介质中水合物的形成与分解过程不同层位阻抗的变化来分析水合物的热过程和热力学特征[74,75]。但在这些实验中，电导性与水合物含量的具体定量关系还没有弄清楚。Santamarina 等[76]针对含四氢呋喃水合物的砂土、粉细砂、黏土沉积物进行了系列的实验室实验，测量了不同水合物饱和度下各种多孔介质沉积物模型对电导率和介电常数、渗透率、导热系数的变化。实验得出，水合物沉积物的导电性对水合物饱和度更敏感，而并非实验室合成水合物的方法 (控制水合物和沉积物骨架颗粒的孔隙分布)。而力学性质受沉积物土骨架性质和水合物在骨架中分布情况影响较大[77]。在水合物生成过程中沉积物阻抗变大，在分解过程中阻抗减小。电阻率随水合物首次生成过程急剧下降，然后平稳上升，随分解过程平稳下降[78]。同时沉积物的阻抗变化与反应体系的温压变化相对应，也体现出水合物合成与分解各阶段的特点[79]。凌云[80]根据实验结果将水合物生成期分为四个阶段：反应初期、快速生成期、反应后期和稳定期。

温度梯度对沉积物中甲烷水合物形成和分解过程会产生较大影响，这个过程中对应的水合物沉积物的电阻率响应也受到较大影响。温度梯度越大，水合物的分布越不均匀，在高温端富集的水合物越多，水合物发生富集的时间间隔就越短。电阻率随着反应过程中水合物饱和度的增大而相应增大[81]。

实验表明，电容变化明显的区域主要集中在水合物大量生成和分解的时刻[82]。

对于水合物沉积物的力学性质和电阻性质的室内实验研究，难点在于水合物沉积物样品的制备；否则，获得实验数据的代表性很难评价。

Spangenberg[42]从理论上解释了水合物含量对沉积物电阻率的影响，并用阿尔奇公式计算出沉积物中电阻率随水合物含量的变化值。水合物晶体的生长和形成过程使周围土骨架发生位移并压实，从而使水合物沉积层岩石物理性质发生变化，地层孔隙度的变化反应在阿尔奇公式中的胶结指数上，因此通过阿尔奇公式计算出的电阻率会发生变化。

电阻率测量技术目前已用到了工程实践中，如在大洋钻探计划的第 164 航次中，针对电阻率数据，估算出水合物及游离气的浓度[72,83]。

5.4.3.1　水合物沉积物电阻特性实验研究

任静雅等[84]通过实验研究了含水合物粉细砂土和黏土的电阻率变化情况。

1. 粉细砂的电阻变化规律

实验结果表明，含水合物试样的电阻随水合物饱和度的增加而减小；含水合物试样的电阻随着骨架土干密度的增加而减小，且趋于一个基本固定的接近完全为水合物时的值。

在骨架土干密度较低时，同样的水合物饱和度，其水合物的绝对含量要多，因此水合物形成引起的电阻率变化幅度较大，如干密度为 1550kg/m³，水合物饱和度在 44.98%~91.84%之间时，对应的电阻率变化幅度为 573Ω·m；而干密度

$\rho_{\mathrm{d}} = 1600\mathrm{kg/m}^3$，水合物饱和度在 $48.76\%\sim94.08\%$ 之间时，对应的电阻率变化幅度为 $325\Omega\cdot\mathrm{m}$。随着骨架密度继续增加，如到 $1740\mathrm{kg/m}^3$（图 5.16），水合物饱和度从 $53.46\%\sim84.3\%$ 变化时，沉积物电阻值在 $21.1\sim27.7\mathrm{k}\Omega$ 之间比较窄的区间变化，相应的电阻率大小是 $253.5\sim345.5\Omega\cdot\mathrm{m}$。因为这时土样密实，孔隙尺度小且连通性差，孔隙率小，水合物之间的相互连接性在其含量较小时较差，电阻由砂土骨架决定，电阻变化不大；当水合物含量较大时，互相的连通性好，电阻几乎由水合物决定，但是受孔隙限制，随水合物含量增加试样的电阻变化也非常有限。

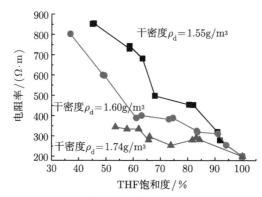

图 5.16　粉细砂水合物饱和度与电阻率的关系

由于水合物导电性比砂土骨架好，故水合物含量越大，试样电阻越小。从变化趋势看，当水合物含量超过一定值时，沉积物电阻将降低到一个基本固定的接近完全为水合物时的值。这个水合物含量临界值对应于骨架中孔隙水合物完全连通，使得电流能完全由水合物传递时的电阻，这时水合物沉积物的电阻就由水合物本身的电阻决定。

从制样方面分析，制样过程中采用液态的四氢呋喃–水溶液在低温条件下合成水合物，四氢呋喃水溶液在合成四氢呋喃水合物之前已经与土颗粒充分接触，溶解了土颗粒中所含的各种离子。在冰冻条件下，试样的组成成分是土颗粒固态相、四氢呋喃水合物固态相、孔隙气态相，以及可能存在的冰相，试样内部电流传导的机理是离子和电子的移动，从这个角度看，水合物饱和度越高，其形成前所溶解的粒子数越多，水合物生成后能够自由移动的粒子越多，导电性越好，表现为电阻率随着水合物饱和度的增加而减小。

从水合物在多孔介质中的生长模式方面看，水合物含量很小时，水合物只以游离态存在于孔隙中，不会改变土体的结构；随着水合物含量增加，初始制样时用的 THF(四氢呋喃) 水溶液体积也变大，其在水合物形成前首次改变土骨架颗粒的排列以及孔隙的分布。在水合物形成后，水合物与土体的胶结作用越来越强，土体结构再次改变。土体的孔隙越小，电阻率越大，因此干密度 $\rho_d = 1600 \text{g/m}^3$ 的试样电阻率明显大于 $\rho_d = 1550 \text{kg/m}^3$ 的试样。

当四氢呋喃体积分数较小时，即四氢呋喃浓度越低时，水合物合成情况与采用 21% 的溶液所制试样情况几乎无异；随着四氢呋喃体积分数的增大，试样开始出现不完全冻结情况。在试样孔隙中，水合物和四氢呋喃溶液共存。由图 5.17 可以看出，合成试样的 THF 体积分数越大，孔隙中液态 THF 越多，沉积物电阻也就越大，且随水合物饱和度的增加而减小。这是因为 THF 浓度越大，部分 THF 受重力作用在试样底部冻结，剩余的液态 THF 导电性差，故 THF 溶液浓度越高，试样电阻越大。孔隙中水合物含量越高，电阻越低 (图 5.18)。

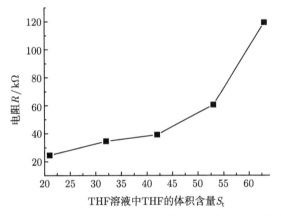

图 5.17　THF 溶液中 THF 体积含量 S_t 与电阻 R 关系

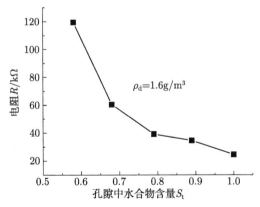

图 5.18　孔隙中水合物含量 S_t 与电阻 R 关系

2. 黏土电阻实验

由图 5.19 可知, 含水合物黏土的电阻与水合物质量含量的变化规律同粉细砂较小干密度实验结果相似, 均表现出水合物沉积物的电阻随水合物质量含量的增加而减小, 变化范围随 THF 质量含量的增加而缩小, 但是黏土试样电阻明显小于砂土电阻。

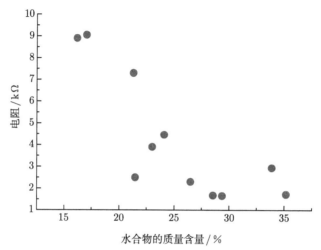

图 5.19   黏土水合物的质量含量与电阻的关系 ($\rho_d = 1.13 \text{ g/cm}^3$)

当水合物含量较小时, 水合物在孔隙中相互连通性较差, 电阻较大; 当含量较大时, 水合物主要在土颗粒表面生成, 连通条件趋佳, 电阻变小, 电阻随水合物含量增加试样的电阻变化非常有限。

由于海底沉积物中电阻率主要是由孔隙率和孔隙物成分决定的。在水合物稳定区, 孔隙水被绝缘的水合物替代, 因此, 电阻率会有明显的变化。但是地层电阻率和水合物的分布、饱和度、密集度以及含水合物地层孔隙度之间的关系是复杂而难以确定的。部分不确定因素源自测量过程中的数据错误、数据缺乏 (如测井数据中缺少密度或中子孔隙度), 缺乏对原位状态下水合物在沉积颗粒之间分布的了解、意料之外的岩石特性空间的变化, 以及缺乏对与水合物系统有关的大量其他物理条件与过程的了解。而电阻率这个简单直观的物理量, 是对水合物敏感因素的综合反馈, 因此, 在水合物模拟研究过程中, 电阻法可作为探测水合物生成分解过程、研究水合物物性特点的一项有效技术手段。

在含有水合物的沉积层中, 其原有土体或岩石内部孔隙中存在液体, 该孔隙液含有较多矿物离子, 使得沉积层土体具有一定的导电性。因此, 土体中导电离子的浓度和土中的含水量是影响土体电阻大小的关键因素。

水合物的生成和分解过程中, 会发生气–液–固三相的变化, 水合物导电性很差, 因此在水合物的生成和分解过程中将会使得水合物沉积层的电阻发生明显变化, 这是完成水合物电阻测量实验的基础。

因为 "去盐" 效应, 地层含水合物会使电阻率增大, 比如, 在南海神狐 SH7A 井口处, 水合物位于海床下 $155 \sim 177 \mathrm{m}$, 地层的电阻率从上覆层的 $1.3 \Omega \cdot \mathrm{m}$ 增大到含水合物层的 $3.2 \Omega \cdot \mathrm{m}$ [85]。地层的电阻率是由孔隙水的盐度、孔隙水、气体和水合物的饱和度, 以及水合物的分布模式决定的 [86]。对于非均匀地层, 应该测量三个方向的电阻率。因为地层的电阻率随着水合物的分解而降低, 所以水合物的分解前锋可以通过电极阵列测量地层的电阻率剖面来获得。

地层电阻率的测量过程一般为: 通过电极阵列中的发射电极发射电流到远离该阵列的监测电极, 测量电极阵列中的监测电极与远处参考电压电极间的电压, 可以获得电流在地层中产生的电压。根据测量的电压, 就可以分析周围地层的电阻率分布。沿电极阵列深度的地层电阻率分布的时移监测可以通过分析重复开关发射电极和监测电极的测量数据获得, 然后就可以分析出地层中的水合物分布 [87]。

5.4.3.2 地层电阻率理论公式

1. 各向同性情况

在各向同性情况下, 水饱和地层的电阻率 (R_0) 可以用阿奇 (Archie) 公式表示为 [88]

$$R_0 = \left[\frac{\varphi^m}{a R_{\mathrm{w}}} \right]^{-1} \tag{5.138}$$

其中 φ 是总孔隙度, R_{w} 是孔隙水的电阻率, a 和 m 是阿奇常数。水合物饱和度 S_{h} 由含水合物地层的电阻率 (R_{t}) 决定, 即

$$S_{\mathrm{h}} = 1 - \left(\frac{R_0}{R_{\mathrm{t}}} \right)^{1/n} = 1 - \left(\frac{F_0}{F_{\mathrm{t}}} \right)^{1/n} \tag{5.139}$$

其中 $F_0 = R_0/R_{\mathrm{w}}$、$F_{\mathrm{t}} = R_{\mathrm{t}}/R_{\mathrm{w}}$, 分别为水饱和地层和含水合物地层的地层因子, n 是饱和指数, 且砂层中电阻率分析时 n 一般取 2。也就是说, 当测量到含水合物地层的电阻率, 利用式 (5.139) 就可以计算出地层的水合物饱和度。

2. 各向异性情况

自然界中各向异性情况更为普遍。Lee 和 Collett [89] 将含有填充水合物的裂隙地层视为两种成分组成的分层介质, 这种地层为各向异性介质且其力学和物理参数可以由裂隙中的介质和周围地层的相应参数求得。设 a_1 和 m_1 是水合物填充且孔隙率为 φ_1 的裂隙的阿奇参数, a_2 和 m_2 是裂隙周围孔隙率为 φ_2 的水饱和地层的阿奇参数。裂隙的体积为 η, 周围地层的体积为 $(1 - \eta)$。平行和垂直于

裂隙方向的地层因子 F_h、F_v 可以用下式表示[90]:

$$F_h = \frac{1}{\eta \varphi_1^{m_1}/a_1 + (1-\eta)\,\varphi_2^{m_2}/a_2} \tag{5.140}$$

$$F_v = \frac{(1-\eta)\,\varphi_1^{m_1}/a_1 + \eta \varphi_2^{m_2}/a_2}{\varphi_1^{m_1}\varphi_2^{m_2}/(a_1 a_2)} \tag{5.141}$$

Kennedy 和 Herrick[90] 假设参数 a_1 和 a_2 等于 1, 这样可用上述的 F_h 和 F_v 计算阿奇参数。

为了分析含与测量方向呈任意角度的裂隙的地层因子, 需要采用张量形式的地层因子。例如, 如果在直角坐标系中, 裂隙沿 y 方向而垂直于 z 方向。对于一条与水平轴呈任意角度的裂隙, 张量形式的地层因子 (F_{ij}) 可以写成[89]

$$F_{ij} = \begin{bmatrix} \cos\theta & 0 & \sin\theta \\ 0 & 1 & 0 \\ -\sin\theta & 0 & \cos\theta \end{bmatrix} \begin{bmatrix} F_h & 0 & 0 \\ 0 & F_h & 0 \\ 0 & 0 & F_v \end{bmatrix} \begin{bmatrix} \cos\theta & 0 & -\sin\theta \\ 0 & 1 & 0 \\ \sin\theta & 0 & \cos\theta \end{bmatrix} \tag{5.142}$$

沿 x 方向 (垂直于裂缝走向), 地层因子为

$$F_{xx} = F_h \cos^2\theta + F_v \sin^2\theta \tag{5.143}$$

在缺乏现场取心获得孔隙水盐度和地热参数的情况下, 可以采用 Arps 经验公式确定现场孔隙水的电阻率[91]。水合物饱和度 (S_h) 可以根据电阻率测井数据, 由阿奇公式[88] 给出:

$$S_h = 1 - \left(aR_w\varphi^{-m}/R_t\right)^{1/n} \tag{5.144}$$

因为冰和水合物的导电性均很差, 所以与不含水合物的地层相比较, 含水合物地层的电阻率更高。含水合物地层的导电性是由孔隙流体中的水合离子和矿物表面的双电层的运动产生的。孔隙水的导电率与可动的水合物离子浓度成正比。水合平衡离子总是靠近矿物以中和其表面电荷。如果施加电场, 这些平衡离子就会移动, 从表面导电转为体积导电。当地层具有高比表面积时, 如黏土地层, 矿物表面导电性就很显著, 尤其是在孔隙率小且孔隙流体导电性差的情况下。含水合物地层的导电率的一阶近似可以表示为[92]

$$\sigma_b = \sigma_f\varphi\left(1 - S_h - S_g\right) + \frac{2}{2+e}\lambda_{\mathrm{ddl}}\rho_m s_s \tag{5.145}$$

其中 σ_b 是地层电导率, σ_f 是孔隙水的电导率, φ 是孔隙度, λ_{ddl} 是颗粒表面电导率, s_s 是比表面积, ρ_m 是颗粒表面的矿物密度, e 是孔隙比, 水合物、气体和水的

饱和度定义为: $S_h = V_h/V_v$, $S_g = V_g/V_v$ 和 $S_w = V_w/V_v$, 故有 $S_g + S_h + S_w = 1$, V_v 是孔隙体积。

式 (5.145) 既不考虑矿物颗粒、孔隙流体、水合物和气体的空间排列, 也不考虑他们之间的连接 [42,73]。阿奇提出的半经验公式是在式 (5.145) 中考虑自由度后的修正 [88]:

$$(1 - S_h - S_g) = \left(\alpha \frac{\rho_f}{\rho_b} \varphi^{\beta} \right)^{\frac{1}{\chi}} \tag{5.146}$$

其中 α、β 和 χ 是经验参数。这个公式被广泛地应用于水合物的研究, 典型的现场数据见表 5.3 [93]。因为阿奇型的公式不能正确地捕捉表面导电性的贡献, 阿奇参数 (表 5.3) 的可靠性在实际应用时应该仔细地评估 [94-96]。

对于岩土地层电学特性, 人们常用阿奇公式, 但是应该注意到, 阿奇公式适用于高孔隙度的纯砂岩地层, 用于其他类地层时会存在误差。目前常用等效介质理论来描述各类地层的电阻特性, 包括 Maxwell-Garnett 理论、Ping-Sheng 理论、微分等效介质理论和 Bruggeman 理论。

Maxwell-Wagner 理论一般用来计算混合物电介质电导率。Bruggeman [97] 基于 Maxwell-Wagner 理论并假设分散相和连续相都不导电, 提出了分散颗粒在连续介质中的导电理论。Hanai [98,99] 在 Bruggeman 理论基础上, 假设分散相和连续相都导电, 得到了 Hanai-Bruggeman(HB) 方程。

在纯水岩石体积模型中, HB 导电方程的电阻率公式为

$$\varphi = \left(\frac{R_w}{R_0} \right)^{\frac{1}{m}} \left(\frac{R_0 - R_r}{R_w - R_r} \right) \tag{5.147}$$

式中, φ 为孔隙度; R_w 为水的电阻率, 单位 $\Omega \cdot m$; R_0 为饱和水岩石电阻率, 单位 $\Omega \cdot m$; R_r 为分散相的电阻率, 单位 $\Omega \cdot m$; m 为胶结指数。

胡旭东 [100] 基于等效介质理论分别建立两种电阻率模型: 分散泥质模型和层状泥质模型。在分散泥质模型中, 泥质分散在孔隙中, 岩石由泥质、骨架、水合物和水组成, 其中泥质、骨架和水合物是分散相, 而水被认为是连续相。含水合物的泥质砂岩储层的 HB 方程如下:

$$\varphi S_w = \left(\frac{R_w}{R_t} \right)^{\frac{1}{m_{hb}}} \left(\frac{R_t - R_d}{R_w - R_d} \right) \tag{5.148}$$

式中, S_w 为含水饱和度; R_t 为含水合物岩石的电阻率, R_w 为水的电阻率, R_d 为分散相的电阻率, m_{hb} 为胶结指数。

表 5.3 阿奇公式的使用情况

地点	方程	α	β	χ
布莱克脊 (ODP Leg164)	$S_h = 1 - (\rho_{ead}/\rho_b)^{\frac{1}{k}}$. 对于 Blake 脊，不含水合物的完全水饱和沉积物的背景电阻率为 $\rho_{ead} = 0.8495 + (2.986 \times 10^{-4}) z$ (m)	当 ρ_f/ρ_b 被计算时, φ^β, α 和 ρ_f 取消	当 ρ_f/ρ_b 被计算时, φ^β, α 和 ρ_f 取消	1.9386
	$\rho_f = 0.33\Omega \cdot m$, $\varphi = 0.65$ for GHSZ (CSEM, 5 和 15Hz)	1.05	-2.56	1.9386
水合物山脊 (ODP Leg204)	$\rho_b = \alpha\rho_\gamma\varphi^\beta = 0.55\varphi^\beta$	1	-2.8	1.9
		—	-1.3	1.9386
	>20 百万分之一	0.967	-2.81	1.96
	浅的	1.35	-1.76	1.96
马利克	$\rho_f = 0.56$ ($z = 738.23m$), $\rho_f = 0.27$ ($z = 1141.02m$)	0.62	-2.15	1.9386
卡斯卡迪亚边缘马克兰温	$\rho_f = 1/(3 + T(°C)/10)$	1	-2.8	1.9
哥华岛	$\rho_f = (C_m/C_f)\rho_m$ 其中 C_m 为海水参考的盐度，C_f 为原位流体的盐度	1.4	-1.76	1.76
阿拉斯加米尔恩角北斯隆	$\alpha\rho_f = 1\Omega \cdot m$	—	-2.15	1.9386
	$\rho_f = 3\Omega \cdot m$, $0.5 < \alpha < 2.5$, $-3 < \beta < -1.5$	1	-2	2

无气相的一般形式 $S_g = 0$: $S_w = \left[\alpha(\rho_f/\rho_b)\varphi^\beta\right]^{\frac{1}{x}}$ or $S_h = (1 - S_w) = 1 - \left[\alpha(\rho_f/\rho_b)\varphi^\beta\right]^{\frac{1}{x}}$. $S_h = V_h/V_v$, $S_g = V_g/V_v$, $S_f = V_f/V_v$, and $1 = S_g + S_h + S_f$. 天然气水合物稳定带；大洋钻探计划. Santamarina 和 Ruppel (2008) 建议谨慎使用这些参数.

此外，该模型还满足以下方程：

$$\begin{cases} V_{\mathrm{ma}} + V_{\mathrm{dc}} + \varphi = 1 \\ \varphi_{\mathrm{h}} + \varphi_{\mathrm{wt}} = \varphi \end{cases} \tag{5.149}$$

式中，V_{dc} 为分散泥质颗粒含量，V_{ma} 为骨架含量，φ_{wt} 为总含水孔隙度，φ_{h} 为含水合物孔隙度。

分散相组分可以被认为是并联导电[101]。根据电阻率体积加权平均，其数学关系可以由以下方程表示：

$$\frac{1 - \varphi S_{\mathrm{w}}}{R_{\mathrm{d}}} = \frac{1 - \varphi - V_{\mathrm{dc}}}{R_{\mathrm{ma}}} + \frac{\varphi (1 - S_{\mathrm{w}})}{R_{\mathrm{h}}} + \frac{V_{\mathrm{dc}}}{R_{\mathrm{dc}}} \tag{5.150}$$

式中，R_{dc} 为分散泥质的电阻率，R_{h} 为水合物的电阻率，R_{ma} 为骨架的电阻率。

在层状泥质模型中，岩石由层状泥质、水合物和水组成，整个岩石的电阻率由两部分组成：层状泥质和不含泥质的砂岩。在砂岩中，骨架和水合物被当作分散相，水被当作连续相。砂岩电阻率可由方程 (5.150) 求解。层状泥质和不含泥质的砂岩被认为是并联导电[102]。

$$\frac{1}{R_{\mathrm{tl}}} = \frac{1 - V_{\mathrm{dc}}}{R_{\mathrm{t}}} + \frac{V_{\mathrm{dc}}}{R_{\mathrm{dc}}} \tag{5.151}$$

式中，R_{tl} 和 R_{t} 分别表示整个岩石电阻率和砂岩部分电阻率。

根据上述公式先测出电阻率值，然后可以求得水合物饱和度。

5.4.3.3　电阻特性应用

时域反射测量是一种基于电磁波传播特性测量介质性质的探测技术。时域反射仪主要由以下几部分组成。发射机、接收机、发射接收系统、信号处理器和显示器。作为电缆探测仪使用时，直接与测试的电缆连接。而在含水量、电导率和其他应用中，可根据实验需要与特制的探头连接。由发射模块发出电磁波，通过同轴电缆传到探针，再经由探针传入待测介质。通过接收模块的探针在离发射探针一定距离处接收信号。分析电磁波在传播过程中的变化就可以反演得到介质的性质。因此，时域反射测量的关键部件是探针。

如果介质阻抗发生变化，发射系统发出的部分电磁波就会被反射回来，被反射的能量大小与入射能量和阻抗变化大小相关。由于电磁波的传播速度与介质的介电常数密切相关，且土体颗粒、水和空气的介电常数差异很大，因此一定容积的沉积物中水的比例不同时期介电常数就有明显不同。时域反射测量技术就是依据电磁波的传播速度来判断沉积物中的含水量。

电磁波在介质中的传播速度可下式来确定

$$V = \frac{c}{\sqrt{\varepsilon\mu}} \tag{5.152}$$

其中 c 为电磁波在真空中的传播速度，ε 为传播介质的介电常数，μ 为磁性常数 (土体属非磁性介质，其 μ 值为 1)。因此

$$\varepsilon = \left(\frac{c}{V}\right)^2 \tag{5.153}$$

电磁波在均匀介质中传播时的速度是不变的。时域反射测量是通过发射端发射电磁波，传播到发射端并反射回来。因此传播速度可由发射端到反射端之间的两倍距离除以传播时间求得，即

$$V = 2L/t \tag{5.154}$$

由式 (5.152) 和式 (5.153) 就可以得出介电常数 ε 值，进而可以求得沉积物的含水量。

Topp 等给出了一个经验关系式 [103]：

$$\theta = -5.3 \times 10^{-2} + 2.92 \times 10^{-2}\varepsilon - 5.5 \times 10^{-4}\varepsilon^2 + 4.3 \times 10^{-6}\varepsilon^3 \tag{5.155}$$

其中 θ 为含水量，ε 为介电常数。

加拿大地质调查局 Wright 等也提出了一个经验关系式 [104]：

$$\theta = -11.9677 + 4.506072566\varepsilon - 0.14615\varepsilon^2 + 2.1399 \times 10^{-3}\varepsilon^3 \tag{5.156}$$

各类探针的基本结构都是包括一根中心探针和数根外部探针。目前已主要开发出三类探针：双棒型探针、平行板探针、同轴型探针等 (图 5.20)。

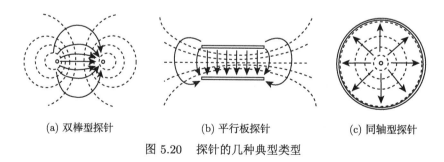

(a) 双棒型探针　　　　　　(b) 平行板探针　　　　　　(c) 同轴型探针

图 5.20　探针的几种典型类型

双棒型探针由于安装简便、对岩土体破坏程度低，在野外监测中应用较广。但因为电磁场分布不均，容易产生干扰，必须在探头上安装平衡转换装置降低或排

除干扰。平形板探针发出的电磁场比双棒型更均匀稳定。基于平行板探针演化来的刀状探针和雪橇状探针, 由于可在土体中自由滑移, 便于在野外监测中使用。室内实验由于模型尺度一般较小, 主要用同轴型探针来进行测量。同轴型探针具有电磁场均匀稳定、无干扰、无信号丢失的优点。但是因为对土体结构扰动较大, 安置不便, 在野外使用较少[17]。

　　张健[17] 联合超声测量技术和时域反射测量技术对水合物生成和分解过程进行了研究。通过对比发现水合物生成分解过程中的特征时间点和声速变化的特征时间点是同步的 (图 5.21)。

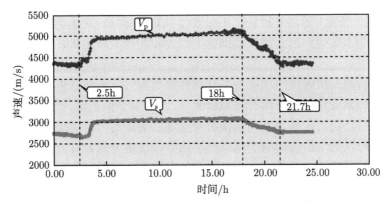

图 5.21　水合物生成分解过程中声速的变化

　　时域反射测量则可以实时检测到样品中水合物开始生成时含水量开始下降的过程, 以及水合物分解时含水量上升的过程 (图 5.22)。

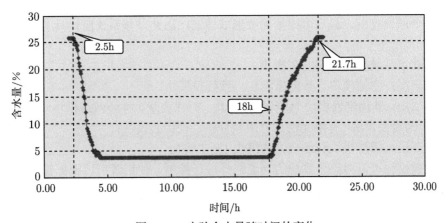

图 5.22　实验含水量随时间的变化

5.4.4　安全监测及数据处理系统

在水合物开采过程中和之后的现场监测，布设的传感器可以实时测量和采集大量的不同类别的数据。采集之后如何管理和快速分析这些数据，直接决定监测的效果。因此，需要建立一套完善的数据采集、预处理、存储、分析的系统。下面提出一套系统的方案。

5.4.4.1　系统的组成结构及功能介绍

安全监测系统应该从传感器布置到数据采集与处理等整套流程进行整体设计，即应该包含监测数据库建设、数据预处理、数据分析与反演方法、结果输出 (图像、数据、公式) 等功能模块。不仅要重视测量部分，对于测量数据的分析处理和管理也非常重要，否则测量数据就无法为我们在工程优化、实时控制和灾害防范中所利用。

数据分析与反演模块的功能主要是对监测数据进行反演分析，获得水合物开采过程及之后地层和海底结构的应力和变形、水合物分解前沿、产气量、地层温度和压力等数据，进而判断地层和结构的安全性以确定是否需要采取控制措施、分析产气的趋势以确定后续的增产或减产措施等。这部分的分析方法可以分为确定性方法如有限元方法、解析方法、有限差分方法等，以及非确定性方法如时序方法、灰色预测方法、神经网络方法、大数据方法等。

结果输出模块的功能主要是将反演分析结果以直观、清晰的形式 (如图表、图像、关键参数等) 输出，供工程实时决策及今后设计和研究所用。

各模块既相互联系又相互独立，使用时可以方便地调用其中一个或几个模型进行工作。系统中将原始数据与处理过的数据分开，这样，既不破坏原始数据，又可以使用户方便地提取自己所需要的数据进行分析。各模块可单独进行建立模型，又可多个联合使用，最后可根据需要形成图表，因此，该系统应该具有很强的适用性。

因此该系统分为三层九个模块。

第一层：主控模块、数据库模块、预处理模块。

第二层：非确定性模块 (统计回归模块、时序模块、神经网络模块、综合评价模块)、确定性模块 (有限元法、有限差分法、理论公式法)。

第三层：图形模块和综合评估模块 (图 5.23)。

主控模块可以对整个系统的功能选择进行控制，使用者可以根据需要选择功能模块，如可以先对测量值修改、查看、预处理后再进入下一级功能模块，也可以直接进入下一级模块。

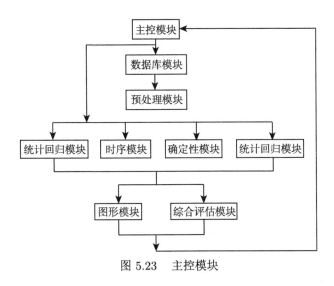

图 5.23 主控模块

5.4.4.2 数据库模块

数据库模块是专门存储水合物背景及测量值历史距离的模块。数据库分为两个子库：一个库是用于存储水合物背景如地理位置、名称、历史情况、监测仪器埋设情况等；另一个库是用于存储测量值数据，包括各种监测仪器如位移计、孔压计等的历史测量值记录。两个子库均可对其中的信息随时进行补充、修改、删除等。两个子库结构分别见图 5.24 和图 5.25。

水合物地区	
水合物名称	
水合物历史	新生成水合物
位移计个数	10个
孔压计个数	10个
...	...

图 5.24 传感器信息

5.4.4.3 预处理模块

预处理模块的功能是对测量值数据进行预处理，首先将所需数据从测量值数据库中调出，然后通过有关的计算分析，删除或修改由于偶然误差或系统误差引起的反常数据，使数据能真实地反映实际情况。其处理方法有：平滑分析、最大最小值分析、包络分析、级差分析等。

时间	位移计测值	孔压计测值	...
2020050412	5.4	10.5	...
202060412	10.4	11.4	...
2020070412	12.4	5.7	...
...	...	...	...

图 5.25　测量数据结果图

5.4.4.4　非确定性模型

1. 统计回归模块

该方法是建立水合物地层响应的原因量与结果量之间的关系，有一元回归、多元回归、非线性回归等多种模型。统计回归方法是一种很有用的数学方法，尤其当确定性模型无法确定量之间的相互关系时，统计回归模型就显得尤为重要。缺点是必须有一定数量的历史数据以确立统计回归模型，而且一次只能确定一个或多个原因量与一个结果量之间的关系 [105]。下面列举几种统计回归模型来说明。

线性模型 (一元及多元回归) 有

$$Y = a_0 + a_1 X \tag{5.157}$$

其中 X 是自变量，Y 是因变量，a_0、a_1 是拟合系数。

多重线性回归可表示为

$$Y = a_0 + a_1 X_1 + a_2 X_2 + \cdots + a_n X_n \tag{5.158}$$

非线性回归模型有多种，比如

$$f(x, \beta) = \frac{\beta_1 x}{\beta_2 + x} \tag{5.159}$$

其中 β_1、β_2 是拟合系数，x 是自变量。

非线性回归模型可以单独用于确定其原因量与结果量之间的关系，也可以用于多元复合回归中确定某原因量对总结果量的贡献。

2. 时间序列分析方法

时间序列方法可对测量数据进行时间相关的分析，包括时序分析、灰色预测、傅里叶分析、突变开采等 [106-108]。这些模型可以预测开采过程中水合物在地层中分解范围的发展趋势，以确定水合物分解量、分解前沿、地层变形的发展趋势等。

时序分析方法可分为简单序时平均法、加权序时平均法、简单移动平均法、加权简单移动平均法、趋势预测法、指数平滑法等。简单序时平均法又称为算术平均法，即基于观察数据的平均值来预测将来的值。这个方法仅对变化小的情况作趋势预测合适。

3. 灰色预测方法

在灰色系统理论中，$\mathrm{GM}(n,m)$ 表示一个灰色模型，其中 n 是微分方程阶数，m 是变量的数目。因为计算效率高，$\mathrm{GM}(1,1)$ 模型是采用最多的模型。$\mathrm{GM}(1,1)$ 模型的微分方程具有随时间变化的系数。也就是说，模型要根据新获得的数据随时更新 [107]。

在 $\mathrm{GM}(1,1)$ 中一个非负的序列 $X(0)$ 代表时间分布序列，对这个序列作累加生成，得到如下单调增加的序列 $x^{(1)}$：

$$x^{(1)} = \left(x^{(1)}\left(1\right), x^{(1)}\left(2\right), \cdots, x^{(1)}\left(k\right), \cdots, x^{(1)}\left(m\right)\right), \quad m \geqslant 4 \tag{5.160}$$

其中

$$x^{(1)}\left(k\right) = \sum_{i=1}^{k} x^{(0)}\left(k\right), \quad k = 1, 2, \cdots, m \tag{5.161}$$

$x^{(1)}$ 的累加均值序列 $z^{(1)}$ 定义如下：

$$z^{(1)} = \left(z^{(1)}\left(2\right), z^{(1)}\left(3\right), \cdots, z^{(1)}\left(k\right), \cdots, z^{(1)}\left(m\right)\right) \tag{5.162}$$

其中 $z^{(1)}(k)$ 是相邻两个数据的平均值，即

$$z^{(1)}\left(k\right) = 0,5\left(x^{(1)}\left(k\right) + x^{(1)}\left(k-1\right)\right), \quad k = 2, 3, \cdots, m \tag{5.163}$$

灰色差分方程的最小二乘法评估序 [20]：

$$x^{(0)}\left(k\right) + ax^{(1)}\left(k\right) = b \tag{5.164}$$

其中 a 是发展系数，它的符号和数值反映 $x^{(0)}$ 和 $x^{(1)}$ 的发展趋势，b 是灰作用量，它的物理含义是系统的作用量，$x^{(0)}(k)$ 是灰色导出量，$z^{(1)}(k)$ 是白化的背景值。因此白化方程如下：

$$\frac{\mathrm{d}x^{(1)}}{\mathrm{d}t} + ax^{(1)} = b \tag{5.165}$$

其中 $[a,b]^{\mathrm{T}}$ 是一个如下的参数序列:

$$[a,b]^{\mathrm{T}} = \left(B^{\mathrm{T}}B\right)^{-1}B^{\mathrm{T}}Y \tag{5.166}$$

其中

$$Y = \left[x^{(0)}\left(2\right),\ x^{(0)}\left(3\right),\cdots,x^{(0)}\left(m\right)\right]^{\mathrm{T}},\quad B = \begin{bmatrix} -z^{(1)}\left(2\right) & 1 \\ -z^{(1)}\left(3\right) & 1 \\ \vdots & \vdots \\ -z^{(1)}\left(m\right) & 1 \end{bmatrix}$$

由方程 (5.166),$x^{(1)}(t)$ 的解可以得到如下:

$$x^{(1)}\left(k+1\right) = \left(x^{(0)}\left(1\right) - \frac{b}{a}\right)\mathrm{e}^{-ak} + \frac{b}{a} \tag{5.167}$$

为了得到原始数据在 $k+1$ 时刻的预测值,需要用到逆累加生成建立如下的灰色模型:

$$x_{\mathrm{p}}^{(0)}\left(k+1\right) = \left(x^{(0)}\left(1\right) - \frac{b}{a}\right)\mathrm{e}^{-ak(1-\mathrm{e}^{a})} \tag{5.168}$$

其中 $x_{\mathrm{p}}^{(0)}\left(k+1\right)$ 是预测值,计算值不是整数,但是在处理过程中又必须使其为整数,因此要对计算值作取整处理:

$$x_{\mathrm{p}}^{(0)}\left(k+1\right) = \mathrm{Round}\left(x_{\mathrm{p}}^{(0)}\left(k+1\right)\right) - c \tag{5.169}$$

其中 c 是一个常数 [108]。

4. 神经网络模型

神经网络是由大量而简单的处理单元 (称为神经元) 广泛地互连而形成的复杂网络系统,它是模仿人脑功能的一些特征而建立的,是一个高度复杂的非线性动力学习系统,适合处理需要同时考虑许多因素和条件的、不精确和模糊的信息问题 [109]。

目前应用较多的是 BP (反向传播) 网络模型,尤其是近几年深度学习算法的提出,更是让神经网络模型的应用如虎添翼。

BP 网络模型的基本原理是:输入信号通过中间节点 (隐层点) 作用于输出节点,经过非线性变换,产生输出信号。网络训练的每个样本包括输入向量和期望输出量。网络输出值与期望输出值之间的偏差,通过调整输入节点与隐层节点的联接权值、隐层节点与输出节点之间的联接权值及阈值,使误差沿梯度方向下降,经过反复学习训练,确定与最小误差相对应的网络参数 (权值和阈值),训练即告停止。此时经过训练的神经网络能够对类似样本的输入信息，经过非线性转换，自行处理、输出误差最小的信息。目前人们在实践中采用的 BP 网络有不同的形式，以三层网络模型为主，非线性变换方程则有多种形式 [110-112]。

下面以三层模型为例来作简要说明 (图 5.26)。

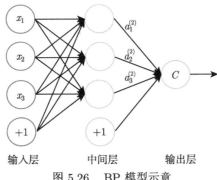

图 5.26 BP 模型示意

问题的每个影响参数对应输入层的每个神经元，输出结果的每个量对应输出层的每个神经元。中间层和输出层中的每个神经元由上一层的所有神经元的值决定。每两个相连的神经元之间有一个可调节的权值，代表他们之间的连接强度。每个神经元的值由上一层的值经过传递函数作用后进行求和而得到，通常该值要减去一个阈值。

任一神经元的净值由下式决定

$$\mathrm{net}_j^n = \sum_i W_{ij}^n x_i^{n-1} - t_j^n \tag{5.170}$$

输出值 x_j^n 由下式求得

$$x_j^n = f\left(\mathrm{net}_j^n\right) = \frac{\theta_j^n}{1 + \mathrm{e}^{-\beta_j^n \mathrm{net}_j^n}} \tag{5.171}$$

其中 $f(\cdot)$ 是传递函数，其形式有多种，如双曲正切函数、阶梯函数、S 形函数等。其中 S 形函数是在实际应用中使用最广泛的。

在将误差信号反向传播前，需要将输出层的值与期望值进行对比以确定误差大小。误差函数定义如下：

$$E = \frac{1}{2} \sum_{j=1}^{p} \left(d_j - x_j^q\right)^2 \tag{5.172}$$

其中 q 是总的网络层数，p 是输出层总的神经元数目。学习的过程就是不断调节学习参数 W、t、β 和 θ，使误差不断减小。梯度下降算法被用来计算每个学习参数的误差梯度，进而通过使误差沿最陡的下降方向来调整学习参数，这样就使得输出值最快地接近期望值。例如，权值调节可用下式：

$$\Delta W_{ij}^n (T+1) = -\eta \frac{\Delta E}{\Delta W_{ij}^n} \tag{5.173}$$

其中 η 是学习速率，T 是迭代次数。

同样地，调节 t、β 和 θ 的训练公式如下

$$\Delta t_j^n (T+1) = -\eta \delta_j^n + \gamma^* \Delta \delta_j^n (T) \tag{5.174}$$

$$\Delta \beta_j^n (T+1) = -\eta \xi_j^n \left[x_j^n \left(1 - x_j^n \right) \mathrm{net}_j^n \right] + \gamma^* \Delta \beta_j^n (T) \tag{5.175}$$

$$\Delta \theta_j^n (T+1) = -\eta \xi_j^n \left(x_j^n / \theta_j^n \right) + \gamma^* \Delta \theta_j^n (T) \tag{5.176}$$

5. 大数据分析模型

大数据技术是指从各种各样类型的数据中，快速获得有价值信息的能力。适用于大数据的技术，包括大规模并行处理数据库、布式文件系统、分布式数据库、云计算平台、互联网等 [113]。

水合物安全监测周期长、测点数量和类型较多、产生的数据量大，包括孔压、温度、变形、产气量等多个测量系统构成的数字、图像等多种数据类型，大数据挖掘计算非常适合于这类数据的分析及处理。分析方法包括机器学习、特征抽取等多种方法，从而可以实现仿真、预测等功能 [114]。

5.4.4.5　确定性模块

该模块是用数值方法 (有限元法、有限差分方法、解析公式计算方法等) 直接计算因果量之间的关系。该模型的功能有两方面：① 根据初始的工况及参数或者监测到的边界温度、压力、流速等数据，计算并预测水合物开采区的地层稳定性和变形、产气量等情况；② 根据监测得到的数据，反演得到水合物开采过程中地层参数的变化，进而用反演得到的参数及工况预测将来一段时间内水合物开采区地层的稳定状态及变形趋势。由于这类方法有坚实的理论基础，结果可行且应用成熟，同时可分析多因素间的关系。因而也是一种非常实用的方法 [115]。

采用解析反演方法，即利用超声、电阻、孔压、温度等参数与水合物地层的孔隙、水合物含量等物理参数间的关系式进行反演。这些方法已在前面介绍。

5.4.4.6 综合评价模块

该模块是用模糊数学方法对以上各模型计算的结果进行综合评判，综合反映各种情况的开采结果，使最后结果更能反映实际情况，具体步骤有专家竞争、专家合作及综合评价等，这里不详细说明。

5.4.4.7 图形模块

图形模块提供了丰富的图形功能，可以对测量值数据进行显示，也可以对各模型计算结果进行绘图。

5.4.5 小结

目前对于水合物开采安全监测主要是针对试采的短周期局部尺度的土层响应监测，数据量及分析非常缺乏。水合物开采过程土层响应是由多种因素共同引起的，需要深入研究其中的控制因素和物理机制，建立系统综合的监测数据分析方法，有效地进行监测仪器的布置，并进行长期的监测，建立相应的土层响应数据库，服务于水合物工程相关的地质灾害和环境效应评价。

参 考 文 献

[1] Moridis G J, Collettt T, Dallimore S R, et al. Numerical studies of gas production from several CH₄ hydrate zones at the Mallik site, Mackenzie Delta, Canada[J]. Journal of Petroleum Science and Engineering, 2004, 43: 219-238.

[2] 张旭辉, 鲁晓兵, 刘乐乐. 天然气水合物开采研究进展 [J]. 地球物理学进展, 2014, 29(2): 858-869.

[3] Numasawa M, Yamamoto K, Yasuda M, et al. objectives and operation overview of the 2007 JOGMEC/NRCAN/AURORA Mallik 2L-38 gas hydrate production test[C]. Proceedings of the 6th International Conference on Gas Hydrates, Vancouver, British Columbia, CANADA, July 6-10, 2008.

[4] Kurihara M, Funatsu K, Ouchi H, et al. Analyses of production tests and MDT tests conducted in Mallik and Alaska methane hydrate reservoirs: What can we learn from these well tests?[C]. Proceedings of the 6th International Conference on Gas Hydrates, Vancouver, British Columbia, CANADA, July 6-10, 2008.

[5] 栾锡武, 赵克斌, 孙冬胜, 等. 天然气水合物开采–以马利克钻井为例 [J]. 球物理学进展, 2007, 22(4): 1295-1304.

[6] Fujii T, Takayama T, Nakamizu M, et al. Wire-line logging analysis of the 2007 JOGMEC/NRCAN/AURORA Mallik gas hydrate production test well[C]. Proceedings of the 6th International Conference on Gas Hydrates, Vancouver, British Columbia, CANADA, July 6-10, 2008.

[7] Dvorkin J, Nur A. Elasticity of high-porosity sandstones: Theory for two North Sea datasets[J]. Geophysics, 1996, 61(5): 1363-1370.

[8] 王秀娟. 南海北部陆坡天然气水合物储层特性研究 [D]. 北京: 中国科学院研究生院，2006.

[9] 马淑芳，韩大匡，甘利灯，等，地震岩石物理模型综述 [J]. 地球物理学进展，2010, 25(2): 460-471.

[10] Geertsma J, Smit D C. Some aspects of elastic wave propagation in fluid-saturated porous solids[J]. Geophysics, 1961, 26: 169-181.

[11] Biot M A. Theory of propagation of elastic wave in a fluid- saturated porous solids I: Low-frequency range[J]. J. Acoust. Soc. Am., 1956, 28(2): 168-178.

[12] Biot M A. Theory of propagation of elastic wave in a fluid- saturated porous solids II: Higher-frequency range[J]. J. Acoust. Soc. Am., 1956, 28(2): 179-191.

[13] Ecker C, Dvorkin J, Nur A. Sediments with gas hydrate: Internal structure form seismic AVO[J]. Geophysics, 1998, 63: 1659-1669.

[14] 王秀娟，吴时国. 地震属性参数在识别天然气水合物和游离气岩石物理模型中的应用 [J]. 海洋与湖沼，2006, 37(3): 293-301.

[15] Pearson C F, Halleck P M, Mcguire P L, et al. Natural gas hydrate: A review of in situ properties[J]. Journal of Physical Chemistry, 1983, 87(21): 4180-4185.

[16] Lee M W, Hutchinson D R, Collett T S, et al. Seismic velocities for hydrate-bearing sediments using weighted equation[J]. J Geophys Res-Sol Ea, 1996, 101(B9): 20347-20358.

[17] 张健. 多孔介质中水合物饱和度与声波速度关系的实验研究 [D]. 青岛: 中国海洋大学，2008.

[18] 方跃龙. 含水合物松散沉积物的二维超声成像技术研究 [D]. 青岛: 中国石油大学，2015.

[19] 业渝光，张健，胡高伟，等. 天然气水合物饱和度与声学参数响应关系的实验研究 [J]. 地球物理学报，2008, 51(4): 1156-1164.

[20] Hu G W, Ye Y G, Zhang J, et al., Acoustic properties of gas hydrate-bearing consolidated sediments and experimental testing of elastic velocity models[J]. Journal of Geophysical Research, 2010, 115: B02102.

[21] 胡高伟. 南海沉积物的水合物声学特性模拟实验研究 [D]. 北京: 中国地质大学，2010.

[22] 刘昌龄. 海洋天然气水合物若干问题的模拟实验研究 [D]. 青岛: 中国海洋大学，2005.

[23] Pohl M. Ultrasonic and electrical properties of hydrate-bearing sediments[D]. Colorado: Colorado School of Mines, 2018.

[24] Nimblett J, Ruppel C. Permeability evolution during the formation of gas hydrates in marine sediments[J]. J. Geophy. Res., 2003, 108(B9): B001650.

[25] Sakamoto Y, Komai T, Kawamura T, et al. Field scale simulation for the effect of relative permeability on dissociation and gas production behavior during depressurization process of methane hydrate in marine sediments[C]. Proc. ISOPE, Ocean Mining Symp., Lisben, Portugal, 2007: 102-107.

[26] Minagawa H, Nishikawa Y, Ikeda L, et al. Measurement of methane hydrate sediment permeability using several chemical solutions as inhibitors[C]. ISOPE Ocean Mining Gas Hydrates Symposium, 2007: 87-92.

[27] Liu X L, Flemings P B. Dynamic multiphase flow model of hydrate formation in marine sediments[J]. J. Geophys. Res., 2007, 112(B3): B03101.

[28] Kleinberg R L, Flaum C, Griffin D D, et al. Deep sea NMR: methane hydrate growth habit in porous media and its relationship to hydraulic permeability, deposit accumulation, and submarine slope stability[J]. J. Geophys. Res., 2003, 108(B10): 2508.

[29] Lee M W, Waite W F. Estimating pore-space gas hydrate saturations from well log acoustic data[C]. Geochem. Geophys. Geosystems, 2008: Q07008.

[30] Soel Y, Kneafsey T J. Methane hydrate induced permeability modification for multiphase flow in unsaturated porous media[J]. J Geophys. Res., 2011, 116: B08102.

[31] Delli M L. Permeability of porous media in the presence of gas hydrates[D]. Calgary: University of Calgary, 2012.

[32] Kleinberg R L, Flaum C, Griffin D D, et al. Deep sea NMR : Methane hydrate growth habit in porous media and its relation to hydraulic permeability, deposit accumulation, and submarine slope stability[J]. Journal of Geophysical Research, 2003, 108: 2508.

[33] Kumar A, Maini B, Bishnoi P, et al. Experimental determination of permeability in the presence of hydrates and its effect on the dissociation characteristics of gas hydrate in porous media[J]. Journal of Petroleum Science and Engineering, 2010, 70(1-2): 114-122.

[34] Kneafsey T J, Seol Y, Gupta A, et al. Permeability of laboratory-formed methane-hydrate-bearing sand: Measurements and observations using X-Ray computed tomography[J]. SPE Journal, 2011, 16(1): 78-94.

[35] Nimblett J, Ruppel C. Permeability evolution during the formation of gas hydrates in marine sediments[J]. J. Geophys. Res., 2003, 108(9): 2420.

[36] 张宏源, 刘乐乐, 刘昌岭. 等. 基于瞬态压力脉冲法的含水合物沉积物渗透性实验研究 [J]. 实验力学, 2018, 33(2): 263-271.

[37] 吕勤. 含甲烷水合物多孔介质渗流特性研究 [D]. 大连: 大连理工大学, 2016.

[38] Konno Y, Jin Y, Uchiumi T, et al. Multiple-pressure-tapped core holder combined with X-ray computed tomography scanning for gas-water permeability measurements of methane-hydrate-bearing sediments[J]. Rev. Science Instrum, 2013, 84(6): 064501.

[39] Johnson A, Patil S, Dandekar A. Experimental investigation of gas-water relative permeability for gas-hydrate-bearing sediments from the Mount Elbert gas hydrate stratigraphic test well[J]. Marine and Petroleum Geology, 2011, 28(2): 419-426.

[40] Minagawa H, Ohmura R, Kamata Y, et al. Water permeability of porous media containing methane hydrate as controlled by the methane-hydrate growth process[J]. AAPG Memoir, 2009, 89: 734-739.

[41] Carman P C. Fluid flow through granular beds[J]. Trans. Inst. Chem. Eng., 1937, 15: 150-167.

[42] Spangenberg E. Modeling of the influence of gas hydrate content on the electrical properties of porous sediments[J]. Journal of Geophysical Research B, 2001, 106, 6535-6548.

[43] Wilder J W, Moridis G J, Wilson S J, et al. An international effort to compare gas hydrate reservoir simulators[C]. Vancouver: Proceedings of 6th International Conference

of Gas Hydrates (ICGH 2008), 2008.

[44]　Masuda Y, Naganawa S, Ando S, et al. Numerical calculations of gas production performance from reservoirs containing natural gas hydrates[C]. Annual Technical Conference, 1997: 38291.

[45]　程远方, 沈海超, 赵益忠, 等. 多孔介质中天然气水合物降压分解有限元模拟 [J]. 中国石油大学学报, 2009, 33(3): 85-89.

[46]　Liang H F, Song Y C, Chen Y J. Numerical simulation for laboratory-scale methane hydrate dissociation by depressurization[J]. Energy Conversion and Management, 2010, 51(2010): 1883-1890.

[47]　Yousif M H, Sloan E D. Experimental and theoretical investigation of methane-gas-hydrate dissociation in porous media[J]. SPE Reservoir Evaluation & Engineering, 1991, 6(4): 452-458.

[48]　Briaud J L, Chaouch A J. Hydrate melting in hydrate soil around hot conductor[J]. J. Geotech. Geoenir. Engrg., 1997, 123(7): 645-653.

[49]　Ji C, Ahmadi G, Smith D H. Constant rate natural gas production from a well in a hydrate reservoir[J]. Energy Conversion and Management, 2003, 44(15): 2403-2423.

[50]　Huang D, Fan S, Liang D Q, et al. Measuring and modeling thermal conductivity of gas hydrate-bearing sand[J]. J. Geophys. Res., 2005, 110(B1): B01311.

[51]　Grevemeyer I, Villinger H. Gas hydrate stability and the assessment of heat flow through continental margins[J]. Geophys. J. Int., 2001, 145(3): 647-660.

[52]　Dickens G R, Oneil J R, Rea D K, et al. Dissociation of oceanic methane hydrate as a cause of the carbon-isotope excursion at the end of the paleocean[J]. Paleoceanography, 1995, 10(6): 965-971.

[53]　Xu W Y, Ruppel C. Predicting the occurrence, distribution, and evolution of methane gas hydrate in porous marine sediments[J]. Journal of Geophysical Research-Solid Earth, 1999, 104(B3): 5081-5095.

[54]　Kumar P, Turner D, Sloan E D. Thermal diffusivity measurements of porous methane hydrate and hydrate-sediment mixtures[J]. Journal of Geophysical Research, 2004, 109(B1): B01207.

[55]　Waite W F, de Martin B J, Kirby S H, et al. Thermal conductivity measurements in porous mixtures of methane hydrate and quartz sand[J]. Geophysical Research Letters, 2002, 29(24): 2229.

[56]　Douglas D C, Martin A I, Yun T S, et al. Thermal conductivity of hydrate-bearing sediments[J]. J. Geophys. Res., 2009, 114: B11103.

[57]　Huang D Z, Fan S S. Thermal conductivity of methane hydrate formed from sodium dodecyl sulfate solution[J]. J. Chem. Engrg. Data, 2004, 49(5): 1479-1482.

[58]　Waite W F, Stern L A, Kirby S H, et al. Simultaneous determination of thermal conductivity, thermal diffusivity and specific heat in sI methane hydrate[J]. Geophy. J. Int., 2007, 169(2): 767-774.

[59]　Ruppel C, Kinoshita M. Fluid, methane, and energy flux in an active margin gas hydrate

province, offshore Costa Rica[J]. Earth and Planetary Science Letters, 2000, 179(1): 153-165.

[60] Waite F, Stantamarina J C, Cortes D D, et al., Physical properties of hydrate-bearing sediments[J]. Review of Geophysics, 2009, 47: RG4003.

[61] Rydzy M B, Schicks J M, Naumann R, et al. Dissociation enthalpies of synthesized multicomponent gas hydrates with respect to the guest composition and cage occupancy[J]. J. Phys. Chem. B, 2007, 111(32): 9539-9545.

[62] Sloan E D. Clathrate Hydrates of Natural Gases[M]. New York: Marcel Dekker Inc., 1998.

[63] Circone S, Kirby S H, Stern L A. Direct measurement of methane hydrate composition along the hydrate equilibrium boundary[J]. J. Phys. Chem. B, 2005, 109(19): 9468-9475.

[64] Turner D J, Kumar P, Sloan E D. A new technique for hydrate thermal diffusivity[J]. Int. J. Thermophyscs, 2005, 26(6): 1681-1691.

[65] Dvorkin J, Helgerud M B, Waite W F, et al. Introduction to physical properties and elasticity models[C]// Mas M D. Natural Gas Hydrate in Oceanic and Permafrost Environments. Kluwer: Dordrecht Academic Publishers, Netherlands, 2003: 245-260.

[66] Nakagawa R, Hachikubo A, Shoji H. Dissociation and specific heats of gas hydrates under submarine and sublacustrine environments[C]. Chevron, Vancouver, Canada: the 6th International Conference on Gas Hydrates, 2008.

[67] Tombari E, Presto S, Salvetti G, et al. Heat capacity of tetrahydrofuran clathrate hydrate and of its components, and the clathrate formation from supercooled melt[J]. J. Chem. Phys., 2006, 124: 154507.

[68] 张旭辉, 鲁晓兵, 李清平, 等. 水合物沉积层中考虑相变的热传导分析 [J]. 中国科学, 2010, 40(8): 1028-1034.

[69] Lu X B, Lu L, Zhang X H, et al. Theoretical analysis of gas hydrate dissociation in sediment[C]//Zhang L, Bruno G D S, Zhao C, et al. GSIC 2018, Proceedings of GeoShanghai 2018 International Conference: Rock Mechanics and Rock Engineering, 2018: 109-116.

[70] 孟庆国, 业渝光, 王士财, 等. 电阻探测技术在天然气水合物模拟实验中的应用 [J]. 青岛大学学报 (工程技术版), 2008, 23(3): 15-17.

[71] Yousif M H, Abass H H, Selim M S, et al. Experimental and theoretical investigation of methane-gas-hydrate dissociation in porous media[J]. SPE Reservoir Engineering, 1991, 2: 69-76.

[72] Collett T S, Ladd J, 陆敬安, 等. 利用测井探测天然气水合物并通过电阻率测井估算布莱克海岭的水合物浓度 (饱和度) 及天然气体积 [J]. 海洋地质, 2005, (2): 13-32.

[73] Spangenberg E, Kulenkampff J. Influence of methane hydrate content on electrical sediment properties[J]. Geopgy. Res. Lett., 2006, 33(24): 1-5.

[74] 杜燕, 何世辉, 黄冲, 等. 多孔介质中水合物生成与分解二维实验研究 [J]. 化工学报, 2008, 59(3): 673-680.

[75] 陈强, 业渝光, 孟庆国. 多孔介质中 CO_2 水合物饱和度与阻抗关系模拟实验研究 [J]. 天然气地球科学, 2009, 20(2)：249-253.

[76] Santamarina J C, Ruppel C. The impact of hydrate saturation on the mechanical, electrical, and thermal properties of hydrate-bearing sand, silts and clay[C]. Vancouver: Proceedings of the 6th International Conference on Gas Hydrates, 2008.

[77] 夏晞冉. 天然气水合物藏物性参数及注热开采实验研究 [D]. 青岛: 中国石油大学. 2011.

[78] 周锡唐, 樊栓狮, 梁德青. 用电导性检测天然气水合物的形成和分解 [J]. 天然气地球科学, 2007, 18(4)：593-595.

[79] 王英梅，吴青柏, 蒲毅彬，等. 温度梯度对粗砂中甲烷水合物形成和分解过程的影响及电阻率响应 [J]. 天然气地球科学, 2012, 23(1): 19-25.

[80] 凌云. 天然气水合物电阻探测法研究 [J]. 广东化工, 2012, 39(9): 155-157.

[81] 白云风. 天然气水合物电阻率测量方法的研究 [D]. 青岛: 中国石油大学, 2009.

[82] 杜燕, 何世辉, 黄冲, 等. 水合物合成电容特性与降压开采二维实验研究 [J]. 西南石油大学学报 (自然科学版), 2009, 31(4): 107-111.

[83] Paull C K, Matsumoto R, Wallace P J, et al. Proceedings of the Ocean Drilling Program, Scientific Results Vol.164[C]. College Station, TX(Ocean Drilling Program), 2000.

[84] 任静雅, 鲁晓兵, 张旭辉. 水合物沉积物电阻特性研究初探 [J]. 岩土工程学报, 2013, 35(S1): 161-165.

[85] Ning F L, Liu L, Li S, et al. Well log assessment of natural gas hydrate reservoirs and relevant influential factors[J]. Acta Petrolei Sinica, 2013, 34(3), 591-606.

[86] Collect T S. Detection and evaluation of the in-situ natural gas hydrates in the north slope region, Alaska[C]. SPE California Regional Meeting, Ventura, California, March 1983.

[87] Yoko Morikami and Toru Ikegami, Schlumberger K.K. Electrical resistivity array measurement system development for gas hydrate dissociation monitoring[C]. Vancouver: Proceedings of the 6th International Conference on Gas Hydrates, 2008.

[88] Archie G E. The electrical resistivity log as an aid in determining some reservoir characteristics[J]. Trans. Am. Inst.Min. Metall. Pet. Eng., 1972, 146: 54-62.

[89] Lee M W, Collett T S. Pore- and fracture-filling gas hydrate reservoirs in the Gulf of Mexico Gas Hydrate Joint Industry Project Leg II Green Canyon 955 H well[J]. Marine and Petroleum Geology, 2012, 34: 62-71.

[90] Kennedy W D, Herrick D C. Conductivity anisotropy in shale-free sandstone[J]. Petrophysics, 2004, 45(1): 38-58.

[91] Shankar U, Riedel M. Gas hydrate saturation in the Krishna-Godavari basin from P-wave velocity and electrical resistivity logs[J]. J. Mar. Petrol. Geol., 2011, 28: 1768-1778.

[92] Klein K A, Santamarina J C. Electrical conductivity in soils: Underlying phenomena[J]. J. Environ. Eng. Geophys., 2003, 8: 263-273.

[93] Jin Y K, Lee M W, Collett T S. Relationship of gas hydrate concentration to porosity and reflection amplitude in a research well, Mackenzie Delta, Canada[J]. Mar. Pet.

Geol., 2002, 19: 407-415.

[94] Lee M W, Collett T S. Comparison of elastic velocity models for gas-hydrate-bearing sediments[J]. Geophysical Monograph, 2013: 179-187.

[95] 陈强, 刘昌岭, 吴能友, 等. 海洋天然气水合物开采热电参数评价及应用. 北京: 科学出版社, 2022.

[96] Waite W F, Santamarina J C, Corts D D, et al. Physical properties of hydrate-bearing sediments[J]. Reviews of Geophysics, 2009, 47: RG4003.

[97] Bruggeman D A G. Berechnung verschiedener physikalischer Konstanten von heterogenen Substanzen. II. Dielektrizitätskonstanten and Leitfähigkeiten von Vielkristallen der nichtregulären Systeme [J]. Annalen der Physik, 1936, 417(7): 645-672.

[98] Hanai T. Theory of the dielectric dispersion due to the interfacial polarization and its application to emulsions [J]. Kolloid-Zeitschrift, 1960, 171(1): 23-31.

[99] Hanai T. A remark on the "Theory of the dielectric dispersion due to the interfacial polarization" [J]. Colloid and Polymer Science, 1961, 175(1): 61-62.

[100] 胡旭东. 含天然气水合物泥质砂岩储层声波速度与电阻率模型研究 [D]. 北京: 中国地质大学，2019.

[101] Berg C R. A simple, effective-medium model for water saturation in porous rocks [J]. Geophysics, 1995, 60(4): 1070-1080.

[102] Poupon A, Loy M E, Tixier M P, et al. A contribution to electrical log interpretation in shaly sands [J]. Journal of Petroleum Technology, 1954, 6(6): 27-34.

[103] Topp G C, Davis J L, Annan A P. Electromagnetic determination of soil-water content measurement in coaxial transmission line[J]. Water Resource Research, 1980, 16(3): 574-582.

[104] Wright J F, Nixon F M, Dallimore S R, et al. Method for direct measurement of gas hydrate amounts based on the bult dielectric properties of laboratory test media[C]. Yokohama: Proc. 4th Int. Conf. Gas Hydrates, 2002: 745-749.

[105] 何晓群，刘文卿. 应用回归分析 [M]. 4 版. 北京: 中国人民大学出版社，2011.

[106] Mayaud C, Wagner T, Benischke R. Singer event time series analysis in a binary karst catchment evaluated using a groundwater model (Lurbach system, Austria)[J]. Journal of Hydrology, 2014, 511: 628-639.

[107] Deng J L. Control problems of grey systems[J]. System & Control Letters, 1982, 1(5): 288-294.

[108] 熊平. 数据挖掘算法与 Clementine 实践 [M]. 北京: 清华大学出版社, 2011.

[109] 吕琳. 天然气水合物 (地球物理属性) 的神经网络识别方法及软件开发 [D]. 长春: 吉林大学, 2011.

[110] Fuh K H, Wang S B. Force modeling and forecasting in creep feed grinding using improved bp neural network[J]. International Journal of Machine Tools & Manufacture, 1997, 37(8): 1167-1178.

[111] Anderson J A. An Introduction to Neural Networks[M]. Cambridge: MIT Press, 1995.

[112] 鲁晓兵, 李德基. 基于神经网络的泥石流预测 [J]. 自然灾害学报, 1996, 5(3): 47-50.

[113] Gaber M M. Scientific Data Mining and Knowledge Discovery Principles and Foundations[M]. New York: Springer, 2010.

[114] Hinton G E, Osinderos, Teh Y W. A fast learning algorithm for deep beliefnets[J]. Neural Computation, 2006, 18 (7): 1527-1554.

[115] 谢鑫. 基于边坡锚固荷载监测数据的反分析方法研究 [D]. 重庆: 重庆交通大学, 2009.